UTB **2183**

D1723080

Eine Arbeitsgemeinschaft der Verlage

Beltz Verlag Weinheim und Basel
Böhlau Verlag Köln · Weimar · Wien
Wilhelm Fink Verlag München
A. Francke Verlag Tübingen und Basel
Paul Haupt Verlag Bern · Stuttgart · Wien
Verlag Leske + Budrich Opladen
Lucius & Lucius Verlagsgesellschaft Stuttgart
Mohr Siebeck Tübingen
C.F. Müller Heidelberg
Quelle & Meyer Verlag Wiebelsheim
Ernst Reinhardt Verlag München und Basel
Ferdinand Schöningh Verlag Paderborn · München · Wien · Zürich
Eugen Ulmer Verlag Stuttgart
Vandenhoeck & Ruprecht Göttingen
WUV Wien

Lutz Schüler
Hermann Swalve
Kay-Uwe Götz

Grundlagen der quantitativen Genetik

49 Schwarzweißabbildungen
94 Tabellen

Verlag Eugen Ulmer Stuttgart

Prof. Dr. Lutz Schüler ist Professor für Nutztiergenetik an der Landwirtschaftlichen Fakultät der Universität Halle-Wittenberg.
Dr. Hermann Swalve ist Leiter des Forschungsbereiches Genetik und Biometrie am Forschungsinstitut für die Biologie Landwirtschaftlicher Nutztiere,.Dummerstorf
Dr. Kay-Uwe Götz ist Leiter der Abteilung Tiergenetik und Datenverarbeitung an der Bayrischen Landesanstalt für Tierzucht, Grub.

Die Deutsche Bibliothek – CIP-Einheitsaufnahme

Ein Titeldatensatz für diese Publikation ist bei
Der Deutschen Bibliothek erhältlich.

ISBN 3-8252-2183-0 (UTB)
ISBN 3-8001-2755-5 (Ulmer)

© 2001 Eugen Ulmer GmbH & Co.
Wollgrasweg 41, 70599 Stuttgart (Hohenheim)
email: info@ulmer.de
Internet: www.ulmer.de
Printed in Germany
Lektorat: Werner Baumeister
Druck: Gutmann, Talheim
Bindung: Koch, Tübingen

ISBN 3-8252-2183-0 (UTB-Bestellnummer)

Vorwort

Viele Jahre lang stand dem deutschen Leser das Standardwerk von D.S. Falconer „Einführung in die Quantitative Genetik", übersetzt von Prof. P. Glodek (Göttingen) aus dem Ulmer Verlag zur Verfügung. Im deutschsprachigen Raum bildete es in der Lehre für Landwirte, Biologen und Veterinärmediziner eine solide Grundlage für die universitäre Ausbildung. Das Feld der Genetik hat in den letzten Jahren eine stürmische Entwicklung durchlaufen, die einerseits durch die rasanten Fortschritte der Rechentechnik und andererseits durch einen enormen Wissenszuwachs auf dem Gebiet der Molekularbiologie gekennzeichnet ist. Beide Entwicklungen haben dazu geführt, dass Erkenntnisse, die in der klassischen Literatur lediglich als Hypothesen formuliert werden konnten bzw. nur an vereinfachten Beispielen demonstriert wurden, heute auch in komplexe Analysen umgesetzt werden können. Gerade diese Tatsache hat aber eine Beschäftigung mit den Grundlagen der Quantitativen Genetik nicht überflüssig gemacht, vielmehr macht es sie um so dringender und notwendiger. Eine Anpassung des Lehrstoffes an die heutigen Anforderungen wurde allerdings erforderlich. Mit dem vorliegenden Werk haben wir den Versuch unternommen, diese Anpassung in Form eines preiswerten Taschenbuches vorzulegen. Die Zielgruppe umfasst dabei nach wie vor Studenten der Agrarwissenschaft, der Biologie und der Veterinärmedizin sowie alle professionell mit Fragen der Quantitativen Genetik Beschäftigten.

Der Anspruch an den Leser besteht in einem Grundwissen in der Biometrie, vor allem in den Bereichen der Regressions- und Korrelationsanalyse sowie der Varianzanalyse. Ursprüngliches Ziel der Autoren war eine Vermeidung von Darstellungen in der Form der Matrixalgebra. Dieses Ziel konnte nicht vollständig erreicht werden. Für die Darstellung der Methodik des Selektionsindex als Mittel zur Schätzung von Zuchtwerten wird nunmehr auch die Matrixalgebra in geringem Umfang verwendet. Möglichst einfache Beispiele erläutern dabei die dem Leser zunächst komplex erscheinenden Zusammenhänge.

Die Zukunft wird zeigen, ob der Balanceakt zwischen der Vermittlung von Grundlagen und der Darstellung von Anwendungen in Form genetisch-statistischer Methoden und Modelle gelungen ist. Für Hinweise und Verbesserungsvorschläge aus dem Kreis der Leserschaft sind wir jederzeit dankbar.

Ein besonderer Dank gilt schon heute Prof. Dr. P. Glodek, der das Manuskript in gewohnter Weise kritisch gelesen und viele hilfreiche Anregungen gegeben hat. Ebenso gilt unser Dank den Mitarbeitern des Lehrstuhles Nutztiergenetik an der Landwirtschaftlichen Fakultät der Universität Halle-Wittenberg. Namentlich seien Herr Dr. N. Mielenz und Frau Dr. M. Wensch-Dorendorf genannt, die sich um die Gestaltung und Erarbeitung des druckreifen Manuskriptes verdient gemacht haben. Ohne die Hilfe der genannten Personen wären viele Fehler unentdeckt geblieben. Etwaige verbleibende Unklarheiten gehen zu Lasten der Autoren. Letztlich gilt unser Dank dem Ulmer Verlag für die Geduld und die problemlose Zusammenarbeit.

Halle, Dummerstorf und Grub
im Juli 2001   Die Autoren

Inhaltsverzeichnis

	Vorwort	**5**
1	**Genetische Struktur einer Population**	**13**
1.1	Grundbegriffe	13
1.2	Die Idealpopulation	14
1.3	Genotyp- und Allelfrequenzen	15
1.4	Genetisches Gleichgewicht (Hardy-Weinberg-Gesetz)	17
1.5	Anwendungen des Hardy-Weinberg-Gesetzes	19
1.6	Multiple Allelie	24
1.7	Geschlechtschromosomal gekoppelte Gene	24
1.8	Abweichungen von der Panmixie	29
2	**Veränderungen der genetischen Struktur einer Population**	**30**
2.1	Migration	30
2.2	Mutation	32
2.3	Selektion	33
2.3.1	Selektion gegen den rezessiven Genotyp	34
2.3.2	Selektion gegen den dominanten Genotyp	38
2.3.3	Selektion gegen den heterozygoten Genotyp	39
2.3.4	Selektion auf den heterozygoten Genotyp	40
2.4	Gleichgewicht zwischen Selektion und Mutation für dominante Allele	40
2.5	Test auf Anlageträger	42
3	**Kleine Populationen und Inzucht**	**47**
3.1	Betrachtung (kleiner) Populationen	47
3.2	Die Idealpopulation	48
3.3	Die Inzucht	51
3.3.1	Inzucht in der Idealpopulation	51
3.3.2	Inzucht in Zuchtpopulationen	54
3.3.3	Inzucht bei Individuen	58
3.3.4	Abstammungs- und Verwandtschaftskoeffizient	63
3.3.5	Reguläre Inzuchtsysteme	65
3.3.6	Strukturierte Populationen	67

3.3.7   Inzuchtdepression und Heterosis 68

4   Vererbung quantitativer Merkmale   71
4.1   Ursachen und Zustandekommen der quantitativen Variation . 71
4.2   Die phänotypische Variabilität 73
4.3   Das Hauptgenmodell 74
4.3.1   Durchschnittseffekte von Allelen 75
4.3.2   Dominanzeffekte 78
4.3.3   Umwelteffekte 80
4.4   Populationsgenetische Modelle 84
4.4.1   Das Standardmodell 85
4.4.2   Modelle mit Maternaleffekten 87
4.4.3   Modelle mit Genotyp-Umwelt-Interaktionen 88
4.4.4   Modelle mit Dominanz- und Epistasieeffekten 90
4.4.5   Modelle mit Beschränkung der genetischen Kovarianz zwischen
         verwandten Tieren 91
4.4.6   Das Modell der gemischten Vererbung 93
4.5   Genetische Parameter und deren Schätzung 94
4.5.1   Grundlagen der Parameterschätzung 94
4.5.2   Die Heritabilität 96
4.5.3   Die genetische Korrelation 101
4.5.4   Weitere genetische Parameter 106
4.5.5   Die Ähnlichkeiten zwischen verwandten Individuen 107
4.5.6   Datenstrukturen und Schätzmethoden 109
4.5.7   Parameterschätzung bei Geschwisterstrukturen 112
4.5.8   Parameterschätzung bei Eltern-Nachkommenstrukturen 119
4.5.9   Intra-Vater-Regression 127
4.5.10   Wiederholbarkeitskoeffizient 127
4.5.11   Zwillingsanalysen 133
4.5.12   Moderne Verfahren der Schätzung von Varianzkomponenten in
         der Tierzucht 142

5   Die Selektion   149
5.1   Selektionsformen 150
5.2   Selektionsmethoden 152
5.3   Der direkte Selektionserfolg 155
5.3.1   Vorausschätzung des Selektionserfolgs 156
5.3.2   Indirekte Ermittlung der Selektionsdifferenz 158
5.3.3   Ermittlung der Selektionsintensität aus der Selektionsgrenze . 160

5.4 Selektionserfolg bei weniger vereinfachten Bedingungen 162
5.4.1 Unterschiedliche Selektionsintensität in Geschlechtern 162
5.4.2 Generationsintervall 162
5.4.3 Formel von Rendel und Robertson 163
5.4.4 Selektionserfolg in kleinen Populationen 165
5.5 Der korrelierte Selektionserfolg 167
5.5.1 Selektion mit Hilfsmerkmalen 168
5.6 Die Beeinflussung des Selektionserfolges 171
5.6.1 Die Heritabilität 171
5.6.2 Die Selektionsintensität 173
5.6.3 Das Generationsintervall 174
5.7 Der Einfluss der Selektion auf die Varianzen 176
5.8 Der Selektionserfolg unter stabilisierender Selektion 180
5.9 Die Messung des Selektionserfolges 181
5.9.1 Der Selektionserfolg über die Generationen 181
5.9.2 Die Wichtung der Selektionsdifferenz 185
5.10 Selektionsexperimente 187
5.10.1 Die Wiederholbarkeit des Selektionserfolges 188
5.11 Selektionserfolg und Selektionsintensität 190
5.12 Langzeitselektion 190
5.12.1 Einflussfaktoren auf den Selektionserfolg 191
5.12.2 Selektionsplateau 195
5.13 Selektion und Genotyp-Umwelt-Interaktion 198
5.13.1 Modelle zur Erfassung der GUI 200
5.14 Selektion und maternale Effekte 202
5.14.1 Überblick über die Schätzung von Maternaleffekten 204
5.14.2 Schätzung mittels Verwandtenähnlichkeiten 205
5.15 Parameterschätzung mittels simulierter Selektion 206
5.16 Parameterschätzung aus Selektionsexperimenten 213

6 Familienselektion und wiederholte Leistungen 217
6.1 Intra-Familienselektion 218
6.1.1 Selektion in der Vollgeschwisterfamilie 218
6.1.2 Selektion in der Vollgeschwisterfamilie nach Falconer 220
6.1.3 Selektion in der Halbgeschwisterfamilie 221
6.1.4 Selektion in der Halbgeschwisterfamilie nach Falconer 222
6.2 Inter-Familienselektion 223
6.2.1 Vollgeschwisterfamilien 223

6.2.2	Halbgeschwisterfamilien	224
6.3	Selektion nach wiederholten Leistungen	227
7	**Zuchtwertschätzung mit dem Selektionsindex**	**230**
7.1	Konstruktion eines Selektionsindexes	230
7.1.1	Der Selektionsindex	231
7.1.2	Der Gesamtzuchtwert	232
7.1.3	Formen von Selektionsindizes	232
7.1.4	Theorie der Indexkonstruktion	234
7.2	Indizes mit einem Zielmerkmal	237
7.2.1	Ein Merkmal, wiederholte Eigenleistungen	238
7.2.2	Ein Merkmal, Eigenleistung und Leistung der Mutter	238
7.2.3	Ein Merkmal, mittlere Leistung von n Nachkommen	240
7.2.4	Ein Merkmal, Eigenleistung und Durchschnitt von n Vollgeschwistern	241
7.3	Index mit mehreren Merkmalen	242
7.3.1	Zwei Merkmale, nur Eigenleistungen	242
7.3.2	Zwei Merkmale, Eigen- und Vollgeschwisterleistung	243
7.4	Index in Matrixschreibweise	244
7.4.1	Genauigkeit der Zuchtwertschätzung	245
7.4.2	Selektionserfolg bei Indexselektion	246
7.4.3	Partielle Selektionserfolge	247
7.5	Mehrmerkmalsselektion	249
7.5.1	Die Tandemselektion	249
7.5.2	Selektion nach unabhängigen Selektionsgrenzen	250
7.5.3	Selektion nach abhängigen Selektionsgrenzen (Indexselektion)	252
7.5.4	Effizienz der drei Mehrmerkmalsselektionsverfahren	252
7.5.5	Sonderformen des Selektionsindex	253
7.6	Der Vergleichswert	255
7.6.1	Ausschaltung von Umwelteinflüssen	255
7.6.2	Verzerrungen der Zuchtwertschätzung	256
7.6.3	Bedeutung von Verzerrungen für den Selektionserfolg	257
7.7	Beispiele zur Effizienz der Indexselektion	259
7.7.1	Eigenleistung und Vollgeschwisterleistungen	260
7.7.2	Eigenleistung und Halbgeschwisterleistungen	262
7.7.3	Eigenleistung und Nachkommenleistung	263
7.7.4	Nachkommenleistung	265
7.7.5	Selektion nach Eigen-, Voll- und Halbgeschwisterleistung	266

8   Verpaarungssysteme - Inzucht und Kreuzungszucht   268

8.1   Systematik der Verpaarungssysteme 268

8.2   Inzucht und Inzuchtdepression 270

8.2.1   Die Inzuchtdepression 271

8.2.2   Inzuchtdepression und Mittelwert 273

8.2.3   Inzuchtdepression und Selektion 278

8.2.4   Uniformität von Inzuchtpopulationen 280

8.2.5   Die Heterosis 282

8.3   Effekte bei Kreuzung 284

8.3.1   Direkte bzw. Linieneffekte 285

8.3.2   Maternale bzw. paternale Effekte 285

8.3.3   Stellungseffekte 286

8.3.4   Individuelle Heterosis 287

8.3.5   Maternale Heterosis 287

8.3.6   Rekombinationsverluste 288

8.4   Kreuzungsverfahren 289

8.5   Kreuzungsparameter 290

8.6   Diskontinuierliche Gebrauchskreuzungen 290

8.6.1   Einfachkreuzung 290

8.6.2   Dreirassenkreuzung 292

8.6.3   Vierrassenkreuzung 293

8.7   Kontinuierliche Gebrauchskreuzungen 294

8.7.1   Wechselkreuzung 294

8.7.2   Dreirassenrotation 295

8.7.3   Terminalrotation 296

8.8   Synthetics 297

8.9   Schätzung von Kreuzungsparametern im Modell von Dickerson 298

8.9.1   Schätzung der individuellen Heterosis 299

8.9.2   Differenz zwischen Reinzuchtpopulationen 299

8.9.3   Differenz zwischen reziproken Kreuzungen 299

8.9.4   Maternale Heterosis 300

8.10   Bewertung von Kreuzungsmethoden 300

8.11   Schätzung von Kreuzungsparametern in diallelen
         Kreuzungsversuchen 302

8.11.1   Versuche zur Schätzung von Kreuzungsparametern 302

8.11.2   Betrachtungsweisen 304

8.11.3   Modell von Griffing 304

8.11.4   Modell von Eisen et al. 306

8.12   Verbesserung von Gebrauchskreuzungen 308
8.13   Stratifizierendes System der Kreuzung 310

A   **Anhang**   **312**
A.1   Anhangstabellen 312
A.2   Varianzen der genetischen Parameter 323
A.2.1   Halbgeschwisterstrukturen 323
A.2.2   Vollgeschwisterstrukturen 323
A.2.3   Voll- und Halbgeschwisterstrukturen 324
A.2.4   Versuchsplanung zur Parameterschätzung (Halbgeschwister) . 326
A.2.5   Eltern-Nachkommenstrukturen 326
A.2.6   Versuchsplanung zur Parameterschätzung (Eltern -
          Nachkommenstrukturen) 329
A.2.7   Varianz der Heritabilität aus simulierter Selektion 330
A.2.8   Varianz der Heritabilität aus Selektionsexperimenten 330

          Literatur   **333**

          Index   **343**

1 Genetische Struktur einer Population

1.1 Grundbegriffe

Im gesamten Buch werden wir uns mit der Vererbung von tierzüchterisch relevanten Merkmalen beschäftigen. Grundlage der Vererbung bilden die **Gene**, d.h. Abschnitte auf den Chromosomen, die die codierten Informationen für die Synthese von biologisch aktiven Einheiten (Enzyme, Proteine u.a.) besitzen.

Den Ort, den die Gene auf den Chromosomen einnehmen, bezeichnet man als Genort (Locus). Die von einem Gen codierten Eigenschaften können sichtbare Effekte haben (z.B. Fellfarbe, Hornlosigkeit), in den meisten Fällen lässt sich die Wirkung eines Genorts jedoch nur auf biochemischem Niveau feststellen. Wir beschäftigen uns ausschließlich mit diploiden Organismen, weshalb jeder Genort bei jedem Individuum auf zwei Chromosomen vorkommt, dem väterlichen und dem mütterlichen. An einem Genort können in einer Population verschiedene Genvarianten auftreten. Die verschiedenen möglichen Genvarianten an einem Genort bezeichnen wir als **Allele**[1]. Ein bestimmtes Individuum kann auf dem väterlichen und mütterlichen Chromosom entweder gleiche oder verschiedene Allele tragen. Im ersten Fall bezeichnen wir es als **homozygot**, im zweiten Fall als **heterozygot**.

Die Konstellation der Allele an einem Genort eines Individuums bezeichnen wir als den **Genotyp**. Die äußerlich sichtbare Wirkung des Genorts bezeichnen wir als den **Phänotyp** des Individuums. Genotyp und Phänotyp stimmen nicht immer überein.

Die Ursachen der Nichtübereinstimmung bilden die Wechselwirkungen zwischen den Allelen eines Gens (intragenische Wechselwirkungen wie Dominanz und Rezessivität) und zwischen Allelen verschiedener Gene (intergenische Wechselwirkungen, Epistasie). Sie führen im ersten Fall zu den bekannten Spaltungsverhältnissen, die von Mendel zuerst beschrieben worden sind, und im zweiten Fall zu den modifizierten Spaltungsverhältnissen.

Das eigentliche Thema der Populationsgenetik ist jedoch nicht das Individuum, sondern die **Population**, zu der ein Individuum gehört, und die Häufigkeit von Allelen und Genotypen in dieser Population. Unter einer Population verstehen wir im Folgenden ganz allgemein eine Gruppe von Tieren,

---

[1] In der Literatur werden die Begriffe Gen und Allel synonym verwendet, was aber nicht korrekt ist.

die eine Paarungsgemeinschaft bilden. Damit umgehen wir unscharfe Begriffe wie Rasse oder Zuchtlinie, die im genetischen Sinne nicht eindeutig definiert sind.

Im ersten Teil des Buches interessieren wir uns für einen einzelnen Genort und zeigen, welche Beziehungen zwischen Allel- und Genotyphäufigkeiten bestehen und welche Kräfte Veränderungen dieser Frequenzen bewirken können. Wenn ein einzelner Genort zu einer bestimmten phänotypisch erkennbaren Merkmalsausprägung führt, bezeichnen wir das Merkmal als qualitatives Merkmal. Merkmale, die von vielen Genorten beeinflusst werden und bei denen unterschiedliche Genotypen nur zu graduellen Unterschieden führen, bezeichnen wir als **quantitative Merkmale**. Nahezu alle wichtigen Leistungsmerkmale unserer Nutztiere sind quantitative Merkmale. Daher weiten wir im zweiten Teil die Betrachtungen auf eine Vielzahl von Loci aus und zeigen, welche Gesetzmäßigkeiten hinter den Erfolgen der Tierzüchtung stehen.

1.2   Die Idealpopulation

In diesem Kapitel beschäftigen wir uns mit den Grundlagen zur Beschreibung der genetischen Struktur einer Population. Zur Verdeutlichung der Gesetzmäßigkeiten beschränken wir uns zunächst auf qualitative Merkmale mit deutlichen phänotypischen Effekten. Zwar ist die direkte Nutzung solcher Merkmale in der Tierzucht beschränkt, sie können aber zur Verdeutlichung der Grundkonzepte der Vererbung innerhalb von Populationen dienen, die viele praktische Bezüge zur Tierzucht haben.

Zunächst betrachten wir eine Idealpopulation, die durch folgende Eigenschaften gekennzeichnet ist:

- unendliche Populationsgröße,

- Zufallspaarung (Panmixie),

- keine Mutationen,

- keine Selektion und

- keine Migration.

In dieser Idealpopulation gelten einfache mathematische Zusammenhänge für die Häufigkeiten von Allelen und Genotypen. Wir werden diese Gesetzmäßigkeiten zunächst für die Idealpopulation ableiten und später darauf eingehen, welche Auswirkungen das Fehlen einzelner Voraussetzungen der Idealpopulation hat.

Die Genorte, die wir betrachten, besitzen in der Regel nur zwei Allele. Diese bezeichnen wir allgemein mit A_1 und A_2. Die drei möglichen Genotypen an einem Genort sind daher A_1A_1, A_1A_2 und A_2A_2. Bei praktischen Beispielen verwenden wir die in der Literatur gebräuchlichen Allelbezeichnungen. Traditionell werden die Dominanzverhältnisse an einem Genort durch Groß- bzw. Kleinschreibung der Allelbezeichnungen verdeutlicht. Diese Methode ist aber nur eindeutig, wenn zweifache Allelie (A_1, A_2) vorliegt. Im Falle der multiplen Allelie[2], lassen sich die intragenischen Wechselwirkungen nicht mehr so darstellen. In unseren Beispielen verwenden wir deshalb eine Darstellung mit Buchstaben. Im Falle der zweifachen Allelie ist dann A_1A_2 der heterozygote dominante Genotyp und A_2A_2 der rezessive Genotyp.

1.3 Genotyp- und Allelfrequenzen

Kommen in einer Population D Tiere mit dem Genotyp A_1A_1, H Tiere mit dem Genotyp A_1A_2 und R Tiere mit dem Genotyp A_2A_2 vor, dann ergibt sich die in Tabelle 1.1 dargestellte Situation. Die relative Häufigkeit der Genotypen in Spalte 3 ist gleichzeitig auch die Wahrscheinlichkeit, dass ein zufällig aus der Population gezogenes Individuum diesen Genotyp besitzt. Diese mit d, h und r bezeichneten Wahrscheinlichkeiten bezeichnen wir auch als Genotypfrequenzen.

Tabelle 1.1: Symbole und Wahrscheinlichkeiten für Genotypen

Genotyp	absolute Häufigkeit	relative Häufigkeit
A_1A_1	D	$D/N = d$
A_1A_2	H	$H/N = h$
A_2A_2	R	$R/N = r$
Summe	N	1

Die Genotypen mit den Frequenzen D und R tragen jeweils zwei gleiche, der Genotyp mit der Frequenz H trägt zwei verschiedene Allele. Die Gesamtzahl aller Allele in der Population ist somit $2N$. Die Häufigkeit des Allels A_1 ist:

$$P(A_1) = p = \frac{2 \times D + H}{2N} \tag{1.1}$$

---

[2] ein Gen hat mehr als zwei Allele, z.B. das Gen für weiße Fellfarbe

Analog ergibt sich die Häufigkeit von A_2 als:

$$P(A_2) = q = \frac{2 \times R + H}{2N} \qquad (1.2)$$

Die Parameter p und q werden als Allelfrequenzen bezeichnet. Die Summe von p und q ist:

$$p + q = \frac{2 \times D + H + 2 \times R + H}{2N} = \frac{2N}{2N} = 1 \qquad (1.3)$$

Die Berechnung der Genotypen- und Allelfrequenzen soll an einem Beispiel dargestellt werden.

Beispiel 1.1 Bei Schweinerassen mit starker Muskelhypertrophie war die genetische Veranlagung zum Malignen Hyperthermiesyndrom (MHS) häufig mit hoher Frequenz vertreten. Diese Störung des Kalziumstoffwechsels in den Muskelzellen bedingt einerseits eine besondere Stressanfälligkeit und andererseits die Ausprägung von gravierenden Fleischqualitätsmängeln (PSE-Fleisch). Genetische Ursache des MHS-Syndroms ist eine Mutation des Ryanodin-Rezeptor-Gens. Tiere, die diese Mutation homozygot tragen, neigen zum MHS-Syndrom. Das rezessive Defektallel wird mit n bezeichnet, die Normalvariante mit N. Stressempfindliche Tiere haben also den Genotyp nn. Seit 1991 existiert ein Gentest (Fuji et al. 1991), der die eindeutige Bestimmung der Genotypen am MHS-Genort gestattet. Tabelle 1.2 stellt die Ergebnisse der MHS-Typisierung für drei Schweinerassen dar.

Tabelle 1.2: Anzahl MHS-Genotypen in drei verschiedenen Schweinepopulationen

Population	MHS-Genotyp			Gesamt
	NN	Nn	nn	
	(A_1A_1)	(A_1A_2)	(A_2A_2)	
Dt. Edelschwein (DE)	121	69	10	200
Dt. Landrasse (DL)	41	99	60	200
Pietrain (Pi)	2	29	169	200

Offensichtlich unterscheiden sich die drei Populationen erheblich in der Stressanfälligkeit. Die Berechnung der Allelfrequenz (p) kann entweder nach Formel 1.1 oder direkt aus den Genotypfrequenzen erfolgen. Für die direkte Berechnung gilt: $p = d + \frac{h}{2}$.

Die Berechnung der Genotyp- und Allelfrequenzen nach Tabelle 1.1 bzw. Formeln 1.1 und 1.2 ergibt folgendes Ergebnis:

Tabelle 1.3: Genotyp- und Allelfrequenzen für Beispiel 1.1

Population	Genotypfrequenzen			$P(N) = p$
	D/N	H/N	R/N	
	(d)	(h)	(r)	
Dt. Edelschwein (DE)	0,60	0,35	0,05	0,78
Dt. Landrasse (DL)	0,20	0,50	0,30	0,45
Pietrain (Pi)	0,01	0,14	0,85	0,08

1.4   Genetisches Gleichgewicht (Hardy-Weinberg-Gesetz)

Im Jahre 1908 entdeckten der Engländer HARDY und der Deutsche WEINBERG unabhängig voneinander eine Beziehung zwischen den Genotypen- und Allelfrequenzen verschiedener Generationen einer Idealpopulation. Diese Beziehung wird als **Hardy-Weinberg-Gesetz** bezeichnet:

> In einer großen Population mit Zufallspaarung sind bei Abwesenheit von Selektion, Mutation und Migration die Genotyp- und Allelfrequenzen von Generation zu Generation konstant.

Eine Population, für die diese Definition zutrifft, bezeichnet man als im Hardy-Weinberg-Gleichgewicht (HWG) befindlich.

Bei der Gametenbildung erzeugen männliche und weibliche Tiere Gameten in denselben Proportionen. Dabei entspricht die Häufigkeit von Gameten, die das Allel A_1 tragen, exakt der Genfrequenz p. Da männliche und weibliche Gameten zufällig aufeinandertreffen, ergeben sich die in Tabelle 1.4 dargestellten Häufigkeiten der Nachkommengenotypen.

Tabelle 1.4: Häufigkeit der Nachkommengenotypen bei Zufallspaarung

| | | weibl. Gameten | |
		$A_1(p)$	$A_2(q)$
	$A_1(p)$	A_1A_1	A_1A_2
männl. Gameten		p^2	pq
	$A_2(q)$	A_2A_1	A_2A_2
		pq	q^2

Die Summe der Genotypfrequenzen bei den Nachkommen ergibt sich somit zu $p^2 + 2pq + q^2$, was sich nach der 1. binomischen Formel auch als $(p + q)^2$ darstellen lässt.

$$(p + q)^2 = p^2 + 2pq + q^2 \tag{1.4}$$

Praktisch bedeutsam sind zwei Schlussfolgerungen aus dem Hardy-Weinberg-Gesetz:

- das Hardy-Weinberg-Gesetz gilt auch innerhalb einer Generation. Das heißt, wenn eine Population im Hardy-Weinberg-Gleichgewicht ist, kann man aus den Allelfrequenzen auf die Genotypfrequenzen schließen und umgekehrt.

- die Genotypfrequenzen der Nachkommen hängen nur von den Allelfrequenzen der Eltern, nicht aber von deren Genotypfrequenzen ab. Sind z.B. alle Eltern heterozygot, so sind die Allelfrequenzen $p = q = 0,5$ und die Genotypfrequenzen der Nachkommen sind 0,25, 0,5 und 0,25. Eine Population, die sich nicht im HWG befindet, erreicht also den Gleichgewichtszustand bereits nach einer Generation Zufallspaarung.

Abbildung 1.1 zeigt die Zusammenhänge zwischen Allel- und Genotypfrequenzen bei Hardy-Weinberg-Gleichgewicht. Die erste Schlussfolgerung aus dieser Grafik ist, dass die Frequenz der Heterozygoten niemals größer als 0,5 werden kann. Dieser Anteil wird erreicht, wenn $p = q = 0,5$ gilt. Ein weiteres Ergebnis ist, dass bei einer geringen Frequenz eines Allels die Genotypfrequenz der Homozygoten quadratisch abnimmt. Der überwiegende Teil der Allele in der Population kommt daher in den Heterozygoten vor. Diese Tatsache ist von großer Bedeutung bei der Bekämpfung von Erbfehlern.

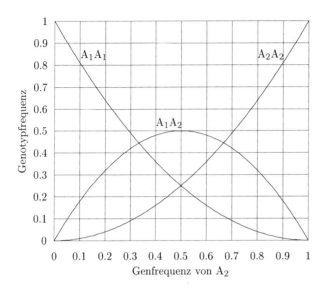

Abb. 1.1.   Beziehungen zwischen Genotypen und Allelfrequenzen für zwei Allele einer Population im HWG.

1.5   Anwendungen des Hardy-Weinberg-Gesetzes

Das Hardy-Weinberg-Gesetz ist in der Populationsgenetik für vier verschiedene Fragestellungen von Bedeutung.

Schätzung der Allelfrequenz von dominanten Allelen

Die Schätzung der Allelfrequenz nach 1.1 bzw. 1.2 setzt voraus, dass alle Genotypen phänotypisch unterscheidbar sind. Bei vollständig dominanten Erbgängen lassen sich die Genotypen A_1A_1 und A_1A_2 nicht unterscheiden. Befindet sich die Population allerdings im HWG, so beträgt die Frequenz der rezessiven Genotypen (A_2A_2) $R = q^2$. Die Allelfrequenzen können daher als

$$q = \sqrt{R} \qquad \text{und} \tag{1.5}$$
$$p = 1 - q \tag{1.6}$$

geschätzt werden.

Beispiel 1.2 Vor der Einführung des MHS-Gentests konnte die Stressanfälligkeit bei Schweinen nur phänotypisch durch den sogenannten Halothantest ermittelt werden. Dabei reagierten die homozygot rezessiven Genotypen (nn) bei Beatmung mit dem Narkosegas Halothan mit einer heftigen Verkrampfung der Muskulatur, vor allem an den Extremitäten. Die beiden anderen Genotypen reagierten dagegen nicht auf die Halothanzufuhr. Damit ließen sich nur zwei Phänotypen (stressempfindlich bzw. -unempfindlich) unterscheiden. Für unser Datenmaterial aus Beispiel 1.1 ergäbe sich somit das in Tabelle 1.5 dargestellte Bild. Die Ergebnisse stimmen sehr gut mit unseren Berechnungen in Beispiel 1.1 überein.

Tabelle 1.5: Berechnung der Allelfrequenz bei dominantem Erbgang

Population	Phänotypfrequenz		Genotyp-frequenz (nn)	Allel-frequenz (q)
	stressun-empfindlich	stress-empfindlich		
DE	190	10	0,05	0,22
DL	140	60	0,30	0,55
Pi	31	169	0,85	0,92

Diese Berechnungsweise hat ihre größte Bedeutung in der Schätzung der Allelfrequenz von rezessiven Erbfehlern. Nur die homozygot rezessiven Tiere zeigen den Erbfehler, und damit kann die Schätzung nur unter Annahme des HWG durchgeführt werden.

Ermittlung der Häufigkeit von Anlageträgern

Anlageträger sind Tiere, die eine unerwünschte Eigenschaft (meistens rezessive Erbfehler) in heterozygoter Form tragen und daher phänotypisch normal bzw. gesund sind.

Um die Effizienz der Bekämpfung von Erbfehlern beurteilen zu können, möchte man wissen, wie hoch der Anteil der Träger an den „normalen" Tieren ist. Hierzu schätzt man die Allelfrequenzen nach 1.5 und 1.6. Die Häufigkeit der Heterozygoten ist $H = 2pq$ und die der homozygot gesunden Tiere ist $D = p^2$. Damit ergibt sich der Anteil der Heterozygoten unter den Normalen als:

$$H' = \frac{H}{D+H} = \frac{2pq}{p^2 + 2pq} = \frac{2q}{1+q} \tag{1.7}$$

Beispiel 1.3 Wendet man die Formel 1.7 auf unser Schweinebeispiel unter Verwendung der Allelfrequenzen aus Tabelle 1.5. an, so erhält man für die Populationen:

Tabelle 1.6: Berechnung der Häufigkeit von Anlageträgern

Population	Anteil Heterozygoter bzw. Anlageträger an der Gesamtpopulation	Anteil Heterozygoter bzw. Anlageträger unter „normale Tiere"
DE	0,34	0,36
DL	0,50	0,71
Pi	0,15	0,97

Aus den Ergebnissen der Tabelle 1.6 leitet sich eine wichtige genetische Konsequenz für Erbfehler ab. Es ist ersichtlich, dass der Anteil Anlageträger unter den gesunden Tieren der Population um so höher ist, je größer die Allelfrequenz des unerwünschten Allels in der Population ist.

Test auf Hardy-Weinberg-Gleichgewicht

Grundlage dieses Tests ist die Tatsache, dass die Allelfrequenzen von Eltern und Nachkommen von Populationen im Gleichgewicht über die Generationen gleich sind. Unter diesen Bedingungen kann man die Allelfrequenzen der Nachkommen anstelle der elterlichen benutzen, um die nach dem Hardy-Weinberg-Gesetz erwarteten Genotypenfrequenzen bei den Nachkommen zu berechnen. Anhand unseres Schweinebeispiels soll diese Vorgehensweise demonstriert werden.

Beispiel 1.4 Test auf Hardy-Weinberg-Gleichgewicht am Schweinebeispiel
1. Schritt: Berechnung der Genotypenhäufigkeiten nach (1.8)

Tabelle 1.7: Genotypenfrequenz

Populationen	Allelfrequenz		Genotypenfrequenz		
	p	q	p^2	$2pq$	q^2
DE	0,78	0,22	0,608	0,343	0,048
DL	0,45	0,55	0,202	0,495	0,305
Pi	0,08	0,92	0,006	0,147	0,846

2. Schritt: χ^2-Test zwischen beobachteten und **erwarteten** absoluten Genotypenhäufigkeiten in der Population DE (Nullhypothese: Population befindet sich im HWG gegen H_1: Population befindet sich nicht im HWG).

Tabelle 1.8: χ^2-Test auf Hardy-Weinberg-Gleichgewicht für die DE-Population

Population DE	Absolute Genotypenfrequenzen (GF)			χ^2
	A_1A_1	A_1A_2	A_2A_2	
Erwartete GF	122	68	10	
Beobachtete GF (Tab. 1.2)	122	69	10	
Differenz d zwischen erwarteten und beobachteten absoluten GF	0	1	0	
d^2/erwartete GF	0/122	1/68	0/10	
	0	0,014	0	0,014
χ^2-Wert bei $\alpha = 0,05$ und 1FG = 3,84				$\chi^2 = 0,014$
$0,014 < 3,84 \rightarrow$ Annahme von H_0 (Population im Gleichgewicht)				

Der χ^2-Test ergibt, dass es keinen Grund gibt, die Hypothese H_0 abzulehnen. Analoge Ergebnisse erhält man für die beiden anderen Populationen.

Ändern wir die absoluten Genotypenhäufigkeiten der Population Pi, z.B. in $A_1A_1 = 5$, $A_1A_2 = 20$ und $A_2A_2 = 175$ und testen unter Benutzung der Allelfrequenzen aus Tabelle 1.7 auf Gleichgewichtszustand, so erhalten wir für den χ^2-Test einen Wert von 18,94 (nach Tab. 1.9). Dieser ist größer als der Tafelwert mit einem Freiheitsgrad. Daraus ist die Schlussfolgerung zu ziehen, dass sich die Population unter diesen Bedingungen nicht im Gleichgewicht befindet.

Welche Ursache zu einem Ungleichgewicht geführt hat, ist nicht bekannt und lässt sich aus solch einem Test auch nicht ableiten. Ursachen können z.B. Verletzungen unserer eingangs gemachten Voraussetzungen sein.

Tabelle 1.9: χ^2-Test auf Hardy-Weinberg-Gleichgewicht für die Pi-Population

Population Pi	Absolute Genotypen-frequenzen (GF)			χ^2
	A_1A_1	A_1A_2	A_2A_2	
Erwartete GF	1	29	170	
Beobachtete GF	5	20	175	
Differenz d zwischen erwarteten und beobachteten absoluten GF	4	9	5	
d^2/erwartete GF	16/1	81/29	25/170	
	16,00	2,79	0,15	18,94
χ^2-Wert bei $\alpha = 0,05$ und 1FG = 3,84			$\chi^2 = 18,94$	

$18,94 > 3,84 \rightarrow$ Annahme von H_1 (Population nicht im Gleichgewicht)

Test zwischen zwei Populationen

Eine weitere Nutzung des Hardy-Weinberg-Gesetzes besteht darin, dass man zwei Populationen hinsichtlich unterschiedlicher Allelfrequenzen miteinander vergleichen kann. Oder mit anderen Worten: unterscheiden sich zwei Populationen statistisch signifikant oder zufällig? Voraussetzung eines solchen Populationsvergleiches ist, dass sich die Populationen im genetischen Gleichgewicht befinden. Ein derartiger Test findet u.a. Anwendung im Rahmen des Vergleichs von Populationen hinsichtlich der Häufigkeit von Erbkrankheiten. Nutzen wir das Schweinebeispiel und testen die Unterschiede in den Allelfrequenzen zwischen der DE und der DL-Population. Als Teststatistik wird der χ^2-Test mit 3 Freiheitsgraden einer 2×2 Kontingenztafel angewendet.

Beispiel 1.5 Unter Verwendung des Beispiels Schweinepopulationen und unter Nutzung der Genotypisierung mittels Halothantest lassen sich die beiden Ergebnisse folgendermaßen zusammenfassen und die Allelfrequenzen unter Zugrundelegung des genetischen Gleichgewichts berechnen.

Statistik (χ^2-Test)

$$\chi^2 = \frac{(ad - bc)^2}{(a + c)(a + b)(c + d)(b + d)} \cdot N$$

$$\chi^2 = \frac{(190 \cdot 60 - 10 \cdot 140)^2}{330 \cdot 200 \cdot 200 \cdot 70} \cdot 400$$

$$\chi^2 = 43,29$$

Tabelle 1.10: Vergleich der MHS-Genotypen von DE- und DL-Populationen

Populationen	Genotypen		Gesamt
	$N+$	nn	
	(A_1+)	(A_2A_2)	
DE	190	10	200
	(a)	(b)	$(a+b)$
DL	140	60	200
	(c)	(d)	$(c+d)$
Gesamt	330	70	400
	$(a+c)$	$(b+d)$	N

Dieser Wert von χ^2 ist größer als der χ^2-Tafelwert mit $\alpha = 0,05$ und 3FG (7,82), d.h. beide Populationen unterscheiden sich statistisch signifikant in der MHS-Allelhäufigkeit.

1.6   Multiple Allelie

Für die bisherige Betrachtung der genetischen Struktur einer Population haben wir uns auf ein autosomales Gen mit zwei Allelen beschränkt. Nun soll der Fall einer multiplen Allelie, d.h. ein Gen hat mehr als zwei allele Formen, betrachtet werden. Als Beispiele seien die Gene der Blutgruppen und die der Fellfärbung (Albinoserie) genannt. Betrachten wir ein Gen mit drei Allelen (A_1, A_2, A_3) und den entsprechenden Allelfrequenzen p, q und r. Bei dreifacher Allelie berechnet sich die Genotypenhäufigkeit nach

$$(p + q + r)^2 = p^2 + q^2 + r^2 + 2pq + 2qr + 2pr \tag{1.8}$$

oder allgemein nach

$$(p + q + r + \ldots)^2 = p^2 + q^2 + r^2 + \ldots + 2pq + 2qr + 2pr + \ldots \tag{1.9}$$

1.7   Geschlechtschromosomal gekoppelte Gene

Als nächstes wollen wir die genetische Struktur von Populationen darstellen unter der Bedingung, dass das Gen auf einem Geschlechtschromosom liegt.

Da nur sehr wenige Gene auf dem Y-Chromosom des Säugers bzw. dem W-Chromosom des Geflügels lokalisiert sind, sind nur Gene des X-Chromosoms beim Säuger und des Z-Chromosoms des Geflügels für unsere Betrachtung relevant. Da Säuger sich hinsichtlich der Geschlechtschromosomen unterscheiden - weibliche Tiere sind homogametisch (XX) und männliche Tiere heterogametisch (XY)[3] - sind somit die Beziehungen zwischen Allel- und Genotypenfrequenz etwas komplizierter. Eine Konsequenz daraus ist, dass das homogametische Geschlecht $\frac{2}{3}$ aller geschlechtsgebundenen Gene in der Population und das heterogametische nur $\frac{1}{3}$ besitzt. Betrachten wir ein Gen mit den Allelen A_1 und A_2, und verwenden wir die Bezeichnungen männlich (m) und weiblich (w) für das hetero- bzw. homogametische Geschlecht.

Tabelle 1.11: Genotypenhäufigkeit bei X-chromosomal gekoppelten Genen

	weiblich			männlich	
Genotypen	A_1A_1	A_1A_2	A_2A_2	A_1	A_2
Frequenz	D	H	R	Q	S

Die Allelfrequenz von A_1 unter den weiblichen Tieren ist dann $p_w = D + \frac{H}{2}$, unter den männlichen Tieren $p_m = Q$. Daraus berechnet sich die mittlere Häufigkeit von A_1 der Population

$$\overline{p} = \frac{2}{3}p_w + \frac{1}{3}p_m$$
$$= \frac{1}{3}(2p_w + p_m) \qquad (1.10)$$
$$= \frac{1}{3}(2D + H + Q)$$

Bestehen aber Unterschiede in der Allelfrequenz zwischen den Geschlechtern, so ist die Population nicht im Gleichgewicht. Obwohl sich die Allelfrequenz der Gesamtpopulation nicht ändert, treten zwischen den Geschlechtern über die Generationen Allelfrequenzveränderungen auf, die in der Generationsfolge immer geringer werden und sich letztlich auf eine Frequenz von $\frac{2}{3}$ einpendeln. Die Ursache dieses oszillierens beruht auf der Tatsache, dass männliche Nachkommen ihre Allele von den Müttern erhalten, daher ist p_w gleich p'_m bei den Nachkommen (p'-Allelfrequenz bei den Nachkommen). Weibliche

---

[3] beim Geflügel sind männliche Tiere homogametisch (ZZ) und weibliche Tiere heterogametisch (WZ)

Nachkommen erhalten ihre Allele sowohl von der Mutter als auch vom Vater, damit wird p'_w gleich dem Mittel aus $p_w + p_m$ der vorhergehenden Generation. Zusammenfassen kann man dieses als

$$p'_m = p_w \tag{1.11}$$

$$p'_w = \frac{1}{2}(p_m + p_w) \tag{1.12}$$

Die Differenz in den Allelfrequenzen zwischen den Geschlechtern ist:

$$p'_w - p'_m = \frac{1}{2}p_m + \frac{1}{2}p_w - p_w$$

$$= -\frac{1}{2}(p_w - p_m) = \frac{1}{2}(p_m - p_w) \tag{1.13}$$

Das bedeutet, dass die Hälfte der Differenz der vorhergehenden Generation mit umgekehrten Vorzeichen die Differenz bei den Nachkommen ausmacht. Daher oszillieren die Differenzen in aufeinanderfolgenden Generationen zwischen den Geschlechtern.

In der Tabelle 1.12 und in der Abbildung 1.2 sind die Veränderungen der Allelfrequenzen in der Generationsfolge dargestellt. Die Ausgangsgeneration ist durch eine Allelfrequenz von $p_w = 1$ und entsprechend $p_m = 0$ charakterisiert. Bei Zufallspaarung wird nach etwa 9 Generationen das Gleichgewicht von $p = \frac{2}{3}$ für beide Geschlechter erreicht.

Tabelle 1.12: Veränderungen der Allelfrequenzen in der Generationsfolge.

	Generationen									
	0	1	2	3	4	5	6	7	8	9
p_w	1	0,5	0,75	0,625	0,637	0,656	0,672	0,664	0,668	0,666
p_m	0	1	0,5	0,75	0,625	0,687	0,656	0,672	0,664	0,668

Eine allgemeine Schlussfolgerung für geschlechtschromosomale Gene ergibt sich aus der Tatsache, dass im heterogametischen Geschlecht sich die Allelfrequenzen als q und im homogametischen Geschlecht als q^2 berechnen. Aus dieser Beziehung leitet sich eine Konsequenz für die Häufigkeit der Genotypen ab, d.h. dass männliche Tiere häufiger den Genotyp A_2 tragen als weibliche Tiere.

Anhand des Katzenbeispiels (Beispiel 1.6) soll diese Situation verdeutlicht werden. Die Allelfrequenz für orangene Fellfarbe betrug im Mittel beider Geschlechter 0,12. Das bedeutet, dass 12% aller männlichen Katzen, aber nur

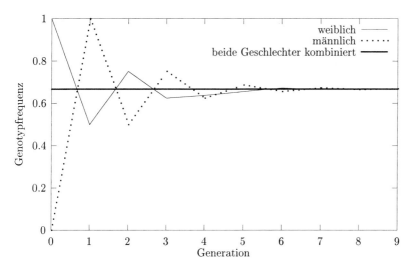

Abb. 1.2. Erreichung des genetischen Gleichgewichts nach Zufallspaarung für ein X-chromosomal gekoppeltes Gen mit $p_w = 1$ und $p_m = 0$ bzw. $q_w = 0$ und $q_m = 1$.

$0,12^2 = 1,4\%$ der weiblichen Tiere orange sind. Man kann also davon ausgehen, dass eine beobachtete orangene Katze mit hoher Wahrscheinlichkeit ein Kater ist. Solche Differenzen in der Häufigkeit zwischen den Geschlechtern bilden aber andererseits einen Hinweis darauf, dass es sich bei dem analysierten Phänotyp um ein Gen handelt, das geschlechtschromosomal gekoppelt ist.

Beispiel 1.6 Bei Hauskatzen ist das Gen für orange bzw. gelbe Fellfarbe auf dem X-Chromosom lokalisiert. In Anlehnung an die Genetik der Hauskatze (ROBINSON 1991) bezeichnen wir das Allel für orange Farbe mit 0 und das nichtorange Allel mit 0^+, welches dem Wildtyp dieses Allels entspricht. Analysiert man die Katzen nach diesem Fellfarbgen, erhält man für männliche Tiere zwei Phänotypen - orange Kater und nichtorange Kater. Bei den weiblichen Tieren lassen sich aber drei Phänotypen unterscheiden - orange Kätzinnen, nichtorange Kätzinnen und Kätzinnen mit sogenannter Schildpattfärbung. Unter Schildpattfärbung versteht man das gleichzeitige Auftreten von oranger und nichtoranger Fellfarbe bei einem Tier. Die Entstehung dieses dritten Phänotyps bei Kätzinnen bedarf einer Erklärung. Die Ursache besteht im sogenannten LYON-Effekt, der in einer Dosiskompensation der X-Chromosomen besteht. Allen weiblichen Säugern ist gemeinsam, dass in der frühen embryonalen Entwicklung in jeder Zelle eines der beiden X-Chromosomen zufällig inaktiviert wird (Dosiskompensation). Diese Inaktivierung eines X-Chromosoms führt dazu, dass keine intragenischen Wechselwirkungen auftreten können und andererseits alle weiblichen Säuger hinsichtlich dieses Chromosoms Mosaike darstellen. Das gleichzeitige Auftreten von oranger und nichtoranger Fellfarbe ist das Ergebnis dieser Mosaikbildungen und kann nur bei weiblichen Tieren auftreten. Betrachten wir nur ein Beispiel. In der Tierklinik der Universität Leipzig wurde für alle zur Behandlung gebrachten Katzen das Geschlecht und die Fellfarbe notiert. Die Ergebnisse hinsichtlich der Fellfarbe orange stellt die Tabelle 1.13 dar.

Tabelle 1.13: Klinikdaten von Katzen mit der Fellfarbe Orange und Test auf das Hardy-Weinberg-Gleichgewicht (SCHÜLER und BORODIN 1992)

	Anzahl Individuen						
	weiblich				männlich		
	$0^+/0^+$	$0^+/0$	$0/0$	$\sum$	0^+	0	$\sum$
beobachtete GF	143	26	6	175	147	22	169
erwartete GF	138,61	34,3	2,11	175			

χ^2-Test: $\chi^2 = 9,32 > 3,84 \rightarrow$ Population nicht im Gleichgewicht

$$\text{Allelfrequenz von } 0^+ \text{ in weiblichen Tieren} = \frac{2 \times 143 + 26}{2 \times 175} = 0,891$$

$$\text{Allelfrequenz von } 0 \text{ in weiblichen Tieren} = \frac{2 \times 6 + 26}{2 \times 175} = 0,109$$

$$\text{Allelfrequenz von } 0^+ \text{ in männlichen Tieren} = \frac{147}{169} = 0,869$$

$$\text{Allelfrequenz von } 0 \text{ in männlichen Tieren} = \frac{22}{169} = 0,130$$

Aus der Tabelle leiten sich zwei Schlussfolgerungen ab. Zum einen stimmen die Allelfrequenzen an männlichen und weiblichen Katzen annähernd überein (statistisch nichtsignifikant).

Da bei den weiblichen Tieren drei Genotypen auftreten, können diese Daten zum Test auf das Hardy-Weinberg-Gleichgewicht herangezogen werden. Benutzen wir die Allelfrequenz von 0^+, so ergibt sich folgende Genotypenfrequenz von $(0,891)^2$, $2 \times 0,891 \times 0,109$ und $(0,109)^2$ für $0^+/0^+$, $0^+/0$ und $0/0$. Mit einer Gesamtanzahl von 175 Kätzinnen errechnet sich eine erwartete Anzahl der drei Genotypen von 138,6, 34,3 und 2,1. Quadriert man die Differenzen zwischen beobachteten und erwarteten Genotypen, teilt diese Werte durch die erwarteten Genotypen und summiert diese Beträge über alle drei Genotypen, so erhält man den χ^2-Wert von 9,32, der größer ist als der Tafelwert mit einer Irrtumswahrscheinlichkeit von $\alpha = 0,05$. Somit befindet sich die Population nicht im genetischen Gleichgewicht.

Letzteres kann ein Ergebnis des Stichprobenumfanges sein, wahrscheinlich ist aber, dass es sich um keine Zufallsstichprobe handelt, sondern um eine durch bestimmte Fellfarbvorliebe der Besitzer verzerrte Stichprobe.

1.8 Abweichungen von der Panmixie

Eine Voraussetzung für die Ableitung des Hardy-Weinberg-Gesetzes war die Zufallspaarung oder Panmixie. Grundsätzlich kann man zwei verschiedene Formen der nicht zufälligen Paarung unterscheiden. Einmal handelt es sich um die Verpaarung verwandter Individuen, deren Konsequenzen im Kapitel 3 beschrieben werden. Andererseits um Paarungen in Abhängigkeit vom Genotyp, d.h. Paarungen von gleichen oder von ungleichen Genotypen. Paarungen vom Typ gleicher Genotypen werden als assortative Paarungen bezeichnet, während der andere Typ von Paarungen mit ungleichem Genotyp als disassortative Paarungen bezeichnet wird. Ein alter Grundsatz der Tierzucht lautet Paarungen von besten Vatertieren mit besten Muttertieren, wobei die Partner sowohl nach dem Phänotyp als auch nach dem Genotyp ausgewählt werden. Diese Form der positiven assortativen Paarungen hat zum Zuchtfortschritt in der Vergangenheit und in der heutigen Zeit wesentlich beigetragen.

Was sind die Konsequenzen nicht zufälliger Paarungen auf die Allelfrequenzen? Werden gleiche Phänotypen bzw. Genotypen häufiger gepaart als im Vergleich zur Zufallspaarung, so erhöht sich bei den Nachkommen die Häufigkeit der Homozygoten, während die der Heterozygoten sinkt. Als Konsequenz ergibt sich letztlich, dass sich die Population in zwei Gruppen unterteilt, da Paarungen innerhalb der Gruppen häufiger sind als zwischen den Gruppen. Letztlich stellt sich ein Gleichgewicht der Allelfrequenzen ein, bei der die Genotypenfrequenzen konstant gehalten werden.

Im Gegensatz führt die disassortative Paarung zu einer erhöhten Häufigkeit von heterozygoten Genotypen und verringert die Häufigkeit der Homozygoten. Aber auch die Allelfrequenzen ändern sich. Bei disassortativen Paarungen haben seltene Genotypen eine höhere Wahrscheinlichkeit zur Paarung zu gelangen, was bedeutet, dass Allele mit geringer Frequenz bevorzugt werden. Sie erreichen letztlich einen intermediären Wert, bei der alle Genotypen gleich häufig sind, also einer Allelfrequenz von 0,5 entgegenstreben.

2 Veränderungen der genetischen Struktur einer Population

Bei der Ableitung des Gesetzes von HARDY und WEINBERG über das genetische Gleichgewicht in Populationen wurden zahlreiche Einschränkungen gemacht. In realen Populationen treffen diese idealisierten Voraussetzungen nur äußerst selten zu. Nutztierpopulationen unterliegen vielmehr einer Reihe von Einflüssen, die die genetische Struktur einer Population gerichtet und ungerichtet im züchterischen Sinne beeinflussen.

In den weiteren Betrachtungen wollen wir diese Einflüsse in zwei Gruppen einteilen. Die erste Gruppe von Einflussfaktoren enthält Migration, Mutation und Selektion, die auch als systematische Einflussfaktoren bezeichnet werden. Die Bezeichnung systematische Faktoren kommt daher, dass sich die Wirkung auf die Genotypen- und Allelfrequenzen sowohl in ihrem Ausmaß als auch in ihrer Wirkungsrichtung vorhersagen lässt. Unter Ausmaß wird die quantitative Wirkung auf die Frequenz und als Wirkungsrichtung eine Erhöhung oder Verringerung der Frequenzen verstanden.

Die Faktoren in der zweiten Gruppe sind dadurch gekennzeichnet, dass sich zwar das Ausmaß der Frequenzveränderungen, aber nicht die Wirkungsrichtung vorhersagen lässt. Aus diesem Grund werden die Faktoren auch als nichtsystematische Einflussfaktoren bezeichnet. Der wichtigste nichtsystematische Einflussfaktor ist die genetische Drift. Die Zusammenhänge werden im Kapitel 3 erläutert.

2.1 Migration

> Unter der Migration versteht man die Zu- bzw. Abwanderung von Tieren aus einer Population, die damit Einfluss auf die Allelfrequenzen hat.

Die Emigration bezeichnet die Abwanderung von Allelen, z.B. verursacht durch den Verkauf und das Umsetzen von Tieren. Die Immigration, die die Zuwanderung von Allelen umfasst, erfolgt bei Zukauf oder Einkreuzung von Tieren in eine Population. Die Problematik der Emigration wird im Zusammenhang mit der Selektion betrachtet, so dass wir uns auf die Immigration bei den nachfolgenden Betrachtungen beschränken wollen. Für die Darstellung der Allelfrequenzänderungen durch Immigration sind folgende Angaben erforderlich:

Es besteht eine Differenz in den Allelfrequenzen zwischen der vorhandenen Population (A) und den immigrierenden Tieren (B). Ebenso muss die Immigrationsrate (m) bekannt sein. Die Immigrationsrate (m) bezeichnet den Anteil immigrierter Tiere zur Anzahl vorhandener Tiere in der Population ($1 - m$). Eine Veränderung von p und q in der Population erfolgt, wenn $p_A \neq p_B$ ist. Ist dagegen $p_A = p_B$, so ändert sich die Allelfrequenz nicht.

Für die Berechnung der durch Immigration verursachten Veränderung der Allelfrequenz nach einer Generation gilt

$$\Delta p = m(p_B - p_A) \tag{2.1}$$

und die Allelfrequenz bei den Nachkommen (p') erhält man mit

$$\begin{aligned} p' &= p_A + \Delta p \quad \text{bzw.} \\ p' &= (1 - m)p_A + mp_B \end{aligned} \tag{2.2}$$

Beispiel 2.1 Die vorhandene Population besitzt für das Allel A$_1$ eine Frequenz von $p_A = 0,3$, die immigrierende Population eine von $p_B = 0,7$. Der Anteil immigrierender Tiere sei 20%, d.h. die neue Population besteht zu 80% aus einheimischen und zu 20% aus zugewanderten Tieren beiderlei Geschlechts. Die Vermehrungsrate der einheimischen und zugewanderten Tiere sei gleich. In diesem Fall berechnet sich die Allelfrequenzänderung als

$$\Delta p = 0,2(0,7 - 0,3) = 0,08$$

und für die Nachkommengeneration gilt

$$p' = 0,3 + 0,08 = 0,38$$

In der Praxis werden meist nur Tiere eines Geschlechts (männliche Tiere, Sperma) als zuwandernde Tiere eingesetzt. In dieser Situation beschreibt m den Anteil der zugewanderten an allen männlichen Tieren. Unter diesen Bedingungen sind nur 50% der elterlichen Gameten von der Zuwanderung betroffen und es gilt:

$$\Delta p = \frac{1}{2}m(p_B - p_A). \tag{2.3}$$

Die beiden Zuchtverfahren Veredlungs- und Verdrängungszucht sind Formen der Migration in der praktischen Tierzucht. Bei der Veredlungszucht ist das Ziel der Migration die zusätzliche Einfuhr fremder Allele in geringen Mengen. Ein typisches Beispiel ist die Einkreuzung von Vollblütern in der Hannoverschen Warmblutzucht. Dagegen werden bei der Verdrängungszucht die einheimischen Allele nach und nach durch die immigrierenden Allele ersetzt. Unter dem Aspekt der Migration kann man i.w.S. auch Kreuzungszuchtverfahren betrachten.

2.2 Mutation

Bei der Betrachtung von Mutationen wollen wir uns auf Genmutationen beschränken[1], weil nur diese zu einem neuen Allel eines Gens führen. Weiterhin sind bei dieser Betrachtung zwei Mutationstypen zu unterscheiden. Zum einen betrachten wir die Hinmutation von einem Wildtyp zu einem mutierten Typ, zum anderen den sehr viel selteneren Fall der Rückmutation vom mutierten Allel zum Wildtyp. Für beide Mutationstypen ist typisch, dass sie mit einer charakteristischen Frequenz in der Population auftreten. Bezeichnet man die Auswirkungen der Mutation (z.B. $A_1 \rightarrow A_2$) mit der Mutationsrate u, die Rückmutation ($A_2 \rightarrow A_1$) mit der Rückmutationsrate v und die entsprechenden Allelfrequenzen mit p und q, so lässt sich dies wie folgt darstellen:

$$\text{Mutationsrate}: \qquad A_1 \; \underset{v}{\overset{u}{\rightleftarrows}} \; A_2$$

$$\text{Ausgangsallelfrequenz}: \quad p \qquad q$$

Ist die Allelfrequenz von A_1 gleich p, so ist die Allelfrequenz des daraus neu mutierten A_2-Allels in der nächsten Generation up. Daraus ergibt sich die neue Allelfrequenz von $A_1(p')$ als

$$p' = p - up \quad \text{und} \quad q' = q + up \tag{2.4}$$

Wird die Rückmutation ($A_2 \rightarrow A_1$) mit der Häufigkeit vq in die Betrachtung einbezogen, so ergibt sich die Allelfrequenz von A_1 nach einer Generation als

$$\Delta p = p' - p = vq - up. \tag{2.5}$$

Gilt $up = vq$, so heben sich die Wirkungen auf und es herrscht ein Gleichgewicht in den Allelfrequenzen. Die Gleichgewichtsfrequenz von p wird

$$p = \frac{v}{u + v}.$$

Die Mutationsraten eines Gens und Organismus betragen etwa 10^{-5} oder 10^{-6} pro Generation, d.h. in jeder 100 000 bzw. 1 000 000 Gamete existiert ein neues Allel. Trotz dieser geringen Rate bilden die Mutationen die Grundlage der genetischen Variabilität. Andererseits zeigt sich, dass die Rückmutationsrate etwa $\frac{1}{10}$ der Hinmutationsrate beträgt.

---

[1] Man kennt auch Genom- und Chromosomenmutationen.

Hieraus könnte man schlussfolgern, dass sich in langen Generationsfolgen die Frequenz des Wildtyps eines Allels verringert und sich ein Gleichgewicht einstellt, das dem Verhältnis der Hin- zur Rückmutationsrate entspricht. Dies ist in natürlichen Populationen jedoch nicht der Fall, weil die Fitness von Wildtyp und Mutante meist sehr unterschiedlich ist. Mutanten unterliegen daher meist einem starken Selektionsdruck (s.u.).

2.3 Selektion

Bei den Eingangsvoraussetzungen wurde unterstellt, dass die Fertilität und Vitalität aller Tiere einer Population gleich ist. Unterstellen wir eine unterschiedliche Fortpflanzungsfähigkeit von Tieren einer Population (bedingt durch natürliche und/oder künstliche Selektion), so kann man diese durch den Selektionskoeffizienten s beschreiben. Der Selektionskoeffizient gibt an, um welchen Anteil die Fitness eines Genotypen gegenüber dem Normalfall reduziert ist. Dementsprechend beträgt die relative Fitness eines Genotypen $1 - s$. Eine relative Fitness von 0,8 für einen Genotypen bedeutet, dass dieser zur nächsten Generation nur 80% der Nachkommen beisteuert, die man aufgrund der Hardy-Weinberg-Proportionen erwartet hätte, da $s = 0,2$ ist.

Wird ein Genotyp vollständig gemerzt, d.h. er trägt nicht zum Genpool der nächsten Generation bei, so ist sein Selektionskoeffizient 1. Bei einem autosomalen Genort mit zwei Allelen existieren drei Genotypen, von denen jeder einen unterschiedlichen Selektionskoeffizienten besitzen kann. In diesem Fall kennzeichnen wir den Selektionskoeffizienten durch einen Index (s_1, s_2, s_3).

In Tabelle 2.1 sind die Möglichkeiten der Selektion bei einem autosomalen Locus mit zwei Allelen dargestellt. Es ist zu beachten, dass die natürliche Selektion bei allen Dominanzverhältnissen gegen alle drei Genotypen wirken kann. Bei der künstlichen Selektion hängen die Wirkungsmöglichkeiten davon ab, welche Phänotypen man unterscheiden kann.

Das Ziel der folgenden Betrachtungen besteht darin, die Veränderungen der Allelfrequenzen bei unterschiedlichen Selektionsstrategien zu quantifizieren. Bei der künstlichen Selektion bemüht man sich, möglichst alle unerwünschten Genotypen zu eliminieren. Oftmals gelingt dies aber nicht, weil entweder nicht alle unerwünschten Genotypen erkannt werden können (heterozygote Träger bei dominantem Erbgang) oder die Zahl der unerwünschten Genotypen so groß ist, dass eine Merzung innerhalb einer Generation nicht möglich ist. Bei der natürlichen Selektion werden die Extremsituatio-

Tabelle 2.1: Selektionsmöglichkeiten bei einem autosomalen Locus mit zwei Allelen

Selektionsart	Genotypen (GT)		
	A_1A_1	A_1A_2	A_2A_2
Selektion gegen rezessive homozygote GT	1	1	$1-s$
Selektion gegen dominant homozygote GT	$1-s$	1	1
Selektion gegen heterozygote GT	1	$1-s$	1
Selektion gegen heterozygote und rezessive GT	1	$1-s_1$	$1-s_2$
Selektion gegen heterozygote und dominante GT	$1-s_1$	$1-s_2$	1
Selektion gegen beide homozygoten GT	$1-s_1$	1	$1-s_2$
Selektion gegen alle drei Genotypen	$1-s_1$	$1-s_2$	$1-s_3$

nen ($s = 0$ oder $s = 1$) nur selten erreicht. Meist existieren nur graduelle Unterschiede in der Fitness der drei Genotypen.

Bei der ausführlichen Darstellung der Wirkung der Selektion beschränken wir uns auf den Fall der Selektion gegen ein rezessives Allel. Dies ist aus der Sicht der Pathogenetik der wichtigste Fall, da viele genetisch bedingte Krankheiten auf einem rezessiven monogenen Erbgang basieren und daher nur im homozygot rezessiven Genotyp (A_2A_2) überhaupt sichtbar und der Selektion zugänglich sind.

2.3.1 Selektion gegen den rezessiven Genotyp

Tabelle 2.2 stellt die Genotypfrequenzen vor und nach der Selektion mit einem Selektionskoeffizienten von s gegen den homozygoten Genotyp A_2A_2 dar.

Tabelle 2.2: Selektion gegen den rezessiven Genotyp

	Genotyp			
	A_1A_1	A_1A_2	A_2A_2	Summe
Ausgangsgenotypfrequenz	p^2	$2pq$	q^2	1
Selektionskoeffizient	0	0	s	
Fitness	1	1	$1-s$	
Genotypfrequenz nach 1 Generation Selektion	p^2	$2pq$	$q^2(1-s)$	$1-sq^2$

Es ist zu beachten, dass sich die Summe aller Genotypen um den Betrag sq^2 verringert hat. Daraus folgt für die Berechnung der Allelfrequenz für die neue Generation (q_1)

$$q_1 = \frac{q^2(1-s) + pq}{1 - sq^2}$$

Setzt man $p = (1 - q)$, so folgt

$$q_1 = \frac{q - sq^2}{1 - sq^2} \qquad (2.6)$$

und die Veränderungen der Allelfrequenzen für q nach einer Generation beträgt

$$\Delta q = q - q_1 \quad \text{bzw.}$$

$$\Delta q = \frac{-sq^2(1-q)}{1 - sq^2} \qquad (2.7)$$

Aus diesen Zusammenhängen leitet sich ab, dass der Erfolg der Selektion in der Generationsfolge nicht nur von der Selektionsintensität, sondern auch von der Allelfrequenz der Ausgangspopulation abhängig ist.

Wieviele Generationen werden benötigt, um eine gewünschte Allelfrequenzveränderung zu erreichen? Dies ist eine wichtige praktische Fragestellung, um z.B. die Effektivität von erbhygienischen Maßnahmen zu beurteilen. Bevor wir dies anhand unseres Beispiels aus der Schweinezucht demonstrieren wollen, sollen die theoretischen Grundlagen dargestellt werden.

Betrachten wir den Fall des dominanten Erbganges, bei dem in jeder Generation die homozygot rezessiven Tiere vollständig ($s = 1$) eliminiert werden. Man erhält unter Verwendung der Formel 2.6:

$$q_1 = \frac{q_0 - 1q_0^2}{1 - 1q_0^2} = \frac{q_0(1 - q_0)}{(1 + q_0)(1 - q_0)} \quad \text{und somit}$$

$$q_1 = \frac{q_0}{1 + q_0} \qquad (2.8)$$

und für die nächste Generation

$$q_2 = \frac{q_1}{1 + q_1}$$

$$= \frac{q_0}{1 + 2q_0} \qquad (2.9)$$

Dieser Zusammenhang lässt sich für t Generationen verallgemeinern

$$q_t = \frac{q_0}{1 + t \cdot q_0} \qquad (2.10)$$

Hieraus kann man die Anzahl Generationen ableiten, die für eine Allelfrequenzveränderung von q_0 nach q_t benötigt werden

$$t = \frac{q_0 - q_t}{q_0 q_t}$$
$$= \frac{1}{q_t} - \frac{1}{q_0} \tag{2.11}$$

Beispiel 2.2 Berechnung der notwendigen Anzahl Generationen bis zur Eliminierung eines unerwünschten Allels.

Diese Zusammenhänge sollen am Beispiel der vollständigen Selektion des Allels für Stressanfälligkeit beim Schwein (MHS-Gen) dargestellt werden. In den Schweinepopulationen DE, DL und Pi betrugen die Frequenzen des unerwünschten Allels des MHS-Gens 0,22, 0,55 und 0,92. Unterstellen wir, dass sowohl die Sauen als auch die Eber mittels Halothantest geprüft wurden, so können wir die rezessiv homozygoten Genotypen (nn, stressanfällig im Halothantest) von den beiden anderen Genotypen unterscheiden. Werden in jeder Generation die rezessiv homozygoten Tiere vollständig gemerzt ($s = 1$), so verringern sich die Allelfrequenzen in aufeinanderfolgenden Generationen für die drei Populationen wie in der nachfolgenden Tabelle 2.3 dargestellt.

Tabelle 2.3: Verringerung der Allelfrequenz (q) des MHS-Gens bei vollständiger Selektion gegen die Merkmalsträger in der Generationsfolge

Generation	Population		
	DE	DL	Pi
0	0,22	0,55	0,92
1	0,18	0,35	0,48
2	0,15	0,26	0,32
3	0,13	0,21	0,24
4	0,12	0,17	0,20
5	0,10	0,15	0,16
6	0,095	0,13	0,14
7	0,087	0,11	0,12
8	0,080	0,10	0,11
9	0,074	0,092	0,099
10	0,069	0,085	0,090

Aus der Tabelle 2.3 lassen sich einige praktische Schlussfolgerungen für die Selektion gegen rezessiv homozygote Merkmalsträger ableiten. Zunächst kann man beobachten, dass die Effizienz bei einer hohen Frequenz des unerwünschten Allels sehr hoch ist. Mit abnehmender Allelfrequenz lässt die Effizienz sehr rasch nach und unter 0,1 sind kaum noch Erfolge zu erzielen. Der Grund dafür ist in den unerkannten heterozygoten Trägern zu sehen. Bei einer Allelfrequenz von 0,1 treten 1% befallene Tiere auf. Diese werden erkannt und gemerzt. Dagegen sind 18% der Tiere in der Population heterozygote Träger des unerwünschten Allels, die nicht erkannt und folglich auch nicht gemerzt werden. Tabelle 2.4 stellt diese Zusammenhänge noch einmal in anderer Form dar.

Tabelle 2.4: Erforderliche Anzahl Generationen zur Erreichung einer Allelfrequenz q_t für unterschiedliche Ausgangsfrequenzen q_0 (nach Formel 2.11)

q_0	q_t							
	$\geq$0,5	0,4	0,3	0,2	0,1	0,05	0,01	0,001
1	1	2	3	4	9	19	99	999
0,9	1	2	3	4	9	19	99	999
0,8	1	2	3	4	9	19	99	999
0,7	1	2	2	4	9	19	99	999
0,6	1	1	2	4	9	19	99	999
0,5		1	2	3	8	18	98	998
0,4			1	3	8	18	98	998
0,3				2	7	17	97	997
0,2					5	15	95	995
0,1						10	90	990
0,05							80	980
0,01								900

Die praktische Schlussfolgerung lautet, dass erbhygienische Maßnahmen bei rezessiven Erbkrankheiten wenig wirksam und nur dann sinnvoll sind, wenn es um die Prüfung von Vatertieren für die künstliche Besamung geht oder wenn molekulargenetische Tests eine Erkennung der heterozygoten Träger erlauben.

Es ist wahrscheinlich, dass in überschaubaren Zeiträumen derartige Methoden zur Verfügung stehen, wie sie u.a. für Weaver[2], DUMPS[3] und MHS bereits existieren.

Wenn aber der heterozygote Genotyp A_1A_2 identifizierbar ist, kann auf eine Erbhygiene im Sinne einer vollständigen Elemination des unerwünschten Allels verzichtet werden, unter der Bedingung, dass heterozygote Tiere nur an A_1/A_1-Genotypen angepaart werden und Paarungen heterozygoter Tiere miteinander vermieden werden. Bei dieser Strategie treten keine Merkmalsträger mehr auf und das Problem ist elegant gelöst. In der Generationsfolge wird sich die Allelfrequenz von A_2 unter dieser Paarungsmethode verringern.

2.3.2   Selektion gegen den dominanten Genotyp

Eine Selektion gegen dominante Genotypen bedeutet, dass sowohl der Genotyp A_1A_1 als auch der Genotyp A_1A_2 selektiv benachteiligt werden bzw. deren relative Fitness reduziert ist. Diese Bedingungen sind in Tabelle 2.5 dargestellt.

Tabelle 2.5: Selektion gegen dominante Genotypen

| | Genotyp | | | |
	A_1A_1	A_1A_2	A_2A_2	Summe
Ausgangsgenotypfrequenz	p^2	$2pq$	q^2	1
Selektionskoeffizient	s_1	s_2	-	
Fitness	$1 - s_1$	$1 - s_2$	1	
Genotypfrequenz nach 1 Generation Selektion	$p^2(1-s_1)$	$2pq(1-s_2)$	q^2	$1 - s_1p^2 - 2s_2pq$

Zur Vereinfachung nehmen wir an, dass die Selektion gegen A_1A_1 und A_1A_2 gleich wirkt, d.h. $s_1 = s_2 = s$. Nach einer Generation Selektion beträgt die Allelfrequenz von A_2 gleich

$$q_1 = \frac{q - sq + sq^2}{1 - s + sq^2} \qquad (2.12)$$

[2]   Weaver - Bovine progressive degenerative Myeloenzephalopathie
[3]   DUMPS - Defizienz der Uridin Monophosphat Synthetase

und die Allelfrequenzänderung (Δq)

$$\Delta q = \frac{sq^2(1-q)}{1 - s(1 - q^2)} \tag{2.13}$$

Aus diesen Beziehungen ist ersichtlich, dass der Erfolg einer derartigen Selektion gegen die dominanten Phänotypen von zwei Faktoren abhängt:

- der Höhe der beiden Selektionskoeffizienten und

- der Allelfrequenz vor der Selektion.

Setzt man verschiedene Werte beider Faktoren in Gleichung 2.13 ein, so ergibt sich, dass sich die Frequenz eines dominanten Allels stark reduziert. Im Extremfall können s_1 und s_2 gleich 1 sein, d.h. vollständige Selektion gegen beide dominanten Genotypen. Das bedeutet, dass beide Genotypen nicht zum Genpool der nächsten Generation beitragen und das Allel innerhalb einer Generation eliminiert wird. Formel 2.13 reduziert sich in diesem Fall auf

$$\Delta p = -p. \tag{2.14}$$

2.3.3   Selektion gegen den heterozygoten Genotyp

Bei der Analyse dieser Art der Selektion sind zwei Fälle zu unterscheiden. Im einen Fall haben beide homozygoten Genotypen die gleiche, im anderen Fall unterschiedliche Fitness. Allgemein gilt bei Selektion gegen heterozygote Genotypen, dass aus der Population die A_1- und A_2-Allele in gleicher Zahl eliminiert werden. Dies hat aber relativ gesehen einen größeren Einfluss auf dasjenige Allel, welches mit geringerer Frequenz vorkommt.

Zur Veranschaulichung soll ein Beispiel betrachtet werden. Unterstellen wir eine Population mit 100 Tieren und eine Allelfrequenz von A_1 mit 0,7 und A_2 mit 0,3, so sind nach dem Hardy-Weinberg-Gesetz 49 A_1A_1, 42 A_1A_2 und 9 A_2A_2 Genotypen vorhanden. Werden 10 Tiere des Genotyps A_1A_2 eliminiert und tragen nicht zum Genpol der nächsten Generation bei, ergeben sich 49 A_1A_1, 32 A_1A_2 und 9 A_2A_2 Individuen. Diese erzeugen bei Zufallspaarung und der reduzierten Populationsgröße von 90 Tieren für die Nachkommengeneration eine Allelfrequenz von $(2 \times 49 + 32)/180 = 0{,}72$ für A_1 und 0,28 für A_2. Allgemein wird im Fall der gleichen Fitness der beiden homozygoten Genotypen das Allel mit der geringeren Häufigkeit reduziert.

2.3.4   Selektion auf den heterozygoten Genotyp

Wie in den vorigen Abschnitten gezeigt wurde, führt eine Selektion gegen dominante und/oder rezessive Genotypen zu einer Reduzierung ihrer Häufigkeiten bis hin zum Allelverlust und der Allelfixierung. Eine andere Situation ergibt sich, wenn man den Fall betrachtet, dass die Selektion den heterozygoten Genotyp bevorzugt. Dies tritt dann auf, wenn dieser Genotyp eine höhere Fitness hat im Vergleich zu den beiden homozygoten Genotypen. Bevorzugt die Selektion die Heterozygoten, so tendiert die Allelfrequenz zu einem mittleren Gleichgewicht, bei dem beide Allele in der Population bleiben. Die Veränderung der Allelfrequenz nach einer Generation Selektion ergibt sich als

$$\Delta q = \frac{pq(s_1 p - s_2 q)}{1 - s_1 p^2 - s_2 q^2} \tag{2.15}$$

Sind $s_1 p = s_2 q$, so sind die Gleichgewichtsbedingungen erfüllt und die Allelfrequenzen sind dann

$$\frac{p}{q} = \frac{s_2}{s_1} \tag{2.16}$$

oder

$$q = \frac{s_1}{s_1 + s_2} \tag{2.17}$$

Wann immer die Allelfrequenz einen Betrag zwischen 0 und 1 annimmt, wird die Selektion sie zu dem durch Gleichung 2.17 gegebenen Gleichgewicht hin verändern, so dass beide Allele immer in der Population bleiben. Eine interessante Konsequenz dieses Gleichgewichts ist, dass die Allelfrequenz nicht vom Grad der Überlegenheit der Heterozygoten, sondern von der relativen Unterlegenheit des einen Homozygoten im Vergleich mit dem anderen Homozygoten abhängt.

2.4   Gleichgewicht zwischen Selektion und Mutation für dominante Allele

In den Kapiteln 2.1 bis 2.3 sind die systematischen Faktoren – Migration, Mutation und Selektion – unabhängig voneinander in ihrer Wirkung auf die genetischen Strukturen der Population beschrieben worden. Realistischer ist es, diese Faktoren in Kombination miteinander zu betrachten und ihre gemeinsamen Auswirkungen auf die genetische Zusammensetzung der Population zu beschreiben. Insbesondere das Gleichgewicht zwischen Mutation und Selektion ist für züchterische Fragestellungen bedeutsam.

Trotz geringer Mutationshäufigkeiten ist der Fall zu betrachten, dass durch Mutation immer wieder ein rezessives Allel in ein dominantes mutiert und die Selektion dieses aus der Population zu eliminieren versucht. Als Ergebnis dieser beiden entgegengesetzten Wirkungen wird es ein Gleichgewicht zwischen Mutation und Selektion geben. Dieses Gleichgewicht ist erreicht, wenn die Anzahl von mutierten Allelen, die in die Population eintreten, ebenso groß ist wie die Anzahl derjenigen Allele, die durch die Selektion entfernt werden. Unter diesen Bedingungen bleibt die Frequenz dominanter Allele in der Population konstant und das Selektions-Mutations-Gleichgewicht ist erreicht.

Da wir hier nur seltene Mutationen mit einer typischen Rate von 10^{-5} bis 10^{-6} behandeln, kann man die sehr geringe Häufigkeit von homozygoten Mutanten vernachlässigen. Da q sehr klein ist, vernachlässigen wir ebenfalls die Rückmutationsrate. Damit folgt für das Gleichgewicht zwischen Mutation und Selektion aus 2.5 und 2.7:

$$up \approx \frac{sq^2(1-q)}{1-sq^2}$$

Der Ausdruck lässt sich noch weiter vereinfachen, da $1-sq^2$ ungefähr gleich 1 ist. Damit ergibt sich

$$u \approx sq^2$$

Damit ergibt sich für die Gleichgewichtsfrequenz

$$q \approx \sqrt{\frac{u}{s}}.$$

Da bei dem sehr kleinen q der Wert von p ungefähr bei 1 liegt und die Mutanten fast ausschließlich als Heterozygote auftreten, ergibt sich für die Häufigkeit von Mutanten ca. $2\sqrt{u/s}$. Wenn alle Mutanten durch die Selektion eliminiert werden, ist die Gleichgewichtsfrequenz gleich der Mutationsrate. In allen anderen Fällen liegt sie höher als die Mutationsrate.

Dazu ein Beispiel: Bei einem schwachen Selektionskoeffizienten von $s = 0,02$ und einer Mutationsrate von $u = 10^{-6} = 0,000001$ beträgt das Gleichgewicht der Allelfrequenz 0,00005. Dementsprechend findet sich etwa eine Mutante pro 20 000 Individuen. Daraus kann man schließen, dass bereits eine sehr geringe Selektionsintensität ausreicht, ein dominantes Allel auf einer sehr geringen Frequenz zu erhalten.

2.5   Test auf Anlageträger

In der Pathogenetik werden die Begriffe Anlageträger bzw. Merkmalsträger synonym für den heterozygoten Genotyp und für den homozygot rezessiven Genotyp verwendet. Wie im Abschnitt 2.3.1 dargestellt, ist eine effektive Erbhygiene nur möglich, wenn es gelingt, auch die scheinbar gesunden Anlageträger zu erkennen und diese in die Selektion mit einzubeziehen. Aber es ist auch möglich, durch die Vermeidung von Paarungen zweier Anlageträger das Entstehen von Merkmalsträgern auszuschließen. Das bedeutet, dass die Paarungen nur zwischen Anlageträgern und Nicht-Anlageträgern erfolgen, in deren Ergebnis mit einer Wahrscheinlichkeit von 50% bei den Nachkommen Nicht-Anlageträger und Anlageträger auftreten. Mit diesem Paarungstyp bleibt das rezessive Allel in heterozygoter Form in der Population erhalten und seine Frequenz nimmt langsam ab.

Durch molekulargenetische Nachweismethoden werden gegenwärtig und zukünftig immer mehr Erbkrankheiten mit einem autosomal rezessiven Erbgang einer effektiven Erbhygiene zugeführt werden. Unabhängig von diesen neuen Methoden sind jedoch schon früher durch Testpaarungen Methoden entwickelt worden, Anlageträger zu erkennen. Derartige Testpaarungen wurden hauptsächlich für männliche Zuchttiere in die Zuchtverfahren integriert. Zwar ist es prinzipiell auch für weibliche Tiere möglich, Anlageträger durch Testanpaarung zu erkennen, jedoch wird dabei ein erheblicher Teil der Reproduktionskapazität dieser Tiere „verbraucht". Nachfolgend sollen die Möglichkeiten der Testpaarung auf Anlageträger dargestellt sowie die Vor- und Nachteile demonstriert werden.

In Abhängigkeit von der Kenntnis der Genotypen der Paarungspartner sind folgende Testpaarungen möglich

- Anpaarung an Merkmalsträger (A_2A_2)

- Anpaarung an bekannte Anlageträger (A_1A_2)

- Inzuchtanpaarungen an Voll- und Halbgeschwister bzw. Nachkommen

- Anpaarungen an eine Stichprobe der Population

Alle Paarungstypen liefern als Antwort eine Wahrscheinlichkeit, mit der das zu testende Tier (der Proband) den Genotyp A_1A_1 besitzt. Eine sichere Entscheidung über den Genotyp des zu testenden Tieres liegt jedoch nur dann vor, wenn unter den Nachkommen ein Merkmalsträger (A_2A_2) auftritt. In diesem Fall wird die Wahrscheinlichkeit, dass der Proband den Genotyp

A_1A_1 besitzt, gleich Null. In allen anderen Fällen ergibt sich als Ergebnis der Testanpaarungen eine Irrtumswahrscheinlichkeit für die Hypothese: „Der Proband hat den Genotyp A_1A_1". Die aus diesem Zusammenhang abzuleitende Frage ist, wieviele Nachkommen notwendig sind, um die Irrtumswahrscheinlichkeit unter einen bestimmten Wert zu drücken.

Anpaarung an Merkmalsträger

Unterstellen wir, dass das zu testende Tier ein Anlageträger ist (A_1A_2), so kann man diesen Paarungstyp als $A_1A_2 \times A_2A_2$ darstellen. Für die Nachkommen resultieren mit einer Wahrscheinlichkeit von 0,5 die beiden Genotypen A_1A_2 und A_2A_2. Liegt der Genotyp A_1A_2 beim ersten Nachkommen vor, so wird mit einer Wahrscheinlichkeit von 0,5 der Proband nicht als Anlageträger erkannt. Mit jedem weiteren Nachkommen wird diese Wahrscheinlichkeit halbiert, d.h. für zwei Nachkommen mit dem Genotyp A_1A_2 ist die Wahrscheinlichkeit $0,5 \times 0,5 = 0,5^2 = 0,25$. Bei drei Nachkommen dieses Genotyps bereits $0,5^3 = 0,125$ und für n-Nachkommen $(0,5)^n$. Diese Beziehung lässt sich nach n (Anzahl Nachkommen) auflösen, wenn man eine Wahrscheinlichkeit vorgibt. Soll die Irrtumswahrscheinlichkeit für einen Probanden unter 5% betragen, lautet die zu lösende Gleichung $(0,5)^n \leq 0,05$, was zu einem n von 5 Nachkommen führt. Wird die Wahrscheinlichkeit auf 1% reduziert, so benötigt man 7 Nachkommen mit dem Genotyp A_1A_2. Es sei nochmals wiederholt, dass eine eindeutige Entscheidung, dass der Proband ein Anlageträger ist, sofort vorliegt, wenn auch nur ein einziger Nachkomme mit dem Genotyp A_2A_2 (Merkmalsträger) auftritt.

Anpaarung an bekannte Anlageträger

Beim Vorliegen der Paarungen $A_1A_2 \times A_1A_2$ (Testtier ist Anlageträger) betragen die Frequenzen für die erwarteten Nachkommengenotypen A_1A_1 und A_1A_2 0,75 und A_2A_2 (Merkmalsträger) 0,25. Analog der vorherigen Testpaarung beträgt die Wahrscheinlichkeit, einen Anlageträger bei diesem Paarungstyp nicht zu erkennen $(0,75)^n$. Auch diese Gleichung kann nach n in Abhängigkeit von der Wahrscheinlichkeit aufgelöst werden und man erhält 11 Nachkommen (A_1A_2) bei 5% und 16 Nachkommen (A_1A_2) bei 1%.

Inzuchtpaarungen

In der Regel handelt es sich bei einem zu testenden Tier um ein männliches. Dieses kann mit seinen Halbschwestern, Vollschwestern und weiblichen Nachkommen angepaart werden. Bei derartigen Paarungen handelt es sich um

Inzucht[4], die zu einer Erhöhung der homozygoten Genotypen und zu einer Reduktion der heterozygoten Genotypen führt.
Diese Erhöhung bzw. Reduktion ist eine Funktion des Inzuchtkoeffizienten. Dieser Koeffizient beträgt für die drei Inzuchtpaarungsmöglichkeiten 0,125 für Halbgeschwister (HG) und 0,25 für Vollgeschwister (VG) und Vater-Tochter-Paarungen. Die Genotypenfrequenzen nach einer Generation betragen:

$$
\begin{array}{ll}
A_1A_1 & p_0^2 + p_0q_0F \\
A_1A_2 & 2p_0q_0 - 2p_0q_0F \\
A_2A_2 & q_0^2 + p_0q_0F
\end{array}
\tag{2.18}
$$

Inzuchtanpaarungen haben dann entscheidende Vorteile gegenüber den anderen Verfahren, wenn der Erbfehler bereits sehr selten ist. Anpaarungen an eine Zufallsstichprobe werden dann wegen der geringen Allelfrequenz sehr ineffizient und auch die Verfügbarkeit bekannter Träger nimmt ab. Da die Inzuchtanpaarungen innerhalb einer Familie durchgeführt werden, spielt die Frequenz des Defekts in der Population keine Rolle für die Irrtumswahrscheinlichkeit. In Tabelle 2.6 sind diese Zusammenhänge dargestellt.

Tabelle 2.6: Anstieg der Häufigkeit des Auftretens von Merkmalsträgern nach Inzuchtpaarungen

| | | Paarungstyp | | | |
| | | HG (F=0,125) | | VG (F=0,25) | |
q_0	q_0^2	$q_0^2 + p_0q_0F$	$\dfrac{q_0^2 + p_0q_0F}{q_0^2}$	$q_0^2 + p_0q_0F$	$\dfrac{q_0^2 + p_0q_0F}{q_0^2}$
0,50	0,25	0,28	1,12	0,31	1,24
0,40	0,19	0,13	1,19	0,22	1,37
0,30	0,09	0,12	1,33	0,14	1,56
0,20	0,04	0,06	1,50	0,08	2,00
0,10	0,01	0,0212	2,12	0,0325	3,25
0,05	0,025	0,0084	8,40	0,0144	5,76
0,01	0,0001	0,0013	13,00	0,0026	26,00
0,001	0,000001	0,000126	250,8	0,000251	251,0

---

[4]　Inzucht wird im Kapitel 3 ausführlich behandelt

Eine Konsequenz der Inzuchtpaarungen ist, dass die Anzahl Nachkommen aus Testpaarungen im Vergleich zu den anderen Verfahren deutlich reduziert werden kann.

Anpaarung an eine Stichprobe der Population

Wird das zu testende Tier an eine Zufallsstichprobe der Population angepaart, so ergeben sich für einen Anlageträger die in Tabelle 2.7 dargestellten erwarteten Genotyphäufigkeiten für die Nachkommenschaft.

Tabelle 2.7: Erwartete Nachkommengenotypfrequenzen bei Paarung eines Anlageträgers an eine Zufallsstichprobe der Population

		Gameten des Anlageträgers			
		0,5 A_1		0,5 A_2	
Gameten der	p A_1	0,5 p	A_1A_1	0,5 p	A_1A_2
Population	q A_2	0,5 q	A_1A_2	0,5 q	A_2A_2

Die Wahrscheinlichkeit für einen normalen Phänotyp bei den Nachkommen ist

$$0,5p + 0,5p + 0,5q = p + 0,5q = 1 - 0,5q.$$

Die Wahrscheinlichkeit, einen Anlageträger als solchen zu entdecken, beträgt bei diesem Paarungstyp $(1 - 0,5q)^n$, wobei n die Anzahl Nachkommen bezeichnet. Die Anzahl der für eine bestimmte Irrtumswahrscheinlichkeit benötigten Nachkommen ist folglich nicht nur eine Funktion von n, sondern auch der Frequenz q des Allels A_2 in der Population. Je geringer diese Frequenz in der Population ist, um so mehr phänotypisch normale Nachkommen benötigt man, um bei einem Probanden eine geringe Irrtumswahrscheinlichkeit zu erzielen.

Die Anzahl benötigter Nachkommen hängt von folgenden Faktoren ab:

- von der Frequenz des Allels,

- von der Paarungsmethode,

- von der Wurfgröße,

- von der gewünschten Irrtumswahrscheinlichkeit .

Für die vier Paarungstypen sind in Tabelle 2.8 die erforderliche Anzahl Paarungen für eine bestimmte Irrtumswahrscheinlichkeit zusammengestellt.

Tabelle 2.8: Anzahl erforderlicher Testpaarungen in Abhängigkeit von der Anpaarungsmethode und der Irrtumswahrscheinlichkeit von 5% und 1%

	♂		♀	
	Monopare Tiere		Multipare Tiere	
Anpaarungsmethode	Anzahl		Anzahl Würfe	
	Nachkommen		mit 8 Nachkommen	
	5%	1%	5%	1%
an Merkmalsträger (A_2A_2)	5	7	1	1
an Anlageträger (A_1A_1)	11	16	2	2
an Töchter oder Vollschwestern	20	31	5	8
Stichprobe der Population mit:				
$q = 0{,}001$	154	299	53	82
$q = 0{,}005$	90	138	24	37
$q = 0{,}01$	65	99	17	26
$q = 0{,}03$	40	60	10	15
$q = 0{,}10$	24	36	6	9

Diese Tabelle verdeutlicht, dass bei einer geringen Frequenz des zu testenden Allels sehr viele Nachkommen benötigt werden, um einen Probanden mit einer Irrtumswahrscheinlichkeit von 5% bzw. 1% als Anlageträger auszuschließen. Für viele Tierarten und Defektgene sind derartige Nachkommenzahlen nicht zu erreichen. Hinzu kommt, dass bei Entdeckung des Anlageträgers die bis dahin schon durchgeführten Paarungen nicht mehr rückgängig gemacht werden können. Die zukünftige Lösung dieses Problems ist wieder aus der Molekulargenetik zu erwarten, die den Genotyp eines Tieres eindeutig bestimmen kann.

3 Kleine Populationen und Inzucht

Im Kapitel 2 haben wir uns mit den systematischen Einflussfaktoren auf die genetische Struktur einer Population auseinandergesetzt. Nun sollen die nicht-systematischen oder dispersiven Faktoren beschrieben werden, die in kleinen Populationen auftreten und eng mit dem Phänomen der Inzucht verbunden sind. In kleinen Populationen mit Zufallspaarung müssen früher oder später Tiere verpaart werden, die miteinander verwandt sind. Die Paarung von Verwandten, die in kleinen Populationen unvermeidbar ist und ebenso die gezielte Paarung von Verwandten, bezeichnet man als Inzucht. Man kann also die Inzucht einerseits gemäß eines Ansatzes bei der Betrachtung kleiner Populationen, und andererseits aus einer Betrachtung von Individuen und ihren Verwandten heraus beschreiben. Die Auswirkungen auf die genetische Struktur einer Population sind in beiden Fällen identisch.

3.1 Betrachtung (kleiner) Populationen

In den bisherigen Kapiteln zur genetischen Struktur einer Population haben wir immer vorausgesetzt, dass es sich um eine große bzw. unendlich große Population handelt. Diese Voraussetzung wird bei den landwirtschaftlichen Nutztieren sehr selten erfüllt und noch weniger, wenn wir Rassezüchtungen bei den Heimtieren betrachten. Eine wesentliche Konsequenz dieser kleinen Populationsgröße ist, dass sie zu Allelfrequenzveränderungen führt, die, im Gegensatz zur Wirkung der Selektion, Mutation und Migration, nicht in ihrer Richtung vorhergesagt werden können. Deshalb bezeichnet man diese Allelfrequenzveränderungen auch als genetische Drift.

Die biologisch-statistische Ursache dieser Abweichungen von den Verhältnissen in der Idealpopulation ist einzig und allein die begrenzte Populationsgröße. Diese führt dazu, dass Allelfrequenzen sich zufällig verändern und Allele zufällig verloren gehen können. Betrachten wir beispielsweise die kleinstmögliche Population, die nur aus einem männlichen und einem weiblichen Tier besteht, die Wahrscheinlichkeit eines bestimmten Genotyps der Nachkommen ist dann:

		Mutter	
		A_1	A_2
Vater	A_1	1/4	1/4
	A_2	1/4	1/4

Bei konstanter Populationsgröße in der nächsten Generation (wieder zwei Tiere) besteht eine Wahrscheinlichkeit von $1/4 \times 1/4 = 0{,}0625$, dass beide Nachkommen den Genotyp A_2A_2 aufweisen und somit das Allel A_1 verloren wird. Mit derselben Wahrscheinlichkeit wird das Allel A_2 verloren. Folglich bleiben in 87,5% aller Fälle beide Allele in der Folgegeneration erhalten, wenn auch nicht immer in derselben Häufigkeit.

Die allgemeine Schlussfolgerung hieraus lautet: Wenn man eine große Population in viele kleine Subpopulationen unterteilt, geht die Eigenschaft der stabilen Allel- und Genotypfrequenzen aus dem HWG verloren. Innerhalb der einzelnen Subpopulationen „driften" die Genfrequenzen in einer nicht vorhersagbaren Weise von Generation zu Generation. Über alle Subpopulationen hinweg bleiben die Allelfrequenzen und Genotypfrequenzen jedoch stabil! Das charakteristische an diesem allgemein mit „genetischer Drift" bezeichneten Prozess ist also, dass innerhalb der Teilpopulationen die Homozygotie und damit die Uniformität immer weiter zunimmt, während die Unterschiede zwischen den Populationen immer größer werden. Die dabei herrschenden Gesetzmäßigkeiten werden im Folgenden näher erläutert.

3.2   Die Idealpopulation

Als erstes sollen die Auswirkungen der Drift an einer Idealpopulation dargestellt werden. Dazu teilen wir eine große Population in Teilpopulationen auf, die den nachfolgenden Bedingungen gerecht werden soll:

- Die Paarungen erfolgen nur zwischen Mitgliedern der Teilpopulation. Dadurch sind die Teilpopulationen untereinander isoliert und die Migration zwischen ihnen ist ausgeschlossen. Die Generationen sind nicht überlappend.

- Die Anzahl Elterntiere in jeder Teilpopulation ist gleich groß.

- Die Anpaarung innerhalb der Teilpopulationen erfolgt zufällig.

- Es erfolgt keine Selektion und die Wirkung von Mutation wird vernachlässigt.

In Abbildung 3.1 ist die Unterteilung einer großen Population dargestellt.

Abb. 3.1. Schematische Darstellung einer Idealpopulation

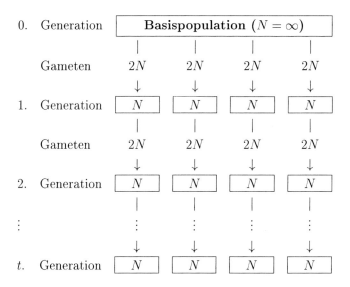

Für die Beschreibung der dispersiven Prozesse in der Idealpopulation werden folgende Symbole benutzt:

N	$=$	Anzahl von Zuchtindividuen in jeder Teilpopulation und Generation
t	$=$	Generationsanzahl
q und p	$=$	Allelfrequenzen in den Teilpopulationen
q_0 und p_0	$=$	Allelfrequenzen in der Basispopulation
$\overline{q_t}$ und $\overline{p_t}$	$=$	Allelfrequenzen als Mittel aller p und q der Teilpopulationen in Generation t

Für die Gesamtpopulation wirken weder Mutation noch Migration oder Selektion. Daher ist klar, dass über die Generationen hinweg die Allelfrequenzen für die Gesamtpopulation konstant bleiben müssen. Die zufallsmäßigen Änderungen der Allelfrequenzen in den Teilpopulationen sind im Einzelfall nicht vorhersehbar. Da die mittlere Allelfrequenz der Gesamtpopulation konstant ist, lässt sich der Prozess nur durch die Veränderung der *Varianz* der

Allelfrequenzen einer jeden Teilpopulation von einer Generation zur nächsten beschreiben.

$$\sigma^2_{\Delta q} = \frac{p_0 q_0}{2N} \tag{3.1}$$

Von einer Generation zur anderen verändert sich also die Varianz der Allelfrequenzen in Abhängigkeit von den Ausgangsfrequenzen und der Größe der Teilpopulationen. Größere Populationen bewirken kleinere Veränderungen und umgekehrt. Im Hinblick auf die Ausgangsfrequenzen ergeben sich die größten Veränderungen, wenn die Allelfrequenzen in der Ausgangssituation intermediär waren.

Im Laufe der Zeit nimmt die Variation innerhalb der Teilpopulationen immer mehr ab, während die Varianz zwischen Teilpopulationen zunimmt (3.1 ist immer positiv). Nach t Generationen ergibt sich für die Varianz der Allelfrequenzen zwischen Teilpopulationen:

$$\sigma^2_{q_t} = p_0 q_0 \left[1 - \left(1 - \frac{1}{2N} \right)^t \right] \tag{3.2}$$

Eine Konsequenz des dispersiven Prozesses besteht darin, dass durch das Auseinanderdriften in einigen Teilpopulationen die Allelfrequenz von 1 bzw. 0 erreicht wird. Man spricht dann davon, dass es in einer Teilpopulation zur Fixierung des einen Allels gekommen ist. Diese Tatsache nutzt man in der Versuchstierzucht zur Züchtung genetisch uniformer, hoch ingezüchteter Populationen. Bei der Züchtung solcher Inzuchtpopulationen möchte man wissen, wie viele Generationen notwendig sind, bis ein Allel fixiert oder verloren ist. Nach WRIGHT (1952) kann man die Anteile von Teilpopulationen, in welchen ein Gen mit der Ausgangsfrequenz q_0 erwartungsgemäß fixiert, verloren oder noch segregierend ist, wie folgt berechnen:

$$\text{Fixierung:} \quad q_0 - 3 p_0 q_0 P$$

$$\text{Verlust:} \quad p_0 - 3 p_0 q_0 P \quad \text{mit} \quad P = \left(1 - \frac{1}{2N} \right)^t$$

$$\text{noch segregierend:} \quad 6 p_0 q_0 P \tag{3.3}$$

Mit zunehmender Zahl von Generationen geht P gegen Null. Daraus wird ersichtlich, dass nach sehr vielen Generationen ein Anteil von p_0 der Teilpopulationen für das erste und ein Anteil von q_0 der Teilpopulationen für das zweite Allel fixiert sein wird. Heterozygote Individuen kommen dann nicht mehr vor und die gesamte genetische Varianz findet sich zwischen den Teilpopulationen, da innerhalb alle Individuen homozygot sind.

Diese Veränderung der Genotypenfrequenzen, die durch den dispersiven Prozess bewirkt wird, ist die genetische Ursache für das Phänomen der Inzuchtdepression, das im Kapitel 8.2.1 näher erläutert wird.

3.3   Die Inzucht

Unter Inzucht wird generell die Paarung von verwandten Individuen verstanden. Verwandte Individuen sind solche Tiere, die in ihrem Abstammungsnachweis mindestens einen gemeinsamen Vorfahren besitzen. Der aus der Inzuchtpaarung entstehende Nachkomme hat also mindestens einen Vorfahren, der auf der väterlichen *und* auf der mütterlichen Seite vorkommt.

Betrachtet man die mögliche Anzahl von Vorfahren, so hat jedes Tier 2 Eltern, 4 Großeltern, 8 Urgroßeltern usw. und t Generationen zurück besitzt es 2^t Vorfahren. Deshalb müssen in geschlossenen Populationen mit begrenztem Umfang früher oder später verwandte Individuen zur Anpaarung gelangen. Das Ausmaß der Inzucht hängt somit offensichtlich von der Populationsgröße ab. Diese Zusammenhänge zwischen Populationsgröße und Inzucht sollen zuerst für die Idealpopulation behandelt werden.

3.3.1   Inzucht in der Idealpopulation

Je kleiner eine Population ist, desto höher ist die Wahrscheinlichkeit, dass zwei zufällig herausgenommene Individuen gemeinsame Vorfahren haben. Werden solche verwandten Individuen miteinander gepaart, so besteht die Möglichkeit, dass der Nachkomme zwei identische Allele besitzt, die exakte Replikate des Allels des gemeinsamen Vorfahren sind. Dies ist eine neue Art der Identität: Bislang haben wir alle Allele, die sich in ihrer *Funktion* nicht unterscheiden, als identisch betrachtet (funktionale Identität). Von Abstammungsidentität sprechen wir, wenn zwei Allele wirklich exakte Kopien des *selben* Allels sind.

Betrachten wir nun eine Idealpopulation mit Zufallspaarung. In der Ausgangsgeneration existieren N-Individuen, die zusammen an einem beliebigen Genort $2N$ nichtabstammungsidentische Allele A_1 und A_2 besitzen. Andererseits ist klar, dass diese N-Individuen $2N$ verschiedene Gameten bilden können, die den Gametenpool dieser Population darstellen. Dieser Pool wiederum bildet bei zufälliger Vereinigung der Gameten die nächste Generation.

In Tabelle 3.1 ist der Gametenpool der Population (inklusive Selbstbefruchtung) in der Generation t dargestellt.

Tabelle 3.1: Darstellung des Aufbaus eines Zygotenpools in der Generation t bei Zufallspaarung in der Generation $t - 1$

Individuen in Generation $t - 1$		1		2		$\cdots$	N	
Gametensorten		A_1	A_2	A_3	A_4	$\cdots$	A_{2N-1}	A_{2N}
1	A_1	$\times$	0	0	0	$\cdots$	0	0
	A_2	0	$\times$	0	0	$\cdots$	0	0
2	A_3	0	0	$\times$	0	$\cdots$	0	0
	A_4	0	0	0	$\times$	$\cdots$	0	0
$\vdots$	$\vdots$	$\vdots$	$\vdots$	$\vdots$	$\vdots$	$\ddots$	$\vdots$	$\vdots$
N	A_{2N-1}	0	0	0	0	$\cdots$	$\times$	0
	A_{2N}	0	0	0	0	$\cdots$	0	$\times$

Aus der Tabelle wird ersichtlich, dass in der Diagonalen Gameten aufeinandertreffen, die abstammungsidentisch sind. Insgesamt gibt es $(2N) \times (2N)$ Möglichkeiten zur Bildung von Zygoten. Dabei vereinigen sich in $2N$ Fällen abstammungsidentische Allele. Folglich beträgt die Wahrscheinlichkeit, dass abstammungsidentische Allele die Zygote bilden $1/(2N)$.

> Der Inzuchtkoeffizient ist definiert als der erwartete Anteil der Individuen einer Population, die an einem beliebigen Genort abstammungsidentische Allele besitzen.

Damit ist für unsere Modellpopulation der durchschnittliche Inzuchtkoeffizient in Generation 1 gegeben durch:

$$F_1 = \frac{1}{2N} \tag{3.4}$$

Bei der Weiterzucht erzeugen die N-Individuen der ersten Folgegeneration wiederum jeweils 2N-Gameten. Mit der Wahrscheinlichkeit $1/(2N)$ treffen in Generation 2 abstammungsidentische und mit Wahrscheinlichkeit $(1 - 1/(2N))$ verschiedene Gameten aufeinander. Bei diesen wiederum treffen mit der Wahrscheinlichkeit F_1 herkunftsgleiche Allele aufgrund der Inzucht in Generation 1 aufeinander. Somit gilt:

$$F_2 = \frac{1}{2N} + \left(1 - \frac{1}{2N}\right) F_1 \qquad (3.5)$$

Wenn t zur Symbolisierung einer beliebigen Generation verwendet wird ergibt sich:

$$F_t = \frac{1}{2N} + \left(1 - \frac{1}{2N}\right) F_{t-1} \qquad (3.6)$$

Die Inzucht in Generation t setzt sich also aus zwei Termen zusammen: Der „neuen" Inzucht durch zufälliges Aufeinandertreffen abstammungsidentischer Allele und der kumulierten Inzucht der vorhergehenden Generationen.

Für die Ermittlung der neuen Inzucht wird gewöhnlich die Inzuchtrate ΔF verwendet, die wie folgt definiert ist:

$$\Delta F = F_1 = \frac{1}{2N} \qquad (3.7)$$

Durch Einsetzen in Formel 3.6 ergibt sich:

$$F_t = F_{t-1} + (1 - F_{t-1})\Delta F \qquad (3.8)$$

Das bedeutet, dass „neue" Inzucht nur bei den Individuen auftritt, die bisher noch nicht ingezüchtet waren. Die in den vorhergehenden Generationen entstandene Inzucht bleibt voll erhalten. Nach Umformung erhält man:

$$\Delta F = \frac{F_t - F_{t-1}}{1 - F_{t-1}} \qquad (3.9)$$

Die Inzuchtrate ist danach ein Relativmaß, mit dem die Erhöhung des Inzuchtkoeffizienten einer Population in einer Generation $(F_t - F_{t-1})$ bezogen auf den in der vorhergehenden Generation noch fehlenden Betrag bis zur vollständigen Inzucht $(1 - F_{t-1})$ erfasst werden kann.

Bisher wurde der Inzuchtkoeffizient einer Generation nur zu dem in der vorhergehenden Generation in Beziehung gesetzt. Es bleibt die Aufgabe, Formel (3.8) rückgreifend auf die Basispopulation zu erweitern und damit den Inzuchtkoeffizienten als Funktion der Anzahl Generationen auszudrücken. Elementare Umformungen von (3.9) liefern:

$$\frac{1 - F_t}{1 - F_{t-1}} = 1 - \Delta F$$

Da die Basispopulation definitionsgemäß den Inzuchtkoeffizienten Null hat gilt $F_0 = 0$. Für $t = 1, 2$ und 3 folgt somit aus obiger Formel:

$$1 - F_1 = 1 - \Delta F$$
$$1 - F_2 = (1 - \Delta F)(1 - F_1) = (1 - \Delta F)^2$$
$$1 - F_2 = (1 - \Delta F)(1 - F_2) = (1 - \Delta F)^3$$

Der Inzuchtkoeffizient in Generation t, bezogen auf die Basisgeneration, stellt sich also bei konstanter Populationsgröße in der Generationenfolge wie folgt dar:

$$F_t = 1 - (1 - \Delta F)^t \tag{3.10}$$

Beispiel 3.1 Für $N = 15$ ergibt sich unter Verwendung von Rekursivformel 3.6 nach 9 Generationen $F_9 = 0,2630$. Somit erhält man für die 10. Generation

$$F_{10} = 0,0333 + (1 - 0,0333) \cdot 0,2630 = 0,2875.$$

Die Verwendung der direkten Beziehung 3.10 liefert mit $\Delta F = 1/30$ und $t = 10$ wie erwartet das gleiche Ergebnis:

$$F_{10} = 1 - (1 - 0,0333)^{10} = 1 - (0,9667)^{10}$$
$$F_{10} = 1 - 0,7125 = 0,2875$$

Das bedeutet, dass die Wahrscheinlichkeit für abstammungsidentische Allele an einem beliebigen Genort bei den Individuen der 10. Generation auf rund 29% angestiegen ist.

3.3.2 Inzucht in Zuchtpopulationen

Die in Abschnitt 3.3.1 diskutierten Zusammenhänge über die Inzuchtrate in Abhängigkeit von der Populationsgröße gelten zunächst nur für eine idealisierte Population. In der praktischen Tierzucht werden bei polygamer Paarungsweise sehr viel mehr weibliche als männliche Tiere eingesetzt. Der günstigste Weg zur Behandlung irgendwelcher Abweichungen von der idealen Zuchtstruktur besteht darin, die Situation anhand der effektiven Populationsgröße N_e darzustellen.

> Die effektive Populationsgröße ist die Anzahl der Individuen in einer Idealpopulation, die der Anzahl Individuen in einer realen Population mit unterschiedlichem Geschlechterverhältnis entspricht.

Das Konzept der effektiven Populationsgröße besteht in einer Umkehrung der Formel (3.7). Beobachtet man in einer realen Population in einer bestimmten Generation einen Inzuchtzuwachs ΔF, so kann man durch Umformung von (3.7) berechnen, wieviele Individuen einer Idealpopulation diesen Inzuchtzuwachs erzeugt hätten. Dies ist die effektive Populationsgröße (N_e):

$$N_e = \frac{1}{2 \cdot \Delta F} \qquad (3.11)$$

Nachfolgend wird die Inzuchtentwicklung für den Fall einer ungleichen Anzahl männlicher und weiblicher Zuchtindividuen abgeleitet. Um die Inzucht unter der Annahme zu berechnen, dass n_w weibliche und n_m männliche Tiere zufällig miteinander verpaart werden, betrachten wir die Verwandtschaftsstruktur nach zwei Generationen Anpaarung. In der zweiten Folgegeneration besitzt ein zufällig herausgegriffenes Tier entweder unverwandte Eltern, Eltern im Halbgeschwisterverhältnis (mütterlicher- oder väterlicherseits) oder Eltern, die Vollgeschwister sind. Die Inzuchtkoeffizienten sind in Abhängigkeit von der elterlichen Verwandtschaft 0, 1/8 oder 1/4.

Im nächsten Schritt muss nun die Wahrscheinlichkeit (P) ermittelt werden, mit der obige Fälle auftreten. Väterliche Halbgeschwister bedeutet, dass zwei Tiere denselben Vater, aber verschiedene Mütter haben. Die Wahrscheinlichkeit, dass zwei zufällig herausgegriffene Tiere der zweiten Generation denselben Vater haben ist:

$$P(\text{gleicher Vater}) = \frac{1}{n_m}$$

Entsprechend ist die Wahrscheinlichkeit, dass zwei Tiere dieselbe Mutter haben gleich $1/n_w$. Dementsprechend ist die Wahrscheinlichkeit für verschiedene Mütter gleich $1 - (1/n_w)$. Beide Ereignisse sind voneinander unabhängig, daher ergibt sich:

$$P(\text{gleicher Vater und ungleiche Mutter}) = P(\text{Halbgeschwister}) =$$

$$= \frac{1}{n_m}\left(1 - \frac{1}{n_w}\right)$$

Für Vollgeschwister ergibt sich analog:

$$P(\text{gleicher Vater und gleiche Mutter}) = \frac{1}{n_m} \cdot \frac{1}{n_w}$$

Somit lässt sich der mittlere Inzuchtkoeffizient der zweiten Folgegeneration wie folgt berechnen:

$$F_2 = \frac{1}{8}\frac{1}{n_m}\left(1 - \frac{1}{n_w}\right) + \frac{1}{8}\frac{1}{n_w}\left(1 - \frac{1}{n_m}\right) + \frac{1}{4}\frac{1}{n_m}\frac{1}{n_w} \qquad (3.12)$$

Dieser Inzuchtkoeffizient kann auch als Inzuchtzunahme ΔF von Generation 1 zu Generation 2 aufgefasst werden. Elementare Zusammenfassungen in 3.12 führen zu:

$$\Delta F = \frac{1}{8}\left(\frac{1}{n_m} + \frac{1}{n_w}\right) \qquad (3.13)$$

Einsetzen von 3.13 in Beziehung 3.11 liefert für die effektive Populationsgröße die Formel:

$$N_e = 4 \cdot \frac{n_m \cdot n_w}{n_m + n_w} \qquad (3.14)$$

Die Zusammenhänge zwischen tatsächlicher und effektiver Populationsgröße bei unterschiedlichem Anpaarungsverhältnis sind aus der nachfolgenden Tabelle zu ersehen.

Tabelle 3.2: Effektive Populationsgröße (N_e) und Inzuchtsteigerung (ΔF) in Abhängigkeit von der Anzahl Elterntiere (n_m und n_w) je Generation.

| Variante | n_m | n_w | Populationsgröße | | ΔF(in%) |
			N (tatsächlich)	N_e (effektiv)	
1	50	50	100	100	0,50
2	20	80	100	64	0,78
3	15	85	100	51	0,98
4	10	90	100	36	1,39
5	5	95	100	19	2,63
6	25	25	50	50	1,00
7	50	1000	1050	190,5	0,26
8	30	1000	1030	116,5	0,43
9	20	1000	1020	78,4	0,64
10	10	1000	1010	39,6	1,26
11	5	1000	1005	19,9	2,51

Die Ergebnisse aus der Tabelle 3.2 zeigen:

- Bei einem ausgeglichenen Anpaarungsverhältnis (1:1) ist die effektive Populationsgröße gleich der tatsächlichen Anzahl Elterntiere.

- Je weiter das Anpaarungsverhältnis ist, um so kleiner wird die effektive im Vergleich zur tatsächlichen Populationsgröße. Bei ungleichem Anpaarungsverhältnis ist stets $N_e < N$.

- Bei unterschiedlicher tatsächlicher Populationsgröße können Zuchtlinien in der effektiven Populationsgröße annähernd übereinstimmen, so dass sich für beide Linien in etwa die gleiche Inzuchtsteigerung ergibt (vgl. Variante 3 und 6).

- Bei einer großen Anzahl weiblicher Tiere und einem weiten Anpaarungsverhältnis hängt die Inzuchtsteigerung fast ausschließlich von der Anzahl eingesetzter Vatertiere ab (Varianten 7 bis 11). Dies ist typisch für Besamungszuchtprogramme beim Rind. Die effektive Populationsgröße geht in diesen Fällen gegen $4n_m$.

Abschließend sei nochmals darauf hingewiesen, dass bei den bisherigen Betrachtungen zur Inzuchtentwicklung ausschließlich die Auswirkungen der Zufallspaarung berücksichtigt wurden. Bei bewusster Verwandtschaftspaarung oder Anwendung von Verpaarungssystemen mit weitgehender Inzuchtkontrolle treten demzufolge andere Zusammenhänge auf.

Bei den vorigen Betrachtungen wurde unterstellt, dass N_e über die Generationen gleich ist. In vielen natürlichen und ebenso in Nutztierpopulationen kann sich N_e drastisch reduzieren, wie z.B. nach einem Seucheneinbruch. Die Population geht dann durch einen sogenannten Flaschenhals. Unter einem Flaschenhalseffekt versteht man die Reduzierung von Ne und den anschließenden Aufbau der Populationsgröße auf die ursprüngliche Anzahl. Wie wirkt sich ein Flaschenhalseffekt auf die Zunahme der Inzucht aus? Bezogen auf die Generationsfolge berechnet sich N_e als das harmonische Mittel der effektiven Populationsgröße in den einzelnen Generationen approximativ als

$$\frac{1}{N_e} = \frac{1}{t}\left[\frac{1}{N_1} + \frac{1}{N_2} + \frac{1}{N_3} + \cdots + \frac{1}{N_t}\right] \qquad (3.15)$$

Beispiel 3.2 SCHULTE-COERNE (1992) beschreibt zwei Fälle, bei denen die mittlere Tierzahl über 5 Generationen hinweg jeweils 100 Tiere betrug:

Generation	1	2	3	4	5	N_e
ohne Flaschenhals	100	90	100	110	100	99,6
mit Flaschenhals	100	10	50	100	240	34,7

Der Flaschenhals in Generation 2 hat nachhaltige Auswirkungen auf die effektive Populationsgröße. Diese können auch durch die nachfolgende Ausweitung der Population nicht wieder rückgängig gemacht werden. Diese Zusammenhänge sind besonders bei der Erhaltung gefährdeter Rassen zu beachten. Bereits bei Formel (3.8) haben wir darauf hingewiesen, dass die einmal entstandene Inzucht erhalten bleibt. Man kann dies auch so interpretieren, dass driftbedingte Genverluste in folgenden Generationen nicht wieder rückgängig gemacht werden können.

In einer Population mit schwankender effektiver Populationsgröße in den verschiedenen Generationen steigt die Inzucht mit verschieden großen Schritten. Analysiert man eine vorhandene Population hinsichtlich der Inzucht über N_e, so ist das Ergebnis immer die *aktuelle* Inzuchtzunahme in Bezug auf die vorherige Generation. Eine umfassende Einschätzung der Inzucht einer Population ist nur bei Kenntnis von N_e der vorausgegangenen Generationen möglich. Abschließend sei noch bemerkt, dass es möglich ist, unter Nutzung der Varianz der Familiengröße die Inzucht zu minimieren. Für die Darstellung dieser Verhältnisse ebenso wie die Berechnung von N_e bei überlappenden Generationen sei z.B. auf FALCONER (1984) verwiesen.

3.3.3 Inzucht bei Individuen

Bisher haben wir betrachtet, wie zufällige Inzucht auf die Allelfrequenzen an *einem* Genort bei *vielen* Individuen wirkt. In diesem Abschnitt dagegen betrachten wir die Verpaarung verwandter Individuen und berechnen die Wahrscheinlichkeit, dass an *einem von vielen* Genorten *eines* ingezüchteten Individuums abstammungsidentische Allele auftreten.

> Ein Individuum ist ingezüchtet, wenn die Eltern einen oder mehrere gemeinsame Vorfahren besitzen.

Dabei ist der Beitrag von gemeinsamen Vorfahren, die mehr als 5 oder 6 Generationen zurückliegen, nur von theoretischem Interesse. Wir betrachten deshalb im Folgenden nur Inzuchtsituationen, die relativ kurz zurückliegen.

Als Maß für den Inzuchtgrad dient der von WRIGHT (1921) eingeführte Inzuchtkoeffizient. Die Ableitung dieses Koeffizienten erfolgt in Anlehnung an MALECOT (1948). Danach werden zwei Allele, die Kopien (Duplikate) ein und desselben Allels von einem gemeinsamen Vorfahren sind, als herkunfts- oder auch als abstammungsidentisch bezeichnet. Nach der Interpretation von MALECOT (1948) misst der Inzuchtkoeffizient die Wahrscheinlichkeit für die Herkunftsgleichheit von Allelen, die ein Individuum über die elterlichen Gameten erhalten hat. Somit ist der Inzuchtkoeffizient die Wahrscheinlichkeit, dass zwei zufällig herausgegriffene Allele an einem Genort eines Individuums herkunftsgleich (d.h. identisch durch Abstammung) sind.

Abb. 3.2. Ahnentafel und Pfaddiagramm eines ingezüchteten Individuums X mit einem gemeinsamen Großelter

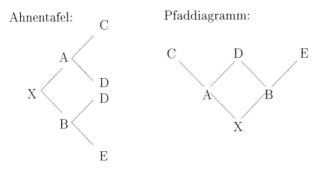

Beispiel 3.3 In Abbildung 3.2 ist die Ahnentafel (Pedigree) eines Individuums X angegeben, dessen Eltern A und B den gemeinsamen Ahnen D besitzen. Das Individuum D sei an einem zufällig bestimmten Locus heterozygot mit den Allelen A_1 und A_2, wobei die beiden Allele mit der Wahrscheinlichkeit F_D bereits herkunftsgleich sind. Betrachten wir zunächst die Weitergabe der Allele an die unmittelbaren Nachkommen von D. Es stellt sich die Frage: Mit welcher Wahrscheinlichkeit erhalten die Nachkommen A und B herkunftsgleiche Allele?

Mit Wahrscheinlichkeit 0,25 ergeben sich 4 mögliche Fälle.

1. Sowohl A als auch B erhalten das Allel A_1 von D

2. A erhält das Allel A_1 und B erhält das Allel A_2

3. A erhält das Allel A_2 und B erhält das Allel A_1

4. Sowohl A als auch B erhalten das Allel A_2 von D

Die Varianten 2 und 3 führen nur zu herkunftsgleichen Allelen bei A und B, falls Individuum D bereits ingezüchtet ist. Die Gesamtwahrscheinlichkeit (W), dass

A und B von D herkunftsgleiche Allele erhalten ist also:

$$W = \frac{1}{4} + \frac{1}{4}F_{\mathrm{D}} + \frac{1}{4}F_{\mathrm{D}} + \frac{1}{4} = \frac{1}{2}(1 + F_{\mathrm{D}})$$

Wie geben nun die Individuen A und B die erhaltenen herkunftsgleichen Allele an X weiter? Da X jeweils von A und B eine Generation entfernt ist und nur die Hälfte der Allele vererbt werden, ergibt sich für die Wahrscheinlichkeit, dass an einem Genort des Individuums X gleiche Allele aufeinander treffen und somit für den Inzuchtkoeffizienten F_{X} die Darstellung:

$$F_{\mathrm{X}} = \frac{1}{2}(1 + F_{\mathrm{D}})\left(\frac{1}{2}\right)^{1}\left(\frac{1}{2}\right)^{1} = \left(\frac{1}{2}\right)^{3}(1 + F_{\mathrm{D}}) = \frac{1}{8}(1 + F_{\mathrm{D}})$$

Der Inzuchtkoeffizient von Individuum X, dessen Eltern genau einen gemeinsamen Großelter besitzen, ist für den Fall gleich 0,125 oder 12,5 %. Das bedeutet, an einem beliebigen Genort besitzt Tier X mit Wahrscheinlichkeit 0,125 herkunftsgleiche Allele. Anders formuliert ist Tier X erwartungsgemäß an 12,5 % aller Loci homozygot aufgrund der Abstammung.

Die Vorgehensweise im angeführten Beispiel kann verallgemeinert werden. Bei mehrfacher bzw. fortgesetzter Inzucht lässt sich die nachfolgend aufgeführte Formel zur Berechnung des Inzuchtkoeffizienten ableiten.

$$F(X) = \sum_{i=1}^{n} \left(\frac{1}{2}\right)^{n_{1i}+n_{2i}+1}(1 + F_{A_i}) \qquad (3.16)$$

Hierbei sind:

n_{1i} Anzahl der Generationen vom Vater zum i-ten Ahnen

n_{2i} Anzahl der Generationen von der Mutter zum i-ten Ahnen

F_{A_i} Inzuchtkoeffizient des i-ten Ahnen

Bei der Anwendung obiger Formel ist zu beachten, dass sich n auf die Anzahl der sich *gegenseitig ausschließenden* Verbindungen zwischen den Eltern über gemeinsame Ahnen des Probanden bezieht. In komplizierten Fällen kann es über einen Ahnen durchaus mehrere unabhängige Verbindungen zwischen den Eltern geben, so dass die Anzahl der Verbindungen größer ist als die Zahl der gemeinsamen Ahnen.

Ahnentafel: Pfaddiagramm:

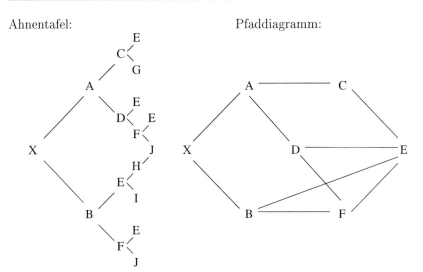

Abb. 3.3. Ahnentafel und Pfaddiagramm eines ingezüchteten Individuums X mit mehreren gleichen Ahnen

Bei der Aufstellung der Pfade in der Tabelle 3.3 sind folgende Rechenregeln zu beachten. Durch die Pfade von X zu den Eltern A und B wird die Ahnentafel aus Abbildung 3.3 in eine obere und untere Hälfte unterteilt. Im ersten Schritt werden alle Ahnen aufgelistet, die sowohl in der unteren als auch in der oberen Hälfte auftreten. Das Individuum J darf nicht im Rechenschema als gemeinsamer Ahne erscheinen, weil es über seinen Nachkommen F schon hinreichend berücksichtigt wurde. Im zweiten Schritt werden alle unabhängigen Pfade vom Vater über den gemeinsamen Ahnen zur Mutter in das Rechenschema eingetragen. Da in der Kette Vater-Ahne-Mutter der gleiche Ahne nicht zweimal auftreten darf, muss der Pfad A-D-F-E̲-F-B bei der Inzuchtberechnung ausgeklammert werden.

Tabelle 3.3: Berechnung des Inzuchtkoeffizienten für das Tier X aus der Abbildung 3.3

Gemeinsamer Ahne	Pfade	n_1	n_2	F_A	$\left(\dfrac{1}{2}\right)^{n_1+n_2+1}(1+F_A)$
E	A-C-<u>E</u>-B	2	1	0	$\left(\dfrac{1}{2}\right)^{4}=\dfrac{2}{32}$
	A-C-<u>E</u>-F-B	2	2	0	$\left(\dfrac{1}{2}\right)^{5}=\dfrac{1}{32}$
	A-D-<u>E</u>-B	2	1	0	$\left(\dfrac{1}{2}\right)^{4}=\dfrac{2}{32}$
	A-D-<u>E</u>-F-B	2	2	0	$\left(\dfrac{1}{2}\right)^{5}=\dfrac{1}{32}$
	A-D-F-<u>E</u>-B	3	1	0	$\left(\dfrac{1}{2}\right)^{5}=\dfrac{1}{32}$
F	A-D-<u>F</u>-B	2	1	0	$\left(\dfrac{1}{2}\right)^{4}=\dfrac{2}{32}$
					$F_X=\dfrac{9}{32}=0,2813$

In der praktischen Tierzüchtung ist es zum Standard geworden, die Ahnentafel in Form eines Schemas mit 3 Spalten, welche die Tier-, Vater- und Mutterbezeichnung enthalten, anzugeben. Beginnt man bei den sogenannten Basistieren, das sind Tiere, deren Eltern als unbekannt und unverwandt angesehen werden, zu nummerieren, so erhalten die Tiere G, H, I und J aus Abbildung 3.3 die Nummern 1 bis 4. Weiteres Nummerieren liefert das in nachfolgender Tabelle 3.4 aufgeführte Pedigree, wobei die Eltern der Basistiere durch die Ziffer Null charakterisiert werden.

Tabelle 3.4: Pedigree der Tiere aus der Abbildung 3.3 sowie der daraus berechnete Inzuchtkoeffizient

Tier		Eltern		Inzucht-	
Bezeich-nung	Tier-nummer	Vater	Mutter	koeffizient F_i	$R_{\text{Vater,Mutter}}$
G	1	0 (unbekannt)	0 (unbekannt)	0	0
H	2	0 (unbekannt)	0 (unbekannt)	0	0
I	3	0 (unbekannt)	0 (unbekannt)	0	0
J	4	0 (unbekannt)	0 (unbekannt)	0	0
E	5	2	3	0	0
F	6	5	4	0	0
C	7	5	1	0	0
D	8	5	6	0,2500	0,5000
A	9	7	8	0,1870	0,3354
B	10	5	6	0,2500	0,5000
X	11	9	10	0,2813	0,4617

Zur Berechnung der Inzuchtkoeffizienten aus dem Pedigree einer Zuchtpopulation existieren zahlreiche Programmpakete. Den Ergebnissen aus obiger Tabelle 3.4 liegt das von TIER (1990) vorgestellte Programm zugrunde. In der rechten Spalte der Tab. 3.4 ist der Verwandtschaftskoeffizient für die Verwandtschaft zwischen Vater und Mutter aufgeführt. Der Verwandtschaftskoeffizient wird nachfolgend definiert.

3.3.4   Abstammungs- und Verwandtschaftskoeffizient

Analog der Einführung des Inzuchtkoeffizienten für ein Individuum lässt sich zur Beschreibung des Verwandtschaftsgrades zweier Individuen der sogenannte Abstammungskoeffizient definieren.

> Der Abstammungskoeffizient entspricht der Wahrscheinlichkeit, dass *bei zwei verschiedenen Tieren* zwei zufällig herausgegriffene Allele am gleichen Locus herkunftsgleich sind.

Aufgrund dieser Definition ergibt sich, dass der Abstammungskoeffizient der Eltern (r_{AB}) identisch mit dem Inzuchtkoeffizienten eines Nachkommen X ist. Das heißt es gilt:

$$r_{AB} = F(X) \tag{3.17}$$

Hierbei ist X gemeinsamer Nachkomme von A und B.

In der Tierzuchtliteratur ist jedoch zur Beschreibung des Verwandtschaftsgrades von zwei Tieren der von WRIGHT eingeführte Verwandtschaftskoeffizient gebräuchlicher, weil er sich leichter aus Ahnentafeln bzw. Pfaddiagrammen ablesen lässt. Im Gegensatz zum Inzuchtkoeffizienten gibt der Verwandtschaftskoeffizient die Korrelation zwischen den additiv-genetischen Werten zweier Individuen wieder.

Man unterscheidet zwischen kollateraler und direkter Verwandtschaft. Während der kollaterale Verwandtschaftskoeffizient den Grad der Ähnlichkeit von zwei Individuen mit gemeinsamen Ahnen widerspiegelt, bringt der direkte Verwandtschaftskoeffizient den Grad der genetischen Übereinstimmung zwischen einem Nachkommen und einem seiner Ahnen zum Ausdruck. Der kollaterale Verwandtschaftskoeffizient R zwischen den Individuen A und B ist durch die nachfolgend aufgeführte Berechnungsformel gegeben.

$$R_{AB} = \frac{\sum_i \left(\frac{1}{2}\right)^{n_{1i}+n_{2i}} (1 + F_{A_i})}{\sqrt{(1 + F_A)(1 + F_B)}} \tag{3.18}$$

Hierbei sind:

n_{1i} Anzahl der Generationen zwischen dem Individuum A und dem i-ten gemeinsamen Ahnen

n_{2i} Anzahl der Generationen zwischen dem Individuum B und dem i-ten gemeinsamen Ahnen

F_{A_i} Inzuchtkoeffizient des i-ten gemeinsamen Ahnen

F_A Inzuchtkoeffizient von A

F_B Inzuchtkoeffizient von B

Man beachte, dass sich (3.18) zu

$$R_{AB} = \sum_i \left(\frac{1}{2}\right)^{n_{1i}+n_{2i}}$$

verkürzt, wenn keines der beteiligten Individuen ingezüchtet ist. Sind die Individuen A und B Eltern des ingezüchteten Nachkommen X, so folgt aus (3.18) und (3.16) sofort die Beziehung:

$$F_X = \frac{1}{2} R_{AB} \sqrt{(1 + F_A)(1 + F_B)} \tag{3.19}$$

Falls die Eltern nicht ingezüchtet sind, beträgt der Inzuchtkoeffizient des Nachkommen die Hälfte des Verwandtschaftskoeffizienten der Eltern.

Beispiel 3.4 In der Tabelle 3.4 sind in Spalte 6 die Verwandtschaftskoeffizienten zwischen den Vätern und Müttern angegeben. Da Individuum X den Inzuchtkoeffizienten 0,28125 besitzt und gemeinsamer Nachkomme von A und B ist, gilt gemäß Formel (3.19):

$$R_{AB} = \frac{2 F_X}{\sqrt{(1 + F_A)(1 + F_B)}} = \frac{2 \cdot 0,28125}{\sqrt{1,1870 \cdot 1,25}} = \frac{0,5625}{1,2184} = 0,4618$$

In Tabelle 3.5 ist der Verwandtschaftskoeffizient (oder auch die Korrelation zwischen den additiv-genetischen Effekten) von zwei verwandten, nicht ingezüchteten Individuen aufgelistet.

Tabelle 3.5: Verwandtschaftskoeffizient zwischen Individuen in Abhängigkeit vom Grad der Verwandtschaft.

	Verwandtschaft	R
1. Grades	Nachkommen:Eltern	0,5
	Vollgeschwister	0,5
2. Grades	Halbgeschwister	0,25
	Nachkommen:Großeltern	0,25
	Onkel (Tante):Neffe (Nichte)	0,25
	Doppelte Cousins	0,25
3. Grades	Nachkommen:Urgroßeltern	0,125
	Einfache Cousins	0,125

3.3.5   Reguläre Inzuchtsysteme

Ein reguläres Inzuchtsystem liegt vor, wenn dasselbe Paarungssystem in allen Generationen angewendet wird und alle Individuen derselben Generation den gleichen Inzuchtkoeffizienten haben.

Reguläre Inzuchtsysteme werden in der Versuchstierzucht häufig benutzt, um schnelle Inzucht zu erzielen. Dabei werden meist enge Verwandte miteinander verpaart. Nachfolgend werden für verschiedene Paarungssysteme Rekursionsformeln angegeben, die den Inzuchtkoeffizienten einer Generation zu dem in der vorhergehenden Generation in Beziehung setzen.

1. Selbstbefruchtung : $\qquad F_t = \dfrac{1}{2}(1 + F_{t-1})$ (3.20)

2. Vollgeschwisterpaarung : $\qquad F_t = \dfrac{1}{4}(1 + 2F_{t-1} + F_{t-2})$

3. Halbgeschwisterpaarung : $\qquad F_t = \dfrac{1}{8}(1 + 6F_{t-1} + F_{t-2})$

4. Wiederholte Rückkreuzung zu

Individuen aus Zufallspaarung: $F_t = \dfrac{1}{4}(1 + 2F_{t-1})$
(z.B. Tochter auf einen selbst nicht ingezüchteten Vater)

Tabelle 3.6: Inzuchtkoeffizienten bei verschiedenen Systemen enger Inzucht

Inzucht-generation	Verpaarungssystem			
	Selbst-befruchtung	Voll-geschwister	Halb-geschwister	Eltern-Nachkommen
1	0,500	0,250	0,125	0,250
2	0,750	0,375	0,219	0,375
3	0,875	0,500	0,305	0,438
4	0,938	0,594	0,381	0,469
5	0,969	0,672	0,449	0,484
6	0,984	0,734	0,509	0,492
7	0,992	0,785	0,563	0,496
8	0,996	0,826	0,611	0,498
9	0,998	0,859	0,654	0,499
10	0,999	0,886	0,691	0,500
20	1,000	0,986	0,903	0,500

Die meisten regulären Inzuchtsysteme führen auf Dauer zu vollständiger Inzucht. Die einzige Ausnahme bildet die fortgesetzte Rückkreuzung auf einen

Elter. Da sich dessen Inzuchtkoeffizient nicht verändert, kann maximal ein Inzuchtkoeffizient von 0,5 erreicht werden. Die Inzuchtsysteme unterscheiden sich darüber hinaus erheblich in der Geschwindigkeit, mit der hohe Inzuchtgrade erreicht werden.

3.3.6   Strukturierte Populationen

Die praktische Nutztierzucht realisiert sich in hierarchisch strukturierten Populationen, und man ist daran interessiert, die Inzucht von Individuen oder von Teilpopulationen in Beziehung zu einer anderen Teilpopulation zu berechnen. Diese Frage soll modellhaft in Abbildung 3.4 dargestellt werden.

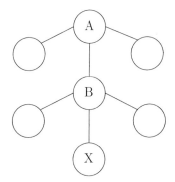

Abb. 3.4. Hierarchische Zuchtstruktur und Inzucht bei dem Individuum X

Unterstellen wir, dass das Individuum X das Ergebnis einer Vollgeschwisterpaarung ist und B eine nähere sowie A eine weitere Teilpopulation darstellt. Berechnet werden soll die Inzucht von X bezogen auf die Teilpopulation A. Diese Inzucht berechnet sich als

$$P_{X \cdot A} = P_{X \cdot B} P_{B \cdot A} \tag{3.21}$$

mit $P_{X \cdot A} = (1 - F_{X \cdot A})$ usw., wobei $F_{X \cdot A}$ der gesuchte Inzuchtkoeffizient von X bezogen auf die Population A ist.

Beispiel 3.5 In einem Selektionsexperiment mit einer heterogenen Auszuchtpopulation von Mäusen wurde mit einer effektiven Populationsgröße von N_e gleich 60 über 33 Generationen selektiert und anschließend 10 Generationen Vollgeschwisterpaarung durchgeführt (SCHÜLER 1982a). Wie hoch war die Inzucht nach diesen 10 Generationen bezogen auf die Ausgangspopulation vor der Selektion? Aus Tabelle

3.6 entnehmen wir einen Inzuchtkoeffizienten nach 10 Generationen Vollgeschwisterpaarung von 0,886. Dies entspricht einem $P_{X \cdot B} = 1 - 0,886 = 0,114$. Mit $N_e = 60$ ergibt sich nach Formel 3.11 ein ΔF von 0,0083. Die Anwendung von Formel 3.10 mit $t = 33$ liefert $F_{B \cdot A} = 1 - (1-,0083)^{33} = 0,241$.

Somit erhält man $P_{B \cdot A} = 1 - 0,241 = 0,759$. Einsetzen der berechneten Werte für $P_{X \cdot B}$ und $P_{B \cdot A}$ in Formel 3.21 führt zu $P_{X \cdot A} = 0,114 \cdot 0,759 = 0,0865$, woraus ein Inzuchtkoeffizient nach 43 Generationen, bezogen auf die Ausganspopulation, von $F_{X \cdot A} = 1 - P_{X \cdot A} = 0,9135$ resultiert.

3.3.7   Inzuchtdepression und Heterosis

Die Phänomene der Inzuchtdepression und der Heterosis sollen zusammen erörtert werden, da sie dieselben Ursachen haben. Beruht die Inzuchtdepression auf der Zunahme der Homozygotie und der Abnahme der Heterozygotie, basiert der Heterosiseffekt auf den entgegengesetzten Effekten. Jedem Züchter ist bekannt, dass zunehmende Inzucht zu Leistungsdepression insbesondere in den Fitness- und Reproduktionsmerkmalen führt. Diese Leistungsdepression kann auf dem vermehrten Auftreten rezessiver Defekte und/oder auf einer allgemeinen Inzuchtdepression beruhen (HIORTH 1963).

Welche der beiden Ursachen wirkt, hängt von der Art und Weise ab, der die Inzucht über die Generationen erzeugt wird. Defektgene bilden die wesentliche Ursache, wenn die Inzucht in relativ großen Schritten durch Paarung enger Verwandter erzeugt wird. In der Versuchstierzucht wird eine Inzuchtlinie z.B. bei Mäusen, Ratten, Meerschweinchen durch mindestens 20 Generationen Bruder-Schwester-Paarung erzeugt. Die Tiere haben nach 20 Generationen einen Inzuchtkoeffizienten von 0,986. Anders ausgedrückt sind im Mittel der Population nur noch 1,4% der Genorte nicht fixiert.

Die bekanntesten Inzuchtlinien bei Labormäusen blicken heute auf mehr als 200 Generationen ununterbrochene Inzuchtpaarung vom Typ Bruder-Schwester zurück. Die Entstehung von derartigen Inzuchtlinien ist durch einen scharfen Selektionsprozess der natürlichen Selektion gekennzeichnet. In der Regel sind die verbleibenden Inzuchtlinien die leistungsstärksten von 20 bis 50 verschiedenen Ausgangslinien. Insbesondere in den ersten 5 Generationen fällt ein erheblicher Teil der Linien aufgrund von rezessiven Defektgenen, die zur Unfruchtbarkeit führen, aus. In diesen ersten Generationen ist auch die Zunahme der Homozygotie je Generation deutlich höher als in den Folgegenerationen.

Die allgemeine Inzuchtdepression, die von Generation zu Generation fort-schreitet, führt auf die Dauer zu einem sogenannten Inzuchtminimum. Das bedeutet, dass Gene, die für das Überleben der Population notwendig sind, trotz fortgesetzter Inzucht nicht homozygot werden. Diese These wird durch das Vorhandensein von genetischer Variabilität in derartigen Inzuchtlinien, z.B. bei Labormäusen, bestätigt. Eine Konsequenz des Inzuchtminimums ist, dass die genetische Theorie der Berechnung von Inzuchtkoeffizienten durch die natürliche Selektion wieder relativiert wird. Dies ist kein Widerspruch zu den obigen Ausführungen, muss aber bei praktischen Anwendungen berück-sichtigt werden.

> Unter Heterosiseffekten versteht man die Überlegenheit von Nach-kommen aus Kreuzungen von Populationen über das Mittel beider Elternpopulationen.

Als wesentliche Ursache der Leistungssteigerung gilt die Zunahme der He-terozygotie, die ihrerseits dazu führt, dass derartige Individuen sich schwan-kenden Umweltbedingungen besser anpassen können. Für eine detaillierte Darstellung der Heterosis und der Heterosiseffekte sei auf 8.2.5 verwiesen.

Die Inzuchtdepression und Heterosiseffekte sollen abschließend an einem praktischen Zuchtexperiment mit Schweinen in Beltsville von HETZER (1961) diskutiert werden.

Tabelle 3.7: Leistungsdaten von Inzucht-, Reinzucht- und Kreuzungswürfen beim Schwein (HETZER 1961)

Merkmal	Inzucht-linien	Reinzucht-populationen	Zweilinien-kreuzung	Dreilinien-kreuzung
Wurfgröße bei der Geburt	7,6	8,1	8,1	9,5
Wurfgröße beim Absetzen	5,5	6,0	6,4	7,4
Wurfgewicht beim Absetzen (kg)	79,7	92,9	105,5	120,5
Mittl. 140-Tage-Gewicht (kg)	65,2	60,7	73,4	72,9
Futteraufwand je kg Zunahme (kg)	3,80	3,68	3,52	3,57

Aus Tabelle 3.7 lassen sich folgende Schlussfolgerungen ziehen.

- Die Inzuchtwürfe weisen im Vergleich zu den nicht ingezüchteten Reinzuchten eine deutliche Leistungsverminderung auf.

- Diese Inzuchtdepressionen sind größer in Merkmalen der reproduktiven Fitness als im Wachstum.

- Die Würfe aus den Zweilinienkreuzungen sind den Reinzuchtwürfen überlegen, obwohl die Mütter ingezüchtet sind. Diese Leistungssteigerung (Heterosis) beruht auf der höheren Vitalität der Kreuzungsnachkommen mit erhöhtem Heterozygotiegrad.

- Die Dreilinienkreuzungen, deren Mütter bereits Kreuzungstiere sind, zeigen erhöhte Aufzuchtleistungen, da diese in starkem Maße von maternalen Effekten abhängig sind.

4 Vererbung quantitativer Merkmale

4.1 Ursachen und Zustandekommen der quantitativen Variation

Bisher wurden die genetischen Ursachen von Merkmalen untersucht, die eine natürliche Klasseneinteilung, z.B hervorgerufen durch Farbe und Form, aufweisen. Die einzelnen Klassen können qualitativ durch solche Attribute wie grün, gelb bzw. rund und eckig gekennzeichnet werden. Merkmale, die eine solche Verteilung aufweisen, werden daher als qualitative Merkmale bezeichnet. Bei derartigen Merkmalen ist die Anzahl auftretender Genotypen bzw. Phänotypen gering. Es treten qualitativ verschiedene Merkmalsformen auf, zwischen denen es keine fließenden Übergänge gibt.

Die meisten wirtschaftlich bedeutsamen Merkmale in der Tierproduktion, wie Milchleistung, tägliche Zunahme u.a., können jedoch innerhalb natürlicher Grenzen alle möglichen Zwischenwerte annehmen. Sie werden durch Wägen und Messen erfasst und unterliegen einer kontinuierlichen Variation.

Die kontinuierliche phänotypische Variation ist im wesentlichen auf zwei Ursachen zurückzuführen.

Polygenie

An der Ausprägung quantitativer Merkmale sind gewöhnlich die Allele vieler Genorte beteiligt. Sind an der Merkmalsausprägung 2 Genorte mit je 2 Allelen beteiligt, die unabhängig voneinander spalten (Loci nicht gekoppelt, d.h. auf verschiedenen Chromosomen), so können bereits 9 verschiedene Genotypen auftreten. Das Auftreten von multipler Allelie kann zu einer weiteren Vergrößerung der genotypischen Vielfalt führen. Je mehr Loci und Allele die Merkmalsausprägung beeinflussen, desto besser wird sich die Verteilung der Genotypen und Phänotypen einer kontinuierlichen Form nähern. Wird vorausgesetzt, dass die beteiligten Genorte unabhängig voneinander wirken, so lässt sich mit Hilfe des zentralen Grenzwertsatzes der Wahrscheinlichkeitsrechnung auf die Form der Verteilung schließen. Aus dem Grenzwertsatz folgt, dass Merkmale, die durch das Zusammenwirken vieler, unabhängiger Faktoren mit kleinen Beiträgen zustande kommen, angenähert eine Normalverteilung aufweisen.

Bei einigen polygen (oder oligogen) bedingten Eigenschaften tritt die Merkmalsausprägung nur in 2 Stufen (Tanzmaus, Krankheitsresistenz) oder wenigen Stufen (Polydactylie) auf. Obwohl auch hier die genetischen Voraussetzungen für eine kontinuierliche Variation gegeben sind, ist phänotypisch nur eine diskontinuierliche Variation vorhanden. Derartige Merkmale besitzen Schwelleneigenschaften, da für die Erreichnung einer Merkmalsstufe eine bestimmte Anzahl (Schwelle) in dieser Richtung wirkender Allele (des gleichen Gens und verschiedener Gene) erforderlich ist. Sie unterliegen einer diskontinuierlichen Verteilung.

Im Zusammenhang mit der Kartierung vieler Einzelgene geht man zunehmend davon aus, dass die Merkmalsvariabilität von einer großen Anzahl Gene mit geringer Wirkung und von wenigen identifizierbaren Genen (mit großem Effekt) bestimmt wird. Einzelne Genorte in einer solchen polygenen Vererbung werden häufig als quantitative trait loci (QTL (GELDERMANN 1975)) bezeichnet.

Trotz der Fortschritte in der molekulargenetischen Forschung ist das sogenannte infinitesimale Modell, bei dem davon ausgegangen wird, dass die Expression eines Leistungsmerkmals von einer sehr großen Anzahl Loci mit sehr kleinen individuellen Effekten gesteuert wird, das gebräuchliche Standardmodell der Vererbung geblieben. Von einem Modell mit gemischter Vererbung spricht man, wenn die genetische Fundierung eines Merkmals auf wenigen identifizierbaren Einzelgenen (mit großem Effekt) und einer polygenen Komponente beruht. Dabei werden in der polygenen Komponente eine Vielzahl von Genen mit jeweils kleinem individuellen Effekt additiv zusammengefasst. Gemischte Modelle der Vererbung sind zur Zeit ein Gegenstand der populationgenetischen Forschung.

Umwelteinflüsse

Quantitative Merkmale werden nicht nur von einer großen Anzahl genetischer, sondern auch von einer Vielzahl Umweltfaktoren (Klima, Fütterung, Haltung, Hygiene usw.) beeinflusst. Je mehr Faktoren beteiligt sind, desto enger nähert sich die umweltbedingte Merkmalsvariation einer kontinuierlichen Verteilung. Werden genetisch gleiche Individuen (z.B. eineiige Zwillinge) unter unterschiedlichen Umweltbedingungen (z.B. Fütterung) gehalten, so werden sie sich trotz des gleichen Genotyps in ihrem Phänotyp unterscheiden. Der Genotyp legt zwar das Leistungsvermögen eines Tieres fest, die tatsächlich erbrachte Leistung ist aber von den jeweiligen Umweltverhältnissen abhängig. Diese umweltbedingten und damit nicht vererbbaren Veränderungen des Phänotyps sind bei allen quantitativen Eigenschaften zu verzeichnen. Da sie züchterisch nicht nutzbar sind, ist es eine wichtige Aufgabe der

Populationsgenetik, die auftretende gesamte Variabilität in die genetisch bedingte und die umweltverursachte Varianzkomponente zu zerlegen und das Zusammenwirken von Genotyp und Umwelt näher zu beschreiben.

4.2   Die phänotypische Variabilität

Wird ein Merkmal an einem Individuum gemessen, so ist der beobachtete Wert der Phänotyp des Individuums. Eine erste Unterteilung des Phänotypwertes erfolgt in die Komponenten, die dem Einfluss des Genotyps und der Umwelt zugeordnet werden.

$$P = G + U \qquad (4.1)$$

In obiger Gleichung ist P der Phänotypwert, G der Genotypwert und U die Umweltabweichung. Setzen wir weiter voraus, dass die phänotypische Merkmalsausprägung durch eine Vielzahl von Umweltfaktoren (Klima, Fütterung, Haltung, Hygiene usw.) beeinflusst wird, so nähert sich die umweltbedingte Merkmalsausprägung einer kontinuierlichen Verteilungsform. Obwohl die Genotypen zum Beispiel im Ein-Locus-Fall nur drei verschiedene Werte annehmen können, ergibt das Zusammenwirken von diskreter Genotypenverteilung und kontinuierlicher Umweltverteilung eine kontinuierliche Verteilung für die phänotypischen Werte.

Weiterhin wird von der Annahme ausgegangen, dass der Genotyp einen bestimmten Wert auf das Individuum überträgt und die Umwelt eine Abweichung in positiver oder negativer Richtung davon verursacht. Folglich ergibt das Mittel aller Umweltabweichungen den Wert Null, so dass das Mittel der Phänotypwerte gleich dem Mittel der Genotypwerte ist. Bei der Analyse der Variation von quantitativen Merkmalen ist es üblich, in Gleichung (4.1) das Populationsmittel μ einzuführen.

$$P = \mu + g + u \qquad (4.2)$$

Abweichungen vom Mittelwert werden als Effekte bezeichnet. Deshalb wird g als genotypischer und u als Umwelteffekt bezeichnet.

Im nachfolgenden Abschnitt wird nun der genotypische Effekt in züchterisch relevante Parameter zerlegt.

4.3   Das Hauptgenmodell

Nachfolgend wird angenommen, dass ein Merkmal ausschließlich durch einen Genort mit 2 Allelen beeinflusst wird. Für die folgenden Ableitungen werden den drei auftretenden Genotypen bestimmte Werte zugeordnet (vgl. Tabelle 4.1).

Tabelle 4.1: Genotypenverteilung für das Ein-Locus-Modell

Genotyp	Frequenz	genotypischer Wert
A_1A_1	p^2	$G_{11} = c + a$
A_1A_2	$2pq$	$G_{12} = c + d$
A_2A_2	q^2	$G_{22} = c - a$

Durch obige Tabelle wird dem homozygoten Genotyp A_1A_1 der Wert $c + a$, dem Genotyp A_2A_2 der Wert $c - a$ und dem heterozygoten Genotyp A_1A_2 der Wert $c + d$ zugeordnet. Folglich ist das Mittel der beiden Homozygoten gleich c und das Vorhandensein von Allel A_1 führt zur Erhöhung des genotypischen Wertes. Der Wert von d charakterisiert die Dominanz der Allele A_1 bzw. A_2. Folgende Fälle lassen sich unterscheiden:

$d = 0$ keine Dominanz, intermediäre Vererbung

$0 < d < a$ das Allel A_1 dominiert das Allel A_2 teilweise, partielle Dominanz

$d = a$ das Allel A_1 dominiert das Allel A_2 vollständig, vollständige Dominanz

$d > a$ der heterogene Genotyp dominiert beide homozygoten Genotypen, Überdominanz

Für den Fall $0 < d < a$ ergibt sich die in nachfolgender Abbildung wiedergegebene Skala der Genotypwerte.

Abb. 4.1.   Genotypen und willkürlich zugeordnete Genotypwerte

Aufgrund der Definition von Mittelwert und Varianz von diskreten Verteilungen, können das genetische Mittel und die genetische Varianz für den Ein-Locus-Fall wie folgt berechnet werden:

genetisches Mittel

$$\begin{aligned}
\mu_G &= p^2(c+a) + 2pq(c+d) + q^2(c-a) \\
&= c + a(p-q) + 2pqd
\end{aligned}$$
(4.3)

genetische Varianz

$$\begin{aligned}
\sigma_G^2 &= p^2(G_{11} - \mu_G)^2 + 2pq(G_{12} - \mu_G)^2 + q^2(G_{22} - \mu_g)^2 \\
&= 2pq(a + d(q-p))^2 + (2pqd)^2
\end{aligned}$$
(4.4)

4.3.1 Durchschnittseffekte von Allelen

Nachfolgend soll untersucht werden, welchen Effekt das Allel A_1 auf das Leistungsniveau der Nachkommen besitzt. Die Wirkung des Allels A_1 kann man sich wie folgt klarmachen. Angenommen, ein Bulle mit dem Genotyp A_1A_1 wird an eine Stichprobe von weiblichen Tieren aus der Population angepaart. Dann entstehen Nachkommen die alle ein A_1-Allel des angepaarten Bullen erhalten haben. Die mütterliche Gamete liefert ein A_1 oder A_2-Allel mit den Frequenzen p und q. Von den Nachkommen hat folglich ein Anteil von p Tieren den Genotyp A_1A_1 und ein Anteil von q Tieren den Genotyp A_1A_2. Der mittlere genotypische Wert der Nachkommen ist somit:

$$\mu_{NK(A_1A_1)} = p(c+a) + q(c+d)$$

Die Differenz zwischen dem Populationsmittel und der durch ausschließlich von A_1A_1-Tieren entstandenen Nachkommenschaft wird als additive Wirkung α_1 des Allels A_1 bezeichnet. Für diesen sogenannten Durchschnitts- oder Substitutionseffekt von Allel A_1 ergibt sich:

$$\begin{aligned}
\alpha_1 &= \mu_{NK(A_1A_1)} - \mu_G = pa + qd - (a(p-q) + 2dpq) \\
&= q(a + d(q-p))
\end{aligned}$$
(4.5)

Auf gleiche Weise erhält man für den Durchschnittseffekt von Allel A_2:

$$\begin{aligned}
\alpha_2 &= \mu_{NK(A_2A_2)} - \mu_G = -qa + pd - (a(p-q) + 2dpq) \\
&= -p(a + d(q-p))
\end{aligned}$$
(4.6)

Da Eltern ihre Allele und nicht ihre Genotypen an die Nachkommen weitergeben, bestimmen die Durchschnittseffekte der Allele den mittleren Genotypwert ihrer Nachkommen.

> Deshalb wird der Zuchtwert eines Tieres oder Genotyps als Summe der Durchschnittseffekte aller Allele, die das Tier trägt, definiert.

Setzt man in (4.5) zur Abkürzung

$$\alpha = a + d(q - p) \tag{4.7}$$

so ergibt sich z.B. für den Zuchtwert der Tiere mit dem Genotyp A_1A_1 die Darstellung:

$$z_{11} = \alpha_1 + \alpha_1 = 2q(a + d(q - p)) = 2q\alpha \tag{4.8}$$

Da der Zuchtwert eine Summe von Durchschnittseffekten bezogen auf das genetische Mittel präsentiert, wird auch die Bezeichnung additiv genetische Abweichung oder additiv genetischer Effekt verwendet. Die nachfolgende Tabelle enthält die Zuchtwerte für alle drei Genotypen.

Tabelle 4.2: Zuchtwerte der drei Genotypen im Ein-Locus-Modell

Genotyp	Zuchtwert oder additiv genetische Abweichung		
A_1A_1	$z_{11} =$	$2\alpha_1$	$= 2q\alpha$
A_1A_2	$z_{12} =$	$\alpha_1 + \alpha_2$	$= \alpha(q - p)$
A_2A_2	$z_{22} =$	$2\alpha_2$	$= -2p\alpha$

Es kann einfach gezeigt werden, dass das Mittel der additiv genetischen Effekte gleich Null ist. Für die additiv genetische Varianz ergibt sich dann die Darstellung:

$$\sigma_A^2 = p^2(2q\alpha)^2 + 2pq(q - p)^2\alpha^2 + q^2(-2p\alpha)^2 = 2pq\alpha^2 \tag{4.9}$$

Beispiel 4.1 Zur Illustration wird mit der Milchmenge ein typisch polygenisch vererbtes Merkmal betrachtet. Aufgrund der besseren Übersichtlichkeit wird aus der Vielzahl der Loci, die an der Merkmalsausprägung beteiligt sind, ein einzelner Genort A herausgegriffen. Am Locus A sollen 2 Allele A_1 und A_2 mit den Frequenzen $p = 0,4$ und $q = 0,6$ vorkommen. Weiterhin sei vorausgesetzt, dass sich die Population im Hardy-Weinberg-Gleichgewicht befindet. Die nachfolgende Tabelle zeigt den genotypischen Aufbau der Beispielpopulation unter stark vereinfachenden

Tabelle 4.3: Genotypfrequenz und Genotypwerte für Beispiel 4.1

Genotyp	Frequenz	Genotypwert(in kg)
A_1A_1	$p^2 = 0,16$	$G_{11} = 5100 = 4975 + 125$
A_1A_2	$2pq = 0,48$	$G_{12} = 5050 = 4975 + 75$
A_2A_2	$q^2 = 0,36$	$G_{22} = 4850 = 4975 - 125$

Annahmen.
Mit den hypothetischen Werten aus Tabelle 4.3 lassen sich das genetische Mittel und die genetische Varianz wie folgt berechnen.

$$\mu_G = p^2 G_{11} + 2pq G_{12} + q^2 G_{22} = 0,16 \cdot 5100 + 0,48 \cdot 5050 + 0,36 \cdot 4850$$
$$\mu_G = 4986$$
$$\sigma_G^2 = p^2 (G_{11} - \mu_G)^2 + 2pq (G_{12} - \mu_G)^2 + q^2 (G_{22} - \mu_G)^2$$
$$\sigma_G^2 = 0,16 \cdot (114)^2 + 0,48 \cdot (64)^2 + 0,36 \cdot (-136)^2$$
$$\sigma_G^2 = 10704 \quad \text{und} \quad \sigma_G = \sqrt{10704} = 103,46$$

In der Beispielpopulation besitzen die Durchschnittseffekte der Allele die Darstellung:

$$\alpha_1 = p G_{11} + q G_{12} - \mu_G$$
$$\alpha_1 = 0,4 \cdot 5100 + 0,6 \cdot 5050 - 4986 = 84$$
$$\alpha_2 = p G_{12} + q G_{22} - \mu_G$$
$$\alpha_2 = 0,4 \cdot 5050 + 0,6 \cdot 4850 - 4986 = -56$$

Für die additiv genetische Varianz oder was gleichbedeutend ist, für die Varianz der wahren Zuchtwerte ergibt sich:

$$\sigma_A^2 = p^2 (2\alpha_1)^2 + 2pq (\alpha_1 + \alpha_2)^2 + q^2 (2\alpha_2)^2$$
$$\sigma_A^2 = 0,16 \cdot (168)^2 + 0,48 \cdot (28)^2 + 0,36 \cdot (-112)^2$$
$$\sigma_A^2 = 9408$$

Unter Verwendung der Durchschnittseffekte α_1 und α_2 erhält man die in Tabelle 4.4 aufgeführten Ergebnisse.
Für den Genotypwert eines Individuums existieren somit die folgenden Zerlegungen:

$$G_{11} = \mu_G + \alpha_1 + \alpha_1 + d_{11} = 4986 + 168 - 54 = 5100 \tag{4.10}$$
$$G_{12} = \mu_G + \alpha_1 + \alpha_2 + d_{12} = 4986 + 28 + 36 = 5050 \tag{4.11}$$
$$G_{22} = \mu_G + \alpha_2 + \alpha_2 + d_{22} = 4986 - 112 - 24 = 4850 \tag{4.12}$$

Tabelle 4.4: Ergebnisse für Beispiel 4.1

Genotyp	Genotypwert G_{ij}	genotypischer Effekt g_{ij}	Zuchtwert z_{ij}	Abweichung d_{ij}
A_1A_1	5100	114	168	-54
A_1A_2	5050	64	28	36
A_2A_2	4850	-136	-112	-24

mit

$$g_{ij} = G_{ij} - \mu_G$$
$$z_{ij} = \alpha_i + \alpha_j$$
$$d_{ij} = g_{ij} - z_{ij}$$

4.3.2   Dominanzeffekte

Aus den Darstellungen (4.10) bis (4.12) wird ersichtlich, dass der genotypische Wert eines Individuums nicht vollständig mit Hilfe des genetischen Mittels und der Durchschnittseffekte beschrieben werden kann. Das träfe zu, wenn für jeden Genotyp die Abweichung seines genotypischen Wertes vom Populationsmittel gleich der Summe der Durchschnittseffekte der beteiligten Allele wäre. Es lässt sich zeigen, dass diese Behauptung nur bei intermediärem Erbgang zutrifft.

In der quantitativen Genetik wird jede Abweichung des genotypischen Wertes der Heterozygoten vom mittleren genotypischen Wert der Homozygoten als Dominanzabweichung bezeichnet. Im Beispiel beträgt diese Abweichung:

$$d = G_{12} - \frac{1}{2}(G_{11} + G_{22}) = 5050 - \frac{1}{2}(5100 + 4850) = 75$$

Analog erhält man für die additive Abweichung:

$$a = \frac{1}{2}(G_{11} - G_{22}) = \frac{1}{2}(5100 - 4850) = 125$$

Der sich ergebende Quotient $d/a = 75/125 = 0,6$ wird als Dominanzgrad bezeichnet.

Die Abweichung zwischen genotypischem und additiv genetischem Effekt eines Genotyps wird als Dominanzeffekt ausgewiesen. Die Dominanzabweichung entsteht aus der Dominanz zwischen den Allelen an einem Genort, denn bei Abwesenheit von Dominanz sind genotypischer Effekt und Zuchtwert gleich. Genau wie die Durchschnittseffekte der Allele und die Zuchtwerte der Individuen hängen auch die Dominanzabweichnungen von der Allelfrequenz in der Population ab. Der Dominanzeffekt für den Genotyp A_1A_1 lässt sich wie folgt berechnen.

$$d_{11} = (G_{11} - \mu_G) - z_{11}$$
$$d_{11} = (c + a) - (c + a(p - q) + 2pqd) - 2q(a + d(q - p)) \qquad (4.13)$$
$$d_{11} = -2q^2d$$

Die Dominanzabweichungen für alle drei Genotypen enthält die nachfolgende Tabelle.

Tabelle 4.5: Dominanzabweichung im Ein-Locus-Modell

	Genotyp		
	A_1A_1	A_1A_2	A_2A_2
Genotypische Effekte	$2p(\alpha - qd)$	$(q - p)\alpha + 2pqd$	$-2p(\alpha + pd)$
additiv genetische Effekte(Zuchtwerte)	$2q\alpha$	$(q - p)\alpha$	$-2p\alpha$
Dominanzeffekte	$-2q^2d$	$2pqd$	$-2p^2d$

Alle Dominanzeffekte sind Funktionen von d. Wenn keine Dominanz existiert, werden mit d alle 3 Dominanzabweichungen gleich Null. Es lässt sich wieder einfach zeigen, dass das Mittel der Dominanzeffekte sich aufhebt. Folglich kann die Dominanzvarianz wie folgt berechnet werden.

$$\sigma_D^2 = p^2(-2q^2d)^2 + 2pq(2pqd)^2 + q(-2p^2d)^2$$
$$\sigma_D^2 = 4p^2q^2d^2(q^2 + 2pq + p^2) \qquad (4.14)$$
$$\sigma_D^2 = (2pqd)^2$$

Wie bereits abgeleitet, besitzen die genetische und die additiv genetische Varianz die Darstellungen:

$$\sigma_A^2 = 2pq\alpha^2 \quad \text{mit} \quad \alpha = a + d(q - p)$$
$$\sigma_G^2 = 2pq(a + d(q - p))^2 + (2pqd)^2$$

Auf Grund dieser Darstellungen kann die genetische Varianz also wie folgt zerlegt werden:

$$\sigma_G^2 = \sigma_A^2 + \sigma_D^2 \qquad (4.15)$$

Aus obigen Formeln lassen sich folgende Schlussfolgerungen ziehen:

Die additiv genetische Varianz ist bei intermediärer Vererbung ($d = 0$) nur abhängig vom Produkt der Allelfrequenzen und von a^2. Liegt dominante Allelwirkung vor ($d > 0$), so resultiert daraus gegenüber dem Fall der intermediären Vererbung eine bedeutende Erhöhung von σ_A^2 bei $p < 0,5$ und eine Verringerung bei $p > 0,5$. Bei Überdominanz ($d > a$) erreicht σ_A^2 nicht nur bei $p = 0$ oder $p = 1$ den Wert Null, sondern auch bei einer dazwischenliegenden Allelfrequenz.

Unter Verwendung der Genotypwerte aus Tabelle 4.6 ergibt sich in Abhängigkeit von der Allelfrequenz p die in nachfolgender Tabelle aufgeführte Zerlegung der genetischen Varianz.

Tabelle 4.6: Zerlegung der genetischen Varianz für Beispiel 4.1

		Allelfrequenz p		
		$p = 0,2$	$p = 0,4$	$p = 0,8$
genetische Varianz	σ_G^2	9824	10704	2624
additive Varianz	σ_A^2	9248	9408	2048
Dominanzvarianz	σ_D^2	576	1296	576

Zu obiger Tabelle sei bemerkt, dass die Dominanzvarianz im Vergleich zur additiven Varianz sehr gering ist. Die Dominanzvarianz wird immer am größten, wenn $p = q = 0,5$ ist. Die Art, in der die Allelfrequenz p das Ausmaß der genetischen Varianzkomponenten beeinflusst, zeigt die nachfolgende Abbildung. Die Kurven in obiger Abbildung zeigen das Ausmaß der genotypischen (VG), der additiven (VA) und der Dominanzvarianz (VD) an einem einzelnen Genort mit 2 Allelen bei partieller Dominanz . Die Dominanzvarianz wird maximiert für $p = q = 0,5$. Die additive Varianz ist maximal für eine Frequenz des rezessiven Allels $q = 0,70$ und somit für $p = 0,3$.

4.3.3 Umwelteffekte

Es soll nun der Fall betrachtet werden, dass die Merkmalsausprägung genetisch von einem einzelnen Genort mit zwei Allelen und einer Umweltkomponente, die durch eine kontinuierliche Verteilung beschrieben wird, abhängig ist. Man kann sich vorstellen, dass der Genotyp einen bestimmten Wert auf das Individuum überträgt, und die Umwelt eine Abweichung in positiver oder negativer Richtung davon verursacht. Das Mittel aller Umweltabweichungen in der Population ergibt den Wert Null, so dass das Mittel der Phänotypwerte

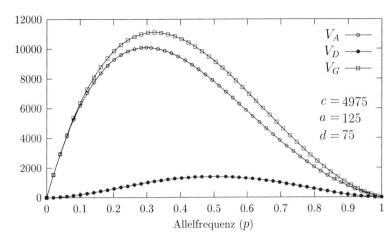

Abb. 4.2. Größe der genetischen Varianzkomponenten in Abhängigkeit von der Allelfrequenz p

gleich dem Mittel der Genotypwerte ist. Kontinuierlich bzw. stetig verteilte Merkmale können innerhalb gewisser Grenzen jeden beliebigen Zwischenwert annehmen. Dabei ist die Wahrscheinlichkeit, dass derartige Merkmale Werte aus einem bestimmten Intervall annehmen, mit Hilfe der Verteilungsfunktion berechenbar. Die Variation solcher Merkmale wird grafisch durch die Häufigkeitsverteilung der Messwerte dargestellt. Dazu werden die Messwerte in gleich große ausgewählte Klassen gruppiert und der relative Anteil von Individuen in jeder Klasse ermittelt. Die resultierende grafische Darstellung ergibt approximativ eine kontinuierliche Kurve, falls die Klassengrenzen verkleinert und die Anzahl gemessener Tiere vergrößert wird. Die Häufigkeitsverteilung von vielen quantitativen Merkmalen, die wie die Umweltkomponente aus einer Summe von vielen zufälligen Einflussfaktoren zusammengesetzt ist, genügt oft einer Normalverteilung. Die Dichtefunktion der Normalverteilung ist die sogenannte Gaußsche Fehlerkurve. Die Annahme, dass die Umweltkomponente U in Gleichung (4.1) normalverteilt ist mit Mittelwert 0 und Varianz σ_U^2, bringt man durch die Schreibweise $U \approx N(0, \sigma_U^2)$ zum Ausdruck. Wenn die Umweltbedingungen den Genotyp genügend verschleiern, kann bereits ein Ein-Locus Modell zu kontinuierlicher Variabilität in der Population führen.

Beim Hauptgenmodell wird die phänotypische Leistung eines Individuums wie folgt modelliert.

$$y_{ij} = \mu_i + u_{ij} \qquad (4.16)$$

Hierbei sind:

y_{ij} — die Leistung von Tier j mit Genotyp i

μ_i — der Erwartungswert aller Tiere mit Genotyp i

u_{ij} — die zufällige Umweltkomponente mit $u_{ij} \approx N(0, \sigma_U^2)$

Bei zwei Allelen A_1 und A_2 kann der Genotyp drei verschiedene Ausprägungen haben:

$$\mu_1 = G_{11} = c + a$$
$$\mu_2 = G_{12} = c + d$$
$$\mu_3 = G_{22} = c - a$$

Durch Vorgabe von c, der Allelfrequenz p, dem additiven Effekt a, dem Dominanzeffekt d sowie der Varianzkomponente σ_U^2 erhält man für die Phänotypwerte y_{ij} die in den nachfolgenden Abbildungen dargestellten Dichtefunktionen.

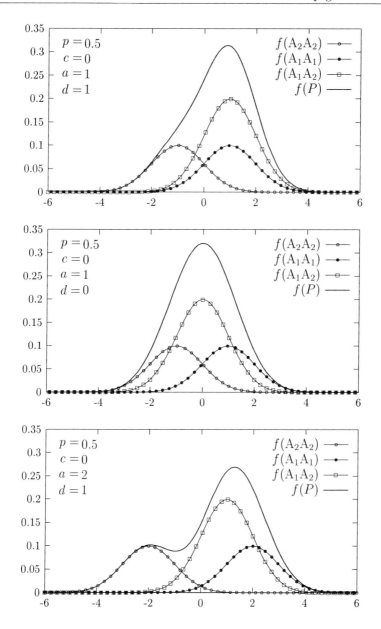

Abb. 4.3. Mischung dreier Normalverteilungen unter einem Hauptgenmodell

Die drei Grafiken in Abbildung 4.3 veranschaulichen die Dichtefunktionen der Phänotypen mit den drei möglichen Genotypen multipliziert mit den zugehörigen Frequenzen. Die Kurve mit durchgezogener Linie symbolisiert die Dichtefunktion aller Phänotypen in der Population. Entsprechend der Vorgabe von a und d liegt intermediäre Vererbung, vollständige Dominanz und Überdominanz vor. Wie man sieht, können bereits mit dem Ein-Locus Modell bei kontinuierlicher Umweltvariation mehrgipflige Verteilungen erklärt werden.

4.4   Populationsgenetische Modelle

Das übliche Modell der Vererbung quantitativer Merkmale geht davon aus, dass eine sehr große Zahl von Loci mit sehr kleinen individuellen Effekten zur Merkmalsausprägung beiträgt. Die Genwirkungen werden nur summarisch betrachtet und z.b. im Fall der additiven Genwirkungen zum additiv-genetischen Zuchtwert zusammengefasst. Wird ausschließlich additive Genwirkung zwischen und innerhalb der Genorte vorausgesetzt, so lassen sich das genetische Mittel und die genetische Varianz durch Summierung der Mittel und Varianzen an den beteiligten Genorten berechnen. Sei i der Index für den i-ten Genort und μ_{G_i} bzw. $\sigma_{G_i}^2$ das entsprechende additiv genetische Mittel bzw. die zugehörige additiv genetische Varianz mit $i = 1, \ldots, n$. Dann gilt:

$$\mu_G = \mu_{G_1} + \mu_{G_2} + \cdots + \mu_{G_n}$$
$$\sigma_G^2 = \sigma_{G_1}^2 + \sigma_{G_2}^2 + \cdots + \sigma_{G_n}^2$$

Bei Anwendung des zentralen Grenzwertsatzes der Wahrscheinlichkeitsrechnung kann gezeigt werden, dass sich die Verteilung der genotypischen Werte in der Population mit steigender Anzahl n von Loci einer Normalverteilung annähert. Im sogenannten infinitesimalen Modell der Vererbung quantitativer Merkmale werden alle additiven Genwirkungen zu einem additiv genetischen Effekt (auch die Bezeichnung Zuchtwert ist gebräuchlich) zusammengefasst. Der additive Zuchtwert eines Tieres wird als normalverteilte Zufallsvariable mit dem Erwartungswert Null und der Varianz σ_g^2 aufgefasst. Nachfolgend werden Modelle zur mathematischen Beschreibung von phänotypischen Leistungen angegeben, die den genotypischen Wert eines Individuums mit den Vorstellungen des Infinitesimalmodells erklären.

4.4.1   Das Standardmodell

Nachfolgend soll die phänotypische Leistung y_i eines Tieres i mathematisch modelliert werden. Es wird vorausgesetzt, dass von n Tieren, die zufällig aus einer Population herausgegriffen wurden, die phänotypische Leistung y_i bekannt ist. Die Grundvorstellung der Genetik besteht in der Annahme, dass die Leistung y_i von einer vererbbaren Komponente g_i und einer Umweltkomponente u_i abhängig ist. Neben Umwelteffekten u_i sollen auch die genotypischen Effekte g_i als Zufallsvariablen angesehen werden. Unter Verwendung des Populationsmittels μ kann dann die Leistung y_i wie folgt modelliert werden.

$$y_i = \mu + g_i + u_i \qquad (4.17)$$

Hierbei sind:

μ –   Populationsmittel (Erwartungswert der Phänotypen)

g_i –   additiv genetischer Effekt des i-ten Tieres

(mit $G_i = \mu + g_i$ genotypischer Wert von Tier i)

u_i –   zufälliger Umwelteffekt, wobei u_i auch Messfehler und nicht-additiv genetische Effekte enthalten kann

In obiges Modell gehen Zufallsvariablen ein, die durch ihre Erwartungswerte und Varianzen näher beschrieben werden können. Wird zusätzlich gefordert,

$$\begin{aligned} &E(g_i) = E(u_i) = 0 \\ &cov(g_i, u_i) = 0 \\ &Var(g_i) = \sigma_g^2 \qquad Var(u_i) = \sigma_u^2 \end{aligned} \qquad (4.18)$$

d.h., dass die Erwartungswerte der genotypischen und der Umwelteffekte gleich Null sind und dass keine Kovarianz zwischen genotypischen Effekten und Umwelteffekten besteht, so bezeichnet man das Modell 4.17 als Standardmodell, welches mitunter auch als das einfache populationsgenetische Modell (EPM) bezeichnet wird. Das Standardmodell erkauft seine einfache Struktur und Handhabbarkeit mit sehr starken Einschränkungen. So wird z.B. vorausgesetzt, dass alle Tiere in der Population unabhängig vom Geschlecht die gleiche genetische Varianz σ_g^2 aufweisen. Außerdem impliziert das Standardmodell, dass in der Population keine Tiergruppen auftreten, die hinsichtlich der Varianz der Umwelteffekte sehr unterschiedlichen Bedingungen ausgesetzt waren. Auch die Annahme der Unkorreliertheit von g_i und u_i ist oft nicht aufrecht zu halten. Ein klassisches Beispiel für die Korrelation von Genotyp und Umwelt ist die Fütterung von Milchkühen nach Leistung. Je höher die Leistung der Kuh, desto mehr Kraftfutter erhält sie und umgekehrt.

Die Anwendung populationsgenetischer Methoden benötigt insbesondere ein Modell für die Übertragung der genetischen Effekte auf die Nachkommen. Der genotypische Effekt $g_{N_{ij}}$ eines Nachkommen von Vater i und Mutter ij wird im Standardmodell wie folgt definiert:

$$g_{N_{ij}} = \frac{1}{2}(g_{V_i} + g_{M_{ij}}) + ZV_{ij} + ZM_{ij} \qquad (4.19)$$

Hierbei sind:

$\quad g_{V_i}$ $\quad -$ genotypischer Effekt von Vater i

$\quad g_{M_{ij}}$ $\quad -$ genotypischer Effekt von Mutter j angepaart an Vater i

$\quad ZV_{ij}$ $\quad -$ zufällige Abweichung von g_{V_i}

$\quad ZM_{ij}$ $\quad -$ zufällige Abweichung von $g_{M_{ij}}$

In obiger Gleichung sollen alle Komponenten der rechten Seite von einander unabhängig sein.

$$Var(g_{V_i}) = Var(g_{M_{ij}}) = \frac{1}{4}\sigma_g^2$$

$$Var(ZV_{ij}) = Var(ZM_{ij}) = \frac{1}{4}\sigma_g^2$$

Nach den Regeln für das Rechnen mit Varianzen ergibt sich somit:

$$Var(g_N) = \frac{1}{4}(\sigma_g^2 + \sigma_g^2) + \frac{1}{4}\sigma_g^2 + \frac{1}{4}\sigma_g^2 = \sigma_g^2$$

Die genetische Varianz bleibt also über die Generationen konstant.

Die Größen ZV und ZM heißen in der angelsächsischen Literatur auch „mendelian sampling" und bezeichnen zusammengenommen die individuelle genotypische Abweichung eines Nachkommen vom Vollgeschwistermittel. Durch sie wird die halbe genetische Varianz eines Nachkommen erklärt. Die Forderung

$$E(ZV_{ij}) = E(ZM_{ij}) = 0$$

gewährleistet, dass die Nachkommen von Vater i und Mutter ij im Mittel gleich der Summe der halben genetischen Effekte beider Eltern sind. In Modell (4.19) wird unterstellt, dass sich die halben genetischen Effekte von Vater und Mutter addieren. Genau genommen repräsentiert also g_i im Standardmodell nur den additiv genetischen Effekt von Tier i. Die Zufallsabweichungen

ZV und ZM bringen zum Ausdruck, dass die Gameten eines Vaters (bzw. einer Mutter) nicht immer die gleichen Chromosomen enthalten und somit unterschiedliche Allele an die Nachkommen übertragen.

4.4.2   Modelle mit Maternaleffekten

Als Maternaleffekt versteht man die phänotypische Abweichung vom Populationsmittel, die durch Einflussgrößen verursacht werden, die allein über die Mutter wirken. Das klassische Beispiel ist ein Merkmal, welches von einer Umwelt abhängig ist, zu welcher die Mutter einen genetischen Beitrag geleistet hat. So ist z.B. das Absetzgewicht von Jungtieren, die gesäugt werden (z.B. Ferkel, Fleischrinderkälber), durch die genetisch bedingte Säugeleistung der Mutter beeinflusst. Der Einfluss derartiger maternal-genetisch bedingter Effekte geht meist mit zunehmendem Alter der Nachkommen, d.h. mit abnehmendem Einfluss der Säugeleistung, zurück. Mathematisch können maternale Effekte wie folgt modelliert werden:

$$y_{ijk} = \mu + \frac{1}{2}g_{V_i} + \frac{1}{2}g_{M_{ij}} + m_{ij} + e_{ijk} \qquad (4.20)$$

Hierbei sind unter anderem:

m_{ij} — maternaler Effekt von Mutter j angepaart an Vater i

e_{ijk} — zufälliger Resteffekt mit der Zerlegung:

$$e_{ijk} = ZV_{ijk} + ZM_{ijk} + u_{ijk}$$

Weiter gilt:

$$Var(g_{V_i}) = Var(g_{M_{ij}}) = \sigma_g^2$$
$$Var(m_{ij}) = \sigma_m^2$$
$$Var(e_{ijk}) = \sigma_e^2 = \frac{1}{2}\sigma_g^2 + \sigma_u^2$$

Die Schätzung obiger Varianzkomponenten kann mit einem 2-fach hierarchischen Varianzanalysemodell der Gestalt

$$y_{ijk} = \mu + a_i + b_{ij} + e_{ijk} \qquad (4.21)$$

erfolgen, indem gesetzt wird:

$$a_i = \frac{1}{2}g_{V_i}$$
$$b_{ij} = \frac{1}{2}g_{M_{ij}} + m_{ij}$$

Zwischen den Varianzkomponenten von Modell (4.20) und (4.21) besteht der Zusammenhang:

$$\sigma_g^2 = 4\sigma_a^2$$
$$\sigma_m^2 = \sigma_b^2 - \sigma_a^2 \qquad \sigma_u^2 = \sigma_e^2 - 2\sigma_a^2$$

4.4.3   Modelle mit Genotyp-Umwelt-Interaktionen

In der Zuchtpraxis ist es in vielen Fällen üblich, Prüftiere unter standardisierten Bedingungen zu halten, die nicht die Streubreite der in der Praxis vorkommenden Umwelten abdecken. Bessere Umweltbedingungen lassen erhöhte phänotypische Leistungen für die Tiere einer Population erwarten, wodurch im allgemeinen auch genetische Unterschiede zwischen den Prüftieren besser aufgedeckt werden können. Schon frühzeitig wurde erkannt, dass zwischen Populationen, Linien oder verwandten Tiergruppen Rangverschiebungen bei der Prüfung in verschiedenen Umwelten auftreten können. Eine für die praktische Zuchtarbeit weniger bedenkliche Situation liegt vor, falls bei der Prüfung unter schlechten Umweltbedingungen zumindest die Rangfolge der Populationen beibehalten wird und nur Auswirkungen auf die Leistungsdifferenzen zwischen den Populationen innerhalb der verschiedenen Umwelten nachweisbar sind. Ursache für die Veränderung von Leistungsdifferenzen bis hin zur Verschiebung von Rangfolgen bei der Prüfung unter zwei stark verschiedenen Umwelten kann das Vorhandensein einer Genotyp-Umwelt-Wechselwirkung bzw. Genotyp-Umwelt-Interaktion (GUI) sein. Eine Möglichkeit zur Schätzung der GUI besteht in der Anwendung eines Varianzanalysemodells.

Nachfolgend wird vorausgesetzt, dass von Nachkommen jeweils eines Vaters, die zufällig auf mindestens zwei Umwelten aufgeteilt wurden, die phänotypischen Leistungen y_{ijk} vorliegen.

Für die Auswertung der Daten wird das Modell einer Kreuzklassifikation mit dem festen Faktor Umwelt und dem zufälligen Faktor Vater verwendet.

$$y_{ijk} = \mu + s_i + u_j + w_{ij} + e_{ijk} \qquad (4.22)$$

Hierbei sind:

μ — Mittel der Nachkommen über alle Umwelten

s_i — zufälliger Effekt des i-ten Vaters; $Var(s_i) = \sigma_s^2$ $(i = 1, \ldots, a)$

u_i — fester Effekt der j-ten Umwelt $(j = 1, \ldots, b)$

w_{ij} — zufälliger Effekt der Interaktion zwischem dem i-ten Vater und der j-ten Umwelt; $Var(w_{ij}) = \sigma_w^2$

e_{ijk} — zufälliger Resteffekt; $Var(e_{ijk}) = \sigma_e^2$

Die Anwendung obigen Modells setzt voraus, dass sowohl die Varianzgleichheit in allen Umwelten als auch die Gleichheit der Heritabilitäten in allen Umwelten gegeben ist. Lassen sich diese Bedingungen nicht aufrecht erhalten, so muss ein Merkmal, z.B. gemessen in zwei Umwelten, als zwei verschiedene Merkmale aufgefasst werden.

Die mathematische Beschreibung letzteren Sachverhaltes erfolgt zweckmäßigerweise mit dem Modell von FALCONER (1952). Angenommen, a Väter besitzen jeweils Nachkommen sowohl in Umwelt 1 als auch in 2. Die zugehörigen Leistungen in Umwelt 1 (bzw. 2) seien mit y_{1jk} (bzw. y_{2jk}) bezeichnet. Dann gilt:

$$
\begin{aligned}
y_{1jk} &= \mu_1 + s_{1j} + e_{1jk} & k &= 1, \ldots, n_{1j} \\
y_{2jl} &= \mu_2 + s_{2j} + e_{2jl} & l &= 1, \ldots, n_{2j}
\end{aligned}
\tag{4.23}
$$

Hierbei sind z.B.:

s_{ij} — zufälliger Effekt von Vater j $(j = 1, \ldots, a)$ in Umwelt i $(i = 1, 2)$

mit $Var(s_{1j}) = \sigma_{s1}^2$; $Var(e_{1jk}) = \sigma_{e1}^2$

$Var(s_{2j}) = \sigma_{s2}^2$; $Var(e_{2jk}) = \sigma_{e2}^2$; $cov(s_{1j}, s_{2j}) = \sigma_{s12}$

und $h_i^2 = \dfrac{4\sigma_{si}^2}{\sigma_{si}^2 + \sigma_{ei}^2}$; $r_g = \dfrac{\sigma_{s12}}{\sigma_{s1}\sigma_{s2}}$

Die Besonderheit des obigen Zweimerkmalsmodells besteht in der Tatsache, dass die Merkmale y_1 und y_2 nicht an einem Tier gleichzeitig beobachtet werden können. Folglich besteht auch keine Kovarianz zwischen den zufälligen Resteffekten e_{1jk} und e_{2jl}. Das Modell von FALCONER lässt unterschiedliche Varianzen und Heritabilitätskoeffizienten zu. Zur Erfassung der Genotyp-Umwelt-Interaktion wird die genetische Korrelation r_g zwischen Merkmal y_1 und y_2 benutzt.

4.4.4   Modelle mit Dominanz- und Epistasieeffekten

Bei der Ableitung des Ein-Locus-Modells wurde der genotypische Wert eines Tieres in additive Effekte g_a und Dominanzeffekte g_d wie folgt zerlegt:

$$G = \mu + g_a + g_d \tag{4.24}$$

Im Mehr-Locus-Fall müssen auf Grund von intra- und intergenischen Interaktionen, der an der Merkmalsexpression beteiligten Gene, zusätzlich sogenannte epistatische Effekte eingeführt werden

$$G = \mu + g_a + g_d + g_e \tag{4.25}$$

mit g_a $-$ additiv genetischer Effekt

$\quad\ \ g_d$ $-$ Dominanzeffekt

$\quad\ \ g_e$ $-$ intergenisch bedingter Effekt (epistatische Abweichung)

Wenn die epistatische Abweichung gleich Null ist, ergibt sich der Gesamtgenotypwert aus der Summe der Genotypwerte an den einzelnen Genorten. Man sagt dann, dass die beteiligten Genorte additiv reagieren.

> Additive Genwirkung bezeichnet daher zwei verschiedene Dinge: Im Zusammenhang mit Allelen an einem Genort beschreibt sie die Abwesenheit von Dominanz und bezogen auf Gene an verschiedenen Genorten die Abwesenheit von Epistasie.

Unter der Voraussetzung, dass die zufälligen Komponenten von G paarweise unabhängig sind, ergibt sich für die genetische Varianz die Unterteilung:

$$\sigma_g^2 = \sigma_a^2 + \sigma_d^2 + \sigma_e^2 \tag{4.26}$$

Die Varianzkomponenten sind definiert als additiv-genetische Varianz, Dominanzvarianz und epistatische Varianz. Unter Verwendung obiger Zerlegung für den genotypischen Wert eines Individuums kann das Standardmodell für die Leistung eines Tieres i wie folgt erweitert werden.

$$y_i = \mu + g_{a_i} + g_{d_i} + g_{e_i} + u_i \tag{4.27}$$

4.4.5 Modelle mit Beschränkung der genetischen Kovarianz zwischen verwandten Tieren

Die Anwendung des Standardmodells setzt unverwandte Tiere voraus. Auch bei dem Varianzanalysemodell zur Schätzung der Genotyp-Umwelt-Wechselwirkung wurden alle Väter als unverwandt angesehen. Diese einschneidende Annahme ist jedoch bei den komplexen Verwandtschaftsstrukturen der Tierzucht oft nicht einzuhalten. Für die Ähnlichkeit von verwandten Tieren lassen sich zwei wesentliche Ursachen anführen.

So erklärt sich die Ähnlichkeit von verwandten Tieren zum einen aus der mehr oder weniger großen Übereinstimmung in den von gemeinsamen Vorfahren ererbten Genen. Daneben kann die Ähnlichkeit natürlich auch von Umwelteffekten beeinflusst werden. Geschwister, die unter ähnlichen Haltungsbedingungen aufgewachsen sind, werden sich mehr ähneln als solche, die unter verschiedenen Bedingungen gehalten wurden. Nachfolgend werden alle nichtgenetischen Ähnlichkeitsursachen außer acht gelassen und nur die Kovarianz zwischen Verwandten aufgrund genetischer Ursachen analysiert. Auf der genetischen Ähnlichkeit zwischen Verwandten basieren letztlich alle züchterischen Fortschritte. Am wichtigsten in dieser Hinsicht sind die Ähnlichkeit zwischen Eltern und Nachkommen, zwischen Halbgeschwistern und zwischen Vollgeschwistern. Im Einzelfall kann die Ähnlichkeit unterschiedlich groß sein. Dies beruht auf den Stichprobeneffekten bei der Übertragung der Gene von den Eltern auf die Nachkommen. Da sich diese Effekte dem Eingriff des Züchters entziehen, interessiert für die Selektionsarbeit nur die durchschnittliche Ähnlichkeit zwischen Tieren eines gegebenen Verwandtschaftsgrades. Als statistisches Maß wird dafür die Kovarianz bzw. der Korrelationskoeffizient verwendet.

Als Beispiel betrachten wir die Ableitung der Kovarianz zwischen Elter und Nachkomme unter der Annahme, dass ausschließlich additive Genwirkung vorliegt und die Eltern nicht ingezüchtet sind. Im Standardmodell wird nach 4.19 der genetische Effekt eines Nachkommen wie folgt modelliert:

$$g_N = \frac{1}{2}(g_V + g_M) + ZV + ZM \tag{4.28}$$

Hierbei sind:

g_V (bzw. g_M) — additiv genetischer Effekt des Vaters (bzw. der Mutter); $Var(g_V) = Var(g_M) = \sigma_a^2$

ZV (bzw. ZM) — „mendelian sampling"; $Var(ZV + ZM) = \sigma_a^2/2$

Setzt man voraus, dass alle Komponenten der rechten Seite obiger Gleichung linear unabhängig sind, so gilt unter Verwendung der Rechenregeln für Varianzen und Kovarianzen:

$$cov(g_N, g_V) = cov\left(\frac{1}{2}(g_V + g_M) + ZV + ZM, g_V\right) = \frac{1}{2}cov(g_V, g_V)$$

also $\quad cov(g_N, g_V) = \frac{1}{2}\sigma_a^2$

analog ergibt sich:

$$cov(g_N, g_M) = \frac{1}{2}\sigma_a^2$$

Unter zusätzlicher Berücksichtigung von Dominanz lassen sich (z.B. bei Unterstellung des Ein-Locus-Modells) allgemein die folgenden Kovarianzen ableiten:

$$\text{Elter-Nachkomme:} \quad \sigma_{EN} = cov(g_N, g_E) = \frac{1}{2}\sigma_a^2 \tag{4.29}$$

$$\text{Halbgeschwister:} \quad \sigma_{HG} = cov(g_{HG_1}, g_{HG_2}) = \frac{1}{4}\sigma_a^2 \tag{4.30}$$

$$\text{Vollgeschwister:} \quad \sigma_{VG} = cov(g_{VG_1}, g_{VG_2}) = \frac{1}{2}\sigma_a^2 + \frac{1}{4}\sigma_d^2 \tag{4.31}$$

Bei der Aufstellung von populationsgenetischen Modellen ist es zum Standard geworden, alle auftretenden verwandtschaftlichen Beziehungen bis hin zu einer Basispopulation, d.h. zu Tieren die als unverwandt vorausgesetzt und als Gründertiere der Population angesehen werden, zu berücksichtigen. Dazu werden die genetischen Effekte aller Tiere, die zum Aufbau der Verwandtschaft beitragen, in das Modell aufgenommen. Folglich müssen die Kovarianzen zwischen diesen genetischen Effekten als zusätzliche Nebenbedingungen in das Modell mit aufgenommen werden. In der praktischen Tierzucht beschränkt man sich auf die Angabe der additiv genetischen Verwandtschaftskoeffizienten.

Für die drei additiv genetischen Effekte aus dem Beispiel ergibt sich:

$$Var(g_V) = Var(g_M) = Var(g_N) = \sigma_a^2$$

$$cov(g_V, g_N) = cov(g_M, g_N) = \frac{1}{2}\sigma_a^2 \qquad cov(g_V, g_M) = 0$$

Verwendet man für obige Gleichungen die Matrixschreibweise, so erhält man:

$$Var(g) = Var \begin{pmatrix} g_V \\ g_M \\ g_N \end{pmatrix} = \begin{pmatrix} Var(g_V) & cov(g_V, g_M) & cov(g_V, g_N) \\ cov(g_M, g_V) & Var(g_M) & cov(g_M, g_N) \\ cov(g_N, g_V) & cov(g_N, g_M) & Var(g_N) \end{pmatrix}$$

$$= A \cdot \sigma_a^2$$

also $Var(g) = A \cdot \sigma_a^2$ mit $A = \begin{pmatrix} 1 & 0 & \frac{1}{2} \\ 0 & 1 & \frac{1}{2} \\ \frac{1}{2} & \frac{1}{2} & 1 \end{pmatrix}$

Die Matrix A wird als additiv-genetische Verwandtschaftsmatrix bezeichnet. Zu ihrer Aufstellung und Berechnung existieren spezielle Algorithmen, die Bestandteil der einschlägigen Programmpakete zur Zuchtwertschätzung geworden sind.

4.4.6   Das Modell der gemischten Vererbung

Unter dem Modell der gemischten Vererbung (model of mixed inheritance) wird im einfachsten Fall angenommen, dass die genetische Fundierung eines Merkmals auf einem identifizierten Einzelgen (mit großem Effekt) und einer polygenen Komponente beruht. Die phänotypische Leistung eines Individuums wird also wie folgt beschrieben.

$$y_{ij} = \mu_i + g_{ij} + u_{ij} \tag{4.32}$$

Hierbei sind:

y_{ij} – Leistung von Tier j mit Genotyp i am diallelen Einzelgenort
mit den Allelfrequenzen p und q

μ_i – Erwartungswert aller Tiere mit Genotyp i
($\mu_1 = c + a$; $\mu_2 = c + d$, $\mu_3 = c - a$)

g_{ij} – polygener Effekt des Tieres j mit Genotyp i
(mit $Var(g_{ij}) = \sigma_a^2$)

u_{ij} – zufälliger Umwelteffekt (mit $Var(u_{ij}) = \sigma_u^2$)

Weiterhin wird vorausgesetzt, dass die polygene Komponente, das Einzelgen und die Umweltkomponente paarweise voneinander unabhängig sind.

Im Unterschied zum Hauptgenmodell, setzt sich die Variation um die Genotypmittelwerte aus einer additiv polygenen und einer Umweltkomponente zusammen. Beim Hauptgenmodell war diese Variation ausschließlich zufällig umweltabhängig.

4.5   Genetische Parameter und deren Schätzung

4.5.1   Grundlagen der Parameterschätzung

Die Schätzung populationsgenetischer Parameter basiert auf der Grundlage von Beobachtungen und Modellen, die für die Daten unterstellt werden. Die in der Tierzucht üblichen populationsgenetischen Modelle sind im Kapitel 4.4 bereits beschrieben worden. Daraus folgt, dass Schätzwerte und deren Interpretation mit dem unterstellten Modell stets eine Einheit bilden. Diese Wechselwirkung hat ebenfalls züchterische Konsequenzen. Eine weitere Voraussetzung für die Parameterschätzung sind Annahmen über die statistische Verteilung der untersuchten Merkmale. In der Tierzucht ist es üblich, dass die Normalverteilung angenommen wird. Eine Normalverteilung kann durch zwei statistische Parameter - Mittelwert und Varianz - vollständig beschrieben werden. Die entsprechenden populationsgenetischen Parameter in solchen Modellen beziehen sich dann auf Mittelwert und Varianz. Man sollte deshalb alle Merkmale, die in den Züchtungsprozess einbezogen werden, auf deren Verteilung prüfen. Liegt keine Normalverteilung vor, so besteht die Möglichkeit die Merkmale zu transformieren, um eine Normalverteilung zu erreichen. Andererseits werden auch für nicht normal verteilte Merkmale populationsgenetische Parameter geschätzt, und man verlässt sich auf die Robustheit der Schätzmethode. Die Schätzung statistischer und populationsgenetischer Parameter erfolgt an einer Stichprobe der Grundgesamtheit. Da Schätzwerte und der wahre Wert der Grundgesamtheit nicht identisch sind, sind derartige Schätzwerte immer mit der Angabe der Genauigkeit zu versehen.

Die Schätzung populationsgenetischer Parameter ist kein Selbstzweck, sondern diese Angaben werden benötigt, um den züchterischen Fortschritt von Zuchtprogrammen vorherzusagen bzw. ein vorgegebenes Zuchtziel zu erreichen.

Auf der Grundlage des Standardmodells und unter der Voraussetzung der Normalverteilung der Merkmale lassen sich nachfolgende Populationsparameter definieren:

- Arithmetisches Mittel und die Varianz eines Merkmals

- Phänotypische und genetische Kovarianz zwischen zwei Merkmalen

- Kombinationen von Varianz- und Kovarianzkomponenten

Letztere Populationsparameter bilden u.a. die genetischen Parameter im engeren Sinne. Es handelt sich dabei um den Heritabilitätskoeffizienten (h^2) eines Merkmals und um die genetische Korrelation (r_g) zwischen zwei Merkmalen.

Unterstellt man für die Parameterschätzung erweiterte populationsgenetische Modelle, so erweitert sich das Spektrum der genetischen Parameter. Es handelt sich dann um die verschiedenen Maternaleffekte, Genotyp-Umwelt-Wechselwirkungen und nichtadditive Allelwirkungen. Alle bis hierher aufgeführten Parameter werden in der Zuchtarbeit mit einer oder mehreren Populationen (Reinzucht) benötigt. Bildet die Kreuzung die Grundlage der Zuchtarbeit, so ist es üblich Kreuzungseffekte zu schätzen, die in Kapitel 8 beschrieben werden.

Andererseits bestehen viele Zuchtverfahren in einer Kombination von Reinzucht und Kreuzung, die dann eine Kombination der Populationsparameter benötigen.

Definiert man alle oben genannten Parameter auf der Basis des Standardmodells für zwei Merkmale x und y, so lassen sich folgende Parameter aufführen:

- Populationsmittelwert (μ_x im Merkmal x)

- Phänotypische Varianz (σ_x^2 im Merkmal x)

- Genetische Varianz (σ_{gx}^2 im Merkmal x)

- Heritabilitätskoeffizient (h_x^2 im Merkmal x)

- Phänotypische Kovarianz und Korrelation ($\text{cov}_{px,y}$, $\varrho_{px,y}$ zwischen den Merkmalen x und y)

- Genetische Kovarianz und Korrelation ($\text{cov}_{gx,y}$, $\varrho_{gx,y}$ zwischen den Merkmalen x und y)

In den nachfolgenden Betrachtungen wollen wir uns auf die Schätzung genetischer Parameter beschränken. Für Schätzung der Populationsparameter - Mittelwert, Varianz und phänotypische Varianzen bzw. Korrelation sei auf die Standardwerke der mathematischen Statistik verwiesen (RASCH und HERRENDÖRFER 1990).

4.5.2　Die Heritabilität

Die Heritabilität ist aus züchterischer Sicht der wichtigste Populationsparameter.

Sie ist definiert als das Verhältnis der genotypischen zur phänotypischen Varianz und wird mit h^2 symbolisiert.

$$h^2 = \frac{\sigma_g^2}{\sigma_g^2 + \sigma_u^2} = \frac{\sigma_g^2}{\sigma_p^2} \tag{4.33}$$

Die wichtigste Funktion von h^2 besteht darin, dass sie einen Schätzwert darstellt, der die Zuverlässigkeit des Phänotypwertes bei der Beurteilung des Zuchtwertes ausdrückt. Damit gibt sie Aufschluss darüber, welche Möglichkeiten in einer Population vorhanden sind, das entsprechende metrische Merkmal durch züchterische Maßnahmen zu verbessern.

Aus der Formel 4.33 ist ersichtlich, dass h^2 ein Quotient ist und folglich Werte von $0 \leq h^2 \leq 1$ annehmen kann bzw. falls der Heritabilitätskoeffizient in Prozent ausgedrückt $0 \leq h^2 \leq 100\%$ ist.

Ist h^2 sehr gering (gleich oder fast Null) so bedeutet dies, dass für das entsprechende Merkmal in der Population keine oder fast keine genotypische Varianz vorhanden ist und sich die phänotypische Varianz nur aus der Umweltvarianz zusammen setzt. Das bedeutet, dass keine genotypischen Unterschiede zwischen den Individuen bestehen und somit züchterische Maßnahmen im Sinne der Selektion wirkungslos sind.

Eine hohe Heritabilität lässt den Schluss zu, dass die Unterschiede zwischen den Individuen größtenteils genotypisch bedingt sind und somit Zuchtmaßnahmen erfolgreich sind. Aus diesem Grund spielt h^2 für die Vorhersage des möglichen Zuchtfortschritts durch Selektionsmaßnahmen eine entscheidende Rolle.

Die Heritabilität eines Merkmals hat verschiedene Eigenschaften, die bei der Nutzung im Zuchtprozess zu beachten sind. Diese Eigenschaften sind:

Populationsspezifisch, d.h. h^2 differiert zwischen unterschiedlichen Populationen

Schätzwert - Die Schätzung erfolgt auf der Grundlage einer Stichprobe der Gesamtpopulation und ist deshalb mit einem Schätzfehler behaftet. Zur Bewertung der Genauigkeit einer h^2-Schätzung muss der Schätzwert mit Genauigkeitsangaben versehen sein i.d.R. $h^2 \pm s_{h^2}$.

Modellabhängig - Die Wahl eines populationsgenetischen Modells bestimmt welche Anteile der genotypischen und Umweltvarianzen in den Quotienten der Schätzung eingehen.

Schätzmethodenabhängig - Die Höhe der geschätzten Heritabilität ist ebenso eine Funktion der Schätzmethode, wie aus den nachfolgenden Kapiteln ersichtlich wird.

Trotz dieser Einschränkungen und Eigenschaften sind die züchterisch bedeutsamsten Merkmalskomplexe durch bestimmte Größenordnungen von h^2 charakterisiert. So zeichnen sich Merkmale, die dem Fitnessbereich zuzuordnen sind oder mit ihm in enger Verbindung stehen, durch eine niedrige oder geringe Heritabilität aus (0,05 bis 0,20). Dagegen zeigen die typischen Leistungsmerkmale, wie z.b. Wachstum, Milch-, Fleisch- und Eileistung eine mittlere Heritabilität (0,20 bis 0,40). Eine hohe Heritabilität wurde z.B. für Merkmale Körperform und der Knochenmasse geschätzt (0,4 bis 0,7). Eine Heritabilität von 1 kann man für Merkmale qualitativ genetischer Natur ermitteln. Sie werden nicht durch die Umwelt beeinflusst und beruhen in ihrer phänotypischen Varianz nur auf der genotypischen Varianz. Für die wichtigsten züchterisch relevanten Merkmale bei den Nutztieren sind in der Tabelle 4.7 bis 4.10 Schätzwertbereiche für h^2 angegeben. Das Ziel dieser Tabellen besteht darin, einen Überblick über die Größenordnung dieses Parameters anzugeben.

Tabelle 4.7: Schätzwerte der Heritabilität für ausgewählte Merkmale beim Rind

Merkmal	Bereich
Milchmenge	0,20...0,50
Fettmeng	0,20...0,50
Eiweißmenge	0,20...0,50
Fettprozent	0,30...0,70
Eiweißprozent	0,40...0,70
Tägliche Zunahme	0,30...0,60
Futterverwertung	0,20...0,50
Widerristhöhe	0,40...0,80
Brusttiefe	0,30...0,80
Konzeptionsrate	0...0,10
Non-Return-Rate	0...0,10

Tabelle 4.8: Schätzwerte der Heritabilität für ausgewählte Merkmale beim Schwein

Merkmal	Bereich
Wurfgröße bei Geburt	0,05...0,20
Wurfgröße beim Absetzen	0,05...0,20
Ovulationsrate	0,20...0,40
Wurfmasse bei Geburt	0,20...0,40
Wurfmasse beim Absetzen	0,10...0,40
Tägliche Zunahme	0,25...0,50
Futterverwertung	0,20...0,60
Rückenspeckdicke	0,30...0,60
Seitenspeckdicke	0,20...0,50
Kotelettfläche	0,30...0,50
Fleisch-Fett-Verhältnis	0,40...0,70
Wasserverbindungsvermögen	0,10...0,70
pH-Wert	0,10...0,40

Tabelle 4.9: Schätzwerte der Heritabilität für ausgewählte Merkmale beim Schaf

Merkmal	Bereich
Wurfgröße	0,10...0,20
Körpermasse bei Geburt	0,20...0,40
Körpermasse	0,30...0,50
Schmutzwollmasse	0,25...0,50
Feinwollmasse	0,30...0,60
Stapellänge	0,30...0,60
Wollfeinheit	0,20...0,50

Tabelle 4.10: Schätzwerte der Heritabilität für ausgewählte Merkmale beim Huhn

Merkmal	Bereich
Schlupffähigkeit	0,10...0,20
Geschlechtsreife	0,30...0,50
Vitalität	0,05...0,15
Körpermasse	0,30...0,50
Eianzahl	0,20...0,35
Eimasse	0,20...0,60
Eiform	0,15...0,40
Bruchfestigkeit	0,30...0,50
Legepause	0,10...0,25

In den Kapiteln 4.1 bis 4.4 wurde gezeigt, wie sich die genotypische Varianz in verschiedene Komponenten entsprechend der unterstellten Modelle einteilen lässt. Setzt man die genotypische Varianz zur phänotypischen in das Verhältnis, wie in Formel 4.33 dargestellt, so erhält man die Heritabilität im weiteren Sinne (h_w^2).

$$h_w^2 = \frac{\sigma_a^2 + \sigma_d^2}{\sigma_p^2} = \frac{\sigma_g^2}{\sigma_p^2} \tag{4.34}$$

Im Gegensatz stellt die Heritabilität im engeren Sinne (h_e^2) das Verhältnis der additiven genetischen zur phänotypischen Varianz dar.

$$h_e^2 = \frac{\sigma_a^2}{\sigma_p^2} \tag{4.35}$$

Des weiteren unterscheidet man noch die realisierte Heritabilität (h_r^2), die aus dem Quotienten von Selektionserfolg (SE) und Selektionsdifferenz (SD) aus Selektionsexperimenten ermittelt wird (siehe Kapitel 5).

$$h_r^2 = \frac{SE}{SD} \tag{4.36}$$

Realisierte Heritabilitäten ordnen sich zwischen h_w^2 und h_e^2 ein, da der Schätzwert unabhängig von den genetisch-statistischen Modellen ist.

Aus statistischer Sicht kann der Heritabilitätskoeffizient auch als Regressionskoeffizient der genotypischen Werte auf die phänotypischen Werte interpretiert werden.

Der Regressionskoeffizient ist der Quotient aus den Kovarianzen der beiden Variablen und der Varianz des Regressors und damit zwischen genotypischen und phänotypischen Werten.

$$\beta_{G,P} = \frac{cov\left(\mu + g; \mu + g + u\right)}{\sigma_p^2} = \frac{\sigma_g^2}{\sigma_p^2} = h^2 \tag{4.37}$$

Da die Kovarianz die gemeinsame Veränderung von zwei Variablen beschreibt und die Kovarianz mit $cov(g, u) = 0$ angenommen werden kann sowie die $cov(g, g) = \sigma_g^2$ beträgt, wird in Formel 4.37 die Kovarianz zwischen genotypischen und phänotypischen Werten die genotypische Varianz.

> Aus der Definition eines linearen Regressionskoeffizienten folgt, dass h^2 angibt, um wie viele Einheiten sich der genotypische Wert im Durchschnitt ändert, wenn sich der phänotypische Wert um eine Einheit verändert.

Diese Beziehung nutzt man, um den genotypischen Wert eines Individuums zu nach 4.38 zu schätzen.

$$G_i = \mu + h^2(P_i - \mu) \tag{4.38}$$

mit

μ = Populationsmittel

G_i = geschätzter genotypischer Wert des i-ten Tieres

P_i = phänotypischer Wert des i-ten Tieres

Der Heritabilitätskoeffizient h^2 kann ebenso als Quadrat des Korrelationskoeffizienten $r_{G,P}$ (Bestimmtheitsmaß) betrachtet werden. Der Korrelationskoeffizient ist der Quotient aus der Kovarianz und dem Produkt der

Standardabweichungen der beiden Variablen. Das Quadrat des Korrelationskoeffizienten zwischen genotypischen und phänotypischen Werten beträgt

$$r_{G,P}^2 = \frac{(cov(G,P))^2}{\sigma_g^2 \cdot \sigma_p^2} = \frac{\sigma_g^4}{\sigma_g^2 \cdot \sigma_p^2} = \frac{\sigma_g^2}{\sigma_p^2} = h^2 \qquad (4.39)$$

Die Wurzel aus h^2 (h) entspricht damit der Korrelation zwischen dem Genotyp und dem Phänotyp. Sie wird bei der Schätzung des Selektions- bzw.
Zuchtfortschritts verwendet.

4.5.3   Die genetische Korrelation

Der genetische Korrelationskoeffizient (r_g) ist ebenso wie h^2 ein wichtiger genetischer Parameter. Während h^2 sich immer nur auf ein Merkmal bezieht,
beschreibt die genetische Korrelation die Beziehungen zwischen zwei metrischen Merkmalen. Die metrischen Merkmale bei Pflanzen und Tieren einer
Population sind nicht alle voneinander unabhängig. Diese Abhängigkeit auf
genetischer Ebene kann durch zwei Ursachen verursacht werden. Die wichtigste Ursache im züchterischen Sinne ist die Pleiotropie.

> Unter Pleiotropie versteht man die Eigenschaft eines Genes an der
> phänotypischen Merkmalsdetermination von mehr als einem Merkmal
> beteiligt zu sein.

Eine zweite Ursache genetischer Abhängigkeit ist die genetische Kopplung
von Genen. Sie beruht auf dem Phänomen, dass nicht Gene, sondern Chromosomen vererbt werden. Nur durch crossing-over können die Kopplungsbe-
ziehungen zwischen Genen verändert werden. Die Wahrscheinlichkeit für das
Auftreten von crossing-over ist eine Funktion des Abstandes zwischen den Genen. Je enger sie zusammen liegen, um so geringer ist die Wahrscheinlichkeit,
dass diese durch ein crossing-over getrennt werden.
Unabhängig von diesen Zusammenhängen muss man wissen, dass durch
Selektion nur die genetischen Korrelationen, die auf Pleiotropie beruhen, genutzt werden können. Für gekoppelte Gene ist dies nicht der Fall, da man
die crossing-over-Ereignisse nicht gezielt beeinflussen kann. Mit Hilfe mole-
kulargenetischer Methoden ist es allerdings möglich, crossing-over Ereignisse
zumindest zu verfolgen. Eine Voraussetzung hierfür sind vorhandene Marker
auf dem jeweiligen Chromosom. Damit sind auch Möglichkeiten gegeben, die
Kopplung von Genen zu nutzen.

Für die weitere Betrachtungsweise beschränken wir uns auf die additiv-genetische Korrelation von zwei Merkmalen. Diese Einschränkung ist gerecht-fertigt, da Dominanz und Epistasie bzw. deren Effekte keine oder nur eine geringe Beständigkeit zwischen den Generationen aufweisen und somit in der weiteren Betrachtung vernachlässigt werden können.

Die Wirkung einer genetischen Korrelation zwischen Merkmalen besteht darin, dass eine Veränderung eines Merkmals auch zu Veränderungen der kor-relierten Merkmale führt. Eine genetische Korrelation kann positiv oder nega-tiv sein. Bei positiver Korrelation bedeutet dieses eine Veränderung der beiden korrelierten Merkmale in gleicher Richtung. Dagegen tritt bei negativer Kor-relation eine Merkmalsveränderung in entgegengesetzter Richtung auf[1]. Der Grad der Veränderung des korrelierten Merkmals hängt von der Höhe der ge-netischen Korrelation ab. Für die Züchtungsplanung ist deshalb die Kenntnis der genetischen Korrelationskoeffizienten zwischen den wirtschaftlich bedeut-samen Leistungsmerkmalen, ebenso wie der Heritabilitätskoeffizienten dieser Merkmale, eine notwendige Voraussetzung.

Genetische Korrelationen spielen auch noch aus einer anderen Sicht für die Züchtung eine große Rolle. Viele Leistungsmerkmale lassen sich erst sehr spät in der Entwicklung eines Probanden, d.h. eines Tieres oder einer Pflanze, ermitteln bzw. sind bei geschlechtsbegrenzten Merkmalen an bestimmten Tie-ren überhaupt nicht festzustellen. Aus dieser Tatsache heraus ist der Züchter bemüht, Hilfsmerkmale für die Züchtung heranzuziehen, um Selektionsent-scheidungen so früh wie möglich zu treffen. Der Wert eines Hilfsmerkmals als Parameter der Frühselektion wird letztlich durch die genetische Korrelation zu den zu verbessernden Leistungsmerkmalen entschieden.

In genetischen Studien ist es notwendig, zwei Ursachen von Korrelationen zwischen Merkmalen zu unterscheiden. Die Korrelation kann zum einem ge-netisch und zum anderen umweltbedingt sein. In unserer Betrachtung sind genetische Ursachen von Interesse, d.h. die Pleiotropie. Die durch Pleiotropie resultierende Korrelation ist die Summe der Effekte aller segregierenden Ge-ne, welche beide Merkmale beeinflussen. Unterstellt man, dass manche Gene beide Merkmale steigern, während andere das eine steigern und das andere senken, folgt aus erster Beziehung eine positive und aus zweiter Beziehung

---

[1] Wenn wir von der mathematischen Beziehung zweier Merkmale sprechen, benutzen wir die Bezeichnungen positiv und negativ zur Charakterisierung. Bei der züchterischen Beziehung dagegen sprechen wir von erwünscht und unerwünscht. Dies muss nicht in allen Fällen mit dem mathematischen Vorzeichen übereinstimmen. Beispielsweise ist beim Schwein die Beziehung zwischen Rückenspeckdicke und Fleischanteil mathematisch negativ, aber züchterisch erwünscht.

eine negative Korrelation. Das bedeutet aber andererseits auch, dass sich positive und negative pleiotrope Wirkungen zwischen zwei Merkmalen aufheben können, so dass Pleiotropie nicht notwendigerweise zu einer genetischen Korrelation führen muss. Es ist aber auch möglich, dass die Ursache einer Korrelation umweltbedingt ist, d.h. zwei Merkmale werden durch die Umwelt in positiver oder negativer Richtung beeinflusst.

Die direkt messbare Beziehung zwischen zwei Merkmalen ist die phänotypische Korrelation (r_p), die aus der Messung von zwei Merkmalen an einer Anzahl von Individuen der Population ermittelt wird. Diese phänotypische Korrelation setzt sich aus der genetischen und der umweltbedingten Korrelation zusammen. Analog zur Aufteilung eines Merkmals zur Schätzung der Heritabilität muss nun die Kovarianz zwischen zwei Merkmalen (X, Y) in diese beiden Komponenten aufgeteilt werden. Diese Aufteilung der Kovarianz steht in Beziehung zur genetischen und umweltbedingten Korrelation.

Eine Korrelation ist das Verhältnis der entsprechenden Kovarianz zu dem Produkt der beiden Standardabweichungen der beiden Merkmale. So lässt sich die phänotypische Korrelation darstellen als

$$r_p = \frac{cov_p(X,Y)}{\sigma_{px} \cdot \sigma_{py}} \qquad (4.40)$$

und die phänotypische Kovarianz als

$$cov_p = cov_a + cov_u \qquad (4.41)$$

Die phänotypische Kovarianz ist die Summe aus der genetischen, genauer der additiv-genetischen, und der umweltbedingten Kovarianz. Formel 4.41 lässt sich nicht auf die Zusammenhänge zwischen den entsprechenden Korrelationen anwenden. Diese Beziehungen sind durch die Definition der Korrelation etwas kompliziert. Die phänotypische Kovarianz kann nach 4.40 auch als

$$cov_p = r_p \cdot \sigma_{px} \cdot \sigma_{py} \qquad (4.42)$$

dargestellt werden und entsprechend 4.41 ist

$$r_p \sigma_{px} \sigma_{py} = r_a \sigma_{ax} \sigma_{ay} + r_u \sigma_{ux} \sigma_{uy} \qquad (4.43)$$

Unter Verwendung von $\sigma_a = h \cdot \sigma_p$ und $\sigma_u = e \cdot \sigma_p$, lässt sich die phänotypische Korrelation darstellen als:

$$r_p = h_x \cdot h_y \cdot r_a + e_x \cdot e_y \cdot r_u \qquad (4.44)$$

Woraus folgt: $r_p = h_x \cdot h_y \cdot r_a + \sqrt{1 - h_x^2}\sqrt{1 - h^2 y} \cdot r_u$

da $e_x^2 = \dfrac{\sigma_{ux}^2}{\sigma_{px}^2} = \dfrac{\sigma_{px}^2 - \sigma_{ax}^2}{\sigma_{px}^2} = 1 - h_x^2$

Aus Formel 4.44 leitet sich ab, wie genetische und umweltbedingte Ursachen die phänotypische Korrelation bestimmen. Handelt es sich bei den beiden Merkmalen um solche mit niedriger Heritabilität, so bestimmt die Umweltkorrelation (r_u) die Höhe von r_p. Diese zusammengesetzte Natur der phänotypischen Korrelation macht deutlich, dass die Größe und sogar das Vorzeichen der genetischen Korrelation nicht aus der phänotypischen Korrelation allein bestimmt werden kann.

In Tabelle 4.11 sind einige Schätzwerte für Korrelationskoeffizienten aus der Literatur zusammengestellt.

Tabelle 4.11: Phänotypische, genetische und umweltbedingte Korrelation

	Merkmale	Tierart	r_p	r_a	r_u
1.	Körpergewicht: Eigewicht	Legehenne	0,33	0,42	0,23
2.	Körpergewicht: Legeleistung	Legehenne	0,01	-0,17	0,08
3.	Eigewicht: Legeleistung	Legehenne	-0,05	-0,31	0,02
4.	Milchmenge: Fett%	Milchrind	-0,26	-0,38	-0,18
5.	Milchmenge in 1.:2. Laktation	Milchrind	0,40	0,75	0,26
6.	Zuwachs: Rückenspeckdicke	Schwein	0,35	0,13	-0,18
7.	Zuwachs: Futterverwertung	Schwein	0,66	0,69	0,64

1.-3. (EMSLEY et.al 1977)

4., 5. (BARKER und ROBERTSON 1966)

6., 7. (SMITH et.al 1962)

Wie aus Tabelle 4.11 ersichtlich, zeigen genetische und umweltbedingte Korrelationen unterschiedliche Größen und sogar unterschiedliche Vorzeichen. In den meisten Fällen sind aber gleiche Vorzeichen für die Korrelationen charakteristisch. Eine große Differenz und ein unterschiedliches Vorzeichen deuten darauf hin, dass genetische und umweltbedingte Ursachen der Variation das Merkmal über unterschiedliche biochemische und physiologische Mechanismen beeinflussen. Analog der Darstellung von h^2-Bereichen bei den einzelnen Nutztieren werden derartige Schätzwerte für die genetische Korrelation für ausgewählte Merkmale in den nachfolgenden Tabellen 4.12 bis 4.15 zusammengefasst.

Tabelle 4.12: Genetische Korrelationskoeffizienten zwischen Merkmalen am Rind

Merkmale		Bereich
Milchmenge (kg)	Milchfett (%)	-0,10. . .-0,50
	Milcheiweiß (%)	-0,00. . .-0,65
	Milcheiweißmenge (kg)	0,60. . . 0,80
	Milchfettmenge (kg)	0,50. . . 0,60
	Futterverwertung	0,80. . . 0,95
	Masttagszunahme	0,00. . . 0,20
	Widerristhöhe	0,30. . . 0,50
	Fleischanteil im Schlachtkörper	-0,15. . . 0,10
	Fleischfett (%)	0,25. . . 0,65
Widerristhöhe	Brusttiefe	0,70. . . 0,80
Körpermasse	Futterverwertung	-0,10. . . 0,00
Masttagszunahme	Futteraufwand	-0,50. . .-0,70
	Fettanteil im Schlachtkörper	0,00. . . 0,10
	Fleischanteil im Schlachtkörper	-0,05.,. . 0,40

Tabelle 4.13: Genetische Korrelationskoeffizienten zwischen Merkmalen am Schwein

Merkmale		Bereich
Masttagszunahme	Futterverwertung	-0,50. . .-0,80
	Kotelettfläche	-0,10. . . 0,40
	Rückenspeckdicke	-0,25. . . 0,30
Rückenspeckdicke	Körperlänge	-0,20. . .-0,45
	Futterverwertung	0,10. . . 0,40
	Kotelettfläche	-0,15. . .-0,40
	Fleischhelligkeit	0,70. . . 0,90
	Schinkenanteil	-0,25. . .-0,35
	Schulteranteil	-0,30. . .-0,50
Kotelettfläche	Fleischhelligkeit	-0,20. . .-0,40
Schlachtalter	Körperlänge	-0,10. . .-0,15
Speck-Muskel-Verhältnis	Anteil fleischreicher Teilstücke	-0,50. . .-0,70

Tabelle 4.14: Genetische Korrelationskoeffizienten zwischen Merkmalen am Schaf

Merkmale		Bereich
Schmutzwolle (kg)	Reinwolle (kg)	0,65...0,75
	Stapellänge	0,00...0,20
	Körpermasse	-0,10...0,20
Reinwolle (kg)	Stapellänge	0,10...0,25
	Körpermasse	-0,10...0,25

Tabelle 4.15: Genetische Korrelationskoeffizienten zwischen Merkmalen am Huhn

Merkmale		Bereich
Eianzahl	Eimasse	-0,15...-0,40
	Körpermasse	-0,20...-0,50
	Geschlechtsreife(Tage)	-0,15...-0,50
	Schlupffähigkeit (%)	-0,20... 0,30
	Krankheitsresistenz	0,10... 0,30
	Futterverwertung	-0,50...-0,90
Eimasse	Körpermasse	0,20... 0,50
	Futterverwertung	-0,20...-0,40
	Schlupffähigkeit	0,20... 0,40
	Geschlechtsreife	0,20... 0,40
Körpermasse	Geschlechtsreife	-0,30... 0,30

4.5.4 Weitere genetische Parameter

Die Heritabilitäten und die genetischen Korrelationen der Leistungsmerkmale sind die wichtigsten genetischen Parameter im Züchtungsprozess.

Wie bereits ausgeführt sind diese Parameter immer an ein konkretes genetisch-statistisches Modell gebunden. Erweitert man diese Modelle wie in dem Kapitel 4.4 beschrieben, so lassen sich auf der Grundlage dieser Modelle auch noch andere genetische Parameter definieren. Es handelt sich analog zu diesen Modellen um:

- Maternaleffekte

- Genotyp-Umwelt-Interaktionen

- Dominanz- und Epistasieeffekte

- Effekte von Majorgenen

Auch im Zusammenhang mit der Kreuzungszucht sind genetische Parameter definiert. Entsprechend der unterstellten Modellvorstellungen ergeben sich u.a.:

- Effekte für allgemeine und spezielle Kombinationseignung

- Heterosiseffekte (direkte und maternale Heterosis)

- Rekombinationseffekte

- Effekte extrachromosomaler Vererbung

- Maternale und/oder paternale Effekte

Für diese genetischen Effekte im Zusammenhang mit der Kreuzungszucht sei auf das Kapitel 8 verwiesen. Letztere dienen zur Beschreibung von Unterschieden **zwischen** Populationen bzw. Kreuzungen, während die oberen Parameter die Verhältnisse **innerhalb** Populationen beschreiben.

4.5.5 Die Ähnlichkeiten zwischen verwandten Individuen

Für die Tier- und Pflanzenzüchtung ist das Verständnis der Ursachen für die Ähnlichkeit zwischen Verwandten von grundlegender Bedeutung.

> Der Grad der Ähnlichkeit zwischen Verwandten erlaubt die Schätzung der additiv genetischen Varianz und damit des Heritabilitätskoeffizienten eines metrischen Merkmales. Ebenso wird die Kovarianz benutzt, um die genetische Korrelation zwischen zwei Merkmalen zu schätzen. Die Kovarianz zwischen verwandten Individuen ist derjenige Parameter, der benötigt wird, um die Ursachen der Ähnlichkeiten zwischen Verwandten zu bestimmen.

Die in der Tierzucht am häufigsten vorkommenden verwandtschaftlichen Beziehungen sind Geschwister sowie Eltern und Nachkommen. Für derartige Verwandtschaftsstrukturen lassen sich folgende Kovarianzen ableiten und genetisch interpretieren, wobei unterstellt wird, dass es sich bei den verwandten Individuen um Mitglieder einer Population im Hardy-Weinberg-Gleichgewicht handelt. Außerdem sollen alle Eltern hinsichtlich des betrachteten Merkmals zufallsmäßig angepaart oder anders ausgedrückt unselektiert sein. Auf eine Ableitung der Kovarianz soll hier verzichtet aber auf die Darstellung im FALCONER (1984) hingewiesen werden.

Tabelle 4.16: Kovarianzen zwischen Verwandten und deren genetische Interpretation

Verwandtschaft	Kovarianz	Varianzkomponenten		
		Additiv genetische Varianz	+	Dominanz-varianz
Monozygote Zwillinge	cov =	1	+	1
Nachkomme: Eltern	cov =	1/2	+	0
Vollgeschwister	cov =	1/2	+	1/4
Halbgeschwister	cov =	1/4	+	0
Nachkommen: Großeltern	cov =	1/4	+	0
Onkel (Tante): Neffe (Nichte)	cov =	1/4	+	1/16
Doppelte Cousins	cov =	1/4	+	1/16
Nachkommen: Urgroßeltern	cov =	1/8	+	0
Einfache Cousins	cov =	1/4	+	0

Erweitert man die genetischen Beziehungen zwischen Verwandten im unterstellten genetischen Modell um die epistatischen Interaktionen, d.h. die intergenischen Allelwechselwirkungen, so lassen sich Kovarianzen wie folgt darstellen (Tab. 4.17).

Wie aus den Tabellen 4.16 und 4.17 ersichtlich, beträgt die Varianz zwischen den Verwandten mit Ausnahme der monozygoten Zwillinge 1/2 oder 1/4 der additiven genetischen Varianz. Schätzt man die Kovarianzen innerhalb derartiger Verwandtschaftsstrukturen, so lässt sich hieraus das Ausmaß der additiv genetischen Varianz in der Population schätzen und damit der Heritabilitätskoeffizient. Analoges gilt für die Schätzung der genetischen Korrelation, die ebenfalls auf Kovarianzen beruht, aber in diesem Fall zwischen verwandten Individuen über zwei Merkmale hinweg.

Tabelle 4.17: Kovarianzen zwischen Verwandten mit epistatischen Interaktionen und deren genetische Interpretation

Verwandtschaft	Kovarianz	Varianzkomponenten und die Koeffizienten ihrer Beiträge				
		V_A	V_D	V_{AA}	V_{AD}	V_{DD}
Eltern-Nachkommen	cov_{NE}	1/2	-	1/4	-	-
Halbgeschwister	cov_{HG}	1/4	-	1/16	-	-
Vollgeschwister	cov_{VG}	1/2	1/4	1/4	1/8	1/16

4.5.6 Datenstrukturen und Schätzmethoden

Die Auswertung der höheren genetischen Ähnlichkeiten verwandter Individuen ist das Grundprinzip für die Schätzung genetischer Parameter. Folgende typische Verwandtschaftsstrukturen kann man bei Nutztieren unterscheiden:

1. Geschwisterstrukturen mit

   Halbgeschwistern

   Voll- und Halbgeschwistern

   Vollgeschwistern

2. Eltern-Nachkommenstrukturen mit

   Ein Elter - ein Nachkomme

   Zwei Eltern - ein Nachkomme

3. Gemischte Strukturen aus

   Kombinationen von 1 und 2

Bei diesen Verwandtschaftsstrukturen, die auch analog für die Struktur der Daten gelten, sind für die Schätzung der genetischen Parameter zwei grundsätzliche Fälle zu unterscheiden, die davon abhängen, ob eine vollständige oder unvollständige Datenerhebung erfolgte. Von vollständiger Datenerfassung spricht man, wenn die Merkmale bei allen Tieren der entsprechenden Strukturen erfasst wurden (siehe Abbildung 4.4).

Halbgeschwister

Vollständige Struktur   Unvollständige Struktur

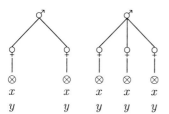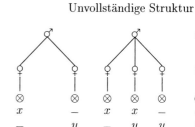

Voll- und Halbgeschwister

Vollständige Struktur   Unvollständige Struktur

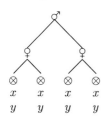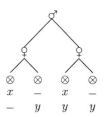

Vollgeschwister

Vollständige Struktur   Unvollständige Struktur

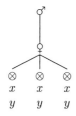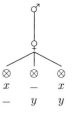

Abb. 4.4. Vollständige und unvollständige Datenerfassung zweier Merkmale (x, y) bei Halbgeschwister-, Voll- und Halbgeschwister und Vollgeschwisterstrukturen, Datenerfassung $\otimes$

Die Bezeichnung vollständige oder unvollständige Struktur bezieht sich immer darauf, ob im einfachsten Fall an allen Nachkommen zwei Merkmale (x und y) erfasst wurden.

Für die Eltern-Nachkommenstrukturen sind diese Verhältnisse in den Tabellen 4.18 und 4.19 zusammenfassend dargestellt.

Tabelle 4.18: Vollständige und unvollständige Datenerfassung bei einem Elter und einem Nachkommen bzw. Nachkommenmittel

	Vollständige Struktur	Unvollständige Struktur	
Elter	X, Y	X, –	X, Y
Nachkomme	X, Y	–, Y	–, Y

Tabelle 4.19: Vollständige und unvollständige Datenerfassung für zwei Eltern und einen Nachkommen bzw. ein Nachkommenmittel

	Vollständige Strukturen	Unvollständige Strukturen			
Vater	X, Y	X, Y	X, Y	X, –	X, –
Mutter	X, Y	X, Y	X, –	–, Y	–, Y
Nachkomme	X, Y	X, –	X, Y	X, Y	X, –

Für gemischte Strukturen erfolgt die Datenerfassung über die Generationen und an mehreren Nachkommen. Damit kann man bei der Auswertung sowohl mit den Geschwisterstrukturen als auch mit den Eltern-Nachkommenstrukturen arbeiten.

Die nachfolgend beschriebenen Methoden der Parameterschätzung basieren grundsätzlich auf einer vollständigen Datenerfassung. Allgemein kann man die Methoden der Parameterschätzung für die drei Klassen der Datenstrukturen wie folgt zusammenfassen (Tab. 4.20).

Die in Tabelle 4.20 aufgeführten Schätzmethoden beziehen sich auf die beschriebenen Datenstrukturen. Die Methode der simulierten Selektion basiert ebenso wie die Schätzung der genetischen Parameter aus Selektionsexperimenten auf der Verwendung der Selektionsdifferenzen und der direkten bzw. indirekten Selektionserfolge. Die Schätzwerte werden deshalb auch als realisierte Parameter betrachtet. Die Darstellung der Schätzung der realisierten genetischen Parameter nach beiden Methoden ist deshalb erst im Kapitel 5.15 und 5.16 dargestellt.

Tabelle 4.20: Methoden der Parameterschätzung für die Datenstrukturen

Datenstruktur	Auswertungsmethoden		
	Varianz-/Kovarianz analyse	Regressions- analyse	Simulierte Selektion
Geschwister	×	–	×
Eltern-Nachkommen	×	×	×
Gemischte	×	×	×

4.5.7 Parameterschätzung bei Geschwisterstrukturen

Wie aus der Tabelle 4.20 ersichtlich lassen sich Geschwisterstrukturen sowohl mit den Methoden der Varianzanalyse als auch mit der simulierten Selektion auswerten. Geschwisterstrukturen lassen sich wie bereits ausgeführt in drei Gruppen einteilen, die bei der Parameterschätzung getrennt zu betrachten sind. Außerdem werden nur die Schätzungen der genetischen Varianz, des Heritabilitätskoeffizienten, der genetischen Kovarianz und der genetischen Korrelation dargestellt. Auf die Schätzung der phänotypischen Kovarianz und der Korrelation wird hier verzichtet. Eine komplette Darstellung der Schätzung aller Populationsparameter findet man bei HERRENDÖRFER und SCHÜLER (1987) bzw. RASCH und HERRENDÖRFER (1990).

Halbgeschwisterstrukturen

Halbgeschwisterstrukturen finden sich in der Tierzucht insbesondere bei uniparen Tierarten, in denen die künstliche Besamung (KB) verbreitet ist. Beispiele für diese Tierarten sind also insbesondere das Milchrind, das Pferd und teilweise auch Fleischrinder und Schafe.

Die Auswertung von Halbgeschwisterstrukturen erfolgt mittels einer einfaktoriellen Varianz-Kovarianzanalyse mit dem Faktor Vater. Die Varianz- bzw. Kovarianzkomponenten werden innerhalb und zwischen den Vätern geschätzt. Die Komponenten lassen sich für die Schätzung genetischer Parameter wie folgt verwenden, wobei die Varianzkomponenten allgemein mit s^2 bezeichnet werden und als Indices x, a und e für die phänotypische, die Varianz des Faktors a (also die Väter) und die Restvarianz verwendet werden. Gleichzeitig sollen außerdem zwei ($i = 1,2$) Merkmale betrachtet werden:

$$s_{xi}^2 = s_{ai}^2 + s_{ei}^2 \qquad (i = 1, 2) \qquad (4.45)$$

s_{xi}^2 = phänotypische Varianz im Merkmal x_i

s_{ai}^2 = Varianzkomponente Vater

s_{ei}^2 = Restvarianz

Unter Verwendung der Varianzkomponente (s_{ai}^2) der Väter sind die genetischen Parameter wie folgt definiert, wobei der Index g die additiv-genetische Varianz gemäß des Standardmodells kennzeichnet:

$$s_{gi}^2 = 4 \cdot s_{ai}^2 \tag{4.46}$$

$$h_i^2 = \frac{4 \cdot s_{ai}^2}{s_{ai}^2 + s_{ei}^2} \tag{4.47}$$

$$cov\,(g_{xy}) = 4 \cdot cov_a = s_{g1,2} \tag{4.48}$$

$$r_{gxy} = \frac{cov_a}{s_{a1} \cdot s_{a2}} \tag{4.49}$$

Wie bei jeder Schätzung sind auch hier die ermittelten Parameter mit einem Schätzfehler behaftet. Formeln für die Ermittlung des Schätzfehlers sind im Anhang gegeben. Die Schätzung der Heritabilität nach 4.46 und 4.47 soll im Folgenden an einem Zahlenbeispiel demonstriert werden. Für dieses Beispiel beschränken wir uns auf die Betrachtung eines Merkmals in einer Varianzanalyse im Gegensatz zur Betrachtung mehrerer Merkmale in einer Kovarianzanalyse. Die allgemeine Tabelle einer einfaktoriellen Varianzanalyse ist mit Tabelle 4.21 für den Fall der Halbgeschwisterstruktur gegeben:

Tabelle 4.21: Varianztabelle der einfaktoriellen Varianzanalyse

Variationsursache	FG	SQ	MQ	$E(MQ)$
Zwischen den Vätern	$v - 1$	$SQ_V = \sum_{i=1}^{v} \frac{X_{i.}^2}{m_i} - \frac{X^2..}{N}$	$\frac{SQ_V}{v - 1}$	$\sigma_e^2 + \lambda\sigma_a^2$
Innerhalb der Väter (Rest)	$m. - v$	$SQ_R = \sum_{i=1}^{v}\sum_{j=1}^{m_i} X_{ij}^2 - \sum_{i=1}^{v} \frac{X_{i.}^2}{m_i}$	$\frac{SQ_R}{m. - v}$	σ_e^2

In 4.21 bezeichnet v die Anzahl Väter, N die Gesamtzahl der Beobachtungen, m_i = die Anzahl Nachkommen je Vater, x_{ij} den j-ten Beobachtungswert innerhalb Vater i und die Punktnotation eine Summenbildung über jeweils die Stufe, an der jeweils der Punkt steht. N ist also gleich $m.$, $X_i.$ ist die Summe der Beobachtungswerte innerhalb Vater i und $X..$ bezeichnet die Summe

aller Beobachtungswerte. Neben den Freiheitsgraden (FG), Summenquadraten (SQ) und den Mittelquadraten (MQ) sind die erwarteten Mittelquadrate ($E(MQ)$) aufgeführt, welche die zu schätzenden Varianzkomponenten enthalten. Diese werden durch Gleichsetzen der MQ mit den $E(MQ)$ ermittelt. Im hier zu betrachtenden balancierten Fall (die Zahl der Nachkommen ist für alle Väter gleich) könnte statt m_i auch einfach m verwendet werden. Auch der für die $E(MQ)$ in der Väterzeile verwendete Korrekturfaktor λ, im unbalancierten Fall mit

$$\lambda = \frac{1}{v-1}\left(N - \frac{\sum_{i=1}^{v} m_i^2}{N}\right)$$

gegeben, verkürzt sich im balancierten Fall zu m.

Das Datenmaterial für dieses Beispiel bezieht sich auf das Merkmal der Wurfmasse am 1. Lebenstag von Labormäusen des Auszuchtstammes Fzt: DU.

Beispiel 4.2 Schätzung des Heritabilitätskoeffizienten für eine Halbgeschwisteranalyse (HERRENDÖRFER und SCHÜLER, 1987)

Tabelle 4.22: Datenstruktur

v	♂			♂			♂		
m_i	♀	♀	♀	♀	♀	♀	♀	♀	♀
x_{ij}	22,1	19,1	18,4	21,9	22,4	10,8	14,9	11,5	15,6
$x_{i.}$		59,6			55,1			42,0	

Damit ist $v = 3$, $m = 3$, $N = 9$ und $X.. = 156,7$.

Das Datenmaterial aus 4.22 wird jetzt genutzt, um die Varianztabelle 4.21 mit den entsprechenden Werten zu füllen.

Durch Gleichsetzen der MQ und $E(MQ)$ ermittelt man $s_a^2 = 3,546$ und nach (4.47) ergibt sich der Schätzwert für die Heritabiliät aus der Halbgeschwisteranalyse mit

$$h_{HG}^2 = \frac{4 \cdot 3,546}{3,546 + 17,227} = 0,682$$

Tabelle 4.23: Varianztabelle für das Merkmal Wurfmasse

Variations-ursache	SQ	FG	MQ	$E(MQ)$
Zwischen Vätern	$2784,05 - 2728,32 = 55,72$	2	27,864	$17,227 + 3 \cdot s_a^2$
Innerhalb Väter (Rest)	$2887,41 - 2784,05 = 103,36$	6	17,227	$s_e^2 = 17,227$

Vollgeschwisterstrukturen

Reine Vollgeschwisterstrukturen finden sich in der Praxis recht selten, da in der Tierzucht üblicherweise die Väter an mehrere Mütter angepaart werden. Ein Vorliegen einer reinen Vollgeschwisterstruktur ergibt sich dann, wenn dies eben nicht der Fall ist. Eine Schätzung der Heritabilität kann dann völlig analog zur Halbgeschwisterstruktur erfolgen, wobei als Varianzursache die Vollgeschwistergruppe (oder: „Familie") einzusetzen ist und die Koeffizienten mit dem Wert 4 in den Formeln 4.46 und 4.47 durch den Wert 2 zu ersetzen sind. Eine Schätzung der Heritabilität aus einem reinen Vollgeschwistermaterial ist ohnehin problematisch, da weitere Gemeinsamkeiten, die über die additiv-genetische Verwandtschaft hinausgehen, namentlich maternal-genetische Effekte sowie gemeinsame Umwelteffekte, mit den hier zu beschreibenden Basismodellen nicht von den additiv-genetischen Effekten getrennt werden können. Diese Problematik tritt auch bei der nächsten Klasse der Strukturen auf. Die Varianzen der Schätzwerte sind im Anhang für diese Datenstruktur angegeben.

Voll- und Halbgeschwisterstrukturen

Eine Mischung von Voll- und Halbgeschwisterstrukturen findet man in der Tierzucht insbesondere bei multiparen Tieren (Schwein), sowie beim Huhn. Die Struktur ergibt sich daraus, dass mehrere Nachkommen je Mutter vorhanden sind und die Väter an mehrere Mütter angepaart werden.

Die Auswertung einer Voll- und Halbgeschwisterstruktur erfolgt mittels der zweifaktoriellen hierarchischen Varianz-Kovarianzanalysen mit den Faktoren A(=Vater), und B innerhalb A (= Mutter). Für beide Faktoren und für den Rest werden Varianz- bzw. Kovarianzkomponenten geschätzt mit deren Hilfe die genetischen Parameter ermittelt werden können. Unter Verwendung der bisher schon eingeführten Notation werden definiert:

$$s_{xi}^2 = s_{ai}^2 + s_{bi}^2 + s_{ei}^2 \qquad (i = 1, 2) \tag{4.50}$$

mit s_{xi}^2 = phänotypische Varianz im Merkmal i

$\quad s_{ai}^2$ = Varianzkomponente Vater

$\quad s_{bi}^2$ = Varianzkomponente Mutter innerhalb Vater

$\quad s_{ei}^2$ = Restvarianzkomponente

Unter Verwendung dieser Varianzkomponenten lassen sich die genetischen Parameter wie folgt darstellen

$$s_{gi(1)}^2 = 4 \cdot s_{ai}^2 \tag{4.51}$$

$$s_{gi(2)}^2 = 4 \cdot s_{bi}^2 \tag{4.52}$$

$$s_{gi(3)}^2 = 2(s_{ai}^2 + s_{bi}^2) \tag{4.53}$$

$$h_i^2 = \frac{s_{gi}^2}{s_{ai}^2 + s_{bi}^2 + s_{ei}^2} \tag{4.54}$$

$$cov\,(g_{1,2}) = 4 \cdot cov_a \tag{4.55}$$

$$cov\,(g_{1,2}) = 4 \cdot cov_b \tag{4.56}$$

$$cov\,(g_{1,2}) = 2\,(cov_a + cov_b) \tag{4.57}$$

$$r_{g1,2} = \frac{cov_a}{s_{a1} \cdot s_{a2}} \tag{4.58}$$

Sowohl die additiv-genetische Varianz als auch die Kovarianz können für die Voll- und Halbgeschwisterstruktur jeweils durch 4.51 bis 4.53 und 4.55 bis 4.57 auf drei Wegen geschätzt werden. Damit ergeben sich auch für die Heritabilität drei verschiedene Schätzungen aufgrund der in 4.51 bis 4.53 gegebenen Definitionen.

Auch die Schätzung der Heritabilität nach 4.51 bis 4.54 soll an einem Zahlenbeispiel demonstriert werden und zwar wiederum unter der Beschränkung auf ein Merkmal in einer Varianzanalyse. Die allgemeine Tabelle einer zweifaktoriellen hierachischen Varianzanalyse ist mit Tabelle 4.24 gegeben:

Die Notation wurde entsprechend 4.21 gewählt. Durch die Erweiterung um eine Faktorstufe werden allerdings drei Indices, i, j, k verwendet und m_i. bezeichnet die Anzahl Mütter je Vater. Jeder Wert x_{ijk} bezeichnet den k-ten Beobachtungswert innerhalb Vater i und Mutter j. Die Punktnotation gilt analog. Im balancierten Fall ($n_{ij}. = n$; $m_i = m$) gilt $\lambda_1 = n$, $\lambda_2 = mn$, $\lambda_3 = m$.

Tabelle 4.24: Varianztabelle der zweifaktoriellen hierarchischen Klassifikation

Variationsursache	SQ	FG	MQ	E(MQ)
zwischen den Vätern	$SQ_V = \sum\limits_{i=1}^{v} \dfrac{X_{i..}^2}{n_{i.}} - \dfrac{X_{...}^2}{N}$	$v - 1$	$\dfrac{SQ_V}{v - 1}$	$\sigma_e^2 + \lambda_1 \sigma_b^2 + \lambda_2 \sigma_a^2$
zwischen den Müttern innerhalb der Väter	$SQ_{M\,in\,V} = \sum\limits_{i=1}^{v} \sum\limits_{j=1}^{m_i} \dfrac{X_{ij.}^2}{n_{ij}} - \sum\limits_{i=1}^{v} \dfrac{X_{i..}^2}{n_{i.}}$	$m_{.} - v$	$\dfrac{SQ_{M\,in\,V}}{m_{.} - v}$	$\sigma_e^2 + \lambda_3 \sigma_b^2$
innerhalb der Mütter (Rest)	$SQ_R = \sum\limits_{i=1}^{v} \sum\limits_{j=1}^{m_i} \sum\limits_{k=1}^{n_{ij}} X_{ijk}^2 - \sum\limits_{i=1}^{v} \sum\limits_{j=1}^{m_i} \dfrac{X_{ij.}^2}{n_{ij}}$	$N - m_{.}$	$\dfrac{SQ_R}{N - m_{.}}$	σ_e^2

$$\lambda_1 = \frac{1}{v-1} \sum_{i=1}^{v} \sum_{i=1}^{m_i} n_{ij} \left(\frac{1}{n_{i.}} - \frac{1}{N} \right)$$

$$\lambda_2 = \frac{1}{v-1} \left(N - \frac{1}{N} \sum_{i=1}^{v} n_{i.}^2 \right)$$

$$\lambda_3 = \frac{1}{m_{.} - v} \left(N - \sum_{i=1}^{v} \frac{\sum_{j=1}^{m_i} n_{ij}^2}{n_{i.}} \right)$$

Das Datenmaterial für das vorzustellende Beispiel ist die Körpermasse am 1. Lebenstag (g) von Mäusen der Auszuchtpopulation. Fzt: DU. Im Experiment wurden zufällig 4 Tiere aus jedem Wurf gewogen.

Beispiel 4.3 Schätzung des Heritabilitätskoeffizienten für eine Voll- und Halbgeschwisterstruktur (HERRENDÖRFER und SCHÜLER 1987)

Tabelle 4.25: Struktur des Datenmaterials

v	$\male_1$		$\male_2$		$\male_3$	
m_i	$\female_1$	$\female_2$	$\female_1$	$\female_2$	$\female_1$	$\female_2$
X_{ijk}	1,9	1,8	1,2	1,0	1,8	0,9
	1,5	1,9	0,9	0,9	1,4	0,8
	1,6	1,6	0,8	1,3	1,9	0,8
	2,0	1,8	1,4	1,5	2,0	0,7
n_{ij}	4	4	4	4	4	4
$n_{i.}$	8		8		8	
$X_{ij.}$	7,0	7,1	4,3	4,7	7,1	3,2
$X_{i..}$	14,1		9,0		10,3	

$v = 3$, $m_i = 2$, $N = 24$, $X... = 33,4$.

Die Daten des Beispiels ergeben nach Tabelle 4.24 die folgende Varianztabelle 4.26.

Tabelle 4.26: Varianztabelle für das Merkmal Körpermasse am 1. Lebenstag

Variationsursache	SQ	FG	MQ	$E(MQ)$
Zwischen den Vätern	1,75583	2	0,87792	$s_e^2 + \lambda_1 s_b^2 + \lambda_2 s_a^2$
Zwischen Müttern innerhalb Väter	1,9225	3	0,87792 0,64083	$s_e^2 + \lambda_3 s_b^2$
Innerhalb der Mütter (Rest)	0,9	18	0,05	$s_e^2 = 0,05$

Für den hier dargestellten balancierten Fall sind λ_1 und $\lambda_3 = 4$ und $\lambda_2 = 8$. Nach Gleichsetzen der MQ mit den $E(MQ)$ erhält man $s_e^2 = 0,05$, $s_a^2 = 0,029636$, $s_b^2 = 0,1477075$. Entsprechend den Formeln 4.51 bis 4.53 ergeben sich für h^2 nach 4.54 die folgenden Werte

Methode 1: $h^2_{VG1} = \dfrac{4 \cdot 0,029636}{0,227344} = 0,521$

Methode 2: $h^2_{VG2} = \dfrac{4 \cdot 0,1477075}{0,227344} = 2,599$

Methode 3: $h^2_{VG3} = \dfrac{2(0,029636 + 0,1477075)}{0,227344} = 1,56$

Aus diesen Ergebnissen wird bereits deutlich, dass die Werte von h^2_{VG} außerhalb des Definitionsbereiches von h^2 liegen können. Dies trifft insbesondere dann zu, wenn die Mütterkomponente wie in den Methoden 2 und 3 für die Schätzung der Heritabilität herangezogen wurde. Die Ursache hierfür ist die Aufblähung der Mutterkomponente durch maternale Effekte sowie durch gemeinsame Umwelteffekte der Nachkommen eines Wurfes, die mit dem hier verwendeten Basismodell nicht von den gesuchten additiv-genetischen Effekten getrennt werden können, sowie natürlich der völlig unzureichende Datenumfang.

4.5.8   Parameterschätzung bei Eltern-Nachkommenstrukturen

Für die Anwendung derartiger Strukturen stehen drei Möglichkeiten zur Verfügung, nämlich die Methode der Varianz- und Kovarianzschätzung mit Eltern-Nachkommen-Paaren, der Regression zwischen Eltern und Nachkommen sowie die der simulierten Selektion. Letztere wird in Kapitel 5 dargestellt. Wie bereits in den Tabellen 4.18 und 4.19 zusammenfassend dargestellt wurde, muss man bei der Eltern-Nachkommen-Regression unterscheiden, ob die Datenerhebung an einem Elter oder beiden Eltern erfolgte, da die genetische Interpretation für die jeweiligen Parameter unterschiedlich ist.

Auch die Parameterschätzung bei Eltern-Nachkommenstrukturen ist ganz entschieden mit dem Problem behaftet, dass häufig eine Umweltkorrelation zwischen den Merkmalswerten der Eltern und denjenigen der Nachkommen existiert, deren Auswirkung nicht von der eigentlich gesuchten genetischen Beziehung getrennt werden kann. Dasselbe gilt für maternale Effekte. Auch eine Selektion unter den Nachkommen führt bei dieser Art der Schätzung zu verzerrten Ergebnissen. Sie hat deshalb in der Praxis nur eine geringe Bedeutung. Deshalb soll lediglich das Prinzip der Schätzung kurz erläutert und ein Beispiel für die erste Gruppe der Eltern-Nachkommenstrukturen gegeben werden. Die beiden Methoden der Varianz/Kovarianzanalyse und der Regression werden nachfolgend dargestellt.

Ein Elter - ein Nachkomme

Hierbei sind nur Messungen an jeweils einem Elter und einem Nachkommen verfügbar. Bei geschlechtsgebundenen Merkmalen und uniparen Tieren ist dieser Fall der Standard. Zur Untersuchung zwischen Merkmalen bei Eltern und Nachkommen wird als Symbolik ein E und ein N als Index verwendet. Außerdem wird mit n_p die Anzahl der Elter-Nachkommen-Paare bezeichnet. Durch die Verwendung von E und N und den beiden Merkmalen 1 und 2 folgt, dass sich 4 Kovarianzen schätzen lassen:

$$cov(E_1, N_1)$$
$$cov(E_1, N_2)$$
$$cov(E_2, N_2) \tag{4.59}$$
$$cov(E_2, N_1)$$

Allgemein gilt:

$$cov(X_{Ni}, X_{Ej}) = \frac{1}{n_p - 1} \sum_{k=1}^{n_p} \left(X_{Nik} - \overline{X}_{Ni \cdot}\right) \left(X_{Ejk} - \overline{X}_{Ej \cdot}\right) \tag{4.60}$$

mit $i, j = 1, 2$

$$s_{XEj}^2 = \frac{1}{n_p - 1} \sum_{k=1}^{n_p} \left(X_{Ejk} - \overline{X}_{Ej \cdot}\right)^2 \tag{4.61}$$

Die Elter-Nachkommen-Kovarianz kann für $i = j$ als $1/2$ der genetischen Varianz für das Merkmal X und die entsprechenden Kovarianzen für $i \neq j$ analog $1/2$ der genetischen Kovarianz zwischen den Merkmalen interpretiert werden[2]. Unter den Bedingungen des einfachen populationsgenetischen Modells (vgl. Kapitel 4.4.1) lassen sich folgende Schätzfunktionen angeben:

$$s_{gi}^2 = 2cov(X_{Ni}, X_{Ei}) \tag{4.62}$$

$$h_i^2 = 2\frac{cov(X_{Ni}, X_{Ei})}{s_{XEi}^2} \quad i = 1, 2 \tag{4.63}$$

$$cov(g_1, g_2)(1) = 2cov(X_{E1}, X_{N2}) = s_{g12}(1) \tag{4.64}$$
$$cov(g_1, g_2)(2) = 2cov(X_{E2}, X_{N1}) = s_{g12}(2) \tag{4.65}$$

---

[2] Im Fall $i \neq j$ spricht man manchmal auch von der Eltern-Nachkommen-Kreuzkovarianz, weil sich die Merkmale vom Eltern zum Nachkommen „kreuzen".

Für die Möglichkeiten zur Schätzung der genetischen Korrelation sowie zur Varianz der Schätzfunktionen sei auf den Anhang verwiesen.

Zwei Eltern - ein Nachkomme

Zur Auswertung derartiger Datenstrukturen kann man entweder einen Elter vernachlässigen und die Auswertung wie bereits dargestellt durchführen, oder man kann das Elternmittel bilden, wenn an beiden Eltern das gleiche Merkmal erfasst werden kann. In letzterem Fall erfolgt die Schätzung der Heritabilität im Gegensatz zu 4.63 als

$$h_i^2 = \frac{cov\left(X_{Ni}, \overline{X}_{Ei}\right)}{s_{\overline{X}Ei}^2} \tag{4.66}$$

Eine Multiplikation mit dem Faktor 2 entfällt also, wenn das Elternmittel verwendet wird. Die genetische Varianz ermittelt man nach 4.62, indem X_{Ei} durch $\overline{X}_{Ei}$ ersetzt wird. Die Varianzen der Schätzwerte sind im Anhang dargestellt.

Eltern(mittel) - Nachkommenmittel

Liegen mehrere Messungen bei den Nachkommen vor, so unterscheiden wir die zwei Möglichkeiten

- Elter - Nachkommenmittel (1)

- Elternmittel - Nachkommenmittel (2)

Die Schätzung der Heritabilität erfolgt analog zu 4.63 (für den ersten Fall) und 4.64 (für den zweiten Fall), die Varianz des Schätzwertes verändert sich allerdings.

Schätzung des Heritabilitätskoeffizienten mittels Eltern-Nachkommen-Regression

Die Schätzung des Heritabilitätskoeffizienten von Eltern-Nachkommenstrukturen wird mit Hilfe der linearen Regressionsanalyse (Modell II) mit der Modellgleichung

$$X_{Ni} = \alpha + \beta X_{Ei} + e_i \qquad (i = 1, \ldots, N) \tag{4.67}$$

durchgeführt. Üblicherweise wird in einem solchen Modell β durch

$$b = \frac{\sum\limits_{i=1}^{N} X_{Ei} X_{Ni} - \dfrac{\sum\limits_{i=1}^{N} X_{Ei} X_{Ni}}{N}}{\sum\limits_{i=1}^{N} X_{Ei}^2 - \dfrac{\left(\sum\limits_{i=1}^{N} X_{Ei}\right)^2}{N}} \tag{4.68}$$

geschätzt. Auf der Grundlage des einfachen populationsgenetischen Modells wird der Regressionskoeffizient b zur Schätzung von h^2 herangezogen. Bei unselektierten Eltern ist der Zähler von b eine Schätzung von $s_g^2(N-1)/2$ und der Nenner eine Schätzung von $s_p^2 \cdot (N-1)$. Damit gilt $h^2 = 2b$ mit

$$s_{h^2}^2 = \frac{4 - h^2}{N - 1} \tag{4.69}$$

Diese Formel (4.69) ist generell für die Fälle zu nutzen:

- Vater - Sohn

- Vater - Tochter

- Mutter - Sohn

- Mutter - Tochter

Liegen Messwerte von beiden Eltern vor, so wird die Regression eines Nachkommen (X_{Ni}) auf das Elternmittel geschätzt. Dann gilt

$$\overline{X}_{Ei} = \frac{X_{Vi} + X_{Mi}}{2} \tag{4.70}$$

mit X_{Vi} Messwert beim Vater und X_{Mi} bei der Mutter und $h^2 = b$ mit der Varianz von h^2 nach

$$s_{h^2}^2 = \frac{2 - h^2}{N - 1} \tag{4.71}$$

Diese Formeln gelten für die Fälle

- Elternmittel - Sohn

- Elternmittel - Tochter

Liegen mehrere Messungen bei den Nachkommen vor, so unterscheiden wir die zwei Möglichkeiten

- Eltern - Nachkommenmittel (1)

- Elternmittel - Nachkommenmittel (2)

Das Nachkommenmittel wird aus Vollgeschwistergruppen mit n-Individuen berechnet, wobei voraus gesetzt wird, dass alle Vollgeschwistergruppen die gleiche Größe n besitzen. Im Fall 1 der Regression auf einen Elter berechnet sich h^2 von $h^2 = 2b$ mit der Varianz von h^2

$$s_{h^2}^2 = 4 \frac{\left(1 - \frac{h^2}{2}\right)\left(1 + n\frac{h^2}{2}\right)}{n(N-1)}, \tag{4.72}$$

wobei N die Anzahl Eltern bezeichnet. Im Fall 2 der Regression des Nachkommenmittels auf das Elternmittel wird h^2 nach $h^2 = b$ geschätzt mit der Varianz von h^2

$$s_{h^2}^2 = \frac{2\left(1 + \frac{n-1}{2}h^2 - \frac{n}{2}h^4\right)}{n(N-1)} \tag{4.73}$$

Ein Problem der Anwendung dieser Formeln auf Eltern-Nachkommenstrukturen besteht darin, dass keine Wirkung der Selektion bei den Nachkommen auftreten darf. Die Eltern können selektiert sein, aber nicht die Nachkommen. Die Formeln 4.72 und 4.73 können annäherungsweise auch für ungleiche Anzahlen (n_i) in den Vollgeschwistergruppen verwendet werden, wenn die Abweichungen der n_i vom Mittelwert ($\overline{n}$) geringer als 20% sind.

Beispiel zur Schätzung von h^2 mittels linearer Regression

Beispiel 4.4 Schätzung des Heritabilitätskoeffizienten mittels Mutter-Tochter-Regression[3] für das Merkmal Eigewicht beim Legehuhn für 20 und 4000 Datenpaare.

In der Abbildung 4.5 sind die Eigewichte von 20 Mutter-Tochter-Datenpaaren dargestellt (auf die Darstellung der 4000 Mutter-Tochter-Paare wird hier verzichtet). Aus der Darstellung ist ersichtlich, dass ein Zusammenhang zwischen der Leistung der Mutter und derjenigen der Tochter besteht, der in der Regressionsgeraden zum Ausdruck kommt. So lässt sich die Tochterleistung nach dieser Regression als

---

[3] Eingebürgert hat sich der Ausdruck Eltern-Nachkommen-Regression, obwohl es sich statistisch um eine lineare Regression der Nachkommen auf die Eltern handelt.

$Y_T = 0,246\Delta X_M + 45,294$ (für alle 4000 Datenpaare, dicke Linie in der Abbildung) berechnen. Zur Demonstration dieser Berechnung und Schätzung der Heritabilität werden für unser Beispiel 20 Mutter-Tochter-Leistungen ausgewählt, deren Daten in Tabelle 4.27 zusammengestellt worden sind.

Tabelle 4.27: Leistungsdaten (Eigewicht in g) von 20 Tochter-Mutter-Paaren des Legehuhns

Paar	1	2	3	4	5	6	7	8	9	10
Mutter	55,9	56,7	56,9	57,1	57,4	57,9	58,6	59,2	59,4	59,8
Tochter	55,4	60,4	55,2	56,0	62,1	61,2	62,1	57,0	57,2	63,9

Paar	11	12	13	14	15	16	17	18	19	20
Mutter	60,8	60,9	61,1	63,3	64,4	64,8	65,6	66,0	66,4	67,1
Tochter	63,0	60,0	64,4	61,6	54,8	63,5	59,7	62,6	58,3	62,5

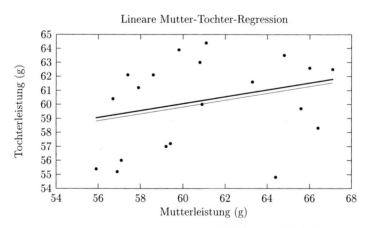

Lineare Mutter-Tochter-Regression

(a) Regressionsgerade (20 Datenpaare): $0.244 \cdot x + 45.176$ ——
(b) Regressionsgerade (4000 Datenpaare): $0.246 \cdot x + 45.294$ ——
(a) 20 Datenpaare •

Abb. 4.5. Lineare Tochter-Mutter-Regression für das Merkmal Eigewicht (g) für 20 (a) und 4000 (b) Datenpaare.

Nach 4.63 ergibt sich die Heritabilität als Multiplikation des Regressionskoeffizienten b mit dem Faktor 2. Für beide Datenmengen ergeben sich ähnliche Schätzwerte für die Heritabilität, aber unterschiedliche Varianzen für die geschätzten Parameter.

$$h^2_{4000} = 2 \cdot 0,246 = 0,492 \text{ mit } s^2_{h^2} = 0,001$$
$$h^2_{20} = 2 \cdot 0,244 = 0,488 \text{ mit } s^2_{h^2} = 0,21$$

Die Anwendung der Eltern-Nachkommen-Regression wird problematisch, wenn die Varianzen eines Merkmals in beiden Geschlechtern nicht gleich sind. Für viele Merkmale ist es charakteristisch, dass sich Merkmale sowohl im Mittelwert und auch in der Varianz zwischen den Geschlechtern unterscheiden, d.h. dass ein Geschlechtsdimorphismus vorliegt.

Typische Beispiele sind die Körpermasse von Tieren, wo in der Regel männliche Tiere ein höheres Gewicht als weibliche Tiere haben. Für solche Merkmale kann eine Merkmalskorrektur durchgeführt werden unter Beachtung, dass die Varianzen der Merkmale gleich sind. Ein besserer Weg besteht darin, das Merkmal für jedes Geschlecht gesondert zu betrachten und innerhalb eines Geschlechts die Analyse durchzuführen. Liegt in den Daten die Situation vor, dass die Varianzen der Geschlechter unterschiedlich sind, so kann die Regression auf das Elternmittel ebenfalls nicht angewandt werden, sondern die Heritabilität muss für beide Geschlechter getrennt geschätzt werden, d.h. für die Struktur Vater-Sohn und Mutter-Tochter. Bei einer Analyse der Strukturen Vater-Tochter und Mutter-Sohn muss die Differenz in den Varianzen korrigiert werden, indem man sie mit dem Verhältnis der phänotypischen Standardabweichungen von Männchen bzw. Weibchen korrigiert. Ist b der Regressionskoeffizient der Töchter auf die Väter ergibt sich ein korrigierter Regressionskoeffizient als

$$b' = b \cdot \frac{\sigma_{\male}}{\sigma_{\female}},$$

bei einer Regression der Söhne auf die Mütter

$$b' = b \cdot \frac{\sigma_{\female}}{\sigma_{\male}},$$

Für die Schätzungen der vier Regressionen und deren Korrektur gibt FALCONER (1984) das folgende Beispiel an.

Beispiel 4.5 Die Heritabilität des 6-Wochen-Gewichtes von Mäusen wurde in einer Zufallspaarungspopulation durch Eltern-Nachkommen-Regression geschätzt (FALCONER 1973). Die Varianzen bei männlichen und weiblichen Tieren waren nicht gleich, so dass die Regression getrennt für jedes Geschlecht berechnet werden muss. Die phänotypischen Standardabweichungen und ihre Proportionen waren wie folgt:

$$\sigma_{\male} = 3,786 \qquad \sigma_{\female} = 2,675$$

$$\frac{\sigma_{\male}}{\sigma_{\female}} = 1,415 \qquad \frac{\sigma_{\female}}{\sigma_{\male}} = 0,707$$

Tabelle (4.28) gibt die Regressionskoeffizienten und ihre Standardfehler mit den Faktoren, durch die für die ungleiche Varianz korrigiert werden muss. Da alle Regressionen von den Nachkommen auf einen Elter sind, müssen sie und ihre Standardfehler mit 2 multipliziert werden, um die Heritabilität in der Tabelle (4.29) zu erhalten. Die Schätzwerte für unterschiedliche Geschlechter der Nachkommen unterscheiden sich nicht signifikant, so dass männliche und weibliche Nachkommen in der dritten Zeile der Tabelle (4.29) gemittelt wurden. Die Schätzwerte unterscheiden sich aber signifikant zwischen männlichen und weiblichen Eltern. Die wesentlich höheren Schätzwerte für Weibchen sind auf Verzerrungen durch maternale Effekte zurückzuführen.

Tabelle 4.28: Regressionskoeffizienten mit Standardfehlern und Korrekturfaktoren

Nachkommen	Eltern	
	Männlich	Weiblich
Männlich	$0,119 \pm 0,040$	$(0,324 \pm 0,064) \times 0,707$ $= 0,229 \pm 0,045$
Weiblich	$(0,111 \pm 0,029) \times 1,415$ $= 0,157 \pm 0,041$	$0,237 \pm 0,043$

Tabelle 4.29: Heritabilitäten in Prozent mit Standardfehlern

Nachkommen	Eltern	
	Männlich	Weiblich
Männlich	22 ± 8	46 ± 9
Weiblich	31 ± 8	47 ± 9
Beide	27 ± 6	47 ± 6

4.5.9   Intra-Vater-Regression

Wie im vorigen Abschnitt gezeigt, können genetische Parameter mittels der Eltern-Nachkommen-Regression geschätzt werden. Abgesehen von der schon angeführten Problematik der häufig bestehenden Umweltkorrelation zwischen Eltern und Nachkommen ergeben sich aber gerade für Populationen, in denen Vatertiere über die künstliche Besamung an viele Mütter angepaart werden, weitere Probleme. Eine Regression auf das Elternmittel verbietet sich jetzt - und bei geschlechtsgebundenen Merkmalen ohnehin - und auch die Regression auf den einen Elter, den Vater, kann nicht verwendet werden, da eben nur sehr wenige Väter vorhanden sind bzw. nur sehr wenige Väter das Datenmaterial vollständig dominieren.

Einen Ausweg bietet die Anwendung der Intra-Vater-Regression der Nachkommen auf die Mutter. Die Heritabilität ermittelt man mittels dieser Methode in dem man die durchschnittliche Regression der Nachkommen auf die Mutter schätzt, die sich innerhalb eines Vatertieres ergibt. Man berechnet also innerhalb jedes Vaters diese Regression und poolt über die Väter. Die unterschiedliche Anzahl Mütter wird über einen gewogenen Durchschnitt korrigiert.

Ist die Paarung der Vatertiere an die Mütter zufällig erfolgt, so dass die Mütter eine Zufallsstichprobe der Population darstellen, ergibt sich, dass die Abweichung der mittleren Leistung aller Nachkommen eines Vaters vom Populationsmittel dem halben Zuchtwert des Vaters entspricht. Die Nachkommen einer Mutter weichen vom Mittel der Vatergruppe ebenfalls um die Hälfte des Zuchtwertes der Mutter ab. Aus diesem Grund ist die Innerhalb-Väter-Regression der Nachkommen auf die Mutter gleich der halben Heritabilität. Diese Schätzung entspricht der einfachen Regression der Nachkommen auf einen Elter.

Diese Methode zur Schätzung des Heritabilitätskoeffizienten ist anwendbar, wenn der Einfluss maternaler Effekte ausgeschlossen werden kann. Eine Korrektur der Leistungsdaten wird erforderlich, wenn das Merkmal bei männlichen und weiblichen Tieren durch unterschiedliche Varianzen gekennzeichnet ist.

4.5.10   Wiederholbarkeitskoeffizient

Alle genannten Methoden der Schätzung der genetischen Parameter, insbesondere des Heritabilitätskoeffizienten, basieren auf relativ großen Datenumfängen, die über mehrere Generationen vorliegen müssen. Im Verlauf seines Lebens kann aber ein Zuchttier eine Leistung mehrfach erbringen, wie z.b. Leistungen am Kontrolltag, Laktationen, Würfe, Legeleistung, Erträge, Ernten usw. Unter solchen Bedingungen lässt sich die phänotypische Varianz in zwei Komponenten einteilen: In eine Komponente - innerhalb des Individuums - (Varianz zwischen wiederholten Messungen) und eine Komponente - zwischen Individuen. Das Verhältnis dieser Aufteilung der Varianzen nennt man Wiederholbarkeit. Die Wiederholbarkeit wird für drei unterschiedliche Anwendungen eingesetzt:

1. Die Schätzung der oberen Grenze des Heritabilitätskoeffizienten.

2. Die Bestimmung des möglichen Informationsgewinns durch wiederholte Messungen.

3. Die Vorhersage einer zukünftigen wiederholten Leistung.

Bevor auf die genannten Möglichkeiten eingegangen wird, sollen einige theoretische Überlegungen dargestellt werden, die die Grundlage für das Konzept der Wiederholbarkeit bilden.

Wiederholte Messungen eines Merkmals können durch zeitliche aber auch durch räumliche Wiederholungen entstehen. Zeitliche Wiederholungen entstehen in der Regel dadurch, dass ein Tier seine Leistungen im Verlauf des Lebens mehrmals realisiert.

Typische Beispiele sind die Milchleistung, die Wurfgröße, die Erträge. Es ist aber auch möglich, dass Leistungen, die über einen längeren Zeitraum erbracht werden, wie z.b. die Milchleistung oder die Legeleistung in zeitlich abgegrenzte Teilleistungen aufgeteilt werden und die Teilleistungen als wiederholte Leistungen betrachtet werden. So ist die Milchleistung in den ersten 100 Tagen der Laktation oder die Legeleistung in diesem Zeitraum die erste Leistung und die wiederholten Leistungen treten nach weiteren 100 Tagen auf. Die Varianz derartiger zeitlich abgegrenzter Merkmale kann dann in eine Komponente „innerhalb der Individuen", welche die Differenzen zwischen den wiederholten Leistungen des gleichen Individuums misst und „zwischen Individuen", welche die permanenten Differenzen zwischen den Individuen misst, aufgeteilt werden.

Die Varianzkomponente „innerhalb Individuen" ist vollständig umweltbedingter Natur, basierend auf temporären Umweltdifferenzen zwischen aufeinanderfolgenden Leistungen. Im Gegensatz dazu besteht die Zwischen-Individuen-Komponente aus zwei Teilen: Einer genetischen Komponente und der permanenten Umwelt, in der das Individuum seine Leistung erbringt. Das

Ziel dieser varianzanalytischen Aufteilung der phänotypischen Varianz besteht darin, die temporäre Umweltkomponente zu bestimmen und entsprechend der o.g. Zielstellungen zu interpretieren. Die temporäre Umweltvarianz kann im weitesten Sinn als Messfehler aufgefasst werden. Wie wir im folgenden zeigen werden, kann dieser durch die Durchschnittsbildung bei wiederholten Messungen reduziert werden.

Räumlich wiederholte Messungen entstehen in den meisten Fällen aufgrund struktureller oder anatomischer Gegebenheiten. Typische Beispiele sind Pflanzen, die mehr als eine Frucht tragen oder die Messungen an paarigen Organen bzw. den beiden Seiten eines Körpers. Auch bei diesen wiederholten Leistungen ist die Innerhalb-Individuen-Varianz vollständig von der Umwelt abhängig und sie zeigt im Gegensatz zu zeitlichen Messungen nicht einen temporären Umwelteinfluss, sondern eine entwicklungsbedingte Variation auf, die auf räumliche Einflüsse während der Entwicklung des Individuums zurückzuführen ist.

Um beide Typen der Wiederholungen zusammen zu bewerten hat sich die folgende Terminologie in der populationsgenetischen Literatur durchgesetzt. Man bezeichnet die Innerhalb-Individuen-Varianz als spezielle Umweltvarianz, die aus temporären oder lokalen Ursachen besteht und die Zwischen-Individuen-Varianz als generelle oder permanente Umweltvarianz. In unseren nachfolgenden Darstellungen verwenden wir die Symbole s_{us}^2 für die spezielle und s_{up}^2 für die permanente Umweltvarianz.

Schätzung der oberen Grenze des Heritabilitäskoeffizienten

Der Wiederholbarkeitskoeffizient (ω^2) zweier aufeinanderfolgender Leistungen lässt sich über den Korrelationskoeffizienten zwischen diesen Leistungen beschreiben. Der phänotypische Korrelationskoeffizient wird dann gleich dem Quadrat des Wiederholbarkeitskoeffizienten gesetzt. Es gilt

$$\omega_{xy}^2 = \frac{cov(x,y)}{\sqrt{\sigma_x^2 \cdot \sigma_y^2}} \tag{4.74}$$

Durch 4.74 wird allgemein der Wiederholbarkeitskoeffizient definiert, wobei für die einzelnen Leistungen eines Individuums unterschiedliche Varianzen zugelassen werden. Betrachtet man mehr als zwei Messungen, so lassen sich mehrere Wiederholbarkeitskoeffizienten berechnen. Im allgemeinen kann man davon ausgehen, dass die Wiederholbarkeit zwischen nahe beieinander liegenden Leistungen größer ist als zwischen zeitlich weiter auseinander liegender

Leistungen. So ist ω^2 zwischen der 1. und 2. Laktation größer als zwischen der 1. und 3. usw. Kann man aber davon ausgehen, dass die Varianz der einzelnen Leistungen gleich ist, so lässt sich der Wiederholbarkeitskoeffizient auch über Varianzkomponenten definieren. Dabei wird über eine einfache Varianzanalyse mit dem Faktor Individuum durchgeführt und man schätzt die Varianzkomponenten innerhalb und zwischen den Individuen.

Unter Verwendung der Symbole der einfaktoriellen Varianzanalyse (Faktor A, Rest) aus der Tabelle 4.21 ist der Wiederholbarkeitskoeffizient als

$$\omega^2 = \frac{\sigma_a^2}{\sigma_a^2 + \sigma_e^2} \tag{4.75}$$

definiert.

Den Ausdruck in Formel 4.75 bezeichnet man eingedeutscht aus dem Englischen als Intraklasskorrelation. Häufig wird in derartige Analysen die gesamte Anzahl der vorhandenen Leistungen einbezogen. Dann erhält man nach 4.75 einen mittleren Wiederholbarkeitskoeffizienten, dessen Größe wesentlich davon bestimmt wird, wie viele wiederholte Leistungen pro Individuum in die Analyse einbezogen wurden. Der Zusammenhang des Wiederholbarkeitskoeffizienten mit dem Heritabilitätskoeffizienten erklärt sich aus der genetischen Interpretation der Varianzkomponenten, die nachfolgend dargestellt ist

$$\omega^2 = \frac{\sigma_g^2 + \sigma_{up}^2}{\sigma_g^2 + \sigma_{up}^2 + \sigma_{us}^2} \tag{4.76}$$

In Gleichung 4.76 wird also der Anteil der Varianz einzelner Messungen, der auf permanenten oder nicht lokalen Unterschieden einschließlich der genetischen Varianz zwischen den Tieren beruht zur phänotypischen Varianz ins Verhältnis gesetzt. Aus Gleichung 4.76 ist zu ersehen, dass die Wiederholbarkeit somit eine obere Grenze des Heritabilitätskoeffizienten darstellt. Wenn keine permanente Umweltvarianz vorkommt, ist die Wiederholbarkeit gleich der Heritabilität im weiteren Sinne. Da dieser Schätzwert viel leichter zu bestimmen ist als der Heritabilitätskoeffizient, und wenn man die o.g. Zusammenhänge berücksichtigt, so ist der Wiederholbarkeitskoeffizient ein brauchbarer Schätzwert für die Obergrenze von h^2.

Abschließend soll aber nochmals darauf hingewiesen werden, dass das Konzept der Wiederholbarkeit auf zwei wichtigen Voraussetzungen beruht. Die erste ist, dass die Varianzen der verschiedenen Messungen gleich sind und deren Komponenten in gleichen Proportionen auftreten. Die zweite ist, dass die verschiedenen Messungen genetisch dasselbe Merkmal darstellen. Nur unter diesen Bedingungen ist ω^2 als obere Grenze für h^2 nutzbar.

Informationsgewinn durch wiederholte Messungen

Der Wiederholbarkeitskoeffizient kann genutzt werden, um die Frage zu beantworten welcher Zuwachs an Genauigkeit durch wiederholte Messungen zu erreichen ist. Aus der statistischen Theorie wissen wir, dass durch wiederholte Messungen die Fehlervarianz reduziert wird. Dies entspricht in unserem Modell der speziellen Umweltkomponente us. Der Grad der Reduktion hängt von der Anzahl der wiederholten Messungen ab.

Gehen wir davon aus, dass in einer Stichprobe von Tieren jedes Tier n-mal gemessen wird und bezeichnen wir das Mittel aller Messungen mit $\overline{X}$. Die phänotypische Varianz von $\overline{X}$ setzt sich dann wie folgt zusammen

$$\sigma_{\overline{X}}^2 = \sigma_g^2 + \sigma_{up}^2 + \frac{1}{n}\sigma_{us}^2 \qquad (4.77)$$

Aus Formel 4.77 ist erkennbar, dass durch eine zunehmende Anzahl von Messungen die spezielle Umweltvarianz reduziert wird. Genau diese Reduzierung, bezogen auf die phänotypische Varianz, die durch wiederholte Messungen erreicht wird, ist der Gewinn an Genauigkeit. Dieser Zusammenhang kann in einer Formel wie folgt dargestellt werden

$$\frac{\sigma_{\overline{X}}^2}{\sigma_X^2} = \frac{1 + \omega^2(n - 1)}{n} \qquad (4.78)$$

Dieses Verhältnis wird im wesentlichen von ω^2 beeinflusst. Ist ω^2 hoch und daher wenig spezielle Umweltvarianz vorhanden, so bewirken wiederholte Messungen wenig Gewinn an Genauigkeit. Bei niedrigen ω^2 können wiederholte Messungen aber zu nutzbaren Genauigkeitserhöhungen führen. Diese Erhöhung ist aber auch andererseits eine Funktion von der Anzahl Messungen pro Individuum n. Der Gewinn durch zusätzliche Messungen nimmt sehr schnell ab. In der Praxis hat es sich bewährt, zwei oder drei wiederholte Messungen durchzuführen. Aus züchterischer Sicht wird durch wiederholte Messungen der Anteil der additiv-genetischen Varianz proportional erhöht und damit nähert sich ω^2 als obere Grenze von h^2 mehr dem wahren h^2-Wert an. Dieses gilt aber nur bei gleichen phänotypischen und genetischen Varianzen der wiederholten Messungen.

Aus der Tabelle wird ersichtlich, dass man mit wiederholten Messungen zum gleichen Altersabschnitt nicht viel Genauigkeit gewinnt und eine einzelne Messung ausreichend ist, was in der Praxis der Leistungsprüfung beim

Tabelle 4.30: Wiederholbarkeitskoeffizienten für die Kotelettfläche beim Schwein nach GIESEL 1998

Mess-termin		$\omega^2(1)$	$\omega^2(2)$							
			2	3	4	5	6	7	8	9
1	30 kg	0,96	0,73							
2	40 kg	0,96		0,72						
3	50 kg	0,06			0,83					
4	60 kg	0,97				0,90				
5	70 kg	0,97					0,88			
6	80 kg	0,97						0,92		
7	90 kg	0,07							0,88	
8	100 kg	0,98								0,83
9	110 kg	0,99								

(1) Zwischen wiederholten Messungen zum gleichen Messtermin
(2) Zwischen den Messungen zu verschiedenen Messterminen

Schwein auch erfolgt. Andererseits ist man gut beraten, um mittels Ultraschall einen möglichst vergleichbaren Wert von dem geschlachteten Tier zu erzielen, den Messzeitpunkt möglichst nahe an den Schlachtzeitpunkt zu legen, da frühe Messungen nur eine geringe Wiederholbarkeit zur späteren Leistung zeigen.

Vorausschätzung zukünftiger Leistungen

Der Wiederholbarkeitskoeffizient kann genutzt werden, um zukünftige Leistungen vorauszuschätzen. Dies ist eine rein statistische Anwendung von ω^2, denn es wird lediglich die Unterteilung der Varianz in Komponenten der permanenten und speziellen Umwelt genutzt. Eine hohe frühere Leistung kann teilweise sehr stark durch spezielle Umwelteffekte bedingt sein. Dieser durch spezielle Umwelteffekte verursachte Anteil, wird aber nicht auf die zukünftige Leistung übertragen, so dass zukünftige Leistungen tendenziell eine Regression zum Populationsmittel zeigen. Diese ist umso stärker, je höher der Einfluss der speziellen Umwelt sein kann, also je geringer ω^2 ist.

Der Korrelationskoeffizient für die Wiederholbarkeit zweier Leistungen nach 4.74 ist ein direktes Maß für die Genauigkeit der Vorhersage der zukünftigen Leistung. Die Vorausschätzung einer zukünftigen Leistung wird durch den Regressionskoeffizienten der zweiten (y) auf die erste Leistung (x) bestimmt, der sich wie folgt darstellen lässt

$$b_{y,x} = \omega^2 \cdot \frac{\sigma_y}{\sigma_x} \tag{4.79}$$

wobei ω^2 als Korrelationskoeffizient geschätzt wird.

Beispiel 4.6 Die Vorhersage einer zukünftigen Leistung, d.h. die Vorhersage einer Vollleistung aufgrund einer Teilleistung soll anhand eines Beispiels aus der Legehennenzucht dargestellt werden. Insbesondere aus arbeitsorganisatorischen Gründen möchte man die Erfassung der Legeleistung auf einen Testzeitraum beschränken, aber trotzdem mit hoher Genauigkeit die Leistung jeder Henne in der gesamten Legeperiode schätzen. Die Daten beziehen sich auf 6.450 Hennen, deren Legeleistung kumulativ in dreimonatigen Intervallen ermittelt wurde, also immer 3, 6, 9 und 12 Monate. Diese Leistungen als Populationsmittel, Standardabweichung, die Korrelation und Regression auf die Leistung nach drei Monaten enthält nachfolgende Tabelle. Für eine Henne mit einer Legeleistung von 60 Eiern in der 1. Periode sollen die Leistungen nach 6, 9 und 12 Monaten vorhergesagt werden. Die Berechnung dieser Leistungen sind ebenfalls in der Tabelle dargestellt. Unsere Henne mit einer Legeleistung von 60 Eiern nach 3 Monaten wird also mit hoher Wahrscheinlichkeit eine Jahresleistung von 234 Eiern erbringen (siehe Tabelle 4.31).

4.5.11   Zwillingsanalysen

Bei uniparen Tieren treten mit einer gewissen Wahrscheinlichkeit neben dizygoten Zwillingen (DZ) auch monozygote Zwillinge (MZ) spontan auf. Durch die Verbreitung des Embryotransfers z.B. beim Rind, ist daneben die Möglichkeit gegeben, MZ durch Mikromanipulation an Embryonen gezielt zu erzeugen. Dieses Verfahren besteht in der Teilung (Splittung) von Zygoten im frühembryonalen Stadium, die sich zu zwei genetisch identischen Individuen gleichen Geschlechts (MZ) entwickeln. Die Rate des spontanen Auftretens von MZ beim Rind beträgt ca. 10% aller Zwillingsgeburten. Bei den verschiedenen Rinderrassen beträgt die Zwillingsfrequenz 1% bis 5% und von MZ 0,10% bis 0,30% (JOHANNSON, VENGE, 1951) bezogen auf alle Geburten. SCHÖNMUTH und STOLZENBURG (1984) ermittelten für verschiedene Rinderrassen eine Variationsbreite der Zwillingsgeburtenfrequenz von 1,92% bis 5,02% für Holstein-Frisian und von 3,0% bis 3,8% für das Fleckvieh.

    In einem Selektionsversuch am Clay Center in Nebraska, USA, wurde erfolgreich der Versuch unternommen, eine synthetische Rinderrasse aus acht

Tabelle 4.31: Kumulative Legeleistungsdaten in 3-monatigen Abschnitten

	Legeleistung			
	3.	6.	9.	12.
Mittel	52,70	121,96	181,43	224,03
Standardabweichung (σ)	10,24	14,56	24,54	39,10
Korrelation mit der Legeleistung nach 3 Monaten (ω^2)	–	0,81	0,53	0,36
Regression auf die Legeleistung nach 3 Monaten (b)	–	1,15	1,27	1,37

Vorhersage für eine Henne mit einer Leistung nach 3 Monaten von 60 Eiern.		
Beobachtete Leistung nach 3 Monaten	=	60 Eier
Abweichung vom Mittel	=	+ 7,30 Eier
Vorausgeschätzte Leistung nach 6 Monaten $121,96 + (1,15 \times 7,30)$	=	130,36 Eier
Vorausgeschätzte Leistung nach 9 Monaten $181,43 + (1,27 \times 7,30)$	=	190,70 Eier
Vorausgeschätzte Leistung nach 12 Monaten $224,03 + (1,37 \times 7,30)$	=	234,03 Eier

Rassen mit Einzeltieren zu erstellen, von denen eine erhöhte Frequenz von Zwillingsgeburten (DZ und MZ) bekannt war (GREGORY et al. 1997). Als Gründertiere wurden Väter verwendet, die eine Zwillingsfrequenz bei den Geburten ihrer Töchter in der Höhe von 8 bis 13% aufwiesen; die Gründermütter hatten Zwillingsfrequenzen in einer Größenordnung von 50%. Über einen Zeitraum von 13 Jahren konnte die mittlere Zwillingshäufigkeit je Geburt von 1,07 auf 1,29 gesteigert werden.

Beim Menschen ist eine altersabhängige Zwillingshäufigkeit bekannt. So lag die Häufigkeit bei Frauen in den USA bis zu einem Alter von 30 Jahren bei 0,6% und bei Frauen im Alter von 30 bis 40 Jahren bei 1,3%. Monozygote Zwillinge traten bei 0,4% aller Geburten auf und zeigten keine Altersabhängigkeit. Es bestehen aber auch beim Menschen Populationsdifferenzen in der Zwillingshäufigkeit. Als Beispiel seien die Nigerianer genannt, bei denen eine Häufigkeit von 4% ermittelt wurde.

Der Vergleich bestimmter Merkmale bei MZ kann Aufschluss darüber schaffen, ob ein Merkmal stark umweltbeeinflussbar oder in seiner Ausprägung weitgehend genetisch festgelegt ist. Man untersucht hierzu vergleichend MZ und DZ und stellt den Prozentsatz an Übereinstimmung (Konkordanz) bzw. abweichender Ausprägung (Diskordanz) fest. Vergleicht man konkordante und diskordante Ausprägung beim MZ und DZ, so kann man den Anteil der erblichen Komponente und der Umwelteinflüsse auf die Ausprägung eines Merkmals abschätzen. Diskordanz auch zwischen MZ weist darauf hin, dass das Merkmal im hohen Ausmaß durch die Umwelt beeinflusst wird. Erbkrankheiten sind durch eine Konkordanz von 100% bei MZ charakterisiert, z.B. Albinismus. Dies weist darauf hin, dass die Merkmale rein genetisch bedingt sind, wie es aufgrund der genetischen Ursachen dieser Krankheiten auch erwartet wird. In Tabelle 4.32 sind einige Konkordanzwerte aus menschlichen Zwillingsstudien zusammengefasst dargestellt. Zwillingsanalysen zur Bestimmung der genetischen Determination von Merkmalen sind für den Menschen die Methode der Wahl, da alle anderen in diesem Kapitel genannten Methoden nicht anwendbar sind. Aus der Sicht der Humangenetik ist man besonders an der Aufklärung der genetischen Grundlagen von Krankheiten und der Intelligenz im weitesten Sinne interessiert. Zu diesen beiden Komplexen liegen auch eine Fülle von experimentellen Daten und Publikationen vor.

Tabelle 4.32: Konkordanzrate in Zwillingsstudien beim Menschen

Merkmal	MZ	DZ
Schizophrenie	0,47	0,15
Epilepsie	0,54	0,25
Diabetes mellitus	0,58	0,13
Silikose	0,89	0,55
Augenfarbe	1,00	0,52
Körpermasse	0,66	0,48
Krebserkrankungen	0,16	0,13

Wie bereits ausgeführt, hat in der Tierzüchtung durch die experimentelle Erzeugung von MZ die Nutzung von Zwillingsstudien an Bedeutung gewonnen. Bevor auf die Schätzung des Heritabilitätskoeffizienten eingegangen wird, soll ein weiterer Vorteil von Zwillingen in der experimentellen Versuchsdurchführung dargestellt werden.

Durch die Aufteilung der Paarlinge von MZ auf zwei verschiedener Behandlungsalternativen (Kontrolle und Versuch) können Behandlungseffekte genauer geschätzt werden als bei Verwendung von „normalen" Versuchstieren, weil keine genetischen Unterschiede zwischen den Behandlungsgruppen vorkommen können. Diese Überlegenheit der Zwillinge kann als Zwillingseffizienzwert (ZEW) gemessen werden. Der ZEW gibt an, wieviel Versuchstiere in jeder der beiden Gruppen durch ein Paar MZ ersetzt werden kann, ohne dabei die statistische Aussagefähigkeit des Versuches zu verringern. Die Größe des ZEW kann als Schätzwert ermittelt werden, um die Effizienz des Einsatzes von MZ für einen konkreten Untersuchungsgegenstand vorherzusagen. So berechnete BIGGERS (1986) den ZEW als

$$ZEW = \frac{1}{1 - p_i} \tag{4.80}$$

mit p_i als Intraklasskorrelationskoeffizient (ω^2) nach 4.75 als Quotient der Varianz zwischen den verschiedenen MZ-Paaren und der Varianz innerhalb der Zwillingspaare.

Tabelle 4.33: Intraklasskorrelation (p_i) und ZEW von MZ des Rindes (mod. nach BIGGERS, 1986)

Merkmal	p_i	ZEW
Milchleistung	0,96	25
Milchfettmenge	0,98	50
Milcheiweißmenge	0,98	50
Fett %	0,94	17
Eiweiß %	0,91	11
Laktationspersistenz	0,78	5
Zeit des Grasens	0,99	100
Körpermasse	0,96	25
Hämoglobingehalt im Blut	0,93	14
Blutzuckergehalt	0,17	1
Körpertemperatur	0,97	33
TS-Gehalt des Kotes	0,89	10
Kalziumgehalt des Blutes	0,55	2
Magnesiumgehalt des Blutes	0,95	20
Phosphorgehalt des Blutes	0,94	17
Liegezeit	0,65	3

Derartige Schätzwerte der Effizienz von MZ sind aber nur dann brauchbar, wenn die Varianz zwischen den Zwillingspaaren der Varianz der Population entspricht und wenn die Wirkung der Umwelt sowohl zwischen als auch innerhalb der Paare etwa gleich ist (JOHANNSON 1961).

Auf Grund der Formel zur Berechnung der ZEW zeigt sich, dass der Einsatz von MZ um so effektiver ist, je größer die Varianz zwischen den Paaren und je kleiner die Varianz innerhalb der Paare ist. Deshalb zieht BREM (1986) die Schlussfolgerung, dass durch bilateralen Transfer beider manipulierten Zygoten auf einen Empfänger und gemeinsame Aufzucht ab Geburt in standardisierter Umwelt bis zu Versuchsbeginn, die Varianz zwischen den Paarlingen zu reduzieren ist.

Die Verwendung von MZ zur Schätzung des Heritabilitätskoeffizienten sowohl beim Menschen als auch bei Rindern (JOHANNSON 1980) zeigten, dass für viele Merkmale sehr hohe Schätzwerte bis zu 0,90 und darüber ermittelt wurden. Die Ursachen dieser Überschätzung bestehen darin, dass die MZ eine gemeinsame prä- und postnatale Umwelt haben. Das führt zu phänotypischen Varianzkomponenten zwischen den Paaren, die sich sowohl in eine genetische (σ_g^2) und eine große gemeinsame Umweltkomponente (σ_{up}^2) aufteilten. Diese Schwierigkeit kann teilweise durch den Vergleich von MZ und DZ umgangen werden, wie es auch in der üblichen Formel zur Schätzung des Heritabilitätskoeffizienten aus Zwillingsdaten zum Ausdruck kommt.

$$h^2 = 2(r_{MZ} - r_{DZ}) \qquad (4.81)$$

r_{MZ} = Korrelationskoeffizient der MZ
r_{DZ} = Korrelationskoeffizient der DZ

Bei der Anwendung der Formel 4.81 geht man davon aus, dass DZ, die ja im genetischen Sinne Vollgeschwister sind, einer gleichen gemeinsamen prä- und postnatalen Umwelt ausgesetzt sind wie MZ. Um das Ausmaß der genetischen Varianz zu ermitteln, müssten wir die Varianzkomponenten zwischen und innerhalb von MZ- und DZ-Paaren unter der Voraussetzung betrachten, dass die beiden Umweltkomponeneten u_p und u_s bei beiden Zwillingstypen gleich sind.

Die Differenz der Varianzkomponenten sowohl zwischen als auch innerhalb der Paare schätzt die Hälfte der additiv-genetischen Varianz und 3/4 der Dominanzvarianz. Die Korrelation zwischen den Paarlingen ist die „Zwischen-Paaren-Komponente", dividiert durch die phänotypische Varianz, so dass zweimal die Differenz zwischen der MZ- und DZ-Korrelation $(\sigma_g^2 + 1\frac{1}{2}\sigma_d^2)/\sigma_p^2$

Tabelle 4.34: Varianzkomponenten bei monozygoten und dizygoten Zwillingen

	Zwischen den Paaren	Innerhalb der Paare
MZ	$\sigma_{ga}^2 + \sigma_d^2 + \sigma_{up}^2$	σ_{us}^2
DZ	$\frac{1}{2}\sigma_{ga}^2 + \frac{1}{4}\sigma_d^2 + \sigma_{up}^2$	$\frac{1}{2}\sigma_{ga}^2 + \frac{3}{4}\sigma_d^2 + \sigma_{us}^2$
MZ - DZ	$\frac{1}{2}\sigma_{ga}^2 + \frac{3}{4}\sigma_d^2$	$\frac{1}{2}\sigma_{ga}^2 + \frac{3}{4}\sigma_d^2$

σ_{up}^2 = permanente Umwelteinflüsse
σ_{us}^2 = spezielle/temporäre Umwelteinflüsse

als Heritabilität geschätzt wird. Dieser Schätzwert liegt näher am Wert einer Heritabilität im weiteren Sinne, als an einer Heritabilität im engeren Sinne.

Tabelle 4.35: Korrelationskoeffizienten zwischen MZ und DZ des Menschen und Heritabilitätskoeffizienten

Mensch	MZ	DZ	h_w^2
kognitive Fähigkeit (IQ)	0,96	0,62	0,50
Kreativität	0,60	0,50	0,20
Beschäftigungsstatus	0,40	0,20	0,40
Akademische Leistung	0,75	0,50	0,50

Die relativ hohen Schätzwerte der Heritabilität für verschiedene Faktoren der menschlichen Intelligenz sind ein Indiz für die Überschätzung. Ähnliche Ergebnisse wurden auch von JOHANNSON (1980) für natürliche Zwillinge für die Merkmale Milchmenge und Milchfettgehalt beim Rind ermittelt. In dieser Untersuchung wurden die Korrelationen zwischen MZ, DZ und unverwandten Tieren (U) ermittelt und gleichzeitig der Einfluss der Zwischenkalbezeit und der Herdenleistungen geprüft. Die zusammengefassten Ergebnisse zeigt die nachfolgende Tabelle.

Benutzt man die Korrelationskoeffizienten entsprechend Formel 4.81 zur Berechnung der Heritabilität, so ergibt sich für die Analyse innerhalb der Herden (A) ein h^2 von 0,64 und 0,78 für die Milchmenge und den Fettgehalt bei einer Zwischenkalbezeit von < 300 Tagen und von 1,18 und von 1,30 bei einer Zwischenkalbezeit von > 300 Tagen. Letztere Schätzwerte liegen außerhalb des Definitionsbereiches für h^2, was für unsere Betrachtung vernachlässigt werden kann. Entscheidend ist, dass die Zwischenkalbezeit einen beträchtlichen Einfluss auf die Korrelation der DZ aufzeigt und damit entscheidend h^2 beeinflusst. Der Vergleich zwischen den Herden, d.h. die Aufteilung von mono-

Tabelle 4.36: Korrelationskoeffizienten für die Merkmale Milchmenge (kg) und Milchfettgehalt % in der 1. Laktation in Abhängigkeit von der Zwischenkalbezeit und dem Herdenniveau (H - hohe Leistung, M - mittlere Leistung) nach JOHANNSON (1980)

	Anzahl Paare	Milchmenge r	Fett r
A < 300 Tage Zwischenkalbezeit			
MZ	20	0,88	0,84
DZ	162	0,56	0,45
U	177	0,23	0,07
A > 300 Tage Zwischenkalbezeit			
DZ	48	0,29	0,19
U	1089	0,00	0,00
B-Aufteilung der Paarlinge auf Herdenniveau H und M			
ungeteilte MZ-Paare	16	0,87	0,80
ungeteilte DZ-Paare	11	0,53	0,56
geteilte MZ-Paare	18	0,28	0,84

A ⇒ Vergleich innerhalb der gleichen Herde

B ⇒ Vergleich zwischen den Herden (H, M)

zygoten Paarlingen auf zwei Umwelten (Herdenleistungsniveau) demonstriert die Existenz von Genotyp-Umwelt-Interaktion. Benutzt man die Korrelation zur Schätzung von h^2 über die Herden, so ermittelt man h^2-Werte von 0,68 und 0,48 für die Menge und dem Fettgehalt innerhalb eines Leistungsniveaus und 1,18 bzw. -0,08 für beide Merkmale zwischen Leistungsklassen. Auch hier gilt, dass ungeachtet der nichtinterpretierbaren Schätzwerte, ein deutlicher Einfluss der Herdenleistungsklasse im Sinne von Genotyp-Umwelt-Interaktionen vorliegt.

Die beispielhaften Darstellungen der Zwillingsanalysen basieren auf zwei Annahmen, die kritisch zu hinterfragen sind. So ist nicht gesichert, dass die Umweltkomponenten der Varianz bei beiden Zwillingstypen gleich sind und zweitens, dass auch die totale genetische Varianz bei beiden Zwillingstypen gleich ist. Andererseits ist das Ziel der Parameterschätzung die Population, in der die Mehrzahl der Populationsmitglieder keine Zwillinge sind. Unter diesen Bedingungen muss man zusätzlich unterstellen, dass die umweltbedingten Varianzkomponenten für Zwillinge die gleichen wie für Einlinge sind.

Es gibt aber auch viele Ursachen von Unterschieden in den Umweltkomponenten. So führt BREM (1986) als mögliche Ursache für die Probleme der Heritabilitätsschätzung mit natürlichen Zwillingen folgende Faktoren an:

- Die Umweltvarianz bei di- und monozygoten Zwillingen ist nicht gleich;

- Gleichzeitigkeit der Zwillingspaarlinge;

- Nichtgleichzeitigkeit verschiedener Paare;

- Herdeneffekte;

- Maternale Effekte;

- Gemeinsame uterine Umwelt;

- Genotyp-Umwelt-Interaktionen;

- Gemeinsame postnatale Umwelt;

- Dominanz und Epistasie;

- Unterschiedliche Gesamtvarianz bei mono- und dizygoten Paaren;

- Unterschiede in der Ausprägung von Chorion und Amnion;

- Intrauterine Konkurenz zwischen den Paarlingen;

- Einheitliche Behandlungen;

- Fehler in der Zwillingsdiagnostik.

Eine Vielzahl dieser Faktoren lässt sich durch den gezielten Einsatz künstlich erstellter MZ ausschließen und somit h^2 im weiteren Sinne genauer ermitteln. Vernachlässigt man wie in der Tabelle 4.37 die Varianzkomponente der genetischen Interaktionen (Epistasie) so ergeben sich für künstlich erstellte Zwillinge und deren Varianzkomponenten die folgenden Möglichkeiten.

Aus Tabelle 4.37 ist ersichtlich, dass es mit Hilfe des Einsatzes künstlich erstellter MZ möglich ist, einzelne Varianzkomponenten durch Differenzbildung zu ermitteln und anschließend Heritabilitätswerte zu schätzen, die (unter Vernachlässigung von Epistasieeffekten) einem h^2 im engeren Sinne entsprechen. Hierzu müssen allerdings ähnliche Annahmen hinsichtlich der Varianzanteile bei den Zwillingspaaren und bei den übrigen Tieren gemacht

Tabelle 4.37: Varianzkomponenten bei künstlich erstellten Zwillingspaaren nach BREM (1986)

Art des Transfers (A)	Zwischen den Paaren	Innerhalb der Paare
A1.MZ nach bilateralen Transfer auf einen Empfänger	$\sigma_{ga}^2 + \sigma_{gd}^2 + \sigma_{up}^2$	σ_{us}^2
A2.MZ nach unilateralen Transfer auf zwei Empfänger	$\sigma_{ga}^2 + \sigma_{gd}^2$	σ_{us}^2
A3.DZ nach unilateralen Transfer auf zwei Empfänger	$\frac{1}{2}\sigma_{ga}^2 + \frac{1}{4}\sigma_d^2$	$\frac{1}{2}\sigma_{ga}^2 + \frac{3}{4}\sigma_d^2 + \sigma_{us}^2$
A2 - A1	σ_{up}^2	
(2× A3) - A2	$\frac{1}{2}\sigma_d^2$	$\sigma_{ga}^2 + 1\frac{1}{2}\sigma_d^2$

werden, wie sie bereits oben erwähnt wurden. Des weiteren ist zu beachten, dass die Embryonenspendertiere und die Empfängertiere zufällig aus der Population ausgewählt worden sein müssen, um die Ergebnisse nicht durch systematische Umwelteinflüsse zu verzerren.

Maternale Effekte, die durch die gemeinsame pränatale und postnatale Umwelt bei Zwillingen auftreten, lassen sich ebenfalls durch die Art und Weise des Embryotransfers der Paarlinge von MZ schätzen. Nach BREM (1986) ermittelt man die postnatalen Komponenten aus der Differenz der Kovarianzen der MZ, die auf einen gemeinsamen Empfänger bilateral übertragen werden und nach der Geburt in einer gemeinsamen Umwelt aufwachsen minus der Kovarianz von MZ, die in verschiedenen Umwelten aufwachsen. Bezeichnet man die pränatale Umwelt mit $u\,prä$ und die postnatale mit $u\,post$, so ergibt

$$\sigma_{u\,post}^2 = cov(\text{MZ,1E,1U}) - cov(\text{MZ,1E,2U}) \qquad (4.82)$$

und

$$\sigma_{u\,prä}^2 = cov(\text{MZ,1E,1U}) - cov(\text{MZ,2E,1U}) \qquad (4.83)$$

mit   1E   ⇒   bilateraler Transfer auf einen Empfänger

     2E   ⇒   unilateraler Transfer auf zwei Empfänger

     1U   ⇒   Aufzucht in gemeinsamer Umwelt

     2U   ⇒   Aufzucht in verschiedenen Umwelten

Der Vollständigkeit halber sei hier erwähnt, dass diese Methode der gezielten Veränderungen des Transfers und der Embryomanipulation zur Erzeugung von MZ und DZ auch genutzt werden kann, um direkte maternale Effekte, den Effekt der mitochondrialen Vererbung, der Genotyp-Umwelt-Wechselwirkungen und des genetischen Trends zu schätzen.

Einen ähnlichen Weg geht man in der Humangenetik, wo man lediglich in der Lage ist, die Überschätzung des Heritabilitätskoeffizienten im weiteren Sinne dadurch zu reduzieren, dass man für die Zwillingsanalyse MZ nutzt, die nach der Geburt von verschiedenen Eltern adoptiert worden sind. Derartige MZ-Zwillinge haben dann eine verschiedene postnatale Umwelt, die durch Differenzbildung der Kovarianzen entsprechend 4.82 und 4.83 zu quantifizieren ist. In den USA und in Skandinavien werden derartige MZ systematisch erfasst, um für den Menschen Heritabilitätsschätzwerte für quantitative Merkmale zu ermitteln.

Auf Grund der geringen Häufigkeit von MZ in der menschlichen Population werden Daten über verschiedene Teilpopulationen zusammengefasst. Da Rassendifferenzen in der Häufigkeit von DZ aber nicht von MZ beobachtet wurden, ist es wahrscheinlich, dass sich die beiden Zwillingstypen in ihren genetischen Varianzen unterscheiden. Deshalb können unterschiedliche Anteile einer Population zwischen MZ und DZ verschieden repräsentiert sein, und folglich können sich auch die genetischen Varianzen unterscheiden. Die Einhaltung der Voraussetzung der Gleichheit der Varianzen kann eingeschränkt durch den Vergleich der Gesamtvarianzen von MZ und DZ überprüft werden. Sind von MZ und DZ gleich und es besteht keine Präferenz für den „Zwischen-Paar" oder den „Innerhalb-Paar-Vergleich", so sollten die Informationen von beiden zu einem Mittel zusammengefasst werden.

$$(\sigma_{zwi}^2 MZ - \sigma_{zwi}^2 DZ) + (\sigma_{inn}^2 MZ - \sigma_{inn}^2 DZ) = \sigma_{ga}^2 + 1\frac{1}{2}\sigma_d^2 \qquad (4.84)$$

Zur Ermittlung von h^2 kann der Wert von $\sigma_{ga}^2 + 1\frac{1}{2}\sigma_d^2$ durch die Gesamtvarianz σ_p^2 dividiert werden, wobei σ_p^2 aus der Population ermittelt werden sollte.

4.5.12   Moderne Verfahren der Schätzung von Varianzkomponenten in der Tierzucht

Die Bedeutung der Schätzung von Varianzkomponenten ist in der Tierzucht auch heute ungebrochen. Eine Schätzung von Varianzkomponenten

- erleichtert das Verstehen genetischer Mechanismen,

- ist essentiell für jede Form der Zuchtwertschätzung,

- ist nötig für die Vorausschätzung des genetischen Fortschritts.

Varianzkomponenten sollten im Rahmen der Zuchtplanung immer dann geschätzt werden, wenn

- neue Merkmale züchterisch zu bearbeiten sind,

- überprüft werden soll, ob sich, bedingt durch längerfristig andauernde Selektion, die Varianz/Kovarianz-Struktur evtl. geändert hat,

- sich die genetische Struktur der Population drastisch ändert (z.B. durch Importe) oder

- sich die Umweltverhältnisse deutlich geändert haben (z.B. durch neue Messmethoden für die Merkmale oder durch neue Haltungsverfahren).

Das gemischte lineare Modell

In vielen tierzüchterischen Problemen auf den Gebieten der Varianzkomponentenschätzung und der Zuchtwertschätzung wird heute von einem gemischten linearen Modell ausgegangen. In Matrixschreibweise wird das Modell allgemein wie folgt formuliert:

$$y = Xb + Za + e \qquad (4.85)$$

Hierbei bezeichnet y den Vektor der Beobachtungswerte, b den Vektor der zu schätzenden fixen Effekte, a den Vektor der zu schätzenden zufälligen Effekte und e den Vektor der Resteffekte. X und Z sind Designmatrizen, die angeben, auf welche individuellen Klassen der fixen bzw. zufälligen Effekte sich die Beobachtungswerte y_i verteilen. Typischerweise werden in tierzüchterischen Problemen die systematisierbaren Umwelteinflüsse als fix und die Tiere als zufällig angesehen.

Die Erwartungswerte und Varianzen der zufälligen Variablen sind wie folgt definiert:

$$E \begin{bmatrix} y \\ a \\ e \end{bmatrix} = \begin{bmatrix} Xb \\ 0 \\ 0 \end{bmatrix}, \qquad Var \begin{bmatrix} y \\ a \\ e \end{bmatrix} = \begin{bmatrix} V & ZG & R \\ GZ' & G & 0 \\ R & 0 & R \end{bmatrix} \qquad (4.86)$$

Hierbei ist V die Varianz/Kovarianzmatrix der Beobachtungswerte y_i, G die Varianz/Kovarianzmatrix der zufälligen Effekte und R die Varianz/Kovarianzmatrix der Restfehler. Es gilt

$$V = ZGZ' + R \qquad (4.87)$$

Aufgabe der Varianzkomponentenschätzung ist in der Tierzucht also üblicherweise die Schätzung von G und R. Im Ein-Merkmals-Fall sind dies die Skalare σ_a^2 und σ_e^2, wobei im Tiermodell (jedes einzelne Tier stellt eine Effektstufe des Effektes Tier dar) gleichzeitig noch gilt dass

$$Var(a) = A\sigma_a^2 \qquad (4.88)$$

Hierbei bezeichnet A die Verwandtschaftsmatrix , die die additiv-genetischen Verwandtschaftskoeffizienten zwischen allen Tieren enthält.

Gegenüber dem allgemeinen Basismodell (4.85) werden heute in der Tierzucht auch vermehrt Varianzkomponentenschätzungen für komplexe Modelle durchgeführt. Das Modell (4.85) wird dabei um weitere zusätzliche zufällige Effekte erweitert. Beispiele für derartige Effekte sind:

- Permanente Umwelt (bei wiederholten Messungen je Tier),

- Maternal-Genetische Effekte (z.B. Milchleistung beim Fleischrind),

- Dominanzeffekte sowie

- Cytoplasmatische Effekte.

Die in der Vergangenheit und Gegenwart bei tierzüchterischen Fragestellungen genutzten Verfahren der Varianzkomponentenschätzung lassen sich in 6 Methoden bzw. Gruppen von Verfahren einteilen:

1. ANOVA

2. Die Methoden nach Henderson

3. MINQUE und MIVQUE

4. Maximum Likelihood (ML)

5. Restricted Maximum Likelihood (REML)

6. Andere Verfahren (z.B. Bayes-Schätzung und Methode R)

Den beiden ersten Methoden ist gemeinsam, dass sie auf verschiedenen Formen der Varianzanalyse (ANOVA) beruhen und daher nur für definierte genetische Strukturen (Versuchspläne) verwendet werden können, beispielsweise für Nachkommenschaften von Vätern (typisch für die Rinderzucht) oder

Nachkommenschaften von Vätern und Müttern (typisch für die Schweine-zucht, da mehrere Nachkommen je Vater und Mutter vorhanden). Komplexe genetische Strukturen, d.h. die Einbeziehung aller verwandtschaftlichen Be-ziehungen durch die Aufstellung der additiv-genetischen Verwandtschaftsma-trix A, können hingegen nur in den sog. Tiermodellen berücksichtigt werden. Die Beschränkung der beiden ersten Methoden auf einfache genetische Struk-turen erlaubt es auch nicht, die Effekte der Selektion in tierzüchterisch bear-beiteten Populationen abzubilden, so dass die Schätzergebnisse aufgrund von Selektionseffekten verzerrt sein können.

Im Folgenden sollen die wichtigsten Eigenschaften dieser Methoden dar-gestellt werden, wobei auf eine detaillierte Ableitung der Verfahren sowie auf eine formelmäßige Darstellung im Rahmen dieses Buches gänzlich verzich-tet werden muss. Eine detailliertere Darstellung findet man z.B. bei HOFER (1998).

ANOVA

Die ANOVA (analysis of variance) wurde von FISHER (1925) entwickelt. Sie kann nur bei balancierten Daten (gleiche Besetzung aller Effektstufenklassen) angewendet werden und lässt auch keine Korrekturen für systematische Um-welteinflüsse wie im gemischten Modell zu. Sie hat deshalb heute lediglich eine theoretische Bedeutung.

Henderson I, II und III

HENDERSON (1953) entwickelte drei Methoden der Schätzung von Varianz-komponenten auf der Basis der ANOVA. Alle erlauben die Verwendung unba-lancierter Daten. Für den balancierten Fall reduzieren sich die Methoden auf die ANOVA. Insbesondere die Methode Henderson III war in der Tierzucht lange populär, weil mit ihr gemischte Modelle definiert werden konnten und ein weitverbreitetes Computerprogramm von Harvey (z.B. HARVEY 1977) zur Verfügung stand. Wie schon erwähnt, ist aber auch diese Methode auf das Vorhandensein einfacher genetischer Strukturen beschränkt und kann im Mehrmerkmals-Fall auch nur Beobachtungen derjenigen Individuen verwen-den, für die alle Merkmale erhoben wurden.

MIVQUE, MINQUE

MIVQUE (minimum variance quadratic unbiased estimation) und MINQUE (minimum norm quadratic unbiased estimation) wurden unabhängig voneinander von RAO (1971a, b) bzw. LaMotte (1973) entwickelt. Ein wesentliches Kennzeichen beider Methoden ist die Minimierung der Fehlervarianz. Allerdings ist zur Schätzung die Eingabe von Vorschätzwerten (theoretisch: den wahren Werten in der Population) nötig und die Ergebnisse sind nicht unbeeinflusst von den eingegebenen Werten. Beide Methoden können aber unter Tiermodellen mit Berücksichtigung der Verwandtschaft auch für komplexe genetische Strukturen angewendet werden.

ML

Das Prinzip der ML (maximum likelihood) -Schätzung wurde von HARTLEY und RAO (1967) weiterentwickelt für die Schätzung von Varianzkomponenten nach dem allgemeinen gemischten Modell (4.85) für unbalancierte Daten. Im Gegensatz zu allen bisher genannten Verfahren verlangt die ML-Schätzung eine Spezifizierung der Verteilung der Daten. Üblicherweise wird von einer multivariaten Normalverteilung ausgegangen. Gesucht wird das Maximum der Likelihoodfunktion der Parameter (Varianzkomponenten) für die gegebenen Daten. Ein Hauptproblem bei vielen tierzüchterischen Fragestellungen ist die Tatsache, dass mittels der ML-Schätzung der Verlust an Freiheitsgraden durch die Schätzung der fixen Effekte unberücksichtigt bleibt. Gerade bei der Analyse großer Felddatenmaterialien ist dies aber oftmals von Bedeutung, da zahlreiche Stufenklassen für Umwelteffekte zu berücksichtigen sind.

REML

PATTERSON und THOMPSON (1971) modifizierten die ML-Schätzung von Varianzkomponenten dergestalt, dass dem Verlust an Freiheitsgraden durch die Schätzung fixer Effekte Rechnung getragen wird. Statt der Maximierung der „vollständigen" Likelihoodfunktion wird nur die „Rest"-Likelihood maximiert (restricted oder residual maximum likelihood). Wie für ML sind auch die Rechenalgorithmen für REML normalerweise Iterationsverfahren, d.h. eine Beachtung der Konvergenz der Schätzwerte und ein definiertes Konvergenzkriterium sind nötig.

REML-Schätzer für Varianzkomponenten sind unverzerrt auch bei Vorliegen von Selektion, wenn alle Informationen, die für die Selektionsentscheidungen verwendet wurden, auch in den zur Verfügung stehenden Daten enthalten sind. Dies gilt insbesondere für Populationen über die zeitliche Abfolge der Generationen und kann idealerweise dann sichergestellt werden, wenn ab einer bestimmten (unselektierten) Basisgeneration alle Daten unter einem Tiermodell mit Berücksichtigung aller verwandtschaftlichen Beziehungen einbezogen werden. Es werden dann unverzerrt die Parameter der Ausgangsgeneration geschätzt. Ebenso ist die Schätzung auch dann unverzerrt, wenn mehrere Merkmale betrachtet werden, die teilweise bei einzelnen Tieren nicht erhoben wurden, da diese Tiere nach einem anderen der betrachteten Merkmale (vor-)selektiert wurden. Ein Beispiel hierfür sind Daten der Milchleistung von Kühen in aufeinanderfolgenden Laktationen: Nicht alle Kühe weisen nach einer ersten Laktation auch Beobachtungen für weitere Laktationen auf, wobei anzunehmen ist, dass ein wesentlicher Grund für das Fehlen weiterer Laktationen eine Merzung dieser Tiere aufgrund unbefriedigender Leistung ist.

Aufgrund dieser Eigenschaften nimmt die REML-Schätzung heute in der Haustiergenetik eine dominierende Stellung ein. Ein weiterer Grund ist die Tatsache, dass sich Rechenalgorithmen für die REML-Schätzung sehr vorteilhaft ausgehend von den Mischmodellgleichungen nach HENDERSON (1973) entwickeln lassen. In den Achtziger und Neunziger Jahren des 20. Jahrhunderts sind mittlerweile eine Vielzahl von Algorithmen für die REML-Schätzung von Varianzkomponenten entwickelt worden. Diese seien nachfolgend genannt, da die Namen der Algorithmen häufig schon zum Synonym für die Methode an sich geworden sind und in der Fachliteratur auch so verwendet werden. Die Algorithmen lassen sich grob in folgende Gruppen einteilen:

- Auf Basis der ersten partiellen Ableitung der Likelihoodfunktion
  (EM-REML; EM = expectation - maximization)

- Auf Basis der ersten und zweiten partiellen Ableitung der Likelihoodfunktion
  (MSC-REML, MSC = method of scoring; NR-REML, NR = Newton-Raphson)

- Ableitungsfreie Verfahren
  (DF-REML, DF = derivative-free)

- AI-REML (AI = average information)

• DI-REML (DI = derivative intense)

Daneben werden in verschiedenen Algorithmen auch Reparametrisierungen für die zu schätzenden Parameter und Transformationen genutzt. Wohlgemerkt handelt es sich bei all diesen Varianten um Algorithmen, d.h. verschiedene Wege, um dieselbe Lösung zu erreichen. In ihren statistischen Eigenschaften unterscheiden sich die Ergebnisse nicht, es sind alles REML-Schätzer.

Bayes-Schätzung

Neben der Dichtefunktion auf der Basis der aktuell vorliegenden Daten ist für eine Bayes-Schätzung auch die Spezifikation eines evtl. vorhandenen Vorwissens in Form einer Dichtefunktion nötig. Bayes-Verfahren haben die größte Bedeutung, wenn ein relativ großes Vorwissen über die zu schätzenden Parameter einer relativ geringen Informationsmenge gegenübersteht. Falls kaum oder gar kein Vorwissen über fixe Effekte und die Varianzkomponenten vorhanden ist oder andererseits die Informationsmenge sehr groß ist, entsprechen die Bayes-Schätzer den REML-Schätzern. Die Anwendung des Bayes-Prinzips wurde von GIANOLA und FERNANDO (1986) auf tierzüchterische Probleme übertragen. Algorithmen für die Bayes-Schätzung von Varianzkomponenten nutzen heute hauptsächlich sog. Markov-Chain Monte Carlo Methoden (MCMC). Eine dieser Methoden ist das sog. Gibbs-Sampling. Die Handhabbarkeit derartiger Methoden, auch bei Nutzung der mittlerweile zahlreichen verfügbaren Computerprogramme, ist nicht unproblematisch, da die Konvergenz im iterativen Prozess schwierig zu überwachen ist.

5 Die Selektion

In den vorangegangenen Kapiteln sind die metrischen Merkmale und deren genetische Eigenschaften in einer Population unter Zufallspaarung und ohne die Wirkung der Selektion beschrieben worden.

Diese Beschränkung soll nun aufgehoben werden, denn das Ziel der Züchtung ist ja gerade die Beeinflussung der Population durch den Züchter im Sinne seines Zuchtzieles. Dem Züchter stehen prinzipiell zwei Wege offen, um die genetischen Eigenschaften einer Population zu verändern. Diese beiden Wege sind die Auswahl der Eltern und die Art, wie die ausgewählten Eltern miteinander verpaart werden.

> Im nachfolgenden wollen wir unter Selektion die gezielte Auswahl von Individuen als Eltern der nächsten Generation verstehen. Manchmal spricht man auch von positiver Selektion im Gegensatz zur negativen Selektion, die die Auswahl derjenigen Individuen bezeichnet, die nicht als Eltern eingesetzt werden.

Die Selektion ist diejenige Methode, die bei Tieren und Pflanzen zu den heutigen leistungsstarken Populationen geführt hat. Dabei wurde immer nach dem Prinzip verfahren „Bestes" mit „Bestem" zu verpaaren. Dabei unterliegen die Ansichten darüber, was man unter „Bestem" versteht, im Zeitablauf starken Schwankungen.

Der grundsätzliche Effekt der Selektion besteht in der Veränderung der Allelfrequenzen. Diese Veränderungen der Allelfrequenzen lassen sich für metrische Merkmale nicht erfassen, weil sich die Genotypen der Individuen an den einzelnen Genorten nicht bestimmen lassen. Messen lässt sich dagegen die **Wirkung** der Selektion über die Veränderung des Populationsmittels sowie über die Veränderung der Varianz des Merkmals.

Bevor diese Veränderungen näher betrachtet werden, müssen wir uns aber darüber im Klaren sein, dass die züchterische Beeinflussung der Population immer unter gleichzeitiger Wirkung der natürlichen Selektion stattfindet. Schon von der Zeugung an wirkt die natürliche Selektion und eliminiert Individuen, die dem Züchter später für Selektionsentscheidungen nicht zur Verfügung stehen. Nach der Geburt wirkt die natürliche Selektion ebenfalls über unterschiedliche Vitalität der Individuen bis zu dem Zeitpunkt, wo eine Selektionsentscheidung durch den Züchter getroffen wird. Auch danach kann die natürliche Selektion noch durch unterschiedliche Fertilität der Elterntiere wirken. In den nachfolgenden Betrachtungen wird zur Vereinfachung der Darstellung die Wirkung der natürlichen Selektion vernachlässigt. Dies geschieht auch unter dem Aspekt, dass Allele der Gene für Leistungsmerkmale nur bedingt durch sie beeinflusst werden.

5.1   Selektionsformen

Die gängigste Methode zur züchterischen Beeinflussung einer Population, ist die gerichtete Selektion .

> Sie hat das Ziel, den Mittelwert eines Merkmals in einer Population über die Generationen zu erhöhen[1].

Eine weitere Konsequenz der gerichteten Selektion ist die Auswirkung auf die Varianz des Merkmals. Beide Wirkungen der gerichteten Selektion sollen in diesem Kapitel beschrieben werden.

Neben der gerichteten Selektion gibt es noch einige Sonderformen, die hier kurz angerissen werden sollen. Die in Abbildung 5.1 dargestellten Selektionsformen stellen als Kurven die Dichtefunktion der phänotypischen Werte des der Selektion unterliegenden Merkmals in der Elternpopulation (oben) und der Nachkommengeneration (unten) dar. Die schraffierten Teile entsprechen dem Anteil der zur Zucht verwendeten Eltern. Mit μ_E und μ_N werden die Mittelwerte in beiden Generationen bezeichnet.

---

[1] Generell kann die Selektion sowohl in Richtung einer Erhöhung als auch einer Erniedrigung des Populationsmittelwertes wirken. Wir beschränken uns hier auf den Fall der Aufwärtsselektion. Alle Aussagen gelten entsprechend für die entgegengesetzte Selektionsrichtung.

Gerichtete Selektion

Elternpopulation

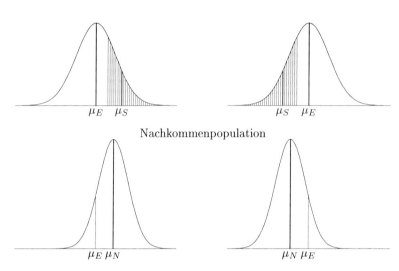

Nachkommenpopulation

Stabilisierende Selektion   Disruptive Selektion

Elternpopulation

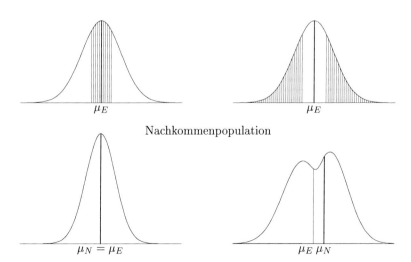

Nachkommenpopulation

Abb. 5.1. Zuchtzielbezogene Selektionsmethoden

Die stabilisierende Selektion führt, wie der Name ausdrückt, zur Stabilisierung des Merkmals, d.h. der Populationsmittelwert bleibt nahezu unverändert, während die Variabilität des Merkmals abnimmt. Individuen mit extremen Merkmalswerten werden nicht als Eltern der nächsten Generation benutzt. In der Tierzucht wird eine stabilisierende Selektion in solchen Fällen angewandt, in denen die Ausgeglichenheit einer Population in einem Merkmal angestrebt wird. Beispiele einer derartigen Selektion sind die Euterform- und Fleischbeschaffenheitsmerkmale. Merkmale, die stabilisiert werden sollen, werden in der Praxis durch geeignete mathematische Merkmalstransformation so verändert, dass sie wie ein Merkmal der gerichteten Selektion behandelt werden können und so in den Züchtungsprozess eingeschlossen werden (siehe 5.7).

Bei der disruptiven Selektion werden Individuen mit extremer Merkmalsausprägung zur Zucht ausgewählt. Paart man die Tiere innerhalb der beiden extrem Richtungen, so führt diese Art der Selektion dazu, dass sich die Population in zwei sehr unterschiedliche Nachkommenpopulationen aufspaltet, besonders, wenn über mehrere Generationen disruptiv selektiert wird. Als praktische Methode spielt die disruptive Selektion nur eine untergeordnete Rolle.

Die wichtigste Form der Selektion ist die gerichtete Selektion, die in der Tier- und Pflanzenzucht fast ausschließlich angewendet wird. Im Folgenden soll unter Selektion stets die gerichtete Selektion verstanden werden. Ziel der Selektion ist die Verschiebung des Populationsmittels in Richtung des Zuchtzieles, d.h. Anhebung des Populationsmittels. Dabei kommt es gleichzeitig zu einer Verringerung der phänotypischen und genetischen Variabilität. Letzteres ist besonders zu beachten, wenn die Selektion über mehrere Generationen zur Anwendung kommt. In Abbildung 5.2 sind diese Verhältnisse dargestellt.

5.2   Selektionsmethoden

Die gerichtete Selektion lässt sich nach verschiedenen Methoden ordnen. Ein Einteilungsprinzip besteht darin, dass man nach der Selektionseinheit, also nach der Gruppe von Tieren, die gemeinsam selektiert werden und nach der Grundgesamtheit, also der Menge, aus der Tiere selektiert werden, einteilt. Die häufigsten in der Tierzucht angewendeten Methoden sind in Tabelle 5.1 zusammengefasst.

So unterscheidet man eine Individualselektion aus der Gesamtpopulation oder aus einer Teilpopulation (Voll- bzw. Halbgeschwistergruppen). In ähnli-

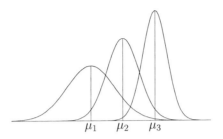

Abb. 5.2. Wirkung der gerichteten Selektion auf Mittelwert und Variabilität in der Generationsfolge

Tabelle 5.1: Methoden der gerichteten Selektion

Selektionseinheit	Grundgesamtheit		Gesamtpopulation
	Teilpopulation		
	VG	HG	
Individuum	×	×	×
Gruppe VG		×	×
Gruppe HG			×

cher Weise kann man Vollgeschwistergruppen aus väterlichen Halbgeschwistern selektieren.

Ein weiteres Einteilungsprinzip besteht darin, die Selektionsmethoden nach den Informationsquellen einzuteilen. Als Informationsquelle werden diejenigen Individuen oder Gruppen verstanden, an denen die Merkmalserfassung erfolgte, also in der Regel Verwandte des Selektionskandidaten. Dies wird immer dann relevant, wenn die Merkmalserhebung nicht als Eigenleistung durchgeführt werden kann, z.B. bei geschlechtsgebundenen Merkmalen oder wenn die Datenerhebung nur am getöteten Tier erfolgen kann.

In solchen Fällen nutzt man die Informationen verwandter Individuen zur Selektion. Man kann diese Methoden auch als Spezialfälle der Gruppenselektion betrachten, wie sie in Tabelle 5.1 dargestellt ist. Ohne auf die Besonderheiten dieser Methoden einzugehen sollen hier

- die Selektion nach Nachkommeninformationen,

- die Selektion nach Geschwisterinformationen (Voll- und/oder Halbgeschwister) und

- die Selektion nach Vorfahreninformationen (Eltern, Großeltern)

genannt werden. Diese Methoden können auch aus einer Kombination der einzelnen Verwandteninformationen mit und ohne Eigenleistung bestehen.

Ein weiteres Einteilungsprinzip bildet die Anzahl der zur Selektion verwendeten Merkmale. So unterscheidet man die Einmerkmalsselektion von der Mehrmerkmalsselektion. Zur letzteren Gruppe gehören die Methoden:

- Tandemselektion

- Selektion nach unabhängigen Selektionsgrenzen

- Selektion nach abhängigen Selektionsgrenzen (Indexselektion)

Die Selektion nach abhängigen Selektionsgrenzen wird auch als Indexselektion bezeichnet (siehe Kapitel 7). Bei dieser Methode werden die Merkmale entsprechend ihrer Heritabilitäten, genetischen Korrelationen und ihrer ökonomischen Bedeutung zu einem Kriterium, dem Selektionsindex , zusammengefasst, der dann das alleinige Selektionskriterium darstellt.

Außerdem ist die Stufenselektion zu erwähnen. Unter Stufenselektion versteht man, dass die Selektionsentscheidungen entsprechend der vorliegenden Information zu unterschiedlichen Altersstufen eines Individuums mehrmals getroffen werden. So erfolgt die Selektion unter praktischen Bedingungen im Jugendalter eines Tieres nach der Gesundheit und dem Entwicklungsstadium und erst in späteren Zeitpunkten nach den Leistungsmerkmalen, z.B. der Eigenleistung.

Ebenso muss man zwischen direkter und indirekter Selektion unterscheiden. Bei der direkten Selektion wird das Zielmerkmal direkt gemessen. Dies kann am Kandidaten selbst oder an Verwandten geschehen. In manchen Fällen ist das eigentliche Selektionsmerkmal nur sehr aufwendig, spät oder nur unter besonderen Bedingungen zu messen. In dieser Situation kann es sinnvoll sein, statt der Zielgröße ein Hilfsmerkmal zu messen, das eine enge genetische Beziehung zur Zielgröße aufweist. Beispielsweise wird in der Leistungsprüfung beim Schwein häufig statt des Fleischanteils die auch am lebenden Tier feststellbare Rückenspeckdicke mit einem Ultraschallgerät erfasst.

Abschließend sei bemerkt, dass unter praktischen Bedingungen der Züchtungsprozess in einer der jeweiligen Tierart und dem Merkmal angepassten Kombination der verschiedenen Methoden der gerichteten Selektion realisiert wird.

5.3   Der direkte Selektionserfolg

Das Ziel der Selektion besteht in einer gerichteten genetischen Veränderung der Population.

> Die Wirkung einer Selektionsmaßnahme wird durch den Selektionserfolg gemessen, der als Differenz zwischen dem Mittelwert der Nachkommenpopulation und dem Mittel der Elternpopulation definiert ist.

Nachfolgend wird zunächst der direkte Selektionserfolg betrachtet, der die genetischen Veränderungen im Selektionskriterium selbst (direkt) beschreibt. Meistens sind mit den direkten Selektionserfolgen auch Veränderungen in anderen, mit dem Selektionsmerkmal genetisch korrelierten Merkmalen, verbunden und führen in diesen zu korrelierten bzw. indirekten Selektionserfolgen.

Als Symbol des direkten Selektionserfolges wird ΔG benutzt, wobei zu beachten ist, dass auch andere Bezeichnungen, wie genetischer Gewinn bzw. Fortschritt, Zuchtfortschritt und Selektionsfortschritt, als Synonyme für den Selektionserfolg benutzt werden. Abbildung 5.3 erläutert die grundsätzlichen Zusammenhänge.

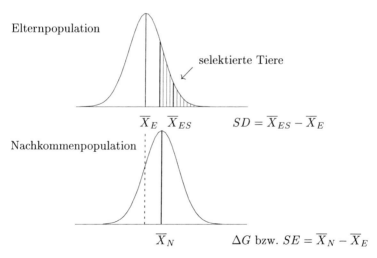

Abb. 5.3. Parameter der Selektion

Wir gehen in diesem Buch immer von einer Stutzungsselektion (engl. truncation selection) aus. Das bedeutet, dass die selektierten Tiere **ausschließ-**

lich aufgrund der Leistung im Selektionsmerkmal ausgewählt werden. Der Züchter legt eine Selektionsgrenze fest. Jedes Tier, dessen Wert über dieser Grenze liegt, wird selektiert und jedes Tier, das unter dieser Grenze liegt, wird gemerzt[2]. Als elementare Beziehung für den Selektionserfolg gilt:

$$\Delta G = \overline{X}_N - \overline{X}_E \tag{5.1}$$

wobei $\overline{X}_N$ und $\overline{X}_E$ die Mittelwerte der Nachkommen- bzw. Elternpopulationen bezeichnen. Die Selektion der Eltern wirkt sich nicht nur in einer Verschiebung des Mittelwertes aus (ΔG), sondern auch in einer Verkleinerung der Varianz. Diese Problematik wird im Kapitel 5.6 behandelt.

Die Stärke der Selektion wird auch als Selektionsdifferenz (SD) bezeichnet. Sie ist die Überlegenheit der selektierten Eltern über das Populationsmittel.

$$SD = \overline{X}_{ES} - \overline{X}_E \tag{5.2}$$

5.3.1   Vorausschätzung des Selektionserfolgs

Aus der Formel 5.1 ist ersichtlich, wie der Selektionserfolg zu bestimmen ist, wenn die Nachkommengeneration bereits erzeugt (und gemessen) wurde. Für den Züchter ist es aber viel wichtiger, den Erfolg der gerichteten Selektion *vorherzusagen*. Auf der Grundlage dieser Vorausschätzungen können dann verschiedene Zuchtverfahren verglichen und dasjenige ausgewählt werden, welches den Selektionserfolg maximiert.

Diese Vorhersage des Selektionserfolges soll nachfolgend dargestellt werden, wobei für die notwendigen Ableitungen die folgenden Annahmen unterstellt werden:

- Selektion nach einem Merkmal (Einmerkmalsselektion).

- Selektion auf der Grundlage der Eigenleistung.

- Die Selektionseinheit bildet das Tier/Pflanze (Individualselektion).

- Das Merkmal kann bei männlichen und weiblichen Tieren gleichermaßen erfasst werden.

---

[2]   In der Praxis kommt diese Situation kaum vor. Erstens spielen meist mehrere Merkmale eine Rolle und zweitens werden Selektionsentscheidungen kaum je an einer zentralen Stelle getroffen.

- Die phänotypischen Verteilungen der Merkmale können statistisch als normalverteilt betrachtet werden.

Diese Annahmen führen zu starken Vereinfachungen, die die Züchtungspraxis nur zum Teil widerspiegeln. In den folgenden Abschnitten dieses Kapitels werden diese deshalb teilweise wieder aufgehoben.

In Abbildung 5.3 wurde bereits ersichtlich, dass der Mittelwert der Nachkommengeneration $(\overline{X}_N)$ nicht mit dem Mittelwert der selektierten Tiere $(\overline{X}_{ES})$ übereinstimmt. $\overline{X}_N$ liegt immer zwischen $\overline{X}_{ES}$ und $\overline{X}_E$. Diesen Effekt bezeichnet man auch als „Regression der Nachkommen zum Populationsmittel". Er beruht darauf, dass die Überlegenheit der selektierten Tiere nicht allein genetische Ursachen hat, d.h. dass die Heritabilität des Merkmals nicht 1 ist. Es gilt:

$$\Delta G = h^2 SD \tag{5.3}$$

> Der Selektionserfolg hängt also von zwei Variablen, der Heritabilität und der Selektionsdifferenz ab.

Im Hinblick auf die Vorhersage des Selektionserfolgs kann man feststellen, dass die Heritabilität als Populationsparameter bekannt sein sollte bzw. nach einer der in Kapitel 4 dargestellten Methoden geschätzt wurde. Die Selektionsdifferenz kann man im Anschluss an die Selektionsentscheidung messen. Damit lässt sich der Selektionserfolg vorhersagen.

In wie weit der Heritabilitätskoeffizient maßgeblich den Selektionserfolg beeinflusst, soll an einem Beispiel (5.1) erläutert werden.

Beispiel 5.1 In einer Population wurden alle Individuen gemessen und entsprechend ihrer phänotypischen Leistung rangiert. Die besten 20% der Individuen werden zur Zucht als Eltern der nächsten Generation verwendet und 80% werden von der Zucht ausgeschlossen. Im ersten Fall unterstellen wir eine Heritabilität von 0, d.h. das Selektionsmerkmal hat keine genetische Varianz. Werden nun die besten 20% selektiert und verpaart, so entspricht die mittlere Leistung dieser Nachkommen genau der mittleren Leistung der gesamten Elternpopulation. Oder anders ausgedrückt, bei einer Heritabilität von 0 wird keine Überlegenheit der Eltern auf die Nachkommengeneration übertragen, wie in Abbildung 5.4 dargestellt. Das andere Extrem für den Heritabilitätskoeffizienten ist der Wert 1. Dies bedeutet, dass die phänotypische Variabilität nur genetische Ursachen hat. Selektiert man nun die besten 20% (nach dem Phänotyp) als Eltern, so überträgt sich die Überlegenheit der Eltern, gemessen als Selektionsdifferenz, voll auf die Nachkommengeneration, wie der zweite Teil der Abbildung 5.4 zeigt.

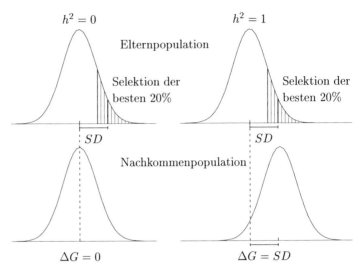

Abb. 5.4. Selektionserfolg für die beiden Extremwerte der Heritabilität (0 und 1)

5.3.2   Indirekte Ermittlung der Selektionsdifferenz

In der Praxis wird man selten die Selektionsdifferenz im Anschluss an die Selektionsentscheidung messen. Wenn die Phänotypwerte des Merkmals normalverteilt sind und die Selektion als Stutzungsselektion erfolgt, kann man die Selektionsdifferenz direkt aus dem Anteil selektierter Tiere vorhersagen.

Alle Individuen der Population werden streng nach der phänotypischen Leistung rangiert. Die Selektion schneidet diese Rangfolge an einem bestimmten Punkt, der sogenannten Selektionsgrenze ab. Alle Individuen, deren Merkmalswert oberhalb der Selektionsgrenze liegt, werden selektiert. Unter diesen Bedingungen hängt die Selektionsdifferenz nur vom Anteil der selektierten Individuen und der Standardabweichung des Merkmals ab. Den Anteil selektierter Individuen bezeichnet man oft auch als Remontierungsrate (p). Die Abhängigkeit der Selektionsdifferenz von diesen beiden Faktoren wird in Abbildung 5.5 dargestellt.

Abbildung 5.5 zeigt die Verteilung der phänotypischen Werte unter den Bedingungen der (positiven) Selektion. Die Individuen mit der höchsten Merkmalsausprägung werden selektiert, so dass die Verteilung in zwei Teile aufgespalten wird. Der Pfeil in jeder Verteilung stellt den Mittelwert ($\overline{X}_{SE}$) der

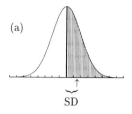 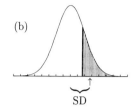 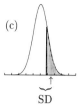

Abb. 5.5. Abhängigkeit der Selektionsdifferenz von der Remontierungsrate und der Variabilität des Merkmals.

Tabelle 5.2: Abhängigkeit der Selektionsdifferenz (SD) von Remontierungsrate (p) und Standardabweichung des Merkmals (σ_P) für die Fälle in Abb. 5.5.

	p	σ_P	SD	i
a	0.5	2	1.6	0.8
b	0.2	2	2.8	1.4
c	0.2	1	1.4	1.4

selektierten Eltern und die Selektionsdifferenz (SD) dar. Im Beispiel (a) wird die Hälfte der Population selektiert und die Selektionsdifferenz ist damit ziemlich klein. Entsprechend größer ist die Selektionsdifferenz, wenn 20% selektiert werden (b). Im Teil (c) der Abbildung werden ebenfalls nur 20% selektiert, aber das Selektionsmerkmal ist weniger variabel, womit die Selektionsdifferenz kleiner wird. Da die Standardabweichung von (c) nur die Hälfte von (b) ist, reduziert sich die Selektionsdifferenz auch auf die Hälfte im Vergleich von (b) zu (c).

Die Selektionsdifferenz ist eine Größe in der Dimension des Merkmals, z.B. kg, cm, Anzahl usw. Dies ist zwar anschaulich, erschwert aber den Vergleich verschiedener Merkmale untereinander. Beispielsweise werden in den Fällen (b) und (c) der Abbildung 5.5 gleichviele Tiere selektiert. Aufgrund der unterschiedlichen Standardabweichung ergeben sich aber unterschiedliche Selektionsdifferenzen.

> Um von der Maßeinheit unabhängig zu werden, kann man die Selektionsdifferenz durch die Standardabweichung teilen. Diese standardisierte Selektionsdifferenz bezeichnet man auch als Selektionsintensität (i).

Es gilt:

$$i = \frac{SD}{\sigma_P} \tag{5.4}$$

Damit ergibt sich unter Verwendung von 5.3:

$$\Delta G = ih^2\sigma_P \tag{5.5}$$

oder äquivalent:

$$\Delta G = ih\sigma_A \tag{5.6}$$

da $h = \frac{\sigma_A}{\sigma_P}$. Die Selektionsintensität (i) ist nur von der Remontierungsrate abhängig. Sie kann daher bei normal verteilten Merkmalen aus Tabellen der standardisierten Normalverteilung abgelesen werden. Unter diesen Bedingungen lässt sich der Selektionserfolg unter Verwendung der Selektionsintensität, d.h. der Remontierungsrate vorhersagen, da h^2 und σ_P bekannt sind. Formel 5.5 kann daher vor der Selektion zur Vorausschätzung des Selektionserfolges verwendet werden.

Die Beziehungen zwischen Remontierungsrate und standardisierter Selektionsdifferenz sind im Bereich von $p = 0.2$ bis 0.9 ungefähr linear. Bei kleineren Remontierungsraten steigt die Selektionsintensität dann steil an, wie dies Abbildung 5.6 darstellt.

Die Werte in Abbildung 5.6 und Anhangstabelle A.1 gelten strenggenommen nur für unendlich große Populationen. In kleinen Populationen ist i im allgemeinen kleiner als die Tabellenwerte. Dieser Unterschied ist bei hohen Selektionsintensitäten größer als bei moderaten Intensitäten.

5.3.3   Ermittlung der Selektionsintensität aus der Selektionsgrenze

In der züchterischen Praxis legt man nicht die Selektionsintensität fest, sondern die Selektionsgrenze. Die Selektionsintensität kann man dann entweder aus Tabellen entnehmen (z.B. Anhangstabelle A.1), oder man kann sie aus der Beziehung

$$i = \frac{\varphi(t^*)}{p} = \frac{1}{p}\frac{1}{\sqrt{2\pi}}exp\left\{\frac{-t^{*2}}{2}\right\} \tag{5.7}$$

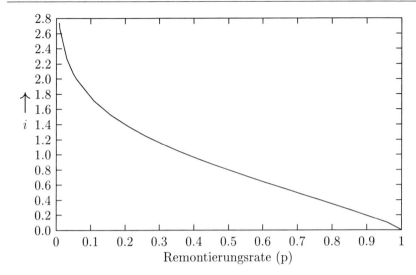

Abb. 5.6. Grafische Darstellung der Beziehung zwischen Remontierungsrate (p) und der Selektionsintensität (i)

berechnen, wobei der zweite Ausdruck für die Verwendung in Computerprogrammen gedacht ist. Die Größe $\varphi(t^*)$ ist der Wert der Dichtefunktion der **Standardnormalverteilung** an der Stelle t^*. Hierzu muss in der Regel die Variable auf eine Standardnormalverteilung $N(0, 1)$ transformiert werden, dabei ist t die Selektionsgrenze und t^* die standardisierte Selektionsgrenze.

$$t^* = \frac{t - \mu}{\sigma_P} \qquad (5.8)$$

Bei der Berechnung des erwarteten Selektionserfolges muss man bedenken, dass in 5.1 bzw. 5.5 **Schätzwerte** für h^2 und σ_P zur Anwendung kommen. Daraus folgt, dass auch der berechnete Selektionserfolg ein Schätzwert ist. Die Übereinstimmung von geschätzten und tatsächlich biologisch realisiertem Selektionserfolg ist eine direkte Funktion der Schätzgenauigkeit der verwendeten Parameter und der Korrektheit des unterstellten genetischen Modells. Um eine hohe Genauigkeit der Vorhersage des Selektionserfolges zu erzielen, sind an die Genauigkeit der Schätzung der genetischen Parameter hohe Anforderungen zu stellen. Im Kapitel 4 und im Anhang sind deshalb die notwendigen Stichprobenumfänge für eine hohe Genauigkeit der Heritabilitätsschätzung angegeben.

5.4   Selektionserfolg bei weniger vereinfachten Bedingungen

Die im vorigen Abschnitt vorausgesetzten Idealbedingungen treffen in der Praxis nur selten zu. In diesem Abschnitt stellen wir daher die Auswirkungen weniger vereinfachter Bedingungen auf den Selektionserfolg dar.

5.4.1   Unterschiedliche Selektionsintensität in Geschlechtern

Bei der Darstellung des Selektionserfolges nach Formel 5.3 bzw. 5.5 hatten wir unterstellt, dass das Selektionsmerkmal in beiden Geschlechtern erfasst wird und keinen Geschlechtsdimorphismus zeigt. Typisch für die praktische Tierzucht ist dagegen, dass im männlichen Geschlecht viel schärfer selektiert wird als im weiblichen Geschlecht. Der Grund für diese Unterschiede liegt in den teilweise extrem unterschiedlichen Vermehrungsraten (z.B. Besamungsbulle bis zu 50 000 Nachkommen pro Jahr, Kuh 0,8 Nachkommen pro Jahr). Demzufolge ist auch der Remontierungsbedarf in den Geschlechtern sehr unterschiedlich.

Wenn männliche und weibliche Tiere unterschiedlich selektiert werden, sind die Werte von SD oder i über beide Geschlechter zu mitteln

$$SD = \frac{1}{2}\left(SD_m + SD_w\right) \qquad \text{bzw.} \qquad i = \frac{1}{2}\left(i_m + i_w\right) \qquad (5.9)$$

dabei ist SD_m (SD_w) die Selektionsdifferenz im männlichen bzw. weiblichen Geschlecht und analog für die Selektionsintensitäten. Hieraus folgt, dass, wenn man nur im männlichen Geschlecht selektiert, der Selektionserfolg nur halb so hoch ist.

$$\Delta G^* = \frac{1}{2}\left(i_m + i_w\right)h^2\sigma_P = \frac{1}{2}i_mh^2\sigma_P \qquad (5.10)$$

5.4.2   Generationsintervall

Der Selektionserfolg nach Formel 5.5 bezieht sich auf eine Generation. In der praktischen Tierzüchtung sind, im Gegensatz zu Modelltieren, Generationen nicht klar abgrenzbar, da die Selektion kontinuierlich stattfindet. Man bezieht daher den Selektionserfolg in praktischen Zuchtprogrammen auf feste Zeiteinheiten, typischerweise auf ein Jahr.

Das Generationsintervall ist als das mittlere Alter der Eltern bei der Geburt ihrer Nachkommen definiert. Da man in dieser Definition nur diejenigen Nachkommen berücksichtigt, die tatsächlich zur Zucht verwendet werden und damit potentielle Eltern der nächsten Generation sind, lässt sich der Beitrag eines Tieres i zum Generationsintervall, wie in Formel 5.11 gezeigt, darstellen.

$$GI_i = \frac{\sum\limits_{j=1}^{k} t_{ij} \times n_{ij}}{\sum\limits_{j=1}^{k} n_{ij}} \tag{5.11}$$

mit n_{ij} = Anzahl der Nachkommen des i-ten Tieres bei der j-ten Geburt

t_{ij} = Alter des i-ten Tieres bei der j-ten Geburt

k = Anzahl der Geburten des Tieres

Das Generationsintervall (GI) ist dann der Durchschnitt aller Beiträge der Zuchttiere

$$GI = \frac{\sum\limits_{i=1}^{N} GI_i}{N} \tag{5.12}$$

mit N = Anzahl Zuchttiere in der Population. Mittels GI lässt sich nun der Selektionserfolg je Zeiteinheit berechnen, der oft das Entscheidungskriterium für die Wahl einer Zuchtmaßnahme darstellt.

$$\Delta G(\text{pro Jahr}) = \frac{h^2 SD}{GI} = \frac{i\,h^2\,\sigma_P}{GI} \tag{5.13}$$

Da das Generationsintervall als Maßeinheit Jahre besitzt, wird durch die Division nach 5.13 der Selektionserfolg auf ein Jahr bezogen.

5.4.3   Formel von Rendel und Robertson

In vielen praktischen Zuchtprogrammen unterscheiden sich die Generationsintervalle und auch die standardisierten Selektionsdifferenzen zwischen den Geschlechtern sowohl bei den Eltern als auch bei den Nachkommen. Man spricht daher von sogenannten **Selektionspfaden** bzw. Übertragungspfaden des genetischen Fortschritts. So unterscheidet man z.B. in der Rinderzucht Bullenväter, Kuhväter, Bullenmütter und Kuhmütter. Bullenväter sind die besten Bullen einer Generation. Mit ihnen werden die Bullen der nächsten Generation erzeugt. Die Kuhväter dagegen haben aufgrund geringerer Selektionsintensität ein niedrigeres genetisches Niveau. Deshalb werden ihre männlichen Nachkommen nicht zur Zucht verwendet. Analog ist die Situation für

Bullenmütter und Kuhmütter. Die Folge ist, dass zur korrekten Schätzung des Selektionserfolges alle vier Übertragungspfade hinsichtlich Selektionsintensitäten und Generationsintervallen getrennt betrachtet werden müssen. Diese Gedanken wurden erstmals von RENDEL und ROBERTSON (1950) dargestellt:

$$\Delta G = \frac{i_{VS} + i_{MS} + i_{VT} + i_{MT}}{GI_{VS} + GI_{MS} + GI_{VT} + GI_{MT}} h^2 \sigma_P \qquad (5.14)$$

mit VS = Übertragungspfad Vater - Sohn
    MS = Übertragungspfad Mutter - Sohn
    VT = Übertragungspfad Vater - Tochter
    MT = Übertragungspfad Mutter - Tochter

Die Vorhersage des Selektionserfolges soll an einigen Beispielen erläutert werden.

Beispiel 5.2 Für das Merkmal Geburtsgewicht wurden bei Schafen folgende Parameter geschätzt: $\mu = 4{,}0$ kg, $\sigma_P^2 = 8.100$ g^2, $h^2 = 0{,}3$.
Variante 1: Selektion in beiden Geschlechtern mit einer Remontierungsrate von p = 0,7

$$\Delta G = i\, h^2\, \sigma_P$$
$$= 0,4967 \times 0,3 \times 90$$
$$= 13,41 \text{g}$$

Somit beträgt die Erhöhung des Geburtsgewichtes in einem Selektionszyklus 13,41 g bzw. das Populationsmittel erhöht sich auf 4,13 kg.

Variante 2: Selektion in beiden Geschlechtern mit unterschiedlichen Remontierungsraten von $p_M = 0{,}2$ und $p_W = 0{,}7$.

$$\Delta G_M = 1,3998 \times 0,3 \times 90$$
$$\Delta G_W = 0,4967 \times 0,3 \times 90$$
$$\Delta G = \frac{(0,4967 + 1,3998)}{2} \times 0,3 \times 90 = 25,60 \text{g}$$

Der Selektionserfolg beträgt 25,50 g und damit das Populationsmittel nach einem Selektionszyklus 4,26 kg.

Variante 3: Selektion nur im männlichen Geschlecht mit $p_M = 0,2$.

$$\Delta G_M = 1,3998 \times 0,3 \times 90 = 37,79$$

und nach 5.10

$$\Delta G = 18,89\text{g}$$

Der Mittelwert des Geburtsgewichts erhöht sich bei Selektion im männlichen Geschlecht um 18,89 g.

Beispiel 5.3 Für eine Population von Weißen Leghorn-Hennen sei die Leistung nach 270 Lebenstagen (EZ 270) im Mittel 100 Eier mit einer Standardabweichung von 10,4. Die Heritabilität des Merkmals beträgt 0,3 und pro Generation sollen 20% der Hennen selektiert werden. Gesucht ist der Selektionserfolg und die Selektionsgrenze.

Da wir eine Normalverteilung des Merkmals voraussetzen, ergibt sich nach Anhangstabelle A.1 eine Selektionsintensität von $i = 1,4$. Hieraus folgt für die Selektionsdifferenz:

$$SD = i \times \sigma_P = 1,40 \times 10,4 = 14,56$$

Da nur im weiblichen Geschlecht selektiert wird, beträgt der Selektionserfolg $\frac{1}{2}SD_w \times h^2 =$2,18 Eier. Die standardisierte Selektionsgrenze (t^*) kann aus der Anhangstabelle A.2 ermittelt werden. Es ergibt sich ein Wert von 0,842. Somit errechnet sich die Selektionsgrenze unter Verwendung von Formel 5.8 als:

$$t = 100 + 0,842 \times 10,4 = 108,7$$

Folglich sind in der Population alle Hennen mit einer Legeleistung von mindestens 108 Eiern für die Erzeugung der nächsten Generation zu selektieren.

5.4.4   Selektionserfolg in kleinen Populationen

Wie in Kapitel 5.3.1 beschrieben, lässt sich die Anhangstabelle A.1 für die Selektionsintensität nur bei größeren Populationen anwenden. In der Praxis wird, sowohl bei landwirtschaftlichen Nutztieren als auch bei Modelltieren, häufig aus endlichen bzw. kleinen Populationen selektiert. Besonders bei kleinen Populationen wird i nach Anhangstabelle A.1 erheblich überschätzt. Zur exakten Berechnung der standardisierten Selektionsdifferenz in endlichen Populationen benötigt man die Erwartungswerte von Ordnungsmaßzahlen, auf die an dieser Stelle nicht weiter eingegangen werden kann. Die Ergebnisse dieser Berechnungen der Selektionsintensität für endliche Populationen (i_e) sind in Anhangstabelle A.3 für n=2 bis n=50 dargestellt.

Die Abweichungen der Werte von i aus unendlich großen und i_e aus endlichen Gesamtheiten soll an einigen Beispielen demonstriert werden.

Beispiel 5.4 Aus einer Halbgeschwistergruppe von n = 20 Tieren soll ein Tier (k = 1) selektiert werden. Das entspricht einer Selektionsintensität von 0,05. In Anhangstabelle A.1 findet man i = 2,0628 und in Anhangstabelle A.3 i_e = 1,8675. Der Quotient $\frac{i_e}{i}$ beträgt 0,9053, und der Selektionserfolg würde um ca. 10% überschätzt, wenn man die Endlichkeit der Grundgesamtheit vernachlässigt. Der Prozentsatz der Überschätzung hängt von n und der Selektionsintensität ab. Bei Selektion von k = 10 Tieren aus 20 erhält man i = 0,7979 und i_e = 0,7675. Der Quotient beträgt 0,9619, und der Selektionserfolg ist nur noch um 4% überschätzt.

Die Genauigkeit der Approximation von i_e durch i ist in Tabelle 5.3 dargestellt. Die Zahlen zeigen, dass bei sehr scharfer bzw. sehr schwacher Selektionsintensität die Approximation durch i sehr schlecht ist. Aus diesem Grund wurden von verschiedenen Autoren Tabellen für alle möglichen k aufgebaut. Eine Tabelle bis $n \leq 100$ und $k \leq \frac{n}{2}$ findet man bei RASCH et al. (1996). Benötigt man Tabellenwerte für $n > 100$, so können diese aus der Arbeit von HARTER (1961) berechnet werden.

Tabelle 5.3: Genauigkeit der Approximation der Selektionsintensität i_e durch i aus der Normalverteilung, wenn k aus 40 Tieren selektiert werden

k	i_e	i	$\frac{i}{i_e}100$	k	i_e	i	$\frac{i}{i_e}100$
1	2,16078	2,3380	92,4	25	0,59455	0,6067	98,0
2	1,95695	2,0628	94,9	30	0,41407	0,4237	97,7
3	1,81031	1,8875	95,9	35	0,22794	0,2353	96,5
4	1,69365	1,7550	96,5	36	0,18818	0,1950	96,5
5	1,59558	1,6468	97,2	37	0,14678	0,1530	95,9
10	1,24221	1,2711	97,7	38	0,10300	0,1086	94,8
15	0,99092	1,0112	98,0	39	0,05540	0,0599	92,5
20	0,78245	0,7929	98,1				

5.5   Der korrelierte Selektionserfolg

Eine erfolgreiche direkte Selektion auf ein Merkmal X führt aufgrund der genetischen Abhängigkeiten (Pleiotropie und genetische Kopplung) auch zu Veränderungen in anderen Merkmalen (Y, Z ...). Die genetische Beziehung zwischen zwei Merkmalen wird durch die genetische Korrelation (r_g) beschrieben, deren Schätzung im 4 dargestellt wurde. Wann immer die genetische Korrelation zwischen zwei Merkmalen ungleich Null ist, führt die Selektion in dem einen Merkmal zu genetischen Veränderungen im anderen Merkmal und umgekehrt. Diese durch die Korrelation bedingten Veränderungen bezeichnet man als **korrelierte Selektionserfolge**. Die Kenntnis der korrelierten Selektionserfolge ist daher für den Züchter von großer Bedeutung, denn es können nicht nur Veränderungen im Sinne des Zuchtzieles, sondern auch unerwünschte Effekte auftreten.

Wird in einer Population nach dem Merkmal X selektiert, so ist die genetische Veränderung im Merkmal Y der korrelierte Selektionserfolg in Y bei Selektion auf X ($\Delta G_{Y \cdot X}$).

Um $\Delta G_{Y \cdot X}$ zu bestimmen, benötigt man den Regressionskoeffizienten der genetischen Werte von Y auf die phänotypischen Werte von X, d.h. $b_{gy \cdot px}$. Dieser Regressionskoeffizient lässt sich wie folgt darstellen

$$b_{gy \cdot px} = \frac{\sigma_{gxy}}{\sigma_{px}^2} \qquad (5.15)$$

Unter Verwendung der Beziehung

$$r_{gxy} = \frac{\sigma_{gxy}}{\sigma_{gx} \sigma_{gy}} \qquad (5.16)$$

kann man $b_{gy \cdot px}$ folgendermaßen darstellen

$$b_{gy \cdot px} = \frac{r_{gxy} \sigma_{gy} \sigma_{gx}}{\sigma_{px}^2} = \frac{r_{gxy} \sigma_{gy} h_x}{\sigma_{px}} \qquad (5.17)$$

Mit einer standardisierten Selektionsdifferenz i_x im Merkmal X ergeben sich die genetischen Veränderungen im Merkmal Y und damit der gesuchte korrelierte Selektionserfolg als

$$\Delta G_{Y \cdot X} = b_{gy \cdot px} SD_x$$
$$= b_{gy \cdot px} i_x \sigma_{px}$$
$$= \frac{r_{gxy} \sigma_{gy} \sigma_{gx}}{\sigma_{px}^2} i_x \sigma_{px}$$
$$= i_x r_{gxy} h_x \sigma_{gy}$$

Setzt man für $\sigma_{gy} = h_y \sigma_{py}$ so stellt sich der korrelierte Erfolg wie folgt dar

$$\Delta G_{Y \cdot X} = i_x h_x h_y r_{gxy} \sigma_{py} \qquad (5.18)$$

> Der korrelierte Selektionserfolg im Merkmal Y bei Selektion auf das Merkmal X ist abhängig von der Selektionsintensität von X, der genetischen Korrelation zwischen X und Y, der Quadratwurzel aus den Heritabilitäten von X und Y und von der phänotypischen Standardabweichung des Merkmals Y [3].

Die genetische Korrelation kann auch negative Werte einnehmen, so dass auch für die korrelierten Selektionserfolge negative Werte möglich sind. Derartige negative korrelierte Selektionserfolge können im züchterischen Sinne durchaus positiv sein, wenn es sich um Merkmale handelt, die im Sinne des Zuchtzieles verkleinert werden sollen, wie z.B. die Futterverwertung, die Speckauflage usw. Es hat sich daher eingebürgert, unabhängig vom mathematischen Vorzeichen, von züchterisch erwünschten bzw. unerwünschten korrelierten Erfolgen zu sprechen.

5.5.1   Selektion mit Hilfsmerkmalen

In der praktischen Zuchtarbeit gibt es Situationen, in denen man mit dem korrelierten Selektionserfolg $\Delta G_{Y \cdot X}$ einen höheren Selektionserfolg in Y erreicht als bei direkter Selektion auf das Merkmal. In anderen Fällen ist es aus wirtschaftlichen Gründen sinnvoller, auf ein korreliertes Merkmal zu selektieren. Eventuell ist dann der Selektionserfolg nicht so hoch wie bei direkter Selektion, aber unter Berücksichtigung der Kosten ist die Selektion auf

---

[3] Oftmals verwechselt man die Indizes x und y in Formel 5.18. Hier hilft folgende Merkregel: Die Dimension des Selektionserfolgs muss diejenige von Y sein. Sie wird bestimmt durch die Standardabweichung von Y. Die Intensität dagegen kann man nur in dem Merkmal messen, für das auch selektiert wird. Dies ist das Merkmal X.

das korrelierte Merkmal günstiger. Diese Art der Selektion wird als indirekte Selektion bezeichnet, d.h. man selektiert auf ein anderes Merkmal, um im gewünschten Merkmal einen Erfolg zu erzielen.

Die indirekte Selektion findet vor allem in folgenden Situationen Anwendung:

- Das züchterisch zu verbessernde Merkmal kann nur mit hohem technischem Aufwand gemessen werden, so dass Messfehler die Heritabilität des Merkmals negativ beeinflussen. Unter solchen Bedingungen kann eine indirekte Selektion mit einem korrelierten Merkmal, das leichter zu messen ist und eine höhere Heritabilität besitzt, eine sinnvolle Alternative darstellen.

- Oft sind züchterisch wichtige Merkmale geschlechtsbegrenzt, d.h. sie treten nur in einem Geschlecht auf. Ist das korrelierte Merkmal in beiden Geschlechtern messbar, dann wird die indirekte Selektion zu einer höheren Selektionsintensität führen (s. Formel 5.9). Optimal ist in einer solchen Situation die direkte Selektion in dem einen und die indirekte Selektion in dem anderen Geschlecht.

- Die Merkmalserfassung ist mit hohen Kosten verbunden. Dann ist es ökonomisch sinnvoll, statt des Zielmerkmals ein preiswerteres korreliertes Merkmal zu erfassen und nach diesem zu selektieren.

- Als Hilfsmerkmal können aber auch Teilleistungen angesehen werden, wenn sie zur Selektion Verwendung finden. Beispiele sind die 100 Tage Laktations- oder Legeleistung. Unter solchen Bedingungen wird durch eine Verkürzung des Generationsintervalls die Selektionsdifferenz zeitlich früher realisiert.

Die Effizienz der indirekten Selektion für ein korreliertes Merkmal ist durch einen Vergleich mit der direkten Selektion für das Zuchtzielmerkmal zu berechnen. Der korrelierte Selektionserfolg in Y bei Selektion nach X verhält sich zum direkten Selektionserfolg in Y wie

$$\frac{\Delta G_{Y \cdot X}}{\Delta G_Y} = \frac{i_x r_{gxy} h_x \sigma_{gy}}{i_y h_y \sigma_{gy}} = r_{gxy} \frac{i_x h_x}{i_y h_y} \tag{5.19}$$

Bei gleicher Selektionsintensität in beiden Merkmalen reduziert sich 5.19 auf

$$\frac{\Delta G_{Y \cdot X}}{\Delta G_Y} = r_{gxy} \frac{h_x}{h_y} \tag{5.20}$$

> Somit hängt der Erfolg der indirekten Selektion im Vergleich zur direkten von der genetischen Korrelation und der Quadratwurzel der beiden Heritabilitäten ab.

Wie man aus Formel 5.20 sehen kann, ist die indirekte Selektion der direkten überlegen, wenn $r_{gxy}h_y > h_x$ ist. Dieses ist möglich, wenn h_y^2 im Verhältnis zu h_x^2 sehr groß ist und wenn die genetische Korrelation zwischen beiden Merkmalen hoch ist.

Beispiel 5.5 Wir betrachten zwei sehr ähnliche Merkmale bei der Labormaus, die Wurfmasse des 1. Wurfes am 10. und am 21. Lebenstag (WM10, WM21). Die genetischen Parameter wurden aus großen Stichproben geschätzt und betragen

$$r_{g(WM10,WM21)} = 0,88$$
$$h_{WM10}^2 = 0,30$$
$$h_{WM21}^2 = 0,27$$

Nach 5.20 erhält man als Effizienzfaktor bei Selektion im Merkmal WM10

$$\frac{\Delta G_{WM21 \cdot WM10}}{\Delta G_{WM21}} = \frac{0,88 \times \sqrt{0,3}}{\sqrt{0,27}} = 0,93$$

Das bedeutet, dass die direkte Selektion der indirekten um ca. 7% überlegen ist.

Betrachten wir die zwei Merkmale Ovulationsrate (OR) und die Wurfgröße am 10. Lebenstag (WG10). Die genetischen Parameter betragen: $r_{g(OR,WG10)} = 0,39$, $h_{OR}^2 = 0,36$ und $h_{WG10}^2 = 0,04$. Die Effizienz bei Selektion auf OR beträgt:

$$\frac{\Delta G_{WG10 \cdot OR}}{\Delta G_{WG10}} = \frac{0,39 \times \sqrt{0,36}}{\sqrt{0,04}} = 1,17$$

An diesem Beispiel wird deutlich, dass eine indirekte Selektion auf OR der direkten Selektion auf WG10 überlegen ist.

Eine Selektionsmaßnahme setzt sich also wie beschrieben aus den direkten und den korrelierten Selektionserfolgen zusammen. Zur Bewertung einer Selektionsmaßnahme müssen diese Auswirkungen gemeinsam betrachtet werden. Aufgrund unterschiedlicher Merkmalseinheiten ist eine direkte Summation der Teilerfolge meist nicht möglich. Deshalb fasst man in der Regel die Teilerfolge mit ihrer ökonomischen Bedeutung als Wichtungsfaktor zusammen und bezeichnet diese Größe als Selektionswürdigkeit (SW). Betrachtet man das direkte Merkmal X und das korrelierte Merkmal Y, so setzt sich der Gesamtselektionserfolg wie folgt zusammen

$$SW_x = w_x \Delta G_X + w_y \Delta G_{Y.X}$$

wobei w_x und w_y die Grenznutzen der beiden Merkmale darstellen.

5.6   Die Beeinflussung des Selektionserfolges

Ansatzpunkte zur Erhöhung des Selektionserfolges lassen sich aus der Formel 5.13 ableiten. Jeder der dort genannten Faktoren, die Heritabilität, die Selektionsintensität, die phänotypische Standardabweichung und das Generationsintervall, sind durch den Züchter zu beeinflussen. Darüber hinaus gibt es aber noch weitere Faktoren, die in Abbildung 5.7 zusammenfassend dargestellt sind (BRANDSCH 1983).

5.6.1   Die Heritabilität

Der Heritabilitätskoeffizient ist ein genetischer Populationsparameter und als Quotient aus genetischer und phänotypischer Varianz definiert. Aus dieser Definition leitet sich ab, dass eine Verringerung der phänotypischen Varianz und/oder eine Erhöhung der genetischen Varianz der Population zu höheren h^2-Werten führen.

Eine Verringerung der phänotypischen Varianz kann auf zwei Wege realisiert werden

- Reduzierung der genetischen Varianz,

- Reduzierung der Umweltvarianz.

Ein sinnvoller Weg, die phänotypische Varianz zu reduzieren, besteht in einer Verringerung der umweltbedingten Varianz. Das ist durch eine Standardisierung der Umwelt, in der die Tiere leben, zu erreichen. Besonders wichtig ist die Standardisierung der Umwelt in der Leistungsprüfung. Aus diesem Grunde wurden für die wichtigsten Tierarten Leistungsprüfungen in speziellen Stationen (Stationsprüfung) organisiert. Die Prüfung aller Tiere in einer einheitlichen Umwelt reduziert die Umweltvarianz und erhöht die Heritabilität der Merkmale.

Die Erhöhung der Heritabilität durch Steigerung der genetischen Varianz ist dagegen mehr von theoretischer Bedeutung. Die genetische Varianz lässt sich in geschlossenen Populationen nur durch die Immigration von fremden

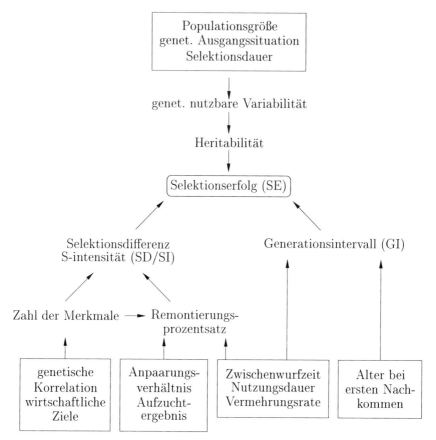

Abb. 5.7. Bestimmungskomponenten des Selektionserfolges (BRANDSCH 1983).

Individuen erhöhen. Hochleistungspopulationen besitzen eine lange Selektionshistorie und sind meistens in sich geschlossene Populationen.

Es ist schwer, geeignete Kreuzungspartner für derartige Populationen zu finden, um die genetische Varianz zu erhöhen. Aus mathematischer Sicht ist auch zu bemerken, dass die Auswirkung auf die Erhöhung des Heritabilitätskoeffizienten nicht sehr effektiv ist, da im Quotienten sowohl der Zähler als auch der Nenner ansteigen, da die genetische Varianz Bestandteil beider Größen ist.

5.6.2   Die Selektionsintensität

Die Erhöhung der Selektionsintensität scheint für den Züchter ein einfacher Weg zu sein, den Selektionserfolg zu erhöhen. Der zentrale Ansatzpunkt hierfür ist die Remontierungsrate . Je schärfer selektiert wird bzw. je weniger Individuen einer Population die Eltern der nächsten Generation bilden, desto größer wird der Selektionserfolg ausfallen. Aus diesem Grunde ist jeder Züchter daran interessiert, so scharf wie möglich zu selektieren und nur eine geringe Remontierungsrate anzustreben.

Diesem Ziel steht bei den einzelnen Zuchtpopulationen aber die Reproduktionsrate als limitierender Faktor gegenüber. Wenn die Population in derselben Größe erhalten werden soll, bestimmen die Vermehrungsraten männlicher und weiblicher Tiere die erforderlichen Remontierungsraten. Im Mittel werden zum Ersatz eines Elternpaares zwei Individuen benötigt, so dass die Anzahl der zur Zucht selektierten Eltern niemals kleiner sein kann als die zur Erhaltung der Population erforderliche Remontierungsrate. Beachtet man weiterhin, dass die Anzahl Nachkommen bezogen auf ein Jahr bei den Nutztieren sehr unterschiedlich sein kann, im Minimum ein Nachkomme wie bei Rindern und im Maximum mehr als 100 Nachkommen bei Hühnern, ergeben sich extrem unterschiedliche maximale Selektionsintensitäten.

Innerhalb einer Tierart existieren sehr große Unterschiede in der Reproduktionsleistung zwischen den Geschlechtern. Da männliche Tiere mit vielen Weibchen verpaart werden können und damit mehr Nachkommen haben, können sie auch intensiver selektiert werden. Durch die intensive Nutzung moderner Biotechniken lassen sich die Vermehrungsraten wertvoller Zuchttiere über die natürlichen Größenordnungen hinaus steigern. Zu den praktisch genutzten Methoden gehören:

- künstliche Besamung

- Embryotransfer

- *in vitro* Befruchtung und ovum pick-up

Aus züchterischer Sicht können auch Methoden zur Geschlechtsbestimmung von Spermien und Embryonen zur Erhöhung der Selektionsintensität genutzt werden.

Dies gilt insbesondere für die Möglichkeiten der biotechnischen Verfahren der Fortpflanzung. So ist die Anwendung der Künstlichen Besamung die Standardmethode, um die Anzahl Nachkommen eines männlichen Elterntieres zu erhöhen.

Eine unkontrollierte Nutzung der genannten biotechnischen Verfahren könnte aber auch zu einer raschen Verringerung der effektiven Populationsgröße führen, deren Auswirkungen bereits in Kapitel 3 behandelt wurden. Der Inzuchtdepression, die sich vor allem auf die reproduktive Fitness negativ auswirkt, muss durch eine entsprechende Populationsgröße entgegengewirkt werden. Aus diesem Grund sind der Erhöhung der Selektionsintensität Grenzen gesetzt.

5.6.3 Das Generationsintervall

Die Verkürzung des Generationsintervalls ist eine der wichtigsten Maßnahmen, um einen hohen Zuchtfortschritt je Zeiteinheit zu erzielen. Diese Verkürzung des Generationsintervalls steht aber im Gegensatz zum Interesse jedes Züchters, die Nutzungsdauer der Eltern in der Zucht möglichst hoch zu halten, um viele Nachkommen von den besten Zuchttieren zu ziehen. Es besteht also eine Abhängigkeit zwischen der Selektionsintensität und dem Generationsintervall. Folgende Maßnahmen lassen sich zur Verkürzung des Generationsintervalls einsetzen:

- Das Alter bei der Geburt der ersten Nachkommen verringern.

- Das Zeitintervall zwischen den Geburten verkürzen.

- Die Periode der Leistungsprüfungen zu verschieben.

- Durch biotechnische Methoden die Anzahl der Nachkommen pro Zeiteinheit erhöhen.

Alle Maßnahmen haben das gemeinsame Ziel, den Zeitpunkt für den Selektionsentscheid so früh wie möglich festzulegen.

Bei der Berechnung des Generationsintervalls nach 5.11 für verschiedene Selektionsprogramme muss zwischen diskreten und überlappenden Generationen unterschieden werden. Werden alle Nachkommen so lange zurückgehalten, bis die zuletzt geborenen die Zuchtreife erlangt haben, so erfolgt die Selektion derart, dass alle selektierten Individuen mehr oder weniger zur gleichen Zeit angepaart werden. Unter solchen Bedingungen ist das Generationsintervall der gemittelte Zeitabstand zwischen Paarungen aufeinander folgender Generationen.

Bei überlappendem Generationsintervall, was der Regel bei der praktischen Zuchtarbeit entspricht, werden die Eltern kontinuierlich durch selektierte Nachkommen ersetzt. Unter diesen Bedingungen ermittelt man das Generationsintervall durch das mittlere Alter der Eltern bei der Geburt der sie ersetzenden Nachkommen.

Das Problem besteht darin, das optimale Alter für die Merzung der Eltern aus der Zucht zu finden. Unter praktischen Bedingungen werden viel weniger männliche als weibliche Tiere selektiert. Dann muss man zwischen einem Generationsintervall für männliche (GI_m) und für weibliche Tiere (GI_w) unterscheiden. Gleiches gilt für die unterschiedlichen Selektionsintensitäten zwischen den Geschlechtern (i_m, i_w). Maximiert werden muss das Verhältnis

$$\frac{i_m + i_w}{GI_m + GI_w} \to \max \qquad (5.21)$$

Dieser Quotient wurde von OLLIVIER u.a. (1974) grafisch gelöst. Die Arbeit enthält für die meisten Nutztierarten entsprechende Lösungen. Werden verschiedene Anteile der männlichen und der weiblichen Eltern zur Zucht von Söhnen und Töchtern benutzt, so sind die Selektionsintensitäten und Generationsintervalle über alle 4 möglichen Pfade zu summieren und das Verhältnis von i zu GI nach der Formel von Rendel und Robertson (5.14) zu berechnen

Beispiel 5.6 In der Tabelle 5.4 wird ein modifiziertes Selektionsexperiment mit Labormäusen nach FALCONER (1960b) über den Einfluss der Nutzungsdauer auf den Quotienten von i/GI dargestellt. Der Selektionserfolg ist abhängig von der Nutzungsdauer und der Anzahl aufgezogener Nachkommen pro Wurf. Ein Wurf mit 6 Nachkommen erzielt bereits den höchsten Selektionserfolg, nachfolgende Würfe erhöhen den Quotienten i/GI nicht. Beträgt die Anzahl aufgezogener Tiere pro Wurf aber nur 4 bzw. 2 Tiere, so ist die optimale Nutzungsdauer 2 bzw. 3 Würfe für einen maximalen Zuchtfortschritt. Überträgt man diese Ergebnisse auf unipare Tiere, so ist die optimale Nutzungsdauer noch länger.

Tabelle 5.4: Einfluss der Nutzungsdauer und der Selektionsintensität auf den Selektionserfolg

L	GI	N = 6			N = 4			N = 2		
		p	i	i/GI	p	i	i/GI	p	i	i/GI
1	9	0,333	1,10	0,122	0,50	0,80	0,089	1,0	0,00	0,000
2	13	0,167	1,50	0,115	0,25	1,27	0,098	0,50	0,80	0,062
3	17	0,111	1,71	0,101	0,167	1,50	0,088	0,333	1,10	0,065
4	21	0,083	1,85	0,088	0,125	1,65	0,079	0,25	1,27	0,060

mit L   =   Anzahl der Würfe

GI =   Generationsintervall in Wochen

p   =   Remontierungsrate

i   =   Selektionsintensität

N   =   Nachkommenzahl je Wurf

5.7 Der Einfluss der Selektion auf die Varianzen

In den vorherigen Abschnitten zum Selektionserfolg wurde dieser immer im Hinblick auf die Mittelwertsverschiebung der Population betrachtet. Diese Betrachtung beschreibt aber nur einen Effekt der gerichteten Selektion. Die andere Auswirkung der Selektion ist eine Veränderung der Varianz des Merkmals. Diese wurde in Abbildung 5.2 aus Gründen der Veranschaulichung überzeichnet. Dieser Abschnitt stellt die Auswirkungen der Selektion auf die Varianz dar. Auf die relativ komplizierten Herleitungen wird verzichtet, diese finden sich z.B. bei HERRENDÖRFER und SCHÜLER (1987).

Die Grundvorstellung besteht darin, dass der selektierte Anteil von Eltern nur einen Teil der Variabilität der Ausgangspopulation repräsentiert. Nur diese Eltern erzeugen die Nachkommengeneration und können daher auch nur eine verringerte Varianz im Vergleich zur Elternpopulation übertragen. Reduziert wird dabei nur die genetische Varianz, aber da diese Bestandteil der phänotypischen Varianz ist, verändert sich auch diese. In ähnlicher Weise wird die Varianz genetisch korrelierter Merkmale mit beeinflusst.

Der Einfluss der Selektion in einem Geschlecht (Vätern oder Müttern) auf die phänotypische Varianz des Selektionsmerkmals (X) bei den Nachkommen lässt sich berechnen als

$$V_X(X_N) = \sigma_x^2 \left(1 - i\frac{1}{4}h_x^4(i - t^*) \right) \tag{5.22}$$

In Formel 5.22 bedeutet

σ_x^2 = phänotypische Varianz des Selektionsmerkmals X

i = Selektionsintensität

h_x^2 = Heritabilitätskoeffizient von X

t^* = standardisierte Selektionsgrenze

In ähnlicher Art und Weise lassen sich die Auswirkungen bei gleichzeitiger Selektion in beiden Geschlechtern auf die phänotypische Nachkommenvarianz darstellen, wobei m für die Väter und w für die Mütter steht.

$$V_{Xm,Xw}(X_N) = \sigma_x^2 \left(1 - \frac{1}{4}h_x^4(i_m(i_m - t_m^*) + i_w(i_w - t_w^*))\right) \qquad (5.23)$$

Die Verringerung der **genetischen** Varianz des Merkmals bei den Nachkommen beträgt bei Selektion

$$V_{Xm,Xw}(g_N) = \sigma_{gx}^2 \left(1 - \frac{1}{4}h_x^2(i_m(i_m - t_m^*) + i_w(i_w - t_w^*))\right) \qquad (5.24)$$

und bezogen auf den Heritabilitätskoeffizienten

$$h_{XN}^2 = h_x^2 \frac{1 - \frac{1}{4}h_x^2(i_m(i_m - t_m^*) + i_w(i_w - t_w^*))}{1 - \frac{1}{4}h_x^4(i_m(i_m - t_m^*) + i_w(i_w - t_w^*))} \qquad (5.25)$$

Bisher wurde nur das gleiche Merkmal an Eltern und Nachkommen betrachtet. Analog wird nun der Einfluss der Selektion im Merkmal X bei den Eltern auf das Merkmal Y bei den Nachkommen untersucht. Es gilt:

$$V_{Xm,Xw}(Y_N) = \sigma_y^2 \left(1 - \frac{1}{4}h_y^2 h_x^2 r_{gxy}^2(i_{xm}(i_{xm} - t_{xm}^*) + i_{xw}(i_{xw} - t_{xw}^*))\right) \qquad (5.26)$$

Setzt man in Formel 5.26 X gleich Y, so ist 5.23 ein Spezialfall von 5.26. Auf ähnliche Weise erhält man den Einfluss auf die **genetische** Varianz im Merkmal Y der Nachkommen bei Selektion der Eltern auf das Merkmal X.

$$V_{Xm,Xw}(g_{YN}) = \sigma_{gy}^2 \left(1 - \frac{1}{4}h_x^2 r_{gxy}(i_{xm}(i_{xm} - t_{xm}^*) + i_{xw}(i_{xw} - t_{xw}^*))\right) \qquad (5.27)$$

Ebenso ist 5.24 ein Spezialfall von 5.27 für X gleich Y.

Mit den in diesem Abschnitt abgeleiteten Formeln ist es möglich, die Veränderungen der phänotypischen und genetischen Parameter der Nachkommen durch Selektion in einem Merkmal bei den Eltern zu beschreiben. Auf der Grundlage dieser Theorie können die direkten und indirekten Selektionserfolge in der Generationsfolge vorhergesagt werden. Häufig wird der genetische Fortschritt der gerichteten Selektion über mehrere Generationen unter der Annahme geschätzt, dass der Erfolg linear über die Generationen ist. Damit wird unterstellt, dass die phänotypischen und genetischen Parameter bei den Nachkommen nicht verändert werden. Die Differenzen in der Vorhersage des Selektionserfolges sollen ebenso wie die Anwendung der Formeln an einem Beispiel demonstriert werden.

Beispiel 5.7 Für das Selektionsmerkmal Einzeltiergewicht am 1. Lebenstag der Labormaus wurden folgende Populationsparameter ermittelt: $\mu = 1{,}46$ g, $\sigma_P = 0{,}16$ g, $h^2 = 0{,}3$. Die Veränderungen der Populationsparameter sollen über einen Zeitraum von 10 Generationen nach Selektion auf Erhöhung des Gewichtes in zwei Varianten dargestellt werden.

1. Variante: Bei einer mittleren Wurfgröße von 12 lebend geborenen Tieren kann davon ausgegangen werden, dass am 63. Lebenstag im Mittel 10 zuchttaugliche Tiere im Geschlechtsverhältnis 1:1 vorhanden sind. Bei einem Anpaarungsverhältnis von 1:1 ergibt sich eine Remontierungsrate von $p = 0{,}2$ für beide Geschlechter, d.h. aus jedem Wurf wird ein männliches und ein weibliches Tier ausgewählt.

2. Variante: Bei einem Anpaarungsverhältnis von 1:10 ergeben sich Remontierungsraten von $p_w = 0{,}2$ und $p_m = 0{,}02$. In Tabelle 5.5 sind die Ergebnisse der Berechnungen für σ^2, h^2 und μ über 10 Generationen angegeben. Dazu werden die Formeln 5.23, 5.25 und 5.5 genutzt.

Für Variante 1 wird zunächst der konstante Faktor $(i_m(i_m - t_m^*) + i_w(i_w - t_w^*))$ bestimmt. Dazu geht man mit $p = 0{,}2$ in die Anhangstabelle A.1 und liest bei $p = 0{,}2$ den Wert $i = 1{,}3998$ ab. Anschließend wird zur Bestimmung von t^* die Anhangstabelle A.2 benutzt. Im Feld dieser Tabelle wird der Wert $1{,}3998$ aufgesucht und am Rand t^* abgelesen. Für $i = 1{,}3985$ erhält man $t^* = 0{,}84$, und durch lineare Interpolation kann noch die dritte Stelle von t^* ermittelt werden, die 2 beträgt ($t^* = 0{,}842$). Da die Selektionsintensität in dieser Variante für beide Geschlechter gleich ist, hat der konstante Faktor die Form $\frac{1}{2}i(i - t^*) = 0{,}3904$.

Damit können die drei benötigten Formeln in der folgenden Weise geschrieben werden:

$$\sigma_{i+1}^2 = \sigma_i^2(1 - h_i^4 \times 0{,}3904)$$

$$h_{i+1}^2 = h_i^2 \frac{1 - h_i^2 \times 0{,}3904}{1 - h_i^4 \times 0{,}3904}$$

$$\mu_{i+1} = \mu_i + h_i^2 \times 1{,}3998\sigma_i^2$$

Dabei bezeichnet der Index i die Generationsnummer ($i = 1$ bis 10).

Für die Variante 2 müssen die Selektionsdifferenzen und t^* für beide Geschlechter getrennt ermittelt werden. Da die Selektionsdifferenz in Variante 1 mit der für die Mütter in Variante 2 übereinstimmt, können die entsprechenden Werte benutzt werden. Aus Anhangstabelle A.1 liest man für $p = 0{,}02$ den Wert $i = 2{,}4210$ ab. Entsprechend erhält man in Anhangstabelle A.2 für dieses i einen Wert von $2{,}054$. Der konstante Faktor hat dann die Größe

$$\frac{1}{4}(2{,}421(2{,}421 - 2{,}054) + 1{,}3998(1{,}3998 - 0{,}842)) = 0{,}4173$$

entsprechend erhält man

$$\sigma_{i+1}^2 = \sigma_i^2 (1 - h_i^4 \times 0,4173)$$

$$h_{i+1}^2 = h_i^2 \frac{1 - h_i^2 \times 0,4173}{1 - h_i^4 \times 0,4173}$$

$$\mu_{i+1} = \mu_i + h_i^2 \times 1,9104\sigma_i^2$$

Tabelle 5.5: Veränderungen der populationsgenetischen Parameter des Merkmals Lebendgewicht der Maus am 1. Lebenstag in Abhängigkeit von der Selektionsintensität über 10 Generationen

Gen.	Variante 1 ($p = 0,2$)				Variante 2 ($p_w = 0,2$; $p_m = 0,02$)			
------	σ^2	h^2	μ_i	$\mu_i - \mu_{i-1}$	σ^2	h^2	μ_i	$\mu_i - \mu_{i-1}$
1	0,0256	0,3	1,46	-	0,0256	0,3	1,460	-
2	0,0247	0,2745	1,5272	0,0672	0,0237	0,2727	1,550	0,0901
3	0,0240	0,2525	1,5876	0,0604	0,0230	0,2494	1,631	0,0804
4	0,0234	0,2334	1,6423	0,0547	0,0224	0,2294	1,703	0,0724
5	0,0229	0,2168	1,6923	0,0500	0,0219	0,2121	1,769	0,0657
6	0,0225	0,2021	1,7382	0,0459	0,0215	0,1970	1,829	0,0601
7	0,0221	0,1892	1,7086	0,0424	0,0211	0,1838	1,884	0,0553
8	0,0218	0,1777	1,8206	0,0394	0,0208	0,1721	1,935	0,0511
9	0,0215	0,1674	1,8569	0,0367	0,0206	0,1618	1,983	0,0476
10	0,0213	0,1582	1,8911	0,0344	0,0204	0,1525	2,027	0,0444

Aus Tabelle 5.5 geht hervor, dass für Variante 1 der Selektionserfolg von der neunten zur zehnten Generation im Vergleich zum ersten Selektionsschritt auf etwa die Hälfte zurückgegangen ist. Das ist ein Ergebnis der Verringerung der Heritabilität und der verringerten phänotypischen Varianz. Vernachlässigt man die Abnahme des Heritabilitätskoeffizienten und der phänotypischen Varianz durch Selektion, so ergibt sich $\mu_{10} = 2,0648$ g. Dieser Fortschritt ist aber um 0,1737 überschätzt. Die beiden vorhergesagten genetischen Gewinne betragen 0,4311 g bzw. 0,5670 g. Daraus ist zu erkennen, dass mit Hilfe der linearen Vorhersage ohne Berücksichtigung der Veränderungen von σ^2 und h^2 für ein Selektionsexperiment über 10 Generationen keine brauchbare Bestimmung des genetischen Fortschritts möglich ist. Noch größer sind die Abweichungen in Variante 2, weil die Selektion im männlichen Geschlecht deutlich schärfer ist.

5.8   Der Selektionserfolg unter stabilisierender Selektion

Die Aufgabe der gerichteten Selektion besteht in der Verschiebung des Mittelwertes von Merkmalen im Sinne des Zuchtzieles. Wie in Abbildung 5.1 dargestellt wurde, hat die stabilisierende Selektion das Ziel, die Merkmalsvariabilität einzuschränken und den Mittelwert nur geringfügig auf einen Idealwert zu verschieben. Typische Beispiele für Merkmale, bei denen eine stabilisierende Selektion erwünscht ist, sind viele der Exterieurmerkmale beim Rind. Beinstellung, Euterform und Beckenneigung sind Merkmale, bei denen das Optimum irgendwo zwischen den Extremen liegt.

Der Züchter hat zwei Möglichkeiten, die Merkmale der gerichteten und die der stabilisierenden Selektion in den Selektionsprozess einzubeziehen. Zum einen besteht die Möglichkeit, die Merkmale der gerichteten und der stabilisierenden Selektion gemeinsam in einen Selektionsindex einzubeziehen, was zu nicht linearen Selektionsindizes führt. Die spezielle Theorie der Konstruktion von nichtlinearen Selektionsindizes wird in diesem Buch nicht behandelt, und es sei auf die Publikation von VAN VLECK (1993) hingewiesen.

Die andere Methode besteht in der Umwandlung der zu stabilisierenden Merkmale durch eine geeignete Datentransformation, so dass die Theorie der gerichteten Selektion zur Anwendung gelangen kann.

Die Datentransformation erfolgt derart, dass vom gemessenem Wert des Merkmals X eine Konstante (K) abgezogen wird. Dabei ist die Konstante K so zu wählen, dass positive und negative Abweichungen eines Merkmals von dieser Konstanten als gleichbedeutend angesehen werden können. In den meisten Fällen wird K so gewählt, dass sie dem zu stabilisierendem Mittelwert entspricht. Geeignete Transformationsmöglichkeiten sind z.B.

1. $X^* = (X - K)^2$

2. $X^* = |X - K|$

3. $X^* = \ln |X - K|$

Alle drei Transformationen führen zu gleichen Rangfolgen, und damit werden bei der Selektion nach X^* die gleichen Tiere ausgewählt. Lediglich die Abstände zwischen den Tieren sind unterschiedlich, so dass für jede Transformation unterschiedliche Mittelwerte und Varianzen erhalten werden. Die transformierten Werte X^* können nun nach der Theorie der gerichteten Selektion behandelt werden unter den dort geltenden Voraussetzungen. Es ist aber zu beachten, dass die genetischen Parameter **für die transformierten Werte** geschätzt werden müssen.

Dennoch ist die Transformation von Merkmalen in der Praxis unbeliebt. Dies hängt insbesondere damit zusammen, dass man an den transformierten Merkmalen nicht mehr erkennen kann, ob der Originalwert in die positive oder negative Richtung vom Mittel abweicht. Bei der Anpaarung ergibt sich dann das Problem, dass der Erwartungswert der Nachkommen unter Umständen nicht dem mittleren Zuchtwert der Eltern entspricht.

5.9   Die Messung des Selektionserfolges

In den vorangegangenen Abschnitten haben wir meist nur einen einzelnen Selektionszyklus betrachtet. Dieser Abschnitt beschäftigt sich mit einigen Problemen, die auftreten, wenn man die gerichtete Selektion über mehrere Generationen durchführt. Diese Probleme sind bei der Auswertung von Selektionsversuchen über mehrere Generationen zu berücksichtigen. Diese Problematik wird noch einmal ausführlich bei der Schätzung genetischer Parameter mittels simulierter und experimenteller Selektion in den Kapiteln 5.15 und 5.16 dargestellt.

5.9.1   Der Selektionserfolg über die Generationen

Der Selektionserfolg, gemessen als Generationsmittelwert, zeigt über die Generationen eine nicht unerhebliche Variation. Betrachtet man die Generationsmittel in der Generationsfolge, so zeigt sich, dass die Generationsmittel nicht linear über die Generationen fortschreiten, sondern von Generation zu Generation fluktuieren. Nicht selten führen aufeinanderfolgende Selektionszyklen zu keiner Veränderung des Generationsmittels im Sinne des Zuchtziels. Vier Ursachen können für diese Schwankungen der Generationsmittelwerte verantwortlich gemacht werden:

- Zufällige Drift. Insbesondere in kleinen Populationen kann es durch die Stichprobenziehung bei der Selektion zu zufälligen Abweichungen vom Erwartungswert kommen.

- Zufallsfehler bei der Schätzung der Generationsmittelwerte.

- Variation der Selektionsdifferenzen. Durch unterschiedliche Fitness der selektierten Elterntiere kann die tatsächliche Selektionsintensität von der aus der Remontierungsrate errechneten abweichen.

- Umweltbedingte Faktoren. Zufällige Schwankungen der Umweltqualität über Generationen hinweg führen zu dementsprechenden Schwankungen der Generationsmittel. Gerichtete Veränderungen der Umweltqualität führen zu einer verzerrten Schätzung der Selektionserfolge, wenn keine Kontrollpopulation vorhanden ist. Dies ist insbesondere in den praktischen Nutztierpopulationen von Bedeutung, da Fütterung und Haltung der Tiere laufend verbessert werden.

Die Variation zwischen den Generationsmitteln hat zur Folge, dass der Selektionserfolg in einem einzelnen Selektionszyklus selten mit ausreichender Genauigkeit geschätzt werden kann. Dieses Problem lässt sich verringern, indem man den durchschnittlichen Selektionserfolg pro Generation über mehrere Selektionszyklen zur Analyse benutzt. Der durchschnittliche Selektionserfolg wird mittels linearer Regression der Generationsmittelwerte auf die Generationen berechnet, wie dies bei der Parameterschätzung im Kapitel 5.16 gezeigt wird. Diese Vorgehensweise unterstellt aber einen konstanten Selektionserfolg über die Generationen hinweg.

Beispiel 5.8 In der nachfolgenden Abbildung 5.8 sind die Ergebnisse eines Selektionsexperimentes über 100 Generationen bei der Labormaus dargestellt worden. Es handelt sich im oberen Teil der Abbildung um das Merkmal Selektionsindex (I=WG0·1, 6+WM0), welcher aus den beiden Teilmerkmalen Wurfgröße (WG0) und Wurfmasse (WM0) bei Geburt besteht. Diese Merkmale und ihre Veränderungen im Verlauf der Selektion sind im unteren Teil der Abbildung dargestellt. Ohne auf detaillierte Ergebnisse dieses Experimentes näher einzugehen, lassen sich aus dem Verlauf der Merkmalsmittel je Generation einige allgemeine Schlussfolgerungen ziehen. Zu einem fällt auf, dass entgegen der Theorie über einen stetigen Selektionserfolg, in vielen Fällen sich Generationen mit positiven und negativen Selektionserfolgen abwechseln. Andererseits ist bei Betrachtung längerer Generationszeiträume deutlich, dass sich der Selektionserfolg reduziert und Perioden von ca 10 Generationen auftreten, in denen kein Erfolg experimentell nachzuweisen ist, was besonders nach etwa 50 Generationen typisch ist. Betrachtet man einzelne Generationen, z.B. die Generation 40 so wurde ein großer negativer Selektionserfolg ermittelt, deren Ursachen im Managment der Tiere lag. Zusammenfassend soll die Abbildung 5.8 mit einem Experiment verdeutlichen, dass der Selektionserfolg in einer Generation starken Schwankungen unterworfen ist und sich verallgemeinerungswürdige Ableitungen nur ergeben, wenn man den Selektionserfolg über längere Zeiträume betrachtet.

In den nachfolgenden Betrachtungen sollen Hinweise gegeben werden, wie man die Variation der Selektionserfolge reduzieren kann. Umweltbedingte Unterschiede zwischen den Generationen können viele Ursachen haben. Wesentliche Ursachen sind im Klima, der Fütterung und im Management zu

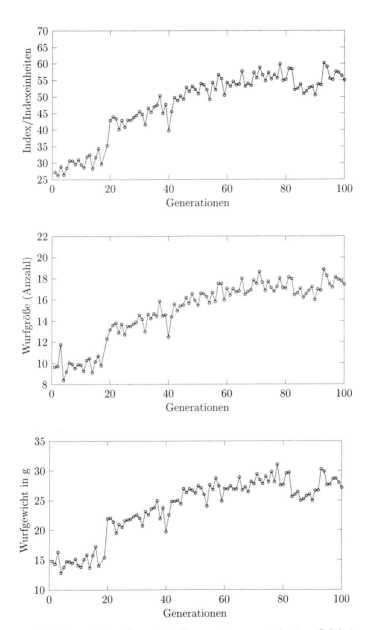

Abb. 5.8. Selektionserfolg über 100 Generationen gerichteter Selektion auf Erhöhung der Fruchtbarkeit bei der Labormaus (SCHÜLER 2000).

suchen. Diese als systematische Umwelteinflüsse bezeichneten Faktoren lassen sich durch eine definierte Kontrollpopulation von den genetischen Faktoren trennen. Für eine wirksame Ausschaltung systematischer Umwelteinflüsse muss die Kontrollpopulation einige wichtige Voraussetzungen erfüllen. Hierzu gehören: zeitgleiche Haltung, gleiche Populationsgröße und gleiche Inzuchtkoeffizienten wie die Selektionspopulation. Unter diesen Bedingungen können durch Differenzbildung der Populationsmittel die Umweltfaktoren ausgeschaltet werden.

Die relative Genauigkeit der Erfolgsmessung mit Hilfe einer Kontrollpopulation kann verbessert werden, wenn die Kontrolle nicht unselektiert vermehrt, sondern in entgegengesetzter Richtung selektiert wird. Diese Methode wird als divergente Selektion oder als „Zwei-Wege-Selektion" bezeichnet. Auf die Probleme der divergenten Selektion wird in Kapitel 5.16 eingegangen. In Abbildung 5.9 ist das Ergebnis eines divergenten Selektionsexperimentes dargestellt. Sie zeigt den Selektionserfolg auf Erhöhung bzw. Erniedrigung des 6-Wochen-Gewichtes. In jeder Selektionslinie wurde die lineare Regressionsgerade der Generationsmittelwerte mit eingezeichnet. Die Divergenz, d.h. die Differenz zwischen den auf und ab selektierten Populationen und deren Regressionsgerade, zeigt der rechte Teil der Abbildung. Es ist ersichtlich, dass durch die Differenzbildung die Regressionsgerade weniger von den Messwerten abweicht als bei den direkten Selektionspopulationen, d.h. ein Teil der Variation von Generation zu Generation wurde eliminiert. In Abwesenheit umweltbedingter Variationen zwischen den Generationen entspricht die Genauigkeit relativ zum Ausmaß des Selektionserfolges derjenigen, die mit einer einzigen Selektionspopulation in der gesamten Kapazität (Tierumfang) erreicht würde. Die Ursache hierfür ist, dass der Standardfehler der Differenz zwischen den Populationen zwar verdoppelt ist, aber der Selektionserfolg verdoppelt, da beide Populationen selektiert wurden.

Eine unselektierte Kontrollpopulation ist der divergenten Selektion aber immer vorzuziehen, wenn man damit rechnen muss, dass sich das Selektionsmerkmal asymmetrisch verhält. Andererseits ist es aus ökonomischen Erwägungen bei Selektionsexperimenten mit Nutztieren nicht sinnvoll, divergent zu selektieren, so dass diese Methode vorrangig bei Modelltieren zur Anwendung kommt.

Zufällige Umweltschwankungen nehmen ebenso wie systematische Schwankungen Einfluss auf den Selektionserfolg. Sie lassen sich nicht mittels Kontrollpopulationen bzw. divergenter Selektion eliminieren. Sie reduzieren zwar die Genauigkeit der Schätzung des Selektionserfolges, aber sie verzerren die

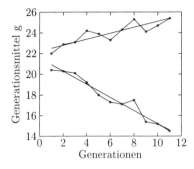
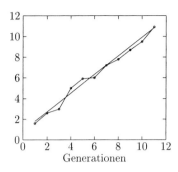

Abb. 5.9. Divergente Selektion auf das 6-Wochen-Gewicht von Mäusen nach FAL-CONER (1952)

Schätzwerte nicht. Größere Probleme in der Bewertung des Selektionserfolges treten auf, wenn umweltbedingte Trends vorliegen. Unter umweltbedingten Trends versteht man gerichtete Veränderungen mit der Zeit, die den Selektionserfolg entweder verstärken oder vermindern. Im ersten Fall wird der Selektionserfolg in der Generationsfolge überschätzt und im zweiten Fall unterschätzt. Dies erschwert besonders die Bewertung der Effizienz der Selektion in der Nutztier- und Pflanzenzüchtung, weil ohne Kontrolle nicht unterschieden werden kann, welche Anteile des Selektionserfolges genetisch bzw. umweltbedingt sind. Für solche praktischen Populationen gibt es die Möglichkeit der sogenannten repeated mating Designs und der Schätzung genetischer Trends bei überlappenden Generationen. Auf beide Verfahren soll hier nicht näher eingegangen werden.

5.9.2 Die Wichtung der Selektionsdifferenz

In Selektionsexperimenten werden sowohl Selektionserfolg als auch Selektionsdifferenz gemessen, da beide Parameter benötigt werden, um realisierte Schätzwerte für den Heritabilitäts- und Korrelationskoeffizienten zu ermitteln. Bei dieser Berechnung muss beachtet werden, dass zwischen einer erwarteten und einer realisierten Selektionsdifferenz[4] unterschieden werden muss. Der Unterschied liegt darin, dass unter praktischen Bedingungen die einzelnen Eltern nicht gleich viel zur Nachkommengeneration beitragen. Diese Differen-

---

[4] manchmal spricht man auch von der effektiven Selektionsdifferenz

zen in der Fruchtbarkeit der Eltern führen dazu, dass manche Eltern mehr Nachkommen haben und damit mehr zum Genpool der Nachkommengeneration beitragen als andere Eltern.

Die erwartete Selektionsdifferenz wird unter der Annahme gleicher Beiträge aller Eltern zur Nachkommengeneration ermittelt. Um die realisierte Selektionsdifferenz zu erhalten, welche für den beobachteten Selektionserfolg in der Nachkommengeneration relevant ist, sind die Abweichungen der Eltern mit der Anzahl ihrer effektiven Nachkommen zu wichten. Die erwartete Selektionsdifferenz dagegen ist die einfache mittlere phänotypische Abweichung der Eltern vom Mittel der Elterngeneration.

Die Wichtung entspricht dem jeweiligen Anteil eines Elters zur Nachkommengeneration. Diese Wichtung der Selektionsdifferenz schaltet einen großen Anteil der Wirkung der natürlichen Selektion aus. Sind die Fertilitätsmerkmale mit dem Selektionskriterium korreliert, so wird die direkte Selektion durch die natürliche Selektion entweder unterstützt oder gemindert. Sind etwa die extremem Phänotypen in ihrer Fertilität beeinträchtigt, ein Phänomen das unter hoher Leistung bei den Nutztieren auftreten kann, so wird die natürliche Selektion den Selektionserfolg der gerichteten Selektion reduzieren. Somit kann man durch einen Vergleich der effektiven Selektionsdifferenz mit der erwarteten feststellen, ob und wie die natürliche Selektion auf den Selektionserfolg Einfluss nimmt.

Unter praktischen Bedingungen gibt es nur die effektive Selektionsdifferenz. Der Grund dafür liegt darin, dass die Selektion niemals alleine aufgrund eines Merkmals durchgeführt wird. Immer spielen auch Mindestanforderungen, z.B. hinsichtlich des Exterieurs der Tiere, eine Rolle. Daher findet man bei Nutztieren keine reine Stutzungsselektion, die die Berechnung einer erwarteten Selektionsdifferenz erlauben würde. Die effektive Selektionsdifferenz kann man dagegen immer berechnen, wenn man die Nachkommenzahlen der einzelnen Elterntiere kennt. Diese gibt allerdings kaum Hinweise auf eine Wirkung der natürlichen Selektion, da insbesondere bei männlichen Tieren die Vermehrungsraten von der Zuchtleitung geplant werden.

Beispiel 5.9 FALCONER (1955,1984) berichtet über ein Selektionsexperiment auf 6-Wochen-Gewicht bei Mäusen über 22 bzw. 24 Generationen, dessen zusammengefasste Ergebnisse in der Tabelle 5.6 dargestellt sind. Insbesondere bei der Abwärtsselektion war die effektive Selektionsdifferenz kleiner als die erwartete, so dass deren Quotient < 1 war. Die Ergebnisse verdeutlichen zweierlei. Die natürliche Selektion hatte keinen Einfluss bei Selektion auf Merkmalserhöhung, aber bei Merkmalserniedrigung. Das bedeutet, dass Mäuse mit verringertem 6-Wochen-Gewicht

Tabelle 5.6: Vergleich von erwarteter und realisierter Selektionsdifferenz in einem divergenten Selektionsexperiment mit Mäusen nach FALCONER (1955)

Selektions-richtung	Anzahl Generationen	Selektionsdifferenzial pro Generation (g)		
		erwartet	effektiv	$\frac{\text{effektiv}}{\text{erwartet}}$
Auf	1-22	1,39	1,36	0,98
	23-30	1,08	1,09	1,01
Ab	1-18	1,03	0,96	0,93
	19-24	0,82	0,70	0,86

eine reduzierte Fertilität im Vergleich zu den aufselektierten Tieren aufweisen. Andererseits war die Wirkung der natürlichen Selektion von der Generationsanzahl abhängig. In den ersten Generationen war die Wirkung geringer als im letzten Selektionsabschnitt.

5.10   Selektionsexperimente

Die bisherigen Ausführungen zur direkten Selektion haben einzelne Selektionszyklen betrachtet. Wie wir aber bereits gesehen haben, verändert die Selektion die Allelfrequenzen, und damit ändern sich auch die genetischen Parameter. Deshalb kann der Selektionserfolg nur solange vorhergesagt werden, wie die Veränderungen der genetischen Eigenschaften der Population vernachlässigt werden können. Um längerfristige Vorausschätzungen des Selektionserfolges zu erhalten, müssen die Konsequenzen der Selektion empirisch erkundet werden. Das Werkzeug hierzu sind Selektionsexperimente, die meistens mit Modelltieren – wie *Drosophila*, dem Mehlkäfer (*Tribolium castaneum*), Labornagern (Mäuse, Ratten) und der Japanischen Wachtel – über eine ausreichende Zahl von Generationen durchgeführt werden. In diesem Abschnitt sollen einige wichtige Erkenntnisse aus solchen Experimenten vorgestellt werden. Dabei sollen folgende Fragen beantwortet werden, die auch für die praktische Tierzucht von Interesse sind:

- Über wieviele Generationen ist der Selektionserfolg annähernd linear?

- Was ist der maximal erreichbare Selektionserfolg?

- Gibt es eine Selektionsgrenze bzw. ein Plateau und was ist deren Ursache?

- Wie kann man ein Selektionsplateau beeinflussen?

All diese Fragen befassen sich mit den Auswirkungen der Selektion bei sehr vielen Selektionszyklen. Bevor diese Fragen behandelt werden, wenden wir uns der Frage zu, ob bei wiederholter Durchführung von Selektionsexperimenten gleiche Ergebnisse zu erwarten sind. Dies ist die Frage nach der Wiederholbarkeit des Selektionserfolgs.

5.10.1   Die Wiederholbarkeit des Selektionserfolges

Selektionsexperimente mit Modelltieren werden immer mit begrenzten Populationsgrößen durchgeführt. Im Hinblick auf die Aussagekraft von Langzeitselektionsexperimenten stellt sich die Frage, wie wiederholbar die erzielten Ergebnisse sind. Mit anderen Worten: Würde man dasselbe Ergebnis erhalten, wenn man das Experiment wiederholte?

Betrachtet man die ersten fünf bis zehn Generationen eines Selektionsexperiments, muss man noch nicht mit starken Veränderungen der Parameter rechnen. Der erwartete Selektionserfolg wird daher annähernd konstant sein. Analysiert man die Mittelwerte der Generationen mittels linearer Regression, dann kann die Steigung der Regressionsgeraden und deren Standardfehler ermittelt werden. Der Standardfehler berücksichtigt aber nur Schwankungen der Generationsmittel um die Regressionsgerade und gibt keine Aussage über die Variabilität zwischen verschiedenen Wiederholungen. Die Variabilität zwischen den Wiederholungen ist durch die genetische Drift verursacht, die auf zufälligen Veränderungen der Allelfrequenzen bei begrenzter Populationsgröße beruht.

Als Ergebnis der Drift divergieren die Selektionserfolge zwischen den Wiederholungen mit zunehmender Anzahl Generationen immer mehr, wie dies in Abbildung 5.10 demonstriert wird. Derartige Driftveränderungen sind kumulativ, d.h. jede Veränderung in einer Generation ist der Ausgangspunkt für Veränderungen in der nächsten Generation. Auf Grund dieser kumulativen Eigenschaft enthalten die Abweichungen von der Regression innerhalb einer Population nicht die gesamte Driftvarianz. Infolgedessen unterschätzt der Standardfehler der Regression die Variation zwischen Wiederholungen. Da die Regression als realisierte Heritabilität interpretiert werden kann, wird damit auch der Standardfehler von h^2 unterschätzt.

Im linken Teil der Abbildung 5.10 ist der Selektionserfolg über alle Wiederholungen zusammengefasst, und im rechten Teil sind die Wiederholungen getrennt dargestellt. Jede Wiederholung bestand aus je 10 männlichen und

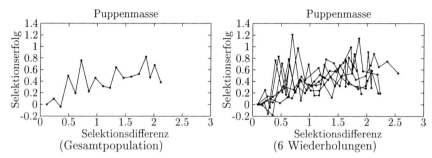

Abb. 5.10. Selektionserfolge im Merkmal Puppenmasse von *Tribolium castaneum* über 17 Generationen (GASARABWE 1997)

Tabelle 5.7: Realisierte Heritabilitäten bzw. Regressionskoeffizienten für das Selektionsexperiment in Abb. 5.10

Gesamtpopulation	0,242 ± 0,033
Wiederholung 1	0,236 ± 0,051
Wiederholung 2	0,282 ± 0,061
Wiederholung 3	0,332 ± 0,055
Wiederholung 4	0,310 ± 0,076
Wiederholung 5	0,142 ± 0,075
Wiederholung 6	0,147 ± 0,087

weiblichen Tieren. Berechnet man den Heritabilitätskoeffizienten als Regression der kumulativen Selektionserfolge auf die kumulative Selektionsdifferenz, so ergeben sich die Ergebnisse der Tabelle 5.7.

Die geschätzten Heritabilitäten können aus den einzelnen Wiederholungen oder aus dem Mittel aller Wiederholungen geschätzt werden. Trotz ähnlicher Schätzwerte unterscheiden sie sich aber in ihren Standardfehlern. So betragen die Standardfehler innerhalb der einzelnen Wiederholungen etwa 0,051, 0,061, 0,055, 0,076, 0,075 und 0,087 im Gegensatz zum Standardfehler, der aus der Variation zwischen den Wiederholungen ermittelt werden kann. An dem Beispiel wird deutlich, dass der Standardfehler der Regressionskoeffizienten den Standardfehler der realisierten Heritabilität unterschätzt. Eine Lösung des Problems wurde von HILL (1971, 1972a/b, 1977) entwickelt. In diesen

Arbeiten sind approximative Formeln für den Standardfehler der realisierten Heritabilität angegeben, die zum Teil auch im Anhang dargestellt sind.

5.11   Selektionserfolg und Selektionsintensität

In langfristigen Selektionsexperimenten ist theoretisch der insgesamt erreichbare Selektionserfolg unabhängig von der angewendeten Selektionsintensität. Nach Formel (5.5) würde man nur erwarten, dass bei geringerer Intensität der Zeitraum zur Erreichung eines bestimmten kumulativen Selektionserfolgs länger ist.

Aus praktischer Sicht wird man in einem Experiment so scharf wie möglich selektieren. Damit erzielt man schon nach wenigen Generationen einen maximalen Selektionserfolg, der zur Schätzung der genetischen Parameter genutzt werden kann. Aus experimentellen Arbeiten mit Modelltieren – Drosophila, Tribolium und Mäusen – ist aber bekannt, dass der Selektionserfolg und damit die realisierten genetischen Parameter von der Selektionsintensität beeinflusst werden. Die Autoren, z.b. WERKMEISTER (1967), HANRAHAN et al. (1973), EISEN (1975) und MEYER UND ENFIELD (1975) folgerten aus diesen Experimenten, dass die Ergebnisse auf unzureichende Modelle bzw. deren genetische Theorie zurückzuführen sind. Diese Aussage kann mittels simulierter Selektion weiter unterstützt werden. HEMPEL (1996) hat die genetischen Parameter in Abhängigkeit von der Selektionsintensität dargestellt. Seine Ergebnisse machen deutlich, dass die geschätzten Heritabilitätskoeffizienten eine fast lineare Abhängigkeit von der Selektionsintensität zeigen, wobei sich die beiden Selektionsrichtungen entgegengesetzt verhalten. Die Schlussfolgerung aus diesen Befunden lautet, dass sowohl in experimentellen als auch in simulierten Selektionsexperimenten möglichst solche Selektionsintensitäten verwendet werden sollten, die denen der praktischen Nutztierzucht entsprechen. Damit wird gewährleistet, dass die Übertragbarkeit auf praktische Populationen möglichst hoch ist.

5.12   Langzeitselektion

Bei Langzeitselektion nehmen in allen geschlossenen Populationen die Selektionserfolge ab, bis sie schließlich asymptotisch gegen Null gehen. Wann dieser Effekt auftritt, hängt von zahlreichen Faktoren, wie z.B. Selektionsziel, Populationsgröße, Selektionsintensität und Umweltqualität, ab. Nach KRESS (1975) spricht man von einem Selektionsplateau, wenn kein statistisch gesicherter Selektionserfolg mehr erreicht wird.

Im ersten Teil dieses Abschnitts untersuchen wir den Einfluss der o.g. Faktoren auf den langfristigen Selektionserfolg. Im zweiten Teil geht es dann um die Frage, wann das Selektionsplateau erreicht wird und wie es ggf. durchbrochen werden kann.

Die Grundlagen für die Beantwortung dieser beiden Fragen bilden Selektionsexperimente mit Modelltieren (*Drosophila*, Tribolium, Mäuse und Ratten). Nur mit Modelltieren, d.h. Tieren mit kurzem Generationsintervall, kann man unter standardisierten Umweltbedingungen derartige Experimente realisieren, um Schlussfolgerungen für die praktische Zuchtarbeit zu ziehen.

5.12.1   Einflussfaktoren auf den Selektionserfolg

Der in Langzeitselektionsexperimenten erreichbare Erfolg wird durch eine Reihe von Störfaktoren beeinflusst. Durch eine sinnvolle Versuchsplanung kann man einen Teil der Einflussfaktoren eliminieren bzw. in ihrer Wirkung minimieren. Aus diesem Grund kommt der Versuchsplanung eines Langzeitselektionsexperimentes besondere Bedeutung zu. In den folgenden Abschnitten werden die wesentlichen Einflussfaktoren im Zusammenhang mit der Versuchsplanung dargestellt.

Selektionsziel und Selektionsmerkmale

Langzeitselektionsexperimente dienen letztendlich dazu, Fragen der Zuchtpraxis zu beantworten.

> Um eine möglichst hohe Übertragbarkeit der Ergebnisse zu erreichen, sollte eine möglichst weitgehende Übereinstimmung der populationsgenetischen Parameter bestehen, wie Varianz der Merkmale, Heritabilität und genetischen Korrelationen.

Unter diesen Umständen kann man davon ausgehen, dass vergleichbare Selektionserfolge bei Nutz- und Modelltier erreicht werden.

Beispielsweise besteht für die Merkmale der Fruchtbarkeit bei multiparen Tieren, wie der Maus oder dem Schwein, eine physiologische Ähnlichkeit, die das Übertragungsrisiko gering hält. An einem Beispiel soll aber demonstriert werden, dass trotz hoher physiologischer Ähnlichkeiten eines Merkmals bei beiden genannten Tierarten die populationsgenetische Theorie, insbesondere die der direkten Selektion, zu anderen Ergebnissen führen wird.

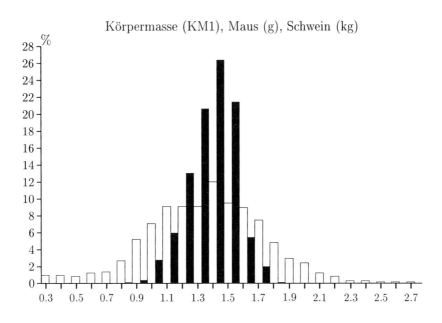

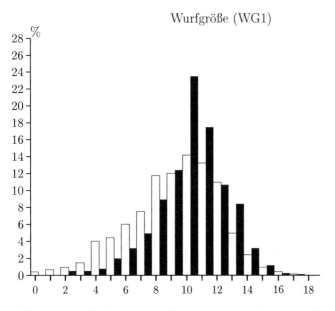

Abb. 5.11. Häufigkeitsverteilungen zweier Merkmale für die Maus und das Schwein

In der Abbildung 5.11 sind die Häufigkeitsverteilungen der Merkmale der Wurfgröße im 1.Wurf (WG1) und für das Einzeltiergewicht (KM1) für die Maus und das Schwein dargestellt. Wobei zu beachten ist, dass die Häufigkeitsverteilung des Merkmals KM1 für die Maus in g und für das Schwein in kg in der Abszisse dargestellt sind. Für die Wurfgröße ergeben sich fast ähnliche Populationsparameter, was bedeutet, dass der Selektionserfolg für das Schwein durch die Maus gut modelliert werden kann. Im Merkmal KM1 zeigen sich beträchtliche Differenzen in der Variabilität des Merkmals, so dass dieses Merkmal weniger gut geeignet ist, Analogieschlüsse zu ziehen.

Umweltfaktoren

Langzeitselektionsexperimente setzen voraus, dass die Umwelt über die gesamte Versuchsdauer konstant gehalten wird. Jeder Versuchsansteller versucht deshalb, alle Umweltfaktoren möglichst konstant zu halten. Selbst mit größtem Aufwand lassen sich aber kleinere Umweltschwankungen nicht ausschalten. Deshalb besteht die Möglichkeit, diese Schwankungen durch die zeitgleiche Haltung einer Kontrollpopulation zu eliminieren. So können bei der Schätzung von h^2 durch Differenzbildung der Populationsmittelwerte zwischen Kontrolle und Versuchspopulation, derartige Umweltwirkungen ausgeschaltet werden. Der Einfluss der Umwelt auf das Selektionskriterium soll an einem Beispiel demonstriert werden.

Beispiel 5.10 Der Einfluss der Umwelt auf den Selektionserfolg ist in Abbildung 5.12 dargestellt. Die Selektion innerhalb der Auszuchtpopulation Fzt:DU zur Verbesserung der Fruchtbarkeit mit Hilfe eines Selektionsindex aus Wurfgröße und Wurfgewicht wurde über 18 Generationen unter konventionellen Haltungsbedingungen durchgeführt. Ab der 19. Generation wurden die Tiere unter den Bedingungen des Semi-Barriere-Systems gehalten, d.h. unter wesentlich günstigeren hygienischen Bedingungen. Detaillierte Angaben zu diesem Versuch findet man bei SCHÜLER (1982a). Die Abbildung zeigt, dass zwischen der 18. und der 19. Generation eine drastische Verbesserung des Selektionskriteriums erreicht wurde. Der Einfluss machte 5,60 Indexeinheiten aus. Der Selektionserfolg betrug bis zur 18.Generation im Durchschnitt 0,26 Indexeinheiten je Generation und damit 4,68 Indexeinheiten insgesamt. Damit war der durch den Umweltwechsel bedingte Sprung größer als der bis dahin erzielte Selektionserfolg.

Dieses Beispiel macht den Grund für die Forderung nach konstanter Umweltgestaltung in Selektionsexperimenten über die Generationen deutlich. Eine „schleichende" Verbesserung während des Selektionsexperimentes kann einen wesentlich vergrößerten Selektionserfolg vortäuschen. Natürlich ist auch der umgekehrte Fall denkbar.

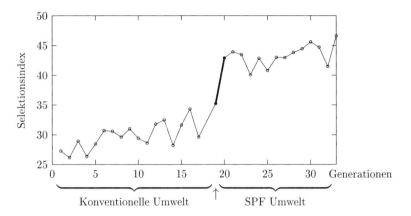

Abb. 5.12. Einfluss der Umwelt auf den Selektionserfolg

Populationsgröße

In einer Reihe von Modelltierselektionsexperimenten konnte gezeigt werden, dass der Selektionserfolg nicht nur von der Selektionsintensität, sondern auch von der Populationsgröße abhängig war. Diese experimentellen Befunde sind nicht unerwartet, denn in kleinen Populationen wirken wie im Kapitel 3 beschrieben Inzucht und Drift und ebenso die Verringerung der genetischen Varianz. Beide Faktoren führen in kleinen Populationen dazu, dass der Selektionserfolg im Vergleich zu größeren Populationen eingeschränkt ist. Allgemein ist die Beziehung der Populationsgröße zum Selektionserfolg durch das Produkt aus effektiver Populationsgröße und Selektionsintensität ($N_e \times i$) zu beschreiben, d.h. je größer dieses Produkt, um so höher ist der maximal erzielbare Selektionserfolg.

In einem Selektionsversuch auf Erhöhung der Puppenmasse über 50 Generationen wurden Populationen mit unterschiedlicher Populationsgröße eingesetzt. Diese Größen betrugen 10, 20, 40 und 160 Paare. In allen Populationen wurde eine Selektionsintensität von 0,8 entsprechend einer Remontierungsrate von 50% angewendet (GASARABWE 1997). In der Tabelle 5.8 sind die kumulierten Selektionsdifferenzen und -erfolge ebenso wie die Heritabilitätskoeffizienten dargestellt. Bei den kleineren Populationen sind die Mittelwerte aus zwei bis sechs Wiederholungen dargestellt.

Tabelle 5.8 verdeutlicht zwei wesentliche Ergebnisse. In den ersten Generationen, in unserem Beispiel bis zur 17. Generation, sind die Differenzen in den Selektionserfolgen und damit in den realisierten Heritabilitätskoeffizi-

Tabelle 5.8: Selektionserfolge und Heritabilitätskoeffizienten nach Selektion auf Puppenmasse mit *Tribolium castaneum* (GASARABWE 1997)

Populationen	0 - 17 Generationen		
	SD	SE	$h_r^2 \pm s_{h^2}$
10/10	2,13	0,40	0,20 (0,06)
20/20	2,21	0,78	0,31 (0,08)
40/40	2,66	0,85	0,32 (0,05)
160/160	4,20	0,56	0,20 (0,04)
	0 - 50 Generationen		
10/10	5,41	0,65	0,10 (0,02)
20/20	6,40	0,74	0,07 (0,02)
40/40	8,99	1,70	0,21 (0,01)
160/160	11,45	1,93	0,18 (0,01)
SD - kumulierte Selektionsdifferenz			
SE - kumulierter Selektionserfolg			

enten nur gering und zufällig. Je länger die Selektion über die Generationen durchgeführt wird, um so stärker wird der Einfluss der Populationsgröße deutlich. Es tritt eine Differenzierung zwischen kleinen und großen Populationen auf, und über viele Generationen ist die Population 160/160 im Selektionserfolg überlegen. In unserem Beispiel war dies ab der 40. Generation der Fall.

5.12.2   Selektionsplateau

Für das Auftreten von Selektionsplateaus werden in der Literatur (ROBERTSON 1960, FALCONER 1971, AL-MURRANI 1974, PIRCHNER 1979) folgende mögliche Ursachen angegeben:

- Verringerung/Erschöpfung der additiv genetischen Varianz

- Überdominanz oder Selektionsvorteil von Heterozygoten

- gegensätzliche Wirkung von natürlicher und künstlicher Selektion

- negative genetische Merkmalskorrelationen

- Genotyp-Umwelt-Interaktion

- Segregation von niedrig-frequenten rezessiven Genen

- Kopplung von Genen

Die naheliegende Ursache für das Auftreten von Selektionsgrenzen ist die Verringerung der additiv genetischen Varianz durch die Selektion. Die Selektion erhöht die Frequenzen der erwünschten Allele und führt letztendlich zu deren Fixierung. Fixierte Genorte tragen nicht mehr zur additiv genetischen Varianz bei, und damit verringert sich diese. Zusätzlich kann in kleinen Populationen eine zufällige Fixierung von Genorten durch genetische Drift hinzukommen. Ist eine Fixierung im homozygoten Zustand eingetreten, wird auch beim Aussetzen der Selektion das erreichte Selektionsplateau beibehalten (SPERLICH 1973).

Auf die Veränderung der genetischen Variabilität bei Langzeitselektion und damit auf den Zeitpunkt des Auftretens eines Selektionsplateaus wirken viele Faktoren, wie effektive Populationsgröße, Inzuchtzunahme, genetische Drift, selektionsbedingte systematische Allelfrequenzänderung, Kopplungsungleichgewicht und die Mutationsrate.

Den experimentellen Beweis für die Erschöpfung der additiven Varianz als Ursache von Selektionsplateaus traten erstmals FALCONER und KING (1953) sowie ROBERTS (1966a,b) in Selektionsversuchen auf Körpermasse bei Mäusen an. Diesbezüglich bekannt sind auch die mit *Drosophila* durchgeführten Versuche wie z.B. von ROBERTSON (1955).

Die weiteren sonstigen Plateauursachen sollen nur kurz erläutert werden. So wirkt besonders in kleinen Populationen oder bei Selektion gegen Fitnessmerkmale die natürliche Selektion der künstlichen Selektion entgegen. Selektionserfolge sind nicht mehr zu verzeichnen, obwohl noch genügend additiv genetische Varianz verfügbar ist (FALCONER 1955; ROBERTS 1966). JAMES (1962) sowie HILL UND ROBERTSON (1966a,b) erweiterten die Theorie der Selektionsgrenzen durch Einbeziehung weiterer Ursachen von Selektionsplateaus, wie der Verringerung der Fitness bzw. dem Einfluss der Genkopplung.

Oft tritt bei künstlicher Selektion der Fall ein, dass die Selektionsgrenze zwar erreicht, das Selektionsplateau nach Ende der Selektion aber nicht gehalten wird. Vielmehr kehrt die Population langsam zu ihrem Ausgangsniveau zurück. Dieses von LERNER (1954) beschriebene Phänomen der „genetischen Homöostasie" ist definiert als die Tendenz einer Population, ihre Ausgangslage beizubehalten. Sie kann als Ursachen Heterosis (Heterozygotenvorteil), häufigkeitsabhängige Selektion oder eine unerwünschte Beziehung des Selektionsmerkmals zur Fitness haben (SPERLICH 1973).

Unerwünschte genetische Korrelationen waren Plateauursache in dem Selektionsexperiment von BARRIA-PEREZ (1976), der bei Selektion auf Wachstumsmerkmale bei Mäusen nach 33 Generationen einen hohen Anteil infertiler Paarungen beobachtete, wobei nicht untersucht wurde, ob dieser Effekt auf die starke Verfettung der Ovarien der weiblichen Tiere oder auf einer geringen Libido der Männchen beruhte. Nach dem Aussetzen der Selektion erhöhte sich die Frequenz wieder.

Das Auftreten von Selektionsgrenzen bei noch vorhandener Variabilität kann auch als Ursache haben, dass Genorte mit rezessiven Allelen nicht fixiert werden und daher die Segregation rezessiver Allele mit unerwünschten Effekten in einer niedrigen Frequenz erfolgt (FALCONER 1960). Die weitere Selektion, z.B. auf Wurfgröße, zeigt dann kaum Erfolg bei der Frequenzsenkung, weil die vorhandene Varianz zum größten Teil nicht-additiv ist (FALCONER 1971, EKLUND und BRADFORD 1977).

Aus der praktischen Tierzucht sind bisher kaum Fälle von Selektionsplateaus bekannt. Zwar werden auch die Nutztierrassen zum Teil schon über längere Zeiträume hinweg auf mehr oder weniger die gleichen Merkmale selektiert, es gibt aber einige Faktoren, die das Erreichen von Selektionsplateaus hinauszögern:

- Praktische Zuchtpopulationen besitzen eine relativ hohe effektive Populationsgröße.

- Die Zuchtziele wechseln in nicht allzu langen Abständen und betonen dabei unterschiedliche Merkmale. Dies hält pleiotrope Loci bei intermediären Frequenzen.

- Die Selektion erfolgt normalerweise auf mehrere Merkmale gleichzeitig. Insbesondere bei Merkmalen mit unerwünschten genetischen Korrelationen kann dies die Fixierung nachhaltig hinauszögern.

- Fast alle praktischen Zuchtpopulationen führen regelmäßige Tierimporte durch, die die additiv genetische Varianz wieder erhöhen.

- Stutzungsselektion kommt in der Zuchtpraxis nicht vor. Immer werden auch andere Kriterien wie Exterieur, Erhaltung bestimmter Zuchtlinien usw. berücksichtigt.

- Die Generationsintervalle von Nutztieren sind, mit Ausnahme des Geflügels, relativ lang.

5.13   Selektion und Genotyp-Umwelt-Interaktion

Genotyp-Umwelt-Interaktion bedeutet ganz allgemein, dass der Genotypwert eines Tieres von der Qualität seiner Umwelt abhängt. Wir klassifizieren dabei die Umwelten in Mikro- und Makroumwelten. Makroumwelten sind per definitionem anhand von bekannten Klassifizierungsfaktoren (Fütterungsniveau, hygienischer Status, Klimazone usw.) beschreibbar. Mikroumwelten unterscheiden sich dagegen durch mehr oder weniger zufällige und nicht erfassbare Faktoren.

   Die Tier-Umwelt-Interaktionen wurden bereits 1958 von McBride in vier Klassen eingeteilt, die in Tabelle 5.9 dargestellt sind.

Tabelle 5.9: Klassifikation der Genotyp-Umwelt-Interaktionen (GUI)

Differenzen	Umwelt	
	Mikroumwelt	Makroumwelt
innerh. Populationen	A	B
zwischen Populationen	C	D

Allgemein wird in allen vier Fällen (A bis D) von Genotyp-Umwelt-Interaktionen gesprochen. Besonders bedeutsam ist für tierzüchterische Fragestellungen der Fall B. Er bedeutet, dass es innerhalb einer Population zwei oder mehr verschiedene Makroumwelten gibt. Typische Beispiele wären z.b. ökologische und konventionelle Produktionsverfahren, Nutzung einer Rinderrasse für Mutterkuhhaltung und Milchproduktion oder auch der Einsatz von Pferden im Springsport und der Dressur. Auch der Einsatz von europäischen Leistungsrassen in Entwicklungsländern fällt in diese Kategorie.

   Während es im Fall B darum geht, dass *einzelne Tiere* unter unterschiedlichen Umweltbedingungen verschiedene Genotypwerte besitzen, geht es im Fall D um die relative Vorzüglichkeit bestimmter *Populationen* unter verschiedenen Makroumwelten. Ein bekanntes Beispiel ist die Überlegenheit autochtoner westafrikanischer Rinderrassen in Gebieten mit Trypanosomenbefall. Während europäische Rassen in diesen Gebieten nur eine geringe Lebens- und Nutzungsdauer haben, sind die lokalen Rassen trypanosomenresistent und daher in der Gesamtleistung überlegen. Unter europäischen Verhältnissen ist die Reihenfolge dagegen umgekehrt.

   Weniger tierzüchterisch relevant sind die Fälle A und C. Dies hängt in erster Linie damit zusammen, dass echte Mikroumwelten nicht erfassbar sind. Auch wird man in der Praxis immer mit Kompromissgenotypen leben müssen,

weil die Erstellung von Spezialprodukten selten lohnenswert ist. So wäre es
z.b. denkbar, Schweine speziell für Flüssig- bzw. Trockenfütterung zu züchten.
Auch Versuche, Sauen mit besonderer Eignung für den Einsatz in den Großan-
lagen der neuen Bundesländer zu züchten, verliefen relativ schnell im Sande.

Genotyp-Umwelt-Interaktionen können in verschiedenen Ausprägungen
auftreten. Diese sind schematisch in Abbildung 5.13 dargestellt.

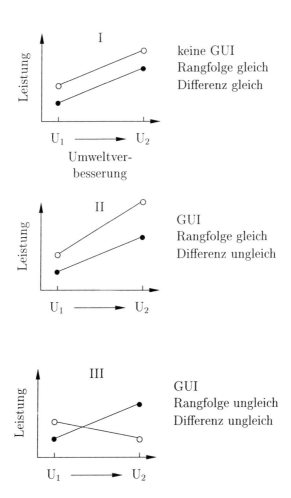

Abb. 5.13. Ausprägungsformen der GUI

In dieser Abbildung und in den nachfolgenden Berechnungen bezeichnet U_1 die schlechtere und U_2 die bessere Umwelt. Im Fall I gibt es keine GUI, Rangfolge und Differenz beider Genotypen bleiben gleich. Im zweiten Fall existiert eine GUI, die Rangfolge beider Genotypen unter beiden Umwelten bleibt jedoch gleich. Unter praktischen Bedingungen bedeutet dies, dass die Selektion unter beiden Umwelten erfolgen kann, es ist aber schwieriger, den Selektionserfolg exakt vorherzusagen. Im Fall III dagegen verändert sich unter verschiedenen Makroumwelten auch die Rangfolge der beiden Genotypen. Damit lässt sich der Selektionserfolg nur noch in der Umwelt vorhersagen, in der auch die Selektion stattgefunden hat.

5.13.1   Modelle zur Erfassung der GUI

Grundsätzlich ist man daran interessiert, festzustellen, ob es für ein bestimmtes Merkmal GUI gibt oder nicht. Zum Nachweis von GUI existieren zwei Grundmodelle

- das FALCONER-Modell

- das Kreuzklassifikationsmodell der Varianzanalyse

Beide Modelle und ihre Anwendung sollen hier dargestellt werden.

Das Modell nach FALCONER

FALCONER (1952) betrachtete die Leistung desselben Genotyps in zwei verschiedenen Umwelten als verschiedene Merkmale. Unter dieser Annahme kann man die genetische Korrelation zwischen diesen beiden Merkmalen schätzen. Ist die Korrelation hoch, bedeutet dies, dass die Leistung in beiden Umwelten von denselben Genen beeinflusst wird. Ist die Korrelation dagegen niedrig, so wirken unterschiedliche Gene.

Der idealisierte Versuchsansatz zur Schätzung von GUI nach dem FALCONER Modell besteht in der gleichzeitigen Testung von Klonen in beiden Umwelten. Mit modernen Methoden der Varianzkomponentenschätzung kann die Analyse jedoch auch über die Nutzung weniger exotischer Verwandtschaftsbeziehungen (Voll- und Halbgeschwister, Nachkommen) erfolgen.

Die Wirkung der GUI kann mittels der Theorie des direkten und indirekten Selektionserfolges ermittelt werden. Nach Formel 5.19 gilt:

$$\frac{\Delta G_{U_2 \cdot U_1}}{\Delta G_{U_2}} = r_{g12} \frac{i_1 h_1}{i_2 h_2} \tag{5.28}$$

Hierbei wird die Leistung in U_1 als Hilfsmerkmal für die Verbesserung der Leistung in U_2 betrachtet. Als Schlussfolgerung bleibt festzuhalten, dass solange die genetische Korrelation zwischen beiden Umwelten positiv ist, zwar die Selektion mit kleiner werdender Korrelation ineffizienter, dass aber kein grundsätzlicher Fehler begangen wird. Erst wenn die genetische Korrelation Null oder negativ wird, führt die Selektion in der falschen Umwelt zu unerwünschten Folgen.

Ein klassisches Beispiel für diese Situation ist die Leistungsprüfung auf Station. Ziel der Leistungsprüfung ist natürlich die Verbesserung der Leistung *im Feld*. Die Frage ist, ob die Leistung durch eine Stations- oder eine Feldprüfung effizienter verbessert wird. Hierzu ist anzumerken, dass zunächst bei gleichen Kosten die Feldprüfung eine höhere Selektionsintensität zulässt, weil mehr Tiere geprüft werden können. Andererseits ergibt die Stationsprüfung in der Regel deutlich höhere Heritabilitäten, weil die Umweltvarianz reduziert ist. Hinzu kommen die Unwägbarkeiten der Feldprüfung, wie schlechte genetische Verknüpfungen zwischen Betrieben, Genotyp-Umwelt-Korrelationen[5] oder Sonderbehandlungen für genetisch besonders gute Tiere. Solange die genetische Korrelation deutlich im positiven Bereich liegt, kann man keine eindeutige Aussage zugunsten der Feld- oder Stationsprüfung machen.

Das Varianzanalysemodell

Die Schätzung der GUI in diesem Modell beruht auf der Bestimmung der Interaktionskomponente einer Kreuzklassifikation mit zwei Faktoren (Genotyp, Umwelt). Auf die entsprechenden Modelle der Varianzanalyse und die Schätzung der Varianzkomponenten kann hier nicht eingegangen werden. Sie sind ausführlich u.a. bei RASCH et al. (1990) beschrieben.

Die Bewertung, ob GUI vorliegt, ist aus der Teststatistik abzuleiten, d.h. es wird geprüft, ob die Interaktionskomponente signifikant von Null verschieden ist. Andererseits ist es auch sinnvoll, die Varianzkomponente im Verhältnis zu den anderen Varianzkomponenten zu betrachten, unabhängig davon, ob eine Signifikanz vorliegt oder nicht. HERRENDÖRFER und SCHÜLER (1987) schlagen dazu die Intraklasskorrelation vor.

$$t = \frac{\sigma_{GUI}^2}{\sigma_G^2 + \sigma_U^2 + \sigma_{GUI}^2} \qquad (5.29)$$

---

[5] Hierbei handelt es sich nicht um einen genetischen Effekt! Genotyp-Umwelt-Korrelationen treten auf, wenn für genetisch bessere Tiere auch bessere Umweltbedingungen vorliegen. Ein klassisches Beispiel ist die Kraftfutterzuteilung nach Leistung bei Milchkühen.

wobei σ_G^2 = Varianzkomponente Tier/Genotyp

σ_U^2 = Varianzkomponente Umwelt

σ_{GUI}^2 = Interaktionsvarianzkomponete

Vergleich der Modelle

Die beiden Modelle zur Erfassung der GUI unterscheiden sich wesentlich hinsichtlich der Annahmen. Während das FALCONER-Modell für beide Merkmale unterschiedliche phänotypische und genetische Varianzen sowie Heritabilitäten erlaubt, werden im Varianzanalysenmodell gleiche Parameter angenommen. Diese Annahme ist insbesondere für den Vergleich von gemäßigten und tropischen Klimaten nicht realistisch, da bekannt ist, dass die Varianz eines Merkmals stark vom Leistungsniveau beeinflusst wird. Die praktisch interessanten Fälle werden erheblich besser durch das Modell von FALCONER modelliert. Dieses Modell hat aber den Nachteil, dass die Schätzung der genetischen Korrelation eines Merkmals über beide Umwelten erforderlich ist, was ein umfangreiches Datenmaterial erfordert.

5.14   Selektion und maternale Effekte

Maternaleffekte traten bereits im Kapitel 4 im Zusammenhang mit erweiterten populationsgenetischen Modellen auf. In diesem Abschnitt wollen wir uns mit den Auswirkungen der maternalen Effekte auf den Selektionserfolg bei gerichteter Selektion beschäftigen. Ein Problem bei der Darstellung von Maternaleffekten besteht darin, dass es in der populationsgenetischen Literatur verschiedene Definitionen von maternalen Effekten gibt. Grundsätzlich unterscheidet man:

- maternale Umwelteffekte

- maternale genetische Effekte

- gemeinsame Wurfumwelteffekte

Selbstverständlich gibt es auch die Kombination von umweltbedingten und genetischen Maternaleffekten. Im Zusammenhang mit der gerichteten Selektion beschränken wir uns auf maternale Umwelteffekte. Darunter versteht man die Tatsache, dass die Mutter als Umweltfaktor die phänotypischen Leistungen bei ihren Nachkommen beeinflusst. Die biologisch möglichen Ursachen der maternalen Effekte sind in Abbildung 5.14 schematisch zusammengefasst.

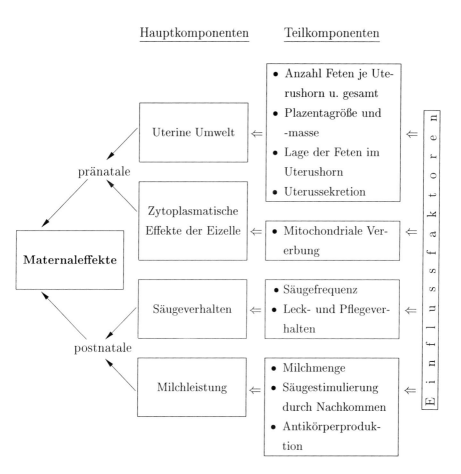

Die Einflussfaktoren sind:
- Alter, Größe und Körpermasse der Mutter
- Geschlecht der Jungen
- Trächtigkeitsdauer
- Wurffolge
- Säugedauer
- Anzahl der Nachkommen
- Morphologische und physiologische Merkmale der Milchdrüse

Abb. 5.14.   Komponenten und Einflussfaktoren der maternalen Effekte

Weiter Einflussfaktoren sind genetische Faktoren wie:

– Genotyp der Mutter und Nachkommen,

– Homozygotiegrad

und Umweltfaktoren wie:

– Ernährung, Temperatur, Licht, Belastbarkeit $\rightarrow$ Belastung, soziale Umwelt, Hormonstatus u.a.

– Eingriffe des Züchters (in künstl. Population)

Die Abbildung verdeutlicht, dass sich die Einflüsse der Mutter im wesentlichen in prä- und postnatale Einflüsse unterteilen lassen. Maternale Effekte treten hauptsächlich bei Säugetieren auf. Sie beeinflussen in erster Linie Merkmale, die mit der Jugendentwicklung der Tiere zusammenhängen. Damit ist klar, dass insbesondere die Selektion für diese Merkmale durch maternale Effekte beeinflusst wird. Das Ziel dieses Abschnitts besteht darin, aufzuzeigen, wie maternale Effekte die gerichtete Selektion beeinflussen.

5.14.1   Überblick über die Schätzung von Maternaleffekten

Die Methoden zur Analyse von maternalen Effekten lassen sich in drei Gruppen einteilen:

• Nutzung von Verwandtenähnlichkeiten

• Ammenmethode

• Kreuzungsexperimente

Bei der Nutzung von Verwandtenähnlichkeiten wird die durch die Mutter verursachte Ähnlichkeit von Vollgeschwistern gegenüber der von Halbgeschwistern innerhalb einer Population gemessen. Es wird der gesamte maternale Effekt (prä- und postnatal) geschätzt. Bei multiparen Tieren wird mit diesem Ansatz der Wurfumwelteffekt geschätzt, da alle Vollgeschwister in derselben Umwelt aufgezogen werden.

Die Ammenmethode dagegen gestattet die Aufteilung der maternalen Effekte in prä- und postnatale. Hierbei wird ein Teil der Würfe an einer Amme aufgezogen, ein anderer Teil an der eigenen Mutter. Aus den Unterschieden zwischen beiden Teilen kann dann auf den postnatalen Einfluss der Mutter geschlossen werden. Diese Methode ist nur bei multiparen Tieren anwendbar.

Bei Kreuzungsexperimenten ergeben sich Unterschiede zwischen den beiden reziproken Kreuzungen. Diese beruhen darauf, dass jeweils die andere Rasse ihren maternalen Einfluss auf die genetisch gleichen Kreuzungsnachkommen ausübt (vergl. Kapitel 8).

5.14.2   Schätzung mittels Verwandtenähnlichkeiten

Unter Nutzung der Ähnlichkeiten von Geschwistern oder auch aus Eltern-Nachkommen Paaren, lassen sich Maternaleffekte schätzen. Im einfachsten Fall wird das Standardmodell um einen Maternaleffekt erweitert.

Entsprechend der Definition des Maternaleffektes wird die Umweltkomponente u in eine Umweltkomponente u_M (umweltmaternaler Effekt) und in eine Restumwelt u_R aufgespalten. Den Effekt u_M haben alle Vollgeschwister eines Wurfes gemeinsam. Zur Schätzung der entsprechenden Varianzkomponente kann eine Voll- und Halbgeschwisteranalyse durchgeführt werden. Dabei wird das Standardmodell unterstellt.

Das Modell einer zweifachen hierarchischen Varianzanalyse lautet

$$Y_{ijk} = \mu + a_i + b_{ij} + e_{ijk} \tag{5.30}$$

Damit gilt

$$a_i = \frac{1}{2} g_{V_i}$$

$$b_{ij} = \frac{1}{2} g_{M_{ij}} + u_{M_{ij}} \tag{5.31}$$

$$e_{ijk} = Z_{V_{ijk}} + Z_{M_{ijk}} + u_{R_{ijk}}$$

und daraus folgt

$$\sigma_a^2 = \frac{1}{4} \sigma_g^2$$

$$\sigma_b^2 = \frac{1}{4} \sigma_g^2 + \sigma_{u_M}^2 \tag{5.32}$$

$$\sigma_e^2 = \frac{1}{2} \sigma_g^2 + \sigma_{u_R}^2$$

Als Schätzfunktion erhält man durch Differenzbildung

$$\hat{\sigma}_{u_M}^2 = \hat{\sigma}_b^2 - \hat{\sigma}_a^2 \tag{5.33}$$

Mit Hilfe dieser Methoden kann die Varianzkomponente des Maternaleffektes geschätzt werden. Setzt man sie ins Verhältnis zur phänotypischen Varianz, so kann man ihre Bedeutung für Selektionsexperimente einschätzen. Die Kenntnis der Varianzkomponente allein erlaubt aber noch keine Aussage über ihre Bedeutung für den Selektionserfolg. Hierzu ist die Kenntnis der Kovarianz zwischen additiv genetischem und maternalem Effekt notwendig. Eine negative Kovarianz behindert den Selektionserfolg während eine positive Kovarianz ihn unterstützt. Solche Beziehungen sind z.b. aus der Schweinezucht bekannt, wo große Sauen auch größere Würfe haben. Die Ferkel aus diesen Würfen haben ein geringeres Geburtsgewicht und damit auch ein schlechteres Wachstum und bleiben als Sau kleiner.

Die Schätzung dieser Kovarianzen übersteigt den Rahmen eines einführenden Lehrbuches. Nähere Ausführungen hierzu finden sich z.b. bei HERRENDÖRFER und SCHÜLER (1987) und RASCH et. al (1990).

5.15 Parameterschätzung mittels simulierter Selektion

Unter der simulierten Selektion zur Schätzung von genetischen Parametern versteht man die Simulation auf der Grundlage tatsächlich vorliegender biologischer Daten, wobei verschiedene der in den vorhergehenden Abschnitten besprochenen Datenstrukturen aus den Daten ausgewählt werden können. Die Schätzung des Heritabilitätskoeffizienten wird unter Benutzung von Selektionsdifferenz und Selektionserfolg und die der genetischen Korrelation unter Verwendung der direkten und indirekten Selektionserfolge durchgeführt. Aus diesem Grund befindet sich die Darstellung dieser Schätzmethode im Kapitel 5 und nicht im Kapitel 4

Die simulierte Selektion kann innerhalb einer Generation (Halb- und/oder Vollgeschwisterstrukturen) oder über mehrere Generationen (Eltern-Nachkommenstrukturen) durchgeführt werden. Für die Nutzung der Geschwisterstrukturen werden die Geschwistergruppen zufällig in zwei Teile geteilt. Die Selektion und die Nutzung der Selektionsdifferenz erfolgt im Teil 1, der Selektionserfolg wird in Teil 2 ermittelt. Bei Eltern-Nachkommenstrukturen wird in der Elterngeneration (Teil 1) selektiert und damit die Selektionsdifferenz bestimmt, während der Selektionserfolg in der Nachkommengeneration (Teil 2) ermittelt wird.

Die Grundstruktur des Datenmaterials für die simulierte Selektion ist in Tabelle 5.10 dargestellt.

Tabelle 5.10: Datenstruktur zur Durchführung der simulierten Selektion

Paar Väter, Mütter	Teil 1	Teil 2
1	$\overline{X}_{111}, \overline{X}_{211}$	$\overline{X}_{121}, \overline{X}_{221}$
2	$\overline{X}_{112}, \overline{X}_{212}$	$\overline{X}_{122}, \overline{X}_{222}$
⋮	⋮	⋮
k	$\overline{X}_{11k}, \overline{X}_{21k}$	$\overline{X}_{12k}, \overline{X}_{22k}$

$\overline{X}$ = Mittelwert

i = Merkmal 1 oder 2 (X, Y)

j = Teil 1 oder 2

k = Grundlage der Datenpaare (Vater, Mutter, Elter, Nachkommen)

Die Paarbildung erfolgt entweder über die Väter (i.d.R. Halbgeschwister-strukturen) oder über die Mütter (i.d.R. Vollgeschwisterstrukturen), wobei dann unter Teil 1 und Teil 2 die Merkmalsmittelwerte der zufällig aufgeteilten Tiergruppen zu verstehen sind.

Im Falle der Elter-Nachkommen-Strukturen stehen unter Teil 1 die Merkmale der Eltern und unter Teil 2 die der Nachkommen.

Für eine Elter-Nachkommen-Struktur wird nun z.B. die Zufallsstichprobe von k-Paaren nach dem Merkmalswert des Elters (Selektionskriterien) rangiert und mit einer frei wählbaren Selektionsintensität werden die besten (bzw. die schlechtesten) n Paare selektiert. Hierbei ist die Selektionsintensität als der prozentuale Anteil selektierter Paare (n) an der Gesamtanzahl der Paare (k) definiert. Für Halb- und Vollgeschwisterstrukturen gilt diese Ordnung analog, wobei die Paare hier aus je einer Geschwistergruppe bestehen, die zufällig in Teil 1 und Teil 2 aufgeteilt wurden. Die Paare werden nach dem Merkmalsmittel in Teil 1 der Geschwistergruppe rangiert.

Zur Schätzung der Selektionsdifferenz bzw. des Selektionserfolges wird die Differenz zwischen $\overline{X}$ der selektierten Paare und $\overline{X}$ aller Paare in Teil 1 bzw. in Teil 2 gebildet. Diese Differenz in Teil 1 ist die Selektionsdifferenz und in Teil 2 der Selektionserfolg. Die Ergebnisse der simulierten Selektion lassen sich in Form der Tabelle 5.11 darstellen.

Die Selektionsdifferenzen und direkten bzw. indirekten Selektionserfolge

Tabelle 5.11: Ergebnistabelle der simulierten Selektion

	Selektion nach $\overline{X}_1$ in Teil 1	Selektion nach $\overline{X}_2$ in Teil 1
Selektionsdifferenz in Teil 1	$\Delta\overline{X}_1$	$\Delta\overline{X}_2$
Selektionserfolg (direkt und indirekt) in Teil 2	$\Delta G_{1/1}$ $\Delta G_{2/1}$	$\Delta G_{2/2}$ $\Delta G_{1/2}$

werden nun zur Schätzung der genetischen Parameter benutzt.

Halbgeschwister

Der Heritabilitätskoeffizient wird unter Nutzung des direkten Selektionserfolges und der Selektionsdifferenz im Selektionsmerkmal geschätzt nach

$$h_1^2 = 4 \cdot \frac{\Delta G_{1/1}}{\overline{X}_1} \cdot \frac{1}{n - \frac{\Delta G_{1/1}}{\overline{X}_1}(n-1)} \qquad (5.34)$$

In Formel (5.34) wird mit n die Anzahl Halbgeschwistergruppen bezeichnet, die in Teil 1 aufgeteilt werden. Für $n = 1$ reduziert sich die Formel, da das letzte Multiplikationsglied zu 1 wird. Bei kleinen Halbgeswchwistergruppen lässt sich oft ein einheitliches n in Teil 1 nicht für alle Väter realisieren. Deshalb ersetzt man in 5.34 n durch k, welches nach

$$k = \frac{a}{\sum_{i=1}^{a} \left(\frac{1}{n_i}\right)}$$

bestimmt wird und mit a die Anzahl Väter und mit n_i die Anzahl Halbgeschwister in Teil 1 von Vater i bezeichnet.

Für die Schätzung der genetischen Korrelation wird $\Delta\overline{X}$ nicht benötigt, sondern nur die direkten und indirekten Selektionserfolge

$$r_{g12} = \sqrt{\frac{\Delta G_{1/2} \cdot \Delta G_{2/1}}{\Delta G_{1/1} \cdot \Delta G_{2/2}}} \qquad (5.35)$$

die bereits HAZEL (1943) beschrieb.

Brauchbare Formeln zur Schätzung der Varianz der Schätzfunktionen von 5.34 und 5.35 liegen nicht vor. Diese Tatsache ist ein Nachteil der Methoden der simulierten Selektion für die Schätzung der genetischen Parameter.

Vollgeschwister

Für Vollgeschwisterstrukturen wird die simulierte Selektion wie bei den Halbgeschwistern durchgeführt. Der Heritabilitätskoeffizient wird wie in 5.34 ermittelt, wobei die Zahl 4 durch eine 2 ersetzt wird. Die Formel zur Schätzung der genetischen Korrelation kann ebenfalls in der angegebenen Form genutzt werden (5.35).

Ein Elter - ein Nachkomme

Bei dieser Datenstruktur erhält man nach Tabelle 5.10 keine Mittelwerte, sondern Einzelwerte. Nach diesen Einzelwerten wird rangiert und selektiert und man erhält die Schätzwerte der Tabelle 5.11.

Für den Heritabilitätskoeffizienten des selektierten Merkmals gilt

$$h_1^2 = \frac{\Delta G_{1/1}}{\Delta X_1} \qquad (5.36)$$

und für r_g gilt ebenfalls die Formel 5.35.

Zwei Eltern - ein Nachkomme

Bei dieser Datenstruktur stehen in Teil 1 die Mittelwerte aus den beiden Elterndaten. Die Schätzung von h^2 ergibt sich als

$$h_1^2 = \frac{\Delta G_{1/1}}{\Delta \overline{X}_1} \qquad (5.37)$$

und r_g nach Formel 5.35.

Der Vorteil der simulierten Selektion mit biologischen Daten der entsprechenden Datenstrukturen besteht darin, dass durch eine Selektion auf Merkmalserhöhung (positive Selektion) und auch auf Merkmalsverringerung (negative Selektion) geprüft werden kann, ob das Merkmal einen asymmetrischen Selektionserfolg aufweist. Unter Asymmetrie des Selektionserfolges versteht man, dass der Erfolg bei positiver und negativer Selektion unterschiedlich hoch ist.

Weiterhin eignet sich die simulierte Selektion für die Überprüfung der Unabhängigkeit der genetischen Parameter von der Selektionsintensität. Durch die Verwendung verschiedener Selektionsintensitäten (5%, 10%, 15% usw.) erhält man für jede Selektionsintensität entsprechende Schätzwerte, die zu

Schätzwerten in der gleichen Größenordnung führen müssten, wenn das unterstellte Standardmodell zutreffend ist. Somit kann man die Qualität bzw. Robustheit des unterstellten genetischen Modells überprüfen.

Beispiel 5.11 Schätzung genetischer Parameter (h^2, r_g) mittels simulierter Selektion für Eltern-Nachkommen-Daten

In unserem Beispiel werden zwei Merkmale X und Y jeweils sowohl an einem Elter als auch an einem Nachkommen gemessen. Es handelt sich um Merkmale der Körpermasse von Labormäusen die am 1. und am 42. Lebenstag gemessen wurden. Zur Demonstration wurden 10 Datenpaare ausgewählt. Es sei darauf hingewiesen, dass es sich um ein Beispiel handelt, und die Ergebnisse keine biologische Relevanz besitzen, da der Datenumfang viel zu gering ist.

Tabelle 5.12: Körpermasse (g) von männlichen Mäusen am 1. (X) und 42. Lebenstag (Y)

Paar-Nr.	Elter-Teil I		Nachkommen-Teil II	
	X	Y	X	Y
1	1,45	26,98	1,52	28,37
2	1,40	29,25	1,68	24,92
3	1,47	27,18	1,54	25,35
4	1,58	25,37	1,60	32,18
5	1,47	22,98	1,46	30,48
6	1,30	25,32	1,59	21,16
7	1,35	23,65	1,33	22,12
8	1,44	27,16	1,30	25,98
9	1,52	30,17	1,54	28,17
10	1,59	30,28	1,62	31,76
	$\overline{X}_E = 1,457$	$\overline{Y}_E = 26,834$	$\overline{X}_N = 1,518$	$\overline{Y}_N = 27,049$

Die Selektion soll mit einer Intensität von 20% durchgeführt werden, d.h. dass 2 Eltern mit der höchsten oder niedrigsten Körpermasse im Merkmal X bzw. Y selektiert werden (positive und negative Selektion). Für das Merkmal X haben die Eltern der Paare 4 und 10 die höchste und analog die Paare 6 und 7 die niedrigste Körpermasse. Betrachtet man das Merkmal Y, so weisen die Eltern 9 und 10 die höchsten und die Eltern 5 und 7 die niedrigsten Körpermassen im Alter von 6 Wochen auf.

Der Mittelwert der selektierten Eltern abzüglich des Populationsmittels $(\overline{X}_E, \overline{Y}_E)$ ergibt die Selektionsdifferenz.

$$\Delta_X \text{positiv} = \frac{1,58 + 1,59}{2} - 1,457 = 0,128$$

$$\Delta_X \text{negativ} = \frac{1,30 + 1,35}{2} - 1,457 = 0,132$$

$$\Delta_Y \text{positiv} = \frac{30,17 + 30,28}{2} - 26,834 = 3,391$$

$$\Delta_Y \text{negativ} = \frac{22,98 + 23,65}{2} - 26,834 = 1,824$$

Die Berechnung der direkten Selektionserfolge wird an den Nachkommen der selektierten Eltern durchgeführt. Der Mittelwert dieser Nachkommen abzüglich des Populationsmittels $(\overline{X}_N, \overline{Y}_N)$ schätzt den Selektionserfolg. In unserem Beispiel ergibt sich

$$\Delta G_X \text{positiv} = \frac{1,60 + 1,62}{2} - 1,518 = 0,092$$

$$\Delta G_X \text{negativ} = \frac{1,59 + 1,33}{2} - 1,518 = 0,058$$

$$\Delta G_Y \text{positiv} = \frac{28,17 + 31,76}{2} - 27,049 = 2,918$$

$$\Delta G_Y \text{negativ} = \frac{30,48 + 22,12}{2} - 27,049 = 0,747$$

Für die Schätzung von r_g werden noch die indirekten Selektionserfolge benötigt. Diese indirekten Selektionserfolge werden wieder an den Nachkommen im Merkmal Y gemessen, deren Eltern nach dem Merkmal X selektiert wurden und umgekehrt. Für unser Beispiel berechnen sich diese wie folgt

$$\Delta G_{Y/X} \text{positiv} = \frac{32,18 + 31,76}{2} - 27,049 = 4,921$$

$$\Delta G_{Y/X} \text{negativ} = \frac{21,16 + 22,12}{2} - 27,049 = 5,409$$

$$\Delta G_{X/Y} \text{positiv} = \frac{1,54 + 1,62}{2} - 1,518 = 0,062$$

$$\Delta G_{X/Y} \text{negativ} = \frac{1,46 + 1,33}{2} - 1,518 = 0,123$$

Die Ergebnisse der Berechnungen sind in Tabelle 5.13 entsprechend der Ergebnistabelle 5.11 zusammengestellt.

Tabelle 5.13: Ergebnistabelle der simulierten Selektion für das Beispiel 5.11

	Selektion nach X		Selektion nach Y	
	positiv	negativ	positiv	negativ
Selektionsdifferenz in Teil 1	0,128	-0,132	3,391	-1,824
Selektionserfolg (direkt) in Teil 2	0,092	-0,058	2,918	-0,747
Selektionserfolg (indirekt) in Teil 2	4,921	-5,409	0,062	-0,123

Unter Verwendung der Formeln 5.34 und 5.35 lassen sich die Heritabilität und genetischen Korrelationen schätzen:

$$h_X^2(\text{positiv}) \quad = \quad \frac{0,092}{0,128}2 \quad = \quad 1,44$$

$$h_X^2(\text{negativ}) \quad = \quad \frac{-0,058}{-0,132}2 \quad = \quad 0,88$$

$$h_Y^2(\text{positiv}) \quad = \quad \frac{2,918}{3,391}2 \quad = \quad 1,72$$

$$h_Y^2(\text{negativ}) \quad = \quad \frac{-0,747}{-1,824}2 \quad = \quad 0,82$$

$$r_{gY/X} \quad = \quad \sqrt{\frac{4,921 \cdot 0,062}{0,092 \cdot 2,918}} \quad = \quad 1,07$$

$$r_{gX/Y} \quad = \quad \sqrt{\frac{-5,409 \cdot -0,123}{-0,058 \cdot -0,7474}} \quad = \quad 3,93$$

Wie an den Schätzwerten ersichtlich liegen diese außerhalb des Definitionsbereiches bzw. sind überschätzt und damit ohne biologische Relevanz. Die Ursachen liegen in der völlig unzureichenden Datengrundlage. Für eine sichere Schätzung sollten 1000-2000 Paardaten in die Schätzung der Heritabilität einbezogen werden. Für die Schätzung der genetischen Korrelation sollte mindestens der dreifache Datenumfang verfügbar sein.

5.16 Parameterschätzung aus Selektionsexperimenten

Die Grundlage der h^2-Schätzung aus geplanten und realisierten Selektionsexperimenten bildet wiederum die höhere Ähnlichkeit von Geschwistern bzw. von Eltern und Nachkommen im Vergleich zu unverwandten Tieren. Im Gegensatz zu den im Kapitel 4.5.7 und 4.5.8 beschriebenen Methoden der h^2-Schätzung wird hier weitgehend von einem speziellen Modell abstrahiert. Es wird lediglich vorausgesetzt, dass die Heritabilität nicht von der Selektionsintensität abhängig ist. Zur Unterscheidung von den anderen Methoden bezeichnet man die h^2-Schätzwerte aus Selektionsexperimenten auch als „realisierte Heritabilität" (h_r^2).

Zur Schätzung der realisierten Heritabilität aus Selektionsexperimenten werden die Selektionsdifferenzen und Selektionserfolge benutzt. Zunächst soll h_r^2 über Eltern-Nachkommen-Ähnlichkeiten bestimmt werden. Betrachten wir den Fall, dass ein Merkmal X (z.B. die Körpermasse) an beiden Eltern ermittelt werden kann. Unter diesen Bedingungen lassen sich für beide Eltern Selektionsdifferenzen (d_V, d_M) bestimmen. Unter der Annahme von Zufallspaarung der selektierten Eltern lässt sich bei den Nachkommen der Selektionserfolg (ΔG) bestimmen. Aus Selektionsdifferenzen und Selektionserfolg ermittelt man h_r^2 nach

$$h_{r_{EN}}^2 = 2\frac{\Delta G}{d_V + d_M} \tag{5.38}$$

wobei ΔG der mittlere genetische Fortschritt der Nachkommen ist, der sich berechnet als

$\Delta G = 1/2(\Delta G_{\sigma} + \Delta G_{\varphi})$,

wenn das Merkmal an beiden Geschlechtern ermittelt werden kann. Erfolgt die Selektion nur in einem Geschlecht gilt

$\Delta G = \Delta G_{\sigma}$ oder $\Delta G = \Delta G_{\varphi}$.

Die Formel 5.38 ist auch anwendbar, wenn es sich um geschlechtsgebundene Merkmale, wie z.B. die Milchleistung handelt. In solchen Fällen wird die Selektionsdifferenz für den anderen Elter gleich Null gesetzt.

Für Geschwisterstrukturen kann der Selektionserfolg auch an Voll- oder Halbgeschwistern bestimmt werden. Die realisierte Heritabilität ermittelt man für Vollgeschwister nach

$$h_{r_{VG}}^2 = 2\frac{\Delta G}{d} \tag{5.39}$$

und für Halbgeschwister

$$h_{r_{HG}}^2 = 4\frac{\Delta G}{d} \tag{5.40}$$

Es muss aber darauf hingewiesen werden, dass die Schätzung der realisierten Heritabilität aus Vollgeschwistermaterial zu Überschätzungen führt, da die gemeinsame Umweltkomponente der Vollgeschwister (maternale Umwelt) zu Verzerrungen führt. Die nachfolgend beschriebenen Methoden werden in den meisten Fällen für Kurzzeitselektionsexperimente eingesetzt. Solche Experimente sind dadurch gekennzeichnet, dass der Selektionserfolg über die Generationen linear ist. Somit wird ein h_r^2 geschätzt, dass dem Mittel von h_r^2 über die Generationen entspricht. Da bei hohen Selektionsintensitäten der Selektionserfolg abnimmt, verringert sich auch h_r^2 im Verlauf der Generationen. Diese Tatsache muss bei der Bewertung und Interpretation der h^2-Schätzwerte beachtet werden.

Selektionsexperimente können in verschiedener Form durchgeführt werden, z.B.

1. Selektionspopulation ohne Kontrollpopulation

2. Selektionspopulation mit Kontrollpopulation

3. Divergente Selektion (Selektion auf Merkmalserhöhung und Erniedrigung)

Gerichtete Selektion ohne Kontrollpopulation

Selektionsexperimente ohne Kontrollpopulation sollten in Wiederholungen durchgeführt werden, d.h. dass mehrere ($n > 2$) Selektionspopulationen existieren. Durch Mittelwertbildungen der Selektionsdifferenzen und Selektionserfolge kann teilweise der Einfluss der Umwelt eliminiert werden. Liegt dagegen nur eine Selektionspopulation vor, besteht die Gefahr, dass sowohl Selektionsintensität als auch Selektionserfolg beeinflusst sind, was zu Schätzfehlern des h_r^2-Wertes führen kann. Insbesondere bei kleinen Populationsumfängen sind Wiederholungen notwendig, da hier neben der Umwelt auch die genetische Drift wirkt, die das Schätzrisiko weiter erhöht.

Die Schätzung des Heritabilitätskoeffizienten kann nach mehreren Methoden durchgeführt werden. Eine detaillierte Darstellung aller möglichen Methoden findet man bei HERRENDÖRFER und SCHÜLER (1987). Hier sollen nur zwei häufig angewandte Methoden dargestellt werden die auf FALCONER (1955) und HILL (1972a,b) zurückgehen. FALCONER (1955) schätzte einen mittleren h_r^2 mittels des Quotienten von kumulativer Selektionsdifferenz und kumulativem Selektionserfolg.

$$h^2_{r(1)} = \frac{\sum\limits_{i=0}^{d-1} E^\star_{i+1} D^\star_i}{\sum\limits_{i=0}^{k-1} D^2_i} \qquad (5.41)$$

und nach HILL (1972a,b)

$$h^2_{r(2)} = \frac{\sum\limits_{i=1}^{k} (D_{i-1} - \overline{D})(\overline{X}_i - \overline{X})}{\sum\limits_{i=1}^{k} (D_{i-1} - \overline{D})^2} \qquad (5.42)$$

Die Formeln 5.41 und 5.42 gelten bei Selektion in beiden Geschlechtern. Erfolgt die Selektion aber nur in einem Geschlecht, muss der ermittelte Wert von h^2_r mit dem Faktor 2 multipliziert werden. Formeln zur Berechnung der Varianz dieser Schätzwerte sind im Anhang gegeben ebenso wie die Erläuterungen der Symbole $E^\star_i$, $D^\star_i$, D_i, $\overline{D}$, $\overline{X}_i$ und $\overline{X}$.

Gerichtete Selektion mit Kontrollpopulation

Kontrollpopulationen in gerichteten Selektionsexperimenten dienen der Ausschaltung von temporären Umwelteffekten. Durch Differenzbildungen der zeitgleichen Populationsmittelwerte zwischen Selektions- und Kontrollpopulation ist eine Eliminierung von direkten Umwelteffekten möglich. Dies gilt nur unter der Voraussetzung, dass Umwelteffekte in beiden Populationen in gleicher Größe auftreten. Dieses Ziel kann der Versuchsansteller dadurch erreichen, dass er für beide Populationen die Umweltbedingungen gleich gestaltet.

Eine Kontrollpopulation sollte daher folgende Forderungen erfüllen:

- Zeitgleich mit der Selektionspopulation

- gleiche Populationsgröße

- gleiche Inzuchtkoeffizienten

- Zufallspaarung.

Die Schätzung der h_r^2-Koeffizienten geschieht analog mit den Formeln 5.41 und 5.42, wobei die Selektionserfolge als Differenzen zur entsprechenden Kontrollpopulation zu verwenden sind.

Divergente Selektion

Für die Darstellung der Ergebnisse eines divergenten Selektionsexperimentes verwenden wir die Symbole o für die Selektion auf Merkmalserhöhung und u für die entsprechende Selektion auf Merkmalserniedrigung. Divergente Selektionsexperimente basieren auf der Gültigkeit des Standardmodells. Dieses impliziert, dass eine gerichtete Selektion auf Merkmalserhöhung bzw. -erniedrigung in beiden Populationen die gleiche Wirkung zeigen sollte. In diesem Falle kann auf eine Kontrollpopulation verzichtet werden, was als Vorteil der divergenten Selektion betrachtet wird.

In vielen Selektionsexperimenten mit divergenter Selektion über mehrere Generationen zeigte sich aber, dass die Erfolge zwischen den Selektionsrichtungen unterschiedlich waren. Derartige Resultate sind ein wichtiger Hinweis darauf, dass die unterstellten Modelle nicht zutreffen. In solchen Fällen lässt sich das Problem mittels einer Kontrollpopulation lösen.

Die Schätzung der h^2-Koeffizienten kann unter Benutzung der Formeln 5.41 und 5.42 erfolgen. Nur ist zu beachten, dass der Selektionserfolg als Differenz zwischen den partiellen Erfolgen der beiden Richtungen gemessen wird. Die Varianz der Schätzwerte von h^2 ist im Anhang dargestellt.

6 Familienselektion und wiederholte Leistungen

Im Kapitel 5 wurde bei der Beschreibung der gerichteten Selektion stets davon ausgegangen, dass das Selektionskriterium direkt als Eigenleistung des Tieres erfasst wurde. Außerdem bildete die Selektionseinheit immer das Tier selbst, von dem die Leistung vorlag. Im Kapitel 5.2 wurde bei der Beschreibung der Selektionsmethoden schon darauf hingewiesen, dass in der Tierzucht die Merkmalserfassung als Eigenleistung nicht in jedem Fall durchgeführt werden kann, wenn es sich um geschlechtsbegrenzte Merkmale handelt oder die Datenerhebung nur am getöteten Tier erfolgen kann.

Ein weiteres Problem der Selektion ist die Tatsache, dass die Leistungen von verschiedenen Tiergruppen durch unterschiedliche Umwelteffekte beeinflusst sein können. Wir wissen z.b., dass das frühe postnatale Wachstum bei multiparen Tieren in hohem Maße durch die Milchleistung der Mutter (maternale Effekte) beeinflusst wird. Bei einer Selektion nach Absetzgewicht der Jungen würde man diejenigen Tiere selektieren, deren Mutter eine besonders hohe Milchleistung aufweist. Das eigentliche Selektionsziel ist aber die Erhöhung des Absetzgewichtes als Ergebnis des Genotyps der Nachkommen. Aus diesem Grund hat man speziell für Modelltiere Selektionsverfahren entwickelt, bei denen das Familienmittel und die Abweichung des Einzeltieres vom Familienmittel als Selektionskriterium benutzt wird. Durch diese Art der Selektion wird der Einfluss der maternalen Effekte auf den Selektionserfolg reduziert. Grundsätzlich unterscheidet man Individualselektion von Familienselektion. Innerhalb der Familienselektion unterscheidet man wiederum Intra-Familienselektion von Inter-Familienselektion. Bei Intra-Familienselektion zählt nur die Abweichung des Individuums vom Familienmittel, bei der Inter-Familienselektion werden ganze Familien auf der Basis ihres Mittelwertes selektiert. Die Wahl des Verfahrens hängt davon ab, in welcher Weise das Merkmal durch Umwelteffekte beeinflusst wird. Bei hohen Effekten gemeinsamer Wurfumwelt wendet man Intra-Familienselektion an. Bei hoher zufälliger Umweltvarianz (σ_{us}^2) wird man dagegen versuchen, diese durch die Durchschnittsbildung über eine Familie zu reduzieren.

Bei der Intra-Familienselektion kann man noch zwei Formen unterscheiden. In der ersten Form bildet die Selektionsbasis die Familie, d.h. aus jeder Familie werden ein oder mehrere Tiere auf der Basis ihrer Abweichung vom Familiendurchschnitt selektiert. Bei der zweiten Form ist das Selektionskriterium identisch, aber die Selektionsbasis ist die gesamte Population. Diese Form wurde von FALCONER (1960a) beschrieben. Sie hat insbesondere dann Auswirkungen, wenn die Familien unterschiedlich groß sind.

Wie bereits erwähnt, sind die hier behandelten Selektionsformen nur für Modelltiere relevant. Wir stellen einige Varianten und ihre Auswirkungen auf den Selektionserfolg in diesem Kapitel vor, bevor wir im nächsten Kapitel die Zuchtwertschätzung und Selektion in Nutztierpopulationen behandeln.

6.1 Intra-Familienselektion

Unter diesen Oberbegriff fallen zwei unterschiedliche Methoden, je nachdem ob die Population insgesamt als Selektionsbasis gesehen wird oder ob die Selektionsbasis die Familie ist. In beiden Fällen handelt es sich um eine Selektion von Einzeltieren, wobei das Selektionskriterium die Differenz des Individualwertes vom entsprechenden Familienmittel dargestellt. In der Tierzucht sind zwei Familienstrukturen typisch, die Vollgeschwister- und die Halbgeschwisterfamilie. Diese Formen der Intra-Familienselektion sollen nachfolgend zuerst dargestellt werden.

6.1.1 Selektion in der Vollgeschwisterfamilie

Bei dieser Form der Selektion innerhalb von Vollgeschwistergruppen ist die Selektionseinheit wie bei der Individualselektion das Individuum selbst. Die Bewertung basiert auf der Abweichung seines Individualwertes vom Mittel der Geschwistergruppe. Somit ergibt sich, dass die Geschwistergruppe die Selektionsbasis darstellt, aus der selektiert wird. Diese Form der Selektion hat einige Besonderheiten, auf die nachfolgend kurz eingegangen werden soll. Die Materialstruktur bei dieser Selektionsmethode stellt die nachfolgende Abbildung 6.1 dar.

Die Nachteile dieser Methode bestehen unter anderem darin, dass durch die Selektion innerhalb der Vollgeschwistergruppen nur die Hälfte der additivgenetischen Varianz selektiv genutzt werden kann, da die phänotypische Varianz innerhalb der Vollgeschwistergruppe um $\frac{1}{2}\sigma_g^2$ reduziert ist. Die Selektionsintensität bezieht sich auf die Größe der Vollgeschwistergruppe, d.h. i muss aus den Tabellen für endliche Populationen bestimmt werden (i_e).

Diesen beiden Nachteilen stehen aber auch Vorteile gegenüber. Der wesentliche Vorteil besteht darin, dass die effektive Populationsgröße nur gering reduziert wird, was sich positiv hinsichtlich der Wirkungen von Inzucht und genetischer Drift auswirkt. Außerdem werden Maternaleffekte stark reduziert,

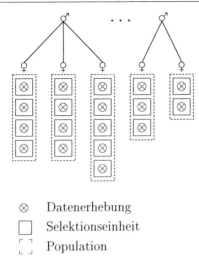

⊗   Datenerhebung

☐   Selektionseinheit

⌐ ⌐   Population
⌊ ⌋

Abb. 6.1. Materialstruktur bei Selektion innerhalb von Vollgeschwisterfamilien

da diese Effekte für alle Mitglieder einer Vollgeschwisterfamilie gleich sind. Weiterhin leben Vollgeschwister in gleicher Umwelt, so dass die Annahme verringerter Umweltvarianzen innerhalb der Vollgeschwisterfamilie berechtigt ist.

Ermittelt man die Selektionsintensität (i_e) unter Berücksichtigung der Endlichkeit der Population (Tabelle A.3 im Anhang), dann kann man den Selektionserfolg innerhalb von Vollgeschwisterfamilien nach (6.1) darstellen.

$$\Delta G_{VG} = i_{VG} \cdot \frac{\frac{1}{2}\sigma_g^2}{\frac{1}{2}\sigma_g^2 + \sigma_{uVG}^2} \cdot \sqrt{\frac{1}{2}\sigma_g^2 + \sigma_{uVG}^2} \qquad (6.1)$$

In Formel 6.1 bedeuten i_{VG} die standardisierte Selektionsdifferenz innerhalb der Vollgeschwistergruppe und σ_{uVG}^2 die durch Umweltdifferenzen innerhalb der Vollgeschwistergruppe verursachte Variabilität. Mit σ_{uzVG}^2 werden die Umweltdifferenzen zwischen Vollgeschwistergruppen symbolisiert, wobei diese die Maternaleffekte beinhalten. Unter Verwendung dieser Symbole kann man die Effizienz dieser Art der Selektion zur Individualselektion wie folgt darstellen (6.2):

$$\frac{\Delta G_{VG}}{\Delta G} = \frac{i_{VG} \cdot \frac{1}{2}\sigma_p}{i\sqrt{\frac{1}{2}\sigma_g^2 + \sigma_{uVG}^2}}$$

$$= \frac{i_{VG}}{2 \cdot i\sqrt{\frac{1}{2} + \frac{\frac{1}{2}(\sigma_{uVG}^2 - \sigma_{uzVG}^2)}{\sigma_p^2}}} \quad (6.2)$$

Da i_{VG} stets kleiner als i ist, ergibt sich im Fall $\sigma_u^2 = \sigma_{uVG}^2$ für (6.2) unabhängig von der Größe von h^2 ein Quotient, der immer kleiner als 1 ist, wenn man Maternaleffekte vernachlässigen kann. Daraus folgt, dass eine Selektion innerhalb von Vollgeschwisterfamilien der Individualselektion immer unterlegen ist. Wenn man aber gleichzeitig Inzuchtsteigerungen und genetische Drift begrenzen will, kann die Selektion innerhalb von Vollgeschwisterfamilien aber durchaus sinnvoll sein.

6.1.2 Selektion in der Vollgeschwisterfamilie nach Falconer

Diese Form der Selektion geht auf FALCONER (1960a) zurück und findet sich auch bei PIRCHNER (1979) und BRANDSCH (1983). FALCONER versteht unter Selektion innerhalb von Vollgeschwistergruppen eine Selektion auf der Grundlage der Abweichungen der Individualbeobachtungen vom Mittel der Vollgeschwistergruppe (analog zur Methode in 6.1.1), aber die Selektionsbasis ist nicht wie dort die Vollgeschwistergruppe, sondern wie bei der Individualselektion die gesamte Population. Bei dieser Methode kann der Fall auftreten, dass aus einigen Familien keine Individuen selektiert werden. Damit verringert sich die effektive Populationsgröße. In Abbildung 6.2 ist die Materialstruktur für diese Methode dargestellt.

Der Selektionserfolg lässt sich bei dieser Methode leichter berechnen als in Formel (6.1), weil i wieder aus der Tabelle A.1 abgelesen werden kann. Der Selektionserfolg berechnet sich als

$$\Delta G_{VG}^* = i \cdot \frac{\frac{1}{2}\sigma_g^2}{\frac{1}{2}\sigma_g^2 + \sigma_{uVG}^2} \cdot \sqrt{\left(\frac{1}{2}\sigma_g^2 + \sigma_{uVG}^2\right)\left(1 - \frac{1}{n}\right)} \quad (6.3)$$

Vergleicht man beide Methoden der Vollgeschwisterselektion, so ergibt sich

$$\frac{\Delta G_{VG}^*}{\Delta G_{VG}} = \frac{\sqrt{1 - \frac{1}{n}}i}{i_{VG}} \quad (6.4)$$

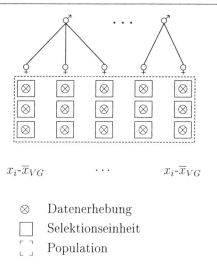

$x_i\text{-}\overline{x}_{VG}$ $\cdots$ $x_i\text{-}\overline{x}_{VG}$

$\otimes$ Datenerhebung
$\square$ Selektionseinheit
$\ulcorner\ \urcorner$ Population
$\llcorner\ \lrcorner$

Abb. 6.2. Materialstruktur zur Selektion innerhalb von Vollgeschwistergruppen nach FALCONER (1960a)

6.1.3   Selektion in der Halbgeschwisterfamilie

Analog zur Selektion in der Vollgeschwisterfamilie ist diese auch in Halbgeschwisterfamilien möglich. Abb. 6.3 zeigt die Materialstruktur einer Halbgeschwisterfamilienselektion.

Bei der Bestimmung der Selektionsintensität muss von der Größe der Halbgeschwisterfamilien ausgegangen werden um zu entscheiden, ob i nach der Orderstatistik oder über die Normalverteilung bestimmt werden kann. Nach der Berechnung der Selektionsintensität i_{HG} ergibt sich der Selektionserfolg als

$$\Delta G_{HG} = i_{HG} \cdot \frac{3h^2}{4 - h^2} \cdot \sqrt{1 - \frac{1}{4}h^2} \cdot \sigma_p \qquad (6.5)$$

und die Effizienz, verglichen mit der Individualselektion beträgt

$$\frac{\Delta G_{HG}}{\Delta G} = \frac{i_{HG}}{i} \cdot \frac{3}{2\sqrt{4 - h^2}} \leq 1 \qquad (6.6)$$

Somit ist eine Selektion innerhalb von Halbgeschwisterfamilien immer dann der Individualselektion überlegen, wenn Drift und Inzucht keine entscheidende Rolle spielen.

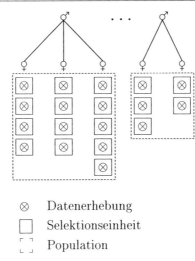

$\otimes$ Datenerhebung

☐   Selektionseinheit

⌐ ⌐   Population
L ⌐

Abb. 6.3. Materialstruktur bei Selektion innerhalb von Halbgeschwisterfamilien

6.1.4 Selektion in der Halbgeschwisterfamilie nach Falconer

Analog zur Vollgeschwisterfamilie hat FALCONER (1960a) auch die Intra-Halbgeschwisterfamilienselektion beschrieben. Die Materialstruktur dieser speziellen Form der Halbgeschwisterfamilienselektion stellt die Abbildung 6.4 dar.

Bei dieser Methode wird als Selektionskriterium die Abweichung der Leistung eines Individuums vom Mittel seiner Halbgeschwistergruppe gewählt. Die Gesamtheit aller Individuen der Population bildet die Selektionsbasis. Somit wird nicht innerhalb der Halbgeschwistergruppe selektiert wie in 6.1.3 beschrieben, sondern aus manchen Halbgeschwistergruppen wird nichts selektiert. Dadurch wird die effektive Populationsgröße reduziert und eine größere Wirkung von Inzucht und Drift wird zugelassen.

Der Selektionserfolg lässt sich unter Berücksichtigung von m Vollgeschwistergruppen innerhalb der n Halbgeschwistergruppen nach 6.7 berechnen.

$$\Delta G^*_{HG} = i \cdot \frac{h^2 \left(\frac{3}{4} - \frac{1}{4m} - \frac{1}{2nm} \right)}{1 - \frac{1}{nm} - h^2 \left(\frac{1}{4} + \frac{1}{4m} - \frac{1}{2nm} \right)} \cdot$$

$$\cdot \sqrt{\sigma_g^2 \left(\frac{3}{4} - \frac{1}{4m} - \frac{1}{2nm} \right) + \sigma_u^2 \left(1 - \frac{1}{nm} \right)} \qquad (6.7)$$

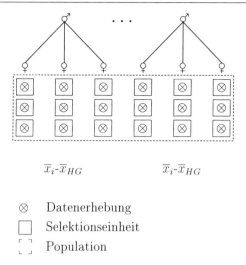

$\overline{x}_i\text{-}\overline{x}_{HG}$ $\qquad\qquad$ $\overline{x}_i\text{-}\overline{x}_{HG}$

$\otimes$ Datenerhebung

☐ Selektionseinheit

⌐ ⌐ Population

Abb. 6.4. Materialstruktur zur Selektion innerhalb von Halbgeschwistergruppen (n = Anzahl der Messwerte innerhalb der VG-Gruppen; m = Anzahl der VG-Gruppen innerhalb der HG-Gruppen) nach FALCONER (1960a)

6.2 Inter-Familienselektion

Die Familienselektion ist die übliche Form der Gruppenselektion in der Modelltierzucht, wobei praktische Bedeutung nur die Voll- und Halbgeschwistergruppenselektion erlangt haben. Die Effekte der Gruppenselektion bestehen darin, dass durch die Verwendung eines Merkmalsmittelwertes als Selektionskriterium die umweltbedingte Varianz (σ^2_{us}) eingeschränkt wird. Dies führt zu einer etwas höheren Heritabilität des Gruppenmittelwerts. Da aber andererseits die phänotypische Varianz der Durchschnittsleistung etwas geringer ist, muss der Nutzen im Einzelfall bestimmt werden.

6.2.1 Vollgeschwisterfamilien

Der Selektionserfolg der Vollgeschwisterfamilienselektion kann nach Formel 6.8 geschätzt werden.

$$\Delta G_{\overline{VG}} = i \cdot \sigma_p \frac{h^2(n+1)}{\sqrt{2n\left[h^2\left(n-1\right)+2\right]}} \tag{6.8}$$

mit h^2, i und σ_p für das Einzelmerkmal, n = Familiengröße. Die Effizienz einer solchen Gruppenselektion, verglichen mit der Individualselektion kann nach 6.9 ermittelt werden.

$$\frac{\Delta G_{\overline{VG}}}{\Delta G} = \frac{n+1}{\sqrt{2n\left[h^2\left(n-1\right)+2\right]}} \tag{6.9}$$

Für praktisch relevante Werte von n und h^2 ist diese Effizienz in der Tabelle 6.1 zusammengefasst.

Tabelle 6.1: Effizienz der Vollgeschwisterfamilienselektion zur Individualselektion

n	h^2						
	0,05	0,10	0,15	0,20	0,30	0,40	0,50
2	1,048	1,033	1,023	1,011	0,989	0,968	0,949
3	1,127	1,096	1,077	1,054	1,013	0,976	0,943
4	1,206	1,158	1,129	1,096	1,038	0,988	0,945
5	1,279	1,215	1,177	1,134	1,061	1,000	0,949
6	1,347	1,265	1,219	1,167	1,080	1,010	0,953
7	1,410	1,311	1,256	1,195	1,097	1,019	0,956
8	1,486	1,352	1,288	1,220	1,111	1,027	0,959
9	1,521	1,389	1,318	1,242	1,124	1,034	0,962
10	1,571	1,422	1,344	1,262	1,135	1,039	0,965

Aus Tabelle 6.1 ist abzuleiten, dass ein höherer Zuchtfortschritt mit der Vollgeschwistergruppenselektion im Vergleich zur Individualselektion erreicht werden kann, wenn n groß ist und h^2 klein. Unter praktischen Bedingungen bietet sich diese Methode der Selektion für Merkmale der Fruchtbarkeit und der Fitness an, da diese durch einen geringen Erblichkeitsgrad charakterisiert sind.

6.2.2 Halbgeschwisterfamilien

Bei der Halbgeschwisterfamilienselektion werden auf der Grundlage der Halbgeschwistermittel ganze Halbgeschwisterfamilien selektiert. Dabei lässt sich der Selektionserfolg dieser Methode wie folgt berechnen

$$\Delta G_{\overline{HG}} = i \cdot \sigma_p \frac{(mn + n + 2)h^2}{\sqrt{4mn\left[(mn + n - 2)\,h^2 + 4\right]}} \tag{6.10}$$

mit m =   Anzahl der Halbgeschwistergruppen

n =   Anzahl der Nachkommen je Halbgeschwistergruppe.

Die Effizienz der Halbgeschwisterselektion kann sich zum einen auf die Individualselektion und zum anderen auf die Vollgeschwisterfamilienselektion beziehen. Im Vergleich mit der Individualselektion erhält man

$$\frac{\Delta G_{\overline{HG}}}{\Delta G} = \frac{mn + n + 2}{\sqrt{4mn\left[(mn + n - 2)\,h^2 + 4\right]}} \tag{6.11}$$

Die Effizienz ist für einige Parameter von h^2, m und n in Tabelle 6.2 dargestellt.

Tabelle 6.2: Effizienz der Halbgeschwisterfamilienselektion zur Individualselektion

n	$h^2 = 0,10$				$h^2 = 0,30$			
	$m=2$	$m=6$	$m=10$	$m=20$	$m=2$	$m=6$	$m=10$	$m=20$
1	0,873	0,866	0,929	1,059	0,852	0,783	0,794	0,836
2	0,953	1,013	1,095	1,230	0,877	0,838	0,849	0,870
3	1,036	1,116	1,199	1,320	0,909	0,870	0,876	0,888
4	1,107	1,192	1,270	1,376	0,935	0,891	0,893	0,899
5	1,168	1,250	1,322	1,415	0,956	0,906	0,904	0,906
6	1,220	1,296	1,361	1,442	0,973	0,917	0,911	0,910
7	1,265	1,334	1,392	1,464	0,987	0,925	0,917	0,914
8	1,305	1,363	1,417	1,481	0,998	0,931	0,922	0,916
9	1,341	1,392	1,428	1,494	1,008	0,937	0,925	0,918
10	1,372	1,414	1,456	1,505	1,016	0,941	0,928	0,920

Die Effizienz nimmt mit größer werdenden m und n zu und sinkt mit steigendem h^2. Da bei $h^2 = 0,30$ die Halbgeschwisterfamilienselektion nur noch in zwei Fällen der Individualselektion überlegen ist, endet die Tabelle hier. Bei höheren h^2-Werten ist eine Individualselektion in der Praxis vorzuziehen. Die Tabelle zeigt jedoch, dass bei $h^2 = 0,10$ und mindestens 3 Tieren je Vollgeschwistergruppe die Halbgeschwisterfamilienselektion der Individualselektion nach der Eigenleistung überlegen ist. Bei Selektion auf Merkmale der reproduktiven Fitness ist die Halbgeschwistergruppenselektion für multipare Tiere vorzuziehen. Bei Rindern wäre dagegen die erste Zeile dieser Tabelle zu betrachten, d.h., jede Vollgeschwistergruppe besteht nur aus einem Individuum ($n = 1$). Unter diesen Bedingungen ist die Halbgeschwistergruppenselektion der Individualselektion nur in Ausnahmefällen überlegen.

Im Folgenden soll die Effizienz von Halb- und Vollgeschwisterfamilienselektion verglichen werden. Die Effizienz ergibt sich nach

$$\frac{\Delta G_{\overline{HG}}}{\Delta G_{\overline{VG}}} = \frac{(mn + n + 2) \cdot \sqrt{2n\left[h^2\left(n - 1\right) + 2\right]}}{(n + 1) \cdot \sqrt{4mn\left[(mn + n - 2)\,h^2 + 4\right]}} \tag{6.12}$$

In Tabelle 6.3 ist die Effizienz dargestellt.

Tabelle 6.3: Effizienz der Halb- zur Vollgeschwisterfamilienselektion

n	$h^2 = 0,10$				$h^2 = 0,30$			
	$m{=}2$	$m{=}6$	$m{=}10$	$m{=}20$	$m{=}2$	$m{=}6$	$m{=}10$	$m{=}20$
1	0,873	0,866	0,929	1,059	0,852	0,783	0,794	0,826
2	0,921	0,978	1,058	1,188	0,887	0,847	0,858	0,879
3	0,941	1,014	1,089	1,199	0,898	0,859	0,865	0,952
4	0,950	1,022	1,090	1,181	0,901	0,859	0,860	0,866
5	0,953	1,021	1,079	1,155	0,902	0,854	0,852	0,854
6	0,972	1,014	1,065	1,129	0,901	0,849	0,844	0,843
7	0,971	1,006	1,050	1,104	0,900	0,843	0,836	0,833
8	0,969	0,997	1,035	1,081	0,898	0,838	0,829	0,824
9	0,967	0,988	1,021	1,061	0,897	0,824	0,823	0,817
10	0,964	0,979	1,008	1,042	0,895	0,820	0,818	0,811

Nur bei der geringen Heritabilität ergeben sich Vorteile für die Halbgeschwisterfamilienselektion. Dabei hat eine hohe Anzahl Halbgeschwisterfamilien (m) einen höheren Effekt als eine hohe Zahl von Tieren in jeder Halbgeschwisterfamilie (n).

6.3   Selektion nach wiederholten Leistungen

In der Züchtungspraxis wird oft die Situation eintreten, dass Individuen wiederholte Eigenleistungen erbringen können. Wenn z.B. mehrere Laktationsleistungen einer Kuh oder mehrere Würfe einer Sau vorliegen, kann man als Selektionskriterium den Durchschnitt der wiederholten Leistungen verwenden. Unter diesen Bedingungen setzt sich die phänotypische Varianz der Durchschnittsleistung aus n gleichartigen Einzelleistungen wie in 6.13 dargestellt zusammen.

$$\sigma_{\overline{x}}^2 = \sigma_g^2 + \sigma_{up}^2 + \frac{\sigma_{us}^2}{n} \qquad (6.13)$$

$\sigma_{\overline{x}}^2$ = Varianz der Durchschnittsleistung aus n Einzelleistungen

σ_g^2 = genetische Varianz

σ_{up}^2 = Varianz, die durch systematische (permanente) Umwelteffekte verursacht wird

σ_{us}^2 = Varianz, die durch zufällige Umwelteffekte verursacht wird

Durch die Verwendung von Durchschnittleistungen wird die temporäre Umweltkomponente reduziert. Die Heritabilität der Durchschnittsleistung berechnet sich nach (6.14)

$$h_{\overline{x}}^2 = \frac{nh^2}{1 + (n-1)\omega^2} \qquad (6.14)$$

In (6.14) ist n die Anzahl der Einzelleistungen, h^2 der Heritabilitätskoeffizient der Einzelleistung und ω^2 der Wiederholbarkeitskoeffizient nach Kapitel 4.5.10. Die Formel (6.14) ist nur anwendbar, wenn die Heritabilitätskoeffizienten aller n-Einzelleistungen gleich sind. Wir unterstellen dies für die nachfolgenden Betrachtungen. Eine Konsequenz der Selektion nach Durchschnittsleistungen, die man nicht vernachlässigen darf ist, dass das Generationsintervall verlängert ist.

Der Selektionserfolg bei Selektion nach der Durchschnittsleistung beträgt

$$\Delta G_{\overline{X}} = i \cdot \frac{\sqrt{\dfrac{nh^2}{1 + (n-1)\omega^2}}}{GI_n} \cdot \sigma_g \qquad (6.15)$$

Die Effizienz zur Eigenleistungsselektion ergibt sich als

$$\frac{\Delta G_{\overline{X}}}{\Delta G} = i \cdot h \cdot \frac{\sqrt{\dfrac{n}{1 + (n-1)\omega^2}} \cdot \sigma_g}{i \cdot h\sigma_p} \cdot \frac{GI}{GI_n}$$
$$= \sqrt{\frac{n}{1 + (n-1)\omega^2}} \cdot \frac{GI}{GI_n} \qquad (6.16)$$

mit GI = Generationsintervall bei der Selektion nach Eigenleistung und

GI_n = Generationsintervall bei der Selektion nach der Durchschnittsleistung aus n Eigenleistungen

Aus (6.16) folgt, dass eine Selektion nach der Durchschnittsleistung der Selektion nach der Eigenleistung nur überlegen sein kann, wenn

$$\sqrt{\frac{n}{1 + (n-1)\omega^2}} \cdot GI > GI_n \qquad (6.17)$$

ist.

In Tabelle 6.4 ist diese Effizienz für unterschiedliche n und ω^2 tabelliert.

Tabelle 6.4: Effizienz der Selektion nach der Durchschnittsleistung zur Individualselektion

n	ω^2								
	0,1	0,2	0,3	0,4	0,5	0,6	0,7	0,8	0,9
2	1,35	1,29	1,24	1,20	1,15	1,12	1,08	1,05	1,03
3	1,58	1,46	1,37	1,29	1,22	1,17	1,12	1,07	1,04
4	1,75	1,58	1,45	1,35	1,26	1,20	1,14	1,08	1,04
5	1,89	1,67	1,51	1,39	1,29	1,21	1,15	1,09	1,04
6	2,00	1,73	1,55	1,41	1,31	1,22	1,15	1,10	1,04
7	2,09	1,78	1,58	1,43	1,32	1,23	1,16	1,10	1,05
8	2,17	1,83	1,61	1,45	1,33	1,24	1,16	1,10	1,05
9	2,24	1,86	1,63	1,46	1,34	1,25	1,17	1,10	1,05
10	2,29	1,89	1,64	1,47	1,35	1,25	1,17	1,10	1,05

Wegen der Beziehung $h^2 \leq \omega^2$ kann man aus der Tabelle 6.4 ableiten, dass die Selektion nach der Durchschnittsleistung nur für Merkmale mit geringer Heritabilität Bedeutung hat. Wiederholte Leistungen als Selektionskriterium zu nutzen, bietet sich vor allem bei Merkmalen an, die im Labor gemessen werden, z.B. bei biochemisch-physiologischen Kennwerten. Sie lassen sich in vielen Fällen wiederholt messen und können dann als Durchschnittswerte in die Selektion einbezogen werden.

7 Zuchtwertschätzung mit dem Selektionsindex

In den vorangegangenen Kapiteln wurde als Selektionskriterium stets die Eigenleistung eines Tieres bzw. der phänotypische Durchschnitt einer Gruppe von Tieren herangezogen. Diese Betrachtungsweise ist für die praktische Tierzucht wenig relevant, da sie nur in balancierten Designs, bei denen alle Tiere dieselben Informationen aufweisen, anwendbar ist. In der praktischen Tierzucht dagegen werden nicht alle Tiere gemessen, die Familien sind unterschiedlich groß, die Leistungen wurden zu verschiedenen Zeiten oder unter verschiedenen Umweltbedingungen erbracht usw.. Daher wird die Selektion in der Praxis nicht anhand von Phänotypwerten durchgeführt, sondern es werden für die Selektionskandidaten Zuchtwerte geschätzt. Hierzu wurden in der Vergangenheit zwei Methoden entwickelt: Die Selektionsindextheorie (HAZEL und LUSH 1942) und das rechnerisch erheblich aufwendigere BLUP-Verfahren (HENDERSON 1973). Die genetische Theorie hinter beiden Verfahren ist identisch, sie unterscheiden sich im Wesentlichen darin, wie klassifizierbare (systematische) Umwelteffekte ausgeschaltet werden. Wir behandeln im Folgenden die Zuchtwertschätzung mit dem Selektionsindex, um die Prinzipien der Zuchtwertschätzung zu demonstrieren.

7.1 Konstruktion eines Selektionsindexes

> Der Grundansatz der Zuchtwertschätzung besteht darin, für einen Selektionskandidaten (Probanden) den auf additiver Genwirkung beruhenden Anteil der Leistungsüberlegenheit bei sich und den mit ihm verwandten Tieren zu schätzen und so miteinander zu kombinieren, dass die Korrelation zwischen dem geschätzten und dem wahren Zuchtwert maximiert wird.

Diese Aussage zeigt bereits, dass wir es immer mit zwei Zuchtwerten zu tun haben: Dem wahren Zuchtwert eines Individuums als der Summe der Gensubstitutionseffekte dieses Tieres und dem geschätzten Zuchtwert, der mit statistischen Methoden ermittelt wird und daher grundsätzlich fehlerbehaftet ist. Die Größenordnung des Fehlers lässt sich abschätzen, aber der Schätzfehler kann nie völlig vermieden werden.

Weiterhin kann man feststellen, dass der wahre Zuchtwert, weil er auf Gensubstitutionseffekten beruht, von der Entwicklung der Allelfrequenzen in der

Population abhängig ist. Der Zuchtwert eines Individuums ist also keine konstante Größe, sondern er verändert sich, wenn sich die Population verändert. Aus der gleichen Tatsache kann man weiterhin die Schlussfolgerung ziehen, dass der Zuchtwert eines Individuums nicht von der Population, in der er geschätzt wurde, auf eine andere Population übertragbar ist. Diese Tatsache hat bei Rassen wie Holstein Friesian, die praktisch weltweit in vielen Teilpopulationen gezüchtet werden, zur Entwicklung internationaler Zuchtwertschätzverfahren (INTERBULL) geführt.

7.1.1   Der Selektionsindex

> Das Prinzip der Zuchtwertschätzung mit dem Selektionsindex beruht darauf, eine lineare Kombination der Informationsquellen zu suchen, die die Korrelation zwischen dem wahren Zuchtwert und den Informationsquellen maximiert.

Unter Informationsquellen verstehen wir dabei alle Tiere, deren beobachtete Leistungen auf Grund einer additiv-genetischen Verwandtschaft des Tieres zum Probanden Informationen über den Zuchtwert des Probanden liefern können. Der Index ist also grundsätzlich eine lineare Kombination von Informationsquellen:

$$I = b_1 x_1 + b_2 x_2 + \cdots + b_n x_n \qquad (7.1)$$

Statistisch gesehen handelt es sich beim Selektionsindex um eine multiple lineare Regression. Die Größe der Regressionskoeffizienten b_i hängt dabei von der Erblichkeit des Merkmals, der Art der Informationsquellen und der additiv-genetischen Verwandtschaft zwischen dem Probanden und den Informationsquellen ab.

Zur Schätzung des Zuchtwerts werden die phänotypischen Leistungen der einzelnen Informationsquellen ($x_1 \ldots x_n$) mit den entsprechenden b_i multipliziert. Da Zuchtwerte Abweichungen vom mittleren additiv-genetischen Wert der Population sind, werden auch die Leistungen als Abweichungen von einem Populationsmittel ausgedrückt. Um systematische Umwelteffekte auszuschalten, wird dabei oft ein Vergleichswert aus Tieren, die zur selben Zeit und unter ähnlichen Umweltbedingungen ihre Leistung erbracht haben, gebildet. Wir gehen daher auch hier davon aus, dass die x_i Abweichungen von einem geeigneten Vergleichswert darstellen. Die Problematik des Vergleichsmittels wird im Abschnitt 7.6 behandelt. Das Thema dieses Abschnitts ist die Berechnung der Gewichtungsfaktoren b_i.

7.1.2 Der Gesamtzuchtwert

Besteht das Zuchtziel nur aus einem Merkmal, für das verschiedene Informationen kombiniert werden sollen, ist das Zuchtziel immer der wahre Zuchtwert. In der praktischen Tierzucht sollen aber oftmals mehrere Merkmale gleichzeitig verbessert werden. Man spricht dann von einem komplexen Zuchtziel. Beispielsweise beinhaltet das Zuchtziel in der Rinderzucht in der Regel mindestens die Merkmale Milchmenge, Fettmenge, Eiweißmenge, Zellzahl und Langlebigkeit. In solchen Fällen ist die Zielgröße der Zuchtwertschätzung eine lineare Funktion der wahren Zuchtwerte u_x.

$$T = a_1 u_1 + a_2 u_2 + \cdots + a_m u_m$$

T wird als Gesamtzuchtwert oder auch als aggregierter Genotyp bezeichnet. Die a_x heißen ökonomische Gewichte und stellen den Grenznutzen einer Verbesserung des jeweiligen Merkmals um eine Einheit dar. Die Bestimmung dieser ökonomischen Gewichte ist ein spezielles Problem, auf das an dieser Stelle nicht weiter eingegangen werden kann. Für die weiteren Betrachtungen nehmen wir an, dass die ökonomischen Gewichte bekannt sind. Es sei an dieser Stelle jedoch bemerkt, dass Merkmale, für die ein ökonomisches Gewicht nicht bestimmt werden kann, für eine solche Zuchtzieldefinition ungeeignet sind. Dennoch kann es sich dabei um wichtige Merkmale handeln. Ein klassisches Beispiel ist die Fleischqualität in der Schweinezucht: Von wenigen Ausnahmefällen abgesehen, wird Fleischqualität in Deutschland nicht bezahlt. Daher gibt es keinen Grenznutzen für eine verbesserte Fleischqualität. Es ist jedoch unbestritten, dass eine Verbesserung der Fleischqualität ein erstrebenswertes Ziel ist. Andere Beispiele finden sich in den Exterieurmerkmalen beim Rind oder bei fast allen Merkmalen in der Reitpferdezucht.

Der Gesamtzuchtwert ist ein Produkt aus Zuchtwerten und Grenznutzen. Seine Einheit ist daher naturgemäß die Währungseinheit. Ein Sonderfall ist gegeben, wenn das Zuchtziel nur ein einziges Merkmal umfasst. In diesem Fall kann die Multiplikation mit dem Grenznutzen entfallen, und man misst den Zuchtwert direkt in der naturalen Einheit, d.h. $T = u$.

7.1.3 Formen von Selektionsindizes

Aus den beiden vorangehenden Abschnitten bleibt festzuhalten, dass wir es in der Selektionsindextheorie mit zwei linearen Funktionen zu tun haben, die nicht miteinander verwechselt werden dürfen:

- dem eigentlichen Selektionsindex (I), der den geschätzten Zuchtwert darstellt und

- dem Gesamtzuchtwert oder aggregierten Genotyp (T), der eine lineare Kombination der wahren Zuchtwerte darstellt.

Ausgehend von diesen beiden Definitionen können wir mehrere Fälle unterscheiden, die eine unterschiedliche Komplexität aufweisen:

1. Unterschiedliche Informationsquellen (Eigenleistung, Geschwister, Nachkommen) aber nur ein Merkmal im Zuchtziel.

2. Nur eine Informationsquelle (z.b. Eigenleistung), aber mehrere Merkmale im Zuchtziel. In diesem Fall sind die Eigenleistungen in den verschiedenen Merkmalen zu einem Gesamtzuchtwert zu kombinieren. Ein typisches Beispiel ist die Zuchtwertschätzung von Fleischrinderbullen vor dem Zuchteinsatz. Dort werden in der Regel Lebenstagszunahme und Bemuskelungsnote erfasst und zu einem Gesamtzuchtwert kombiniert.

3. Mehrere Informationsquellen und mehrere Merkmale im Zuchtziel. Ein typisches Beispiel sind Bullen von Zweinutzungsrassen, die Töchter mit Milchleistung und Söhne mit Fleischleistung aufweisen.

Zwei Besonderheiten können die Zuchtwertschätzung noch weiter verkomplizieren:

1. Die einzelnen Informationsquellen können wiederholte Leistungen aufweisen. Ein typisches Beispiel sind die Töchter von Bullen, die Milchleistungen über mehrere Laktationen aufweisen.

2. In einigen Fällen ist das Zielmerkmal nicht oder nur mit sehr großem Aufwand oder nur am getöteten Tier messbar. Ein typisches Beispiel ist der Fleischanteil, der nur über extrem kostspielige Zerlegungen feststellbar ist. Deshalb werden in solchen Fällen Hilfsmerkmale herangezogen, die eine hohe genetische Korrelation mit der eigentlichen Zielgröße aufweisen. Dabei ist dann das Hilfsmerkmal oder die Hilfsmerkmale Bestandteil des Selektionsindex, das Zielmerkmal dagegen Bestandteil des Zuchtziels. Hilfsmerkmale für den Fleischanteil beim Schwein sind z.B. die Rückenspeckdicke, der Fleischanteil gemessen mit dem FOM-Gerät, das Fleisch-Fett-Verhältnis, der Fleischanteil gemessen mit dem Auto-FOM Gerät usw..

7.1.4 Theorie der Indexkonstruktion

Unter Indexkonstruktion verstehen wir die Berechnung der Gewichtungsfaktoren b_i im Index für eine gegebene Kombination von Informationsquellen. Unabhängig von der Art der Informationsquellen müssen für die Konstruktion eines Selektionsindexes folgende Parameter bekannt sein:

- Heritabilitäten und phänotypische Standardabweichungen für die Merkmale des Zuchtzieles und des Indexes

- Phänotypische Korrelationen zwischen den Indexmerkmalen

- Genetische Korrelationen zwischen Zuchtziel- und Indexmerkmalen

- Genetische Korrelation zwischen Zuchtzielmerkmalen

- Ökonomische Gewichte für die Zuchtzielmerkmale

Das Ziel der Indexkonstruktion ist die Maximierung der Korrelation zwischen dem wahren und dem geschätzten Zuchtwert (r_{TI}). Da der Index eine multiple lineare Regression darstellt, ist folglich die mittlere quadrierte Abweichung der wahren Zuchtwerte von der Regression zu minimieren:

$$E(T - I)^2 \to \min$$

Zur Vereinfachung der Darstellung demonstrieren wir die Indexkonstruktion am einfachsten Fall, dem Index, der nur eine Eigenleistung enthält. Für diesen Fall gilt:

$$T = u \quad \text{und} \quad I = bx$$

Da die mittleren quadrierten Abweichungen minimiert werden sollen, ergibt sich:

$$E(T - I)^2 \to \min.$$

Nach den Regeln für das Rechnen mit Erwartungswerten bedeutet das:

$$
\begin{aligned}
E(T - I)^2 &= E(u - bx)^2 \\
&= E(u^2 - 2bux + b^2x^2) \\
&= \sigma_u^2 - 2b\sigma_{ux} + b^2\sigma_x^2
\end{aligned}
\tag{7.2}
$$

Zur Minimierung muss die erste Ableitung nach b von 7.2 gleich Null gesetzt werden. Somit ergibt sich:

$$0 = -2\sigma_{ux} + 2b\sigma_x^2$$
$$2b\sigma_x^2 = 2\sigma_{ux}$$
$$b = \frac{\sigma_{ux}}{\sigma_x^2}$$

Da wir vom Standardmodell ausgehen, lässt sich die Kovarianz σ_{ux} zwischen additiv-genetischem Wert (Zuchtwert) des Tieres und seiner Leistung leicht berechnen. Gesucht ist die Kovarianz von Phänotyp und Zuchtwert und diese entspricht im Standardmodell der additiv-genetischen Varianz. Damit folgt für die Lösung:

$$b = \frac{\sigma_u^2}{\sigma_x^2} = h^2$$

Wir finden hier also ein Ergebnis wieder, das wir bereits früher einmal gesehen haben: Die Heritabilität entspricht der Regression vom Genotyp auf den Phänotyp, die Heritabilität im engeren Sinne entspricht der Regression vom Zuchtwert auf den Phänotyp.

Das hier dargestellte Prinzip der Indexkonstruktion lässt sich verallgemeinern. Hierzu benötigen wir allerdings eine neue Notation für die Varianzen und Kovarianzen. Es seien

σ_{pxpy} = phänotypische Kovarianzen zwischen den Informationsquellen x und y

σ_{pxgy} = genetische Kovarianzen zwischen Informationsquellen x und Zuchtzielmerkmal y

σ_{gxgy} = genetische Kovarianzen zwischen den Zuchtzielmerkmalen x und y

Für Varianzen verwenden wir keine eigene Notation, sondern beziehen uns auf die Tatsache, dass die Kovarianz eines Merkmals mit sich selbst gleich der Varianz des Merkmals ist. Damit können wir das Gleichungssystem zur

Indexkonstruktion ganz allgemein schreiben als:

$$\sigma_{p_1p_1}b_1 + \sigma_{p_1p_2}b_2 + \cdots + \sigma_{p_1p_n}b_n = \sigma_{p_1g_1}a_1 + \sigma_{p_1g_2}a_2 + \cdots + \sigma_{p_1g_m}a_m$$
$$\sigma_{p_2p_1}b_1 + \sigma_{p_2p_2}b_2 + \cdots + \sigma_{p_2p_n}b_n = \sigma_{p_2g_1}a_1 + \sigma_{p_2g_2}a_2 + \cdots + \sigma_{p_2g_m}a_m$$
$$\vdots \qquad \vdots \qquad \cdots \qquad \vdots \qquad \vdots \qquad \vdots \qquad \cdots \qquad \vdots$$
$$\sigma_{p_np_1}b_1 + \sigma_{p_np_2}b_2 + \cdots + \sigma_{p_np_n}b_n = \sigma_{p_ng_1}a_1 + \sigma_{p_ng_2}a_2 + \cdots + \sigma_{p_ng_m}a_m$$

$$(7.3)$$

Setzt man $\sigma_{p_ig_j} = G_{ij}$ und für $\sigma_{p_ip_j} = P_{ij}$ ein, so vereinfacht sich das Gleichungssystem in Matrixschreibweise zu

$$\underbrace{\begin{pmatrix} P_{11} & P_{12} & \cdots & P_{1n} \\ P_{21} & P_{22} & \cdots & P_{2n} \\ \vdots & \vdots & \ddots & \vdots \\ P_{n1} & P_{n2} & \cdots & P_{nn} \end{pmatrix}}_{P} \underbrace{\begin{pmatrix} b_1 \\ b_2 \\ \vdots \\ b_n \end{pmatrix}}_{b} = \underbrace{\begin{pmatrix} G_{11} & G_{12} & \cdots & G_{1m} \\ G_{21} & G_{22} & \cdots & G_{2m} \\ \vdots & \vdots & \ddots & \vdots \\ G_{n1} & G_{n2} & \cdots & G_{nm} \end{pmatrix}}_{G} \underbrace{\begin{pmatrix} a_1 \\ a_2 \\ \vdots \\ a_m \end{pmatrix}}_{a} \qquad (7.4)$$

Das Gleichungssystem in 7.4 bezeichnet man auch als die *Indexnormalgleichungen*. Werden mit P und G die entsprechenden Matrizen der phänotypischen Varianz (P) und der genetischen Varianz (G) und die Spaltenvektoren der Gewichte mit b bzw. a bezeichnet, so ergibt sich ein Gleichungssystem mit

$$Pb = Ga \qquad (7.5)$$

und durch die Vormultiplikation mit P^{-1}

$$P^{-1}Pb = P^{-1}Ga$$

ergibt sich die Lösung

$$b = P^{-1}Ga \qquad (7.6)$$

wobei P^{-1} die Inverse der Matrix von P ist.

Zur Berechnung der Korrelation zwischen Index und Gesamtzuchtwert gilt:

$$r_{TI} = \frac{\sigma_{TI}}{\sigma_I\,\sigma_T} \qquad (7.7)$$

Die hierzu benötigten Größen berechnen sich wie folgt:

$$\sigma_T^2 = E(u^2) = \sigma_u^2$$
$$\sigma_I^2 = E(bx)^2 = E(b^2 x^2) = b^2 E(x^2)$$
$$= b^2 \sigma_x^2$$
$$\sigma_{TI} = E(u \times bx) = bE(ux)$$
$$= b\sigma_u^2 = bh^2 \sigma_x^2 = b^2 \sigma_x^2 \quad \text{wegen} \quad h^2 = b$$

Nicht nur im untersuchten Spezialfall sondern generell lässt sich zeigen:

$$\sigma_{TI} = \sigma_I^2 \qquad (7.8)$$

Es folgt daher für r_{TI}:

$$r_{TI} = \frac{\sigma_I^2}{\sigma_I \, \sigma_T} = \frac{\sigma_I}{\sigma_T} \qquad (7.9)$$

Dieses Ergebnis lässt sich verallgemeinern:

> Die Genauigkeit der Zuchtwertschätzung ist die Streuung des geschätzten Zuchtwerts dividiert durch die Streuung des wahren Zuchtwerts.

Für unser Beispiel ergibt sich:

$$r_{TI} = \frac{\sigma_I}{\sigma_T} = \frac{b\sigma_x}{\sigma_u} = h$$

In der Tierzucht ist ebenso der Begriff der Sicherheit der Zuchtwertschätzung von Bedeutung. Hierunter versteht man das Quadrat der Genauigkeit.

Wie man an diesem Beispiel bereits sieht, sind zur Konstruktion von Selektionsindizes elementare Kenntnisse der Matrixalgebra bzw. die Verfügbarkeit eines Programms zum Rechnen mit Matrizen erforderlich. In den folgenden Abschnitten demonstrieren wir die verschiedenen Arten von Indizes an ausgewählten Beispielen. Dabei gehen wir nicht auf das Lösen des Gleichungssystems ein, sondern wir betrachten nur die Aufstellung des Systems und die Ergebnisse.

7.2   Indizes mit einem Zielmerkmal

Wir beginnen mit Indizes, bei denen das Zuchtziel nur aus einem Merkmal besteht, bei denen aber mehrere Informationsquellen zur Schätzung des Zuchtwerts im Zielmerkmal vorhanden sind. Den einfachsten Fall hierzu haben wir bereits im vorigen Abschnitt behandelt.

7.2.1 Ein Merkmal, wiederholte Eigenleistungen

Liegen von dem Individuum, für das der Zuchtwert zu schätzen ist, m wiederholte Leistungen vor, so wird die phänotypische Varianz σ_x^2 um den Faktor

$$\frac{1 + (m-1)\omega^2}{m} \tag{7.10}$$

reduziert, wobei ω^2 die Wiederholbarkeit ist.

Aus 7.4 wird damit

$$\frac{1 + (m-1)\omega^2}{m} \cdot \sigma_x^2 b = \sigma_u^2 \tag{7.11}$$

und es ergibt sich für b

$$b = \frac{mh^2}{1 + (m-1)\omega^2} \tag{7.12}$$

Die Genauigkeit der Zuchtwertschätzung ist auch hier wieder $\sqrt{b}$. Solange die Wiederholbarkeit kleiner 1 ist, erhöht sich die Genauigkeit der Zuchtwertschätzung bei wiederholten Messungen.

7.2.2 Ein Merkmal, Eigenleistung und Leistung der Mutter

Erst in diesem dritten Beispiel wird wirklich Information von zwei verschiedenen informationsliefernden Tieren verknüpft, wobei das eine Tier gleichzeitig der Proband ist.

$$I = b_1 x_1 + b_2 x_2 \tag{7.13}$$

mit x_1 = Eigenleistung des Probanden und

x_2 = Leistung der Mutter

Unter der Annahme, dass zwischen diesen beiden Tieren keine umweltbedingte Kovarianz existiert, reduziert sich die Kovarianz zwischen den Phänotypwerten auf die additiv-genetische Verwandtschaft zwischen den beiden Informationsquellen. Der entsprechende Verwandtschaftskoeffizient wird mit r_{ij} bezeichnet und die Kovarianz ist mit $r_{ij}\sigma_u^2$ definiert. Die Normalgleichungen ergeben sich als

$$\begin{aligned} \sigma_x^2 b_1 + r_{12}\sigma_u^2 b_2 &= r_{1\alpha}\sigma_u^2 \\ r_{12}\sigma_u^2 b_1 + \sigma_x^2 b_2 &= r_{2\alpha}\sigma_u^2 \end{aligned} \tag{7.14}$$

In 7.14 bedeutet:

r_{12} = Verwandtschaft zwischen dem 1. und dem 2. informationsliefernden Tier:

hier: $r_{12} = \frac{1}{2}$, da die beiden Mutter und Nachkomme sind

$r_{1\alpha}$ = Verwandtschaft zwischen den 1. informationsliefernden Tier und dem Probanden:

hier: $r_{12} = 1$, da Proband und Informationsquelle identisch sind

$r_{2\alpha}$ = Verwandtschaft zwischen dem 2. informationsliefernden Tier und dem Probanden:

hier: Verwandtschaft zwischen Mutter und Nachkomme, $r_{2\alpha} = \frac{1}{2}$

Nach Einsetzen und Multiplikation beider Seiten mit $1/\sigma_x^2$ sind

$$
\begin{aligned}
b_1 + \tfrac{1}{2}h^2 b_2 &= h^2 \\
\tfrac{1}{2}h^2 b_1 + b_2 &= \tfrac{1}{2}h^2
\end{aligned}
\tag{7.15}
$$

bzw. in Matrixschreibweise:

$$
\underbrace{\begin{pmatrix} 1 & \tfrac{1}{2}h^2 \\ \tfrac{1}{2}h^2 & 1 \end{pmatrix}}_{P} \underbrace{\begin{pmatrix} b_1 \\ b_2 \end{pmatrix}}_{b} = \underbrace{\begin{pmatrix} h^2 \\ \tfrac{1}{2}h^2 \end{pmatrix}}_{Ga}
\tag{7.16}
$$

Hieraus ergibt sich die Lösung:

$$
\begin{aligned}
b_1 &= \frac{h^2 - \tfrac{1}{4}h^4}{1 - \tfrac{1}{4}h^4} \\
b_2 &= \frac{\tfrac{1}{2}h^2 - \tfrac{1}{2}h^4}{1 - \tfrac{1}{4}h^4}
\end{aligned}
\tag{7.17}
$$

Für eine Heritabilität von 0,4 ergeben sich z.B. die Lösungen 0,375 für die Eigenleistung und 0,125 für die Mutterleistung. Man sieht, dass die Eigenleistung ein deutlich höheres Gewicht erhält. Das Gewicht bestimmter Informationsquellen hängt von der Verwandtschaft zum Probanden und von den Beziehungen der Informationsquellen untereinander ab. Hätte unser Proband z.B. keine Eigenleistung, ergäbe sich für die Mutterleistung ein Gewicht von $h^2/2$, d.h. von 0,2.

7.2.3   Ein Merkmal, mittlere Leistung von n Nachkommen

Dieser Fall ist der klassische Fall der Zuchtwertschätzung für Milchleistungs-merkmale beim Rind. Der Proband selbst hat keine eigene Leistung, es liegen aber Beobachtungen von n Töchtern vor, die untereinander Halbgeschwister sind. Dabei wird zur Zuchtwertschätzung die durchschnittliche Abweichung der Töchter verwendet. Wir haben es also mit einer Informationsquelle zu tun. Der Fall ist daher analog zum Index, in den der Durchschnitt aus m Eigenleistungen eingeht.

Die phänotypische Varianz eines Durchschnitts aus n gleichartigen Lei-stungen ist allgemein:

$$\sigma_{\bar{x}}^2 = \frac{1 + (n-1)t}{n}\sigma_x^2 \tag{7.18}$$

Hierbei ist t die Intraklasskorrelation aus der Varianzanalyse mit dem Fak-tor „Halbgeschwistergruppen" (vergl. Kap. 4.5.8). Die Intraklasskorrelation entspricht der Varianz zwischen Halbgeschwistergruppen geteilt durch die phänotypische Varianz und damit ist $t = h^2/4$. Damit ergibt sich die Normal-gleichung:

$$\frac{1 + (n-1)\frac{1}{4}h^2}{n} \cdot \sigma_x^2 b = r_{1\alpha}\sigma_u^2 = \frac{1}{2}\sigma_u^2 \tag{7.19}$$

und es ergibt sich für b

$$b = \frac{2nh^2}{4 + (n-1)h^2} \tag{7.20}$$

Der Ausdruck 7.20 findet sich in der Literatur auch oft in der Form

$$b = \frac{2n}{n+k} \quad \text{mit} \quad k = \frac{4-h^2}{h^2} \tag{7.21}$$

Die Genauigkeit einer solchen Zuchwertschätzung ergibt sich als

$$r_{TI} = \frac{n}{n+k}$$

Für sehr große Nachkommenzahlen geht b in 7.21 gegen den Wert 2. Damit nähert sich der geschätzte Zuchtwert der theoretischen Definition:

> Der Zuchtwert eines Tieres entspricht dem Zweifachen der Überlegen-heit des Durchschnitts vieler Nachkommen des Tieres gegenüber dem Durchschnitt der Population.

7.2.4 Ein Merkmal, Eigenleistung und Durchschnitt von n Vollgeschwistern

Diese Variante war lange Zeit die klassische Kombination von Informationen in der Vermarktung von Jungebern auf Auktionen. Aus demselben Wurf wie der Eber wurde eine Vollgeschwistergruppe in einer Stationsprüfung geprüft und deren durchschnittliche Leistung als zusätzliche Informationsquelle genutzt. Der Index hat die Form

$$I = b_1 x_1 + b_2 \bar{x}_{VG} \tag{7.22}$$

Bei der Aufstellung der Matrix P ist zu beachten, dass es sich bei der Vollgeschwisterleistung um einen Durchschnitt aus n Beobachtungen handelt. Die *phänotypische* Kovarianz zwischen der Eigenleistung und dem Vollgeschwistermittel entspricht der Hälfte der additiv-genetischen Varianz[1]. Damit ergibt sich für die Matrix P^2:

$$P = \sigma_x^2 \begin{pmatrix} 1 & \frac{1}{2}h^2 \\ \frac{1}{2}h^2 & \dfrac{1 + (n-1)\frac{1}{2}h^2}{n} \end{pmatrix} \tag{7.23}$$

Um den Vektor b zu berechnen benötigt man noch Ga, das die Form hat

$$Ga = \sigma_x^2 \begin{pmatrix} h^2 \\ \frac{1}{2}h^2 \end{pmatrix} \tag{7.24}$$

Somit sind alle Größen zur Berechnung der Gewichte (b) gegeben.

$$\begin{pmatrix} b_1 \\ b_2 \end{pmatrix} = \begin{pmatrix} 1 & \frac{1}{2}h^2 \\ \frac{1}{2}h^2 & \dfrac{1 + (n-1)\frac{1}{2}h^2}{n} \end{pmatrix}^{-1} \begin{pmatrix} h^2 \\ \frac{1}{2}h^2 \end{pmatrix} \tag{7.25}$$

Die Lösung ergibt sich als:

$$b_1 = \frac{Ch^2 - \frac{1}{4}h^4}{C - \frac{1}{4}h^4} \quad \text{und} \quad b_2 = \frac{\frac{1}{2}h^2}{C}\left(1 - \frac{Ch^2 - \frac{1}{4}h^4}{C - \frac{1}{4}h^4}\right) \tag{7.26}$$

---

[1] Wir unterstellen, dass der Proband nicht im Vollgeschwisterdurchschnitt enthalten ist. Falls der Proband im Vollgeschwisterdurchschnitt enthalten ist, ändert sich die Kovarianz in $(1 + (n-1) \cdot h^2/2) \cdot \sigma_x^2/n$.

[2] Wir unterstellen weiter, dass keine umweltbedingte Kovarianz zwischen den Geschwistern besteht. Falls eine umweltbedingte Kovarianz besteht, ist die Intraklasskorrelation von Vollgeschwistern größer als $h^2/2$. In diesem Fall müsste in der Matrix P die phänotypische Intraklasskorrelation eingesetzt werden.

mit

$$C = \frac{1 + (n - 1)\frac{1}{2}h^2}{n}$$

7.3 Index mit mehreren Merkmalen

Während im vorhergehenden Abschnitt zwar mehrere Informationsquellen, aber nur ein Zielmerkmal behandelt wurden, betrachten wir nun den Fall, dass das Zuchtziel aus mehreren Merkmalen besteht. Damit wird die Verwendung ökonomischer Gewichte für die verschiedenen Zielmerkmale schon auf Grund der unterschiedlichen Merkmalseinheiten erforderlich. Der Gesamtzuchtwert wird in diesem Fall immer in einer Währungseinheit ausgedrückt.

Im Folgenden werden wir exemplarisch die Konstruktion eines Indexes mit Eigenleistung in zwei verschiedenen Merkmalen demonstrieren und anschließend einige Verfahren zur Selektion auf mehrere Merkmale diskutieren.

7.3.1 Zwei Merkmale, nur Eigenleistungen

Wir wählen als Beispiel die Konstruktion eines Selektionsindexes für eine Kuh mit zwei Eigenleistungen in den Merkmalen Fett- (F) und Eiweißmenge (E). Eine symbolische Lösung führt bei Indizes mit mehreren Merkmalen im Zuchtziel im allgemeinen nicht mehr zu einfach darstellbaren Lösungen. Wir werden deshalb bei diesem Beispiel mit konkreten Zahlen arbeiten. Wir definieren:

Gesamtzuchtwert: $T = a_F u_F + a_E u_E$
Index: $I = b_F x_F + b_E x_E$

Folgende Parameter seien gegeben:

Phänotypische Standardabweichungen $\sigma_F = 32,9$ $\sigma_E = 26,3$
Heritabilitäten $h_F^2 = 0,42$ $h_E^2 = 0,36$
ökonomische Gewichte $a_F = 1,50$ $a_E = 4,50$
phänotypische Korrelation $r_{pFE} = 0,85$
genetische Korrelation $r_{gFE} = 0,70$

Die Indexnormalgleichungen ergeben sich als

$$\begin{pmatrix} \sigma_{pF}^2 & \sigma_{pFE} \\ \sigma_{pFE} & \sigma_{pE}^2 \end{pmatrix} \begin{pmatrix} b_F \\ b_E \end{pmatrix} = \begin{pmatrix} \sigma_{gF}^2 & \sigma_{gFE} \\ \sigma_{gFE} & \sigma_{gE}^2 \end{pmatrix} \begin{pmatrix} a_F \\ a_E \end{pmatrix} \qquad (7.27)$$

Eingesetzt ergibt sich das folgende Gleichungssystem:

$$\begin{pmatrix} 1080 & 735 \\ 735 & 650 \end{pmatrix} \begin{pmatrix} b_F \\ b_E \end{pmatrix} = \begin{pmatrix} 454 & 234 \\ 234 & 250 \end{pmatrix} \begin{pmatrix} 1,50 \\ 4,50 \end{pmatrix} \qquad (7.28)$$

Die Lösung dieses Systems ergibt

$$b = \begin{pmatrix} 0,261 \\ 1,975 \end{pmatrix} \qquad (7.29)$$

Im Selektionsindex erhält also die Eiweißmenge ein ca. 8-fach höheres Gewicht als die Fettmenge, ein Ergebnis, das man auf Grund der ökonomischen Gewichte sicher so nicht erwartet hätte. Die Gründe dafür liegen in der Kombination von niedriger Standardabweichung, niedriger Heritabilität und höherem ökonomischen Gewicht der Eiweißmenge sowie der relativ hohen genetischen Korrelation zwischen Fett- und Eiweißmenge.

7.3.2 Zwei Merkmale, Eigen- und Vollgeschwisterleistung

In diesem Beispiel verwenden wir den Vollgeschwisteransatz aus Abschnitt 7.2.4 in einem Beispiel aus der Schweinezucht. Ziel ist es, für einen Jungeber einen Selektionsindex aus der Eigenleistung in der Lebenstagszunahme (L) und dem Durchschnitt zweier Vollgeschwister ($n = 2$) im Merkmal Fleischanteil (F) zu berechnen. Wir definieren:

Gesamtzuchtwert: $T = a_L u_L + a_F u_F$

Index: $I = b_L x_L + b_F x_{\overline{VG}_F}$

Folgende Parameter seien gegeben:

Phänotypische Standardabweichungen	$\sigma_L =$	$48,5$	$\sigma_F = 2,24$
Heritabilitäten	$h_L^2 =$	$0,25$	$h_F^2 = 0,60$
ökonomische Gewichte	$a_L =$	$0,07$	$a_F = 4,50$
phänotypische Korrelation	$r_{pLF} =$	$0,08$	
genetische Korrelation	$r_{gLF} =$	$-0,05$	

Die Matrix der phänotypischen Kovarianzen zwischen den Informations-quellen ist wie folgt definiert:

$$P = \begin{pmatrix} \sigma_{pL}^2 & \frac{1}{2}\sigma_{gLF} \\ \frac{1}{2}\sigma_{gLF} & \dfrac{1+(n-1)\frac{1}{2}h^2}{n}\sigma_{pF}^2 \end{pmatrix}$$

Die Kovarianz zwischen der Eigenleistung in der Lebenstagszunahme und der Vollgeschwisterleistung im Fleischanteil ist diesmal die Hälfte der additiv-genetischen Kovarianz zwischen diesen beiden Merkmalen. Ähnliches gilt für die Matrix der genetischen Kovarianzen zwischen Informationsquellen und Zielmerkmalen: Die genetische Kovarianz zwischen der Geschwisterleistung in F und dem Zuchtwert in L ist $\sigma_{gLF}/2$ und diejenige zwischen der Geschwisterleistung in F und dem Zuchtwert in F ist $\sigma_{gF}^2/2$.

$$G = \begin{pmatrix} \sigma_{gL}^2 & \sigma_{gLF} \\ \frac{1}{2}\sigma_{gLF} & \frac{1}{2}\sigma_{gF}^2 \end{pmatrix}$$

Damit ergibt sich folgendes Gleichungssystem:

$$\begin{pmatrix} 2350 & -1,1 \\ -1,1 & 3,25 \end{pmatrix} \begin{pmatrix} b_L \\ b_F \end{pmatrix} = \begin{pmatrix} 583 & -2,2 \\ -1,1 & 1,5 \end{pmatrix} \begin{pmatrix} 0,07 \\ 4,50 \end{pmatrix} \tag{7.30}$$

Die Lösung dieses Systems ergibt

$$b = \begin{pmatrix} 0,014 \\ 2,06 \end{pmatrix} \tag{7.31}$$

7.4   Index in Matrixschreibweise

Für die Darstellung der Berechnung der Genauigkeit der Zuchtwertschätzung und des erwarteten Selektionsfortschritts in den Einzelmerkmalen wollen wir auf die Matrixschreibweise übergehen. Wir setzen dabei voraus, dass der Leser die Grundzüge der Matrixalgebra kennt und in der Lage ist, numerische Beispiele mit einem der gängigen Programmpakete (z.B. SAS IML, Mathematica, SciLab) nachzuvollziehen. Eine kompakte Einführung in das Rechnen mit Matrizen bietet z.B. Essl (1987).

7.4.1 Genauigkeit der Zuchtwertschätzung

Die Genauigkeit der Zuchtwertschätzung wurde bereits in 7.9 definiert. Die Frage ist, wie man bei komplexeren Indizes die Standardabweichungen des Indexes und des Zuchtziels berechnet. Wir beginnen mit den Indexnormalgleichungen:

$$Pb = Ga \qquad (7.32)$$

wie bereits in 7.4 definiert. Der Index in Matrixschreibweise kann dann als

$$I = bx \qquad (7.33)$$

dargestellt werden. Die Varianz-Kovarianzmatrix der Beobachtungen im Index ist P, und damit ergibt sich für die Varianz des Index:

$$\sigma_I^2 = b'Pb \qquad (7.34)$$

Für die Berechnung der Varianz des Zuchtziels benötigen wir die genetische Varianz-Kovarianzmatrix der Zuchtzielmerkmale. Dies ist *nicht* die Matrix G^3, da diese die Kovarianzen der Index- mit den Zuchtzielmerkmalen beschreibt. Die Varianz-Kovarianzmatrix der Zuchtzielmerkmale untereinander bezeichnen wir mit C und sie hat in der Notation von 7.3 den Aufbau:

$$C = \mathrm{var}(u) = \begin{pmatrix} \sigma_{g_1g_1} & \sigma_{g_1g_2} & \cdots & \sigma_{g_1g_m} \\ \sigma_{g_2g_1} & \sigma_{g_2g_2} & \cdots & \sigma_{g_2g_m} \\ \vdots & \vdots & \ddots & \vdots \\ \sigma_{g_mg_1} & \sigma_{g_ng_2} & \cdots & \sigma_{g_mg_m} \end{pmatrix} \qquad (7.35)$$

Auch hier wenden wir wieder die Regel an, dass die Varianz einer linearen Funktion $T = a'u$ definiert ist als:

$$\sigma_T^2 = a'Ca \qquad (7.36)$$

---

[3] Ausnahme: Bei allen Informationsquellen im Index werden jeweils auch alle Zuchtzielmerkmale einmal gemessen.

Daraus folgt für die Sicherheit bzw. Genauigkeit der Zuchtwertschätzung

$$r_{TI}^2 = \frac{b'Pb}{a'Ca} \quad \text{bzw.} \quad r_{TI} = \sqrt{\frac{b'Pb}{a'Ca}} \tag{7.37}$$

Beispiel 7.1 Berechnung der Sicherheit für den Index in 7.3.2
Wir wollen die Berechnung der Sicherheit am Beispiel des Selektionsindex für einen
Jungeber mit Eigenleistung in Lebenstagszunahme und Vollgeschwistermittel im
Fleischanteil demonstrieren. Die benötigten Matrizen lauten:

$$P = \begin{pmatrix} 2350 & -1,1 \\ -1,1 & 3,25 \end{pmatrix} \quad \text{und} \quad C = \begin{pmatrix} 583 & -2,2 \\ -2,2 & 3,0 \end{pmatrix}$$

Damit ergibt sich:

$$\sigma_I^2 = b'Pb = \begin{pmatrix} 0,014 & 2,06 \end{pmatrix} \begin{pmatrix} 2350 & -1,1 \\ -1,1 & 3,25 \end{pmatrix} \begin{pmatrix} 0,014 \\ 2,06 \end{pmatrix} = 14,17$$

und

$$\sigma_T^2 = a'Ca = \begin{pmatrix} 0,07 & 4,50 \end{pmatrix} \begin{pmatrix} 583 & -2,2 \\ -2,2 & 3,0 \end{pmatrix} \begin{pmatrix} 0,07 \\ 4,50 \end{pmatrix} = 62,22$$

und damit folgt für die Genauigkeit der Zuchtwertschätzung

$$r_{TI} = \sqrt{\frac{14,17}{62,22}} = 0,48 \quad \text{bzw.} \quad r_{TI}^2 = 0,23$$

Der Index erreicht somit nur eine bescheidene Sicherheit von ca. 23%. Der
Grund dafür liegt darin, dass die Eigenleistung in der Lebenstagszunahme nur eine
Heritabilität in dieser Größenordnung aufweist und für das hoch erbliche Merkmal
Fleischanteil nur die Geschwisterinformation vorliegt.

7.4.2   Selektionserfolg bei Indexselektion

Wenn die Selektion als Stutzungsselektion ausschließlich nach dem erzielten
Indexwert durchgeführt wird und für alle Tiere dieselben Informationsquellen
vorliegen, dann ergibt sich für den Selektionserfolg in Analogie zu (5.3).

$$\Delta G = b_{T.I} SD \tag{7.38}$$

Die Selektionsdifferenz SD wird bei Indizes immer in standardisierter
Form $SD = i\sigma_I$ ausgedrückt. Gleichzeitig ergibt sich aus 7.8 für $b_{T.I}$

$$b_{T.I} = \frac{\sigma_{TI}}{\sigma_I^2} = \frac{\sigma_I^2}{\sigma_I^2} = 1 \tag{7.39}$$

und damit folgt für den Selektionserfolg:

$$\Delta G = i\,\sigma_I \qquad (7.40)$$

Unter Verwendung der Beziehung $\sigma_I = r_{TI}\sigma_T$ kann man auch schreiben:

$$\Delta G = i\,r_{TI}\,\sigma_T \qquad (7.41)$$

Der Selektionserfolg bei Indexselektion hängt also nur von der Selektionsintensität und der Streuung des Index ab. Diese ist allerdings eine Funktion der Genauigkeit: Je ungenauer der Zuchtwert geschätzt ist, desto kleiner wird die Streuung. Deswegen kann man ebenso gut umgekehrt formulieren: Der Selektionserfolg bei Indexselektion hängt nur von der Selektionsintensität und der Genauigkeit der Zuchtwertschätzung ab.

Das ist einer der Gründe dafür, dass man in der Vergangenheit soviel Energie in die Entwicklung genauerer Zuchtwertschätzverfahren gesteckt hat. Unter praktischen Bedingungen ist die mögliche Selektionsintensität meist schon ausgeschöpft. Die Streuung des wahren Zuchtwerts ist eine Konstante und somit bleibt zur Erhöhung des Zuchtfortschritts hauptsächlich die Genauigkeit der Zuchtwertschätzung übrig.

Vergleichen wir den Selektionserfolg bei Indexselektion (I) mit dem bei Selektion nach dem Phänotypwert von Individuen (P), dann ergibt sich:

$$\frac{\Delta G_I}{\Delta G_P} = \frac{i\,r_{TI}\,\sigma_u}{i\,h\,\sigma_u} \qquad (7.42)$$

Das bedeutet, dass bei Selektion auf ein Merkmal der relative Erfolg der Indexselektion vom Verhältnis r_{TI}/h abhängt. Somit ist jede Form der Indexselektion, die neben der Eigenleistung auch noch andere Informationsquellen einbezieht, erfolgreicher als die Individualselektion, soweit dadurch i nicht verkleinert wird (z.B. Stationskapazität begrenzt etc.). Auf die Effizienz der Indexselektion zur simultanen Verbesserung mehrerer Merkmale wird im Abschnitt 7.5 eingegangen.

7.4.3   Partielle Selektionserfolge

Neben dem Erfolg im Gesamtzuchtwert ist in der Praxis, insbesondere bei der Definition von Zuchtzielen, auch der erwartete naturale Selektionserfolg in den Einzelmerkmalen von Interesse. Diesen bezeichnet man auch als den partiellen Selektionserfolg. Wir demonstrieren die Vorgehensweise am Beispiel aus Abschnitt 7.3.1. Der Selektionserfolg in einem Einzelmerkmal bei Selektion nach einem Index errechnet sich aus der Regression des Merkmals auf den Selektionserfolg bei Indexselektion.

$$\Delta G_F = b_{u_F.I} \Delta G_I = i \frac{\sigma_{u_F.I}}{\sigma_I} \tag{7.43}$$

Die Kovarianz $\sigma_{u_F.I}$ ergibt sich wie folgt:

$$\sigma_{u_F.I} = E\left(u_F \cdot (b_F x_F + b_E x_E)\right)$$
$$= b_F E\left(u_F x_F\right) + b_E E\left(u_F x_E\right) \tag{7.44}$$
$$= b_F \sigma_{u_F x_F} + b_E \sigma_{u_F x_E}$$

Die gesuchten Kovarianzen zwischen Zuchtwerten und Phänotypwerten entsprechen den genetischen Kovarianzen, da wir das Standardmodell unterstellen. Damit folgt:

$$\Delta G_F = \frac{b_F \sigma_{gF}^2 + b_E \sigma_{gFE}}{\sigma_I} \tag{7.45}$$

Dies ist nichts anderes als das Produkt des Vektors b mit der entsprechenden Spalte aus der Matrix G. Diese Aussage lässt sich verallgemeinern:

Der Selektionserfolg in einem Merkmal bei Indexselektion errechnet sich aus dem Produkt des Lösungsvektors b mit der zum Merkmal gehörigen Spalte aus der Matrix G, dividiert durch die Standardabweichung des Indexes.

Führt man diese Berechnung als Matrixoperation durch, dann erhält man den Vektor aller partiellen Erfolge g:

$$g = \frac{b'G}{\sigma_I} = \frac{b'G}{\sqrt{b'Pb}} \tag{7.46}$$

Beispiel 7.2 Berechnung der partiellen Selektionserfolge für Beispiel 7.3.1
Für unser Beispiel errechnet sich eine Standardabweichung des Indexes von $\sigma_I = 58.02$. Die Multiplikation des Lösungsvektors b mit der Matrix G ergibt:

$$b'G = \left(580,64 \quad 554,82\right)$$

und damit folgt für den Selektionserfolg in Fett- und Eiweißmenge:

$$\Delta G = \left(10,0 \quad 9,56\right)$$

Es wird also nahezu gleich viel Selektionserfolg in den beiden Merkmalen erzielt. Auch dies ist wieder ein Ergebnis, das man anhand der Gewichtungsfaktoren der Merkmale im Index nicht erwartet hätte.

7.5   Mehrmerkmalsselektion

Zu Beginn des Kapitels haben wir bereits darauf hingewiesen, dass der Züchter in der Regel mehrere Merkmale gleichzeitig in der Selektion bearbeiten möchte. Wir haben gezeigt, wie man einen Selektionsindex zur Verbesserung mehrerer Merkmale konstruiert und wie man den erwarteten Selektionserfolg in den Einzelmerkmalen bestimmen kann. Ein Selektionsindex ist das optimale Verfahren zur Selektion auf mehrere Merkmale. Dennoch wollen wir in diesem Abschnitt noch zwei andere Verfahren diskutieren, da sich in der Praxis häufig die ausschließliche Selektion nach einem Index nicht durchsetzen lässt. Die Darstellung der Tandemselektion und der Selektion nach unabhängigen Grenzen soll helfen, die negativen Konsequenzen eines Abweichens vom Selektionsindex zu verstehen.

Grundsätzlich gilt, dass die Zahl der Selektionsmerkmale so klein wie möglich gehalten werden sollte. Jedes neu in die Selektion aufgenommene Merkmal vermindert den Erfolg in den übrigen Merkmalen allein schon dadurch, dass sich die mögliche Selektionsintensität auf mehr Merkmale verteilen muss. Wenn alle n Merkmale in einem Zuchtziel voneinander unabhängig sind und gleich heritabel, ist der Selektionserfolg in jedem Merkmal nur $1/\sqrt{n}$ desjenigen bei Selektion auf ein Merkmal. Bei unerwünschten genetischen Korrelationen zwischen Selektionsmerkmalen kann der Erfolg sogar noch deutlich geringer ausfallen.

7.5.1   Die Tandemselektion

Unter Tandemselektion versteht man ein Selektionsverfahren, bei dem die Selektionsmerkmale nacheinander züchterisch verbessert werden. Es wird mit einem Merkmal begonnen und wenn das Selektionsziel für dieses Merkmal nach einigen Generationen erreicht ist, wird das nächste Merkmal züchterisch verbessert unter der Annahme, dass das Leistungsniveau der ersten Merkmale beibehalten wird. Diese nacheinander folgende Einzelmerkmalsselektion wird so lange fortgesetzt bis die Zuchtziele für alle Merkmale erreicht sind.

Problematisch ist dabei vor allem, dass während der Selektion auf ein Merkmal in den übrigen Merkmalen nur korrelierte Selektionserfolge zu erzielen sind. Diese können gering oder bei ungünstigen genetischen Korrelationen zwischen den Merkmalen auch negativ ausfallen. Damit kann es äußerst problematisch werden, bereits erreichte Erfolge in einem oder mehreren Merkmalen zu erhalten.

7.5.2 Selektion nach unabhängigen Selektionsgrenzen

Die Selektion nach unabhängigen Selektionsgrenzen war die Methode der Wahl bevor die Indexselektion zur Anwendung kam. Dieses Selektionsverfahren besteht darin, dass für alle Merkmale, die züchterisch zu verbessern sind, Selektionsgrenzen festgelegt werden und nur solche Individuen zur Erzeugung der nächsten Generation als Elterntiere eingesetzt werden, die in *allen* Merkmalen diese Selektionsgrenzen überschreiten. Diese Methode ist relativ leicht anzuwenden und führt im Gegensatz zur Tandemselektion bereits ab den ersten Generationen zu Fortschritten in allen Merkmalen.

An einem Beispiel soll die Effizienz der Selektion nach unabhängigen Selektionsgrenzen demonstriert werden. Der Einfachheit wegen beschränken wir uns auf zwei Merkmale, um die Nachteile zu demonstrieren, die sich dann auch für mehrere Merkmale verallgemeinern lassen.

Beispiel 7.3 Selektion nach unabhängigen Selektionsgrenzen
In einer Milchrindpopulation sollen die Milchmenge und der Eiweißgehalt erhöht werden. Als Selektionsgrenzen für die Kühe werden für die Milchmenge eine Erstlaktationsleistung von mindestens 6000 kg und für den Eiweißgehalt 3,5% festgelegt. In Abbildung 7.1 sind exemplarisch 30 Kühe der Population nach beiden Merkmalen in ein Koordinatensystem eingetragen. Durch die Festlegung der Selektionsgrenzen erhält man 4 Gruppen. Keines der Tiere der Gruppe II erfüllt die gesetzten Anforderungen. Die Kühe der Gruppe I erfüllen die Anforderungen hinsichtlich des Eiweißgehaltes und die der Gruppe IV die Anforderungen hinsichtlich der Milchmenge. Dennoch werden sie gemerzt, da sie die Anforderungen im jeweils anderen Merkmal nicht erfüllen. Nur die Tiere der Gruppe III übertreffen beide Selektionsgrenzen und werden selektiert.

Der Nachteil der Selektion nach unabhängigen Grenzen zeigt sich an den Tieren der Gruppen I und IV. In diesen Gruppen werden Tiere aufgrund der Selektionsgrenzen nicht als Elterntiere zur Zucht weiterverwendet, obwohl sie in einem Merkmal hervorragende Leistungen besitzen. Somit können sie ihr genetisches Potential nicht weitergeben.

Aus genetisch-statistischer Sicht gibt es drei Hauptprobleme bei der Selektion nach unabhängigen Grenzen: Zunächst einmal neigen viele Züchter dazu, die **Grenzen für jedes Merkmal im positiven Bereich** anzusiedeln. Geht man davon aus, dass zwei unkorrelierte, normalverteilte Merkmale verbessert werden sollen, werden bei einer solchen Grenzziehung bereits 75% der Tiere ausgeschlossen. Bereits bei fünf Merkmalen werden 97% der Tiere von der Selektion ausgeschlossen. Dies kann zu einem beschleunigten Verlust an genetischer Variabilität führen. Richtig wäre dagegen, dass Tiere Schwächen

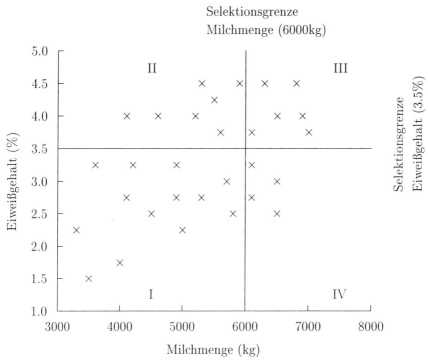

Abb. 7.1. Milchmenge und Eiweißgehalt von 30 Kühen in der 1. Laktation

in einem Merkmal durch überragende Leistungen in einem anderen Merkmal ausgleichen können, wie es beim Selektionsindex der Fall ist.

Das zweite Problem ist die **Nichtberücksichtigung der genetischen Beziehungen** zwischen den Merkmalen. Bei der Festlegung der Selektionsgrenzen müsste eigentlich berücksichtigt werden, dass sich die Merkmale gegenseitig unterstützen oder behindern können. Dementsprechend entstehen Abhängigkeiten zwischen den Selektionsgrenzen, die dazu führen können, dass sich die Selektionserfolge anders entwickeln als man erwarten würde.

Nicht zuletzt besteht auch das Problem, dass bei der Festlegung von Selektionsgrenzen die **unterschiedliche wirtschaftliche Bedeutung** von Merkmalen nicht oder nur ungenügend berücksichtigt wird. Insbesondere die Strategie „positiver Zuchtwert in allen Merkmalen" führt dazu, dass die Merkmale mit der höchsten Heritabilität und nicht unbedingt diejenigen mit der höchsten wirtschaftlichen Bedeutung verbessert werden.

7.5.3   Selektion nach abhängigen Selektionsgrenzen (Indexselektion)

Die Indexselektion bezeichnet man auch als Selektion nach abhängigen Selektionsgrenzen. Sie führt zum optimalen Selektionserfolg aller Selektionsmerkmale unter den gegebenen genetischen Voraussetzungen. Die Konstruktion eines derartigen Index für verschiedene Merkmale wurde bereits im Abschnitt 7.3 dargestellt.

Die Vorteile eines Selektionsindex gegenüber der Selektion nach unabhängigen Grenzen seien noch einmal kurz zusammengefasst:

- Berücksichtigung der genetischen Beziehungen der Zuchtzielmerkmale untereinander

- Berücksichtigung der phänotypischen Beziehungen zwischen den Informationsquellen

- Möglichkeit zur Nutzung von Hilfsmerkmalen

- Genaue Berücksichtigung der unterschiedlichen ökonomischen Bedeutung der Zielmerkmale

- Erwartete Selektionserfolge insgesamt und in den einzelnen Zielmerkmalen lassen sich exakt berechnen

Trotz dieser vielen Vorteile kommt die reine Indexselektion in der Praxis nicht vor. Der Grund dafür ist, dass es in jeder praktischen Population züchterisch bedeutsame Merkmale gibt, die entweder ökonomisch nicht zu bewerten sind (z.B. Exterieurmerkmale) oder für die keine genetischen Parameter bekannt sind bzw. die keine quantitativen Merkmale sind (z.B. Anomalien). Deshalb ist die Selektion in der Praxis meist eine Kombination aus einem objektiv ermittelten Zuchtwert (Index) und einer Reihe von „Mindestanforderungen", die nichts anderes als unabhängige Selektionsgrenzen in den nicht fassbaren Merkmalen darstellen.

7.5.4   Effizienz der drei Mehrmerkmalsselektionsverfahren

Auf Grund der theoretischen Ansätze ist die Indexselektion den beiden anderen Verfahren nahezu immer überlegen. Das Ausmaß der Überlegenheit ist von der jeweiligen Situation abhängig. Dennoch möchten wir hier zur Veranschaulichung einmal den Erfolg der Selektion bei n unkorrelierten Merkmalen darstellen. Zur Darstellung in Tabelle 7.1 verwenden wir die effektiven Selektionsgrenzen in jedem Merkmal bei den verschiedenen Selektionsmethoden, in Abhängigkeit von der Anzahl Merkmale.

Tabelle 7.1: Standardisierte Selektionsdifferenz je Merkmal und Generation bei verschiedenen Selektionsverfahren (Gesamtremontierungsrate p=0,25)

Anzahl der Merkmale	Selektionsmethode					
	Tandem-selektion		nach unabhängigen Selektionsgrenzen		Index-selektion	
n	i/n	rel.	i'	rel.	$i/\sqrt{n}$	rel.
1	1,27	(100)	1,27	(100)	1,27	(100)
2	0,64	(50)	0,80	(63)	0,90	(71)
3	0,42	(33)	0,60	(47)	0,73	(58)
4	0,32	(25)	0,48	(38)	0,64	(50)
10	0,13	(10)	0,24	(19)	0,40	(32)

Wie man sieht, nimmt bei allen Verfahren der Erfolg in den Einzelmerkmalen mit zunehmender Zahl von Zielmerkmalen ab[4]. Diese Abnahme ist bei Indexselektion geringer als bei den beiden anderen Verfahren. Je mehr Merkmale im Zuchtziel vorkommen, desto deutlicher wird die Überlegenheit der Indexselektion.

7.5.5 Sonderformen des Selektionsindex

Neben dem eigentlichen Selektionsindex nach HAZEL und LUSH (1943) existieren noch einige Sonderformen, die verwendet werden, wenn für den normalen Index nicht alle Parameter bekannt sind bzw. wenn besondere Bedingungen einzuhalten sind.

Sind z.B. die genetischen Parameter der Selektionsmerkmale unbekannt, so besteht die Möglichkeit, einen sogenannten **Basisindex** zu konstruieren. Als Basisindex bezeichnet man einen Index, in dem die phänotypischen Werte der Selektionsmerkmale nur mit den ökonomischen Gewichten a_i bewertet

---

[4] Dies gilt nur für Merkmale im Zuchtziel T! Grundsätzlich führt eine höhere Anzahl von Informationsquellen im Index I immer zu einem *höheren* Zuchtfortschritt.

werden. Ein derartiger Index hat die Form

$$I = a_1 x_1 + a_2 x_2 + \ldots + a_n x_n = \sum_{i=1}^{n} a_i x_i \qquad (7.47)$$

Der wesentliche Unterschied zu 7.1 liegt also darin, dass direkt die ökonomischen Gewichte als Regressionskoeffizienten verwendet werden. Ein derartiger Basisindex kann in der Effizienz einem Selektionsindex entsprechen, wenn die genetischen und phänotypischen Beziehungen zwischen den Selektionsmerkmalen gleich sind und alle Merkmale die gleiche Heritabilität besitzen. Je weniger diese Bedingungen eingehalten werden, desto schlechter wird die Effizienz des Basisindex.

Eine weitere Sonderform des Indexes ist der sogenannte **reduzierte Index** . In einem solchen Index werden nur ökonomisch bedeutsame Merkmale mit a_i gewichtet und man verzichtet auf die Bewertung von Merkmalen, die mit dem Zuchtwert T nur eine geringe bzw. unbedeutende Beziehung besitzen. Ein derartiger Index ist immer dann sinnvoll, wenn eine Vielzahl von Merkmalen in den Index eingebunden werden soll. Ein reduzierter Index liegt in seiner Wirksamkeit hinsichtlich der Effizienz zwischen einem Basisindex und einem Selektionsindex.

Ein Selektionsindex kann auch unter der Annahme von Nebenbedingungen konstruiert werden. Man spricht in solchen Fällen von einem **restringierten Index** . Solch ein Index ist sinnvoll, wenn einzelne Merkmale des Zuchtziels nicht maximiert, sondern auf einem bestimmten Niveau gehalten werden sollen. Typische Merkmale mit einem angestrebten stabilen Leistungsniveau sind die Qualitätsmerkmale tierischer Produkte. So sollen z.B. Eier nicht über 75g wiegen, oder der intramuskuläre Fettanteil des Schweinefleisches soll etwa 2,5% betragen. Die Konstruktion derartiger Indizes wird im Rahmen dieses Buches nicht behandelt. Der interessierte Leser sei auf die Originalliteratur von KEMPTHORNE und NORDSKOG (1959) verwiesen.

Abschließend muss im Zusammenhang mit den Selektionsindizes noch darauf hingewiesen werden, dass alle genannten Indizes lineare Indizes sind. Selbstverständlich ist es auch möglich, nichtlineare Beziehungen zu berücksichtigen, dann muss allerdings die am Anfang des Kapitels gemachte Annahme der linearen Verknüpfung der Zuchtwerte zum aggregierten Genotyp T aufgehoben werden.

7.6   Der Vergleichswert

Bereits in Abschnitt 7.1.1 wurde darauf hingewiesen, dass wir bei der Zucht-wertschätzung mit dem Selektionsindexverfahren davon ausgehen, dass die x_i Abweichungen von einem geeigneten Vergleichswert darstellen. Der Grund dafür ist einfach: Beziehen wir uns auf die Zuchtwertdefinition von Kapitel 7.2.3, dann sind alle Zuchtwerte auf das Populationsmittel bezogen. Insofern müssen auch die geschätzten Zuchtwerte mit Hilfe von Abweichungen vom phänotypischen Poplationsmittel berechnet werden.

7.6.1   Ausschaltung von Umwelteinflüssen

Das Populationsmittel ist der ideale Vergleichswert, denn auf Grund der Defi-nition des Zuchtwerts ist der mittlere Zuchtwert aller Tiere in der Population gleich Null. Aus dem Standardmodell können wir daher ableiten:

$$P = G + U \implies \overline{P} = \overline{G} + \overline{U} = \overline{U} \qquad (7.48)$$

Das Populationsmittel misst also die mittlere Umweltqualität in der Po-pulation. Dies gilt allerdings nur in der Idealpopulation, in der alle Selek-tionskandidaten und alle sonstigen Informationsquellen ihre Leistungen zur selben Zeit und unter denselben Bedingungen erbringen. Dies ist in der Praxis unrealistisch, weil z.B. bei der Kombination von Eigenleistung und Nachkom-menleistung in einem Index die beiden Leistungen nicht zeitgleich erbracht werden können. Außerdem werden praktische Populationen in zahlreichen Be-trieben gehalten, die sich in ihrem Management, geografischen und klimati-schen Voraussetzungen teilweise erheblich unterscheiden. Alle diese Faktoren fallen in die Kategorie **Umwelteinflüsse**, die die genetischen Unterschiede zwischen den Tieren **verzerren**. Ein Zuchtwertschätzverfahren sollte aber nicht durch Umwelteinflüsse beeinträchtigt werden. Man ist daher schon früh dazu übergegangen, gleiche Umweltbedingungen anhand gleicher Klassen von **systematisierbaren Umwelteinflüssen** zu bilden. Hierzu gehören z.B. in der Milchviehhaltung Herde, Kalbejahr, Kalbesaison und das Erstkalbealter. Beim Schwein unterteilt man nach Herde, Saison und in größeren Betrieben nach Durchgängen oder Mastgruppen. Streng genommen gehören nicht nur Umwelteinflüsse in diese Kategorie. So wird z.B. auch die Laktationsnummer in manchen Fällen als Umwelteinfluss aufgefasst. Besser wäre eine Bezeich-nung **systematisierbare fixe Effekte**. Im Folgenden sprechen wir kurz von fixen Effekten. Wesentlich bei dieser Betrachtung ist, dass man unterstellt, dass eine bestimmte Klasse eines solchen Effekts bei jedem Tier dieselbe Wirkung auf die Leistung hat. Um Verzerrungen durch Umwelteinflüsse zu vermeiden, unterteilt man die Population in Vergleichsgruppen, die in allen fixen Effekten denselben Klassen angehören.

Eine wesentliche Eigenschaft der Bildung von Vergleichsgruppen ist, dass die Ausschaltung von Umwelteinflüssen umso besser gelingt, je mehr systematisierbare Effekte berücksichtigt werden und je feiner diese definiert werden. So könnte man z.b. die Leistung einer schwarzbunten Kuh, die ihre 1. Laktation im Jahr 2000 in Ostfriesland erbracht hat, vergleichen mit:

1. allen schwarzbunten Kühen,

2. allen schwarzbunten Kühen in Niedersachsen,

3. allen schwarzbunten Kühen in Ostfriesland,

4. allen schwarzbunten Kühen in Ostfriesland im Jahr 2000,

5. den Herdengefährtinnen der Kuh im Jahr 2000, sowie

6. den Herdengefährtinnen der Kuh in der 1. Laktation im Jahr 2000.

Es ist einleuchtend, dass die Herdengefährtinnen in der gleichen Laktation (Variante 6) wohl den ähnlichsten Umwelteinflüssen ausgesetzt waren. Andererseits wird die Anzahl Tiere, mit denen verglichen wird, von Variante 1 bis 6 immer kleiner. Dies bedingt aus genetisch-statistischer Sicht einige Gefahren.

7.6.2   Verzerrungen der Zuchtwertschätzung

Obwohl die Ausschaltung fixer Effekte besser gelingt, je feiner die Vergleichsgruppe definiert wird, ist eine zu feine Unterteilung problematisch. Mit kleiner werdenden Vergleichsgruppen nimmt das Risiko zu, dass der mittlere Zuchtwert der Vergleichstiere nicht mehr Null ist. Für die Verteilung des mittleren Zuchtwerts einer Gruppe von n zufällig aus der Population gezogenen Vergleichstieren gilt:

$$\bar{u} \sim N\left(0, \frac{\sigma_u^2}{n}\right) \tag{7.49}$$

Damit besteht bei großen Stichproben nur ein kleines Risiko, dass der mittlere Zuchtwert nennenswert von Null abweicht. Bei kleinen Vergleichsgruppen kann dieses Risiko aber erheblich werden. Beispielsweise hat die Milchleistung von Kühen eine genetische Standardabweichung von ca. 500 kg. Bilden jeweils 5 Kühe eine Vergleichsgruppe, dann werden ca. 34% der Vergleichsgruppen in ihrem mittleren Zuchtwert um mehr als 220 kg Milch von Null abweichen.

Wenn auf Grund einer kleinen Vergleichsgruppe der mittlere Zuchtwert der Gruppe nicht mehr Null ist, tritt ein Phänomen auf, dass als **Verzerrung**[5] bezeichnet wird. Die Zusammenhänge sind wie folgt: Der mittlere Phänotypwert der Vergleichstiere (VT) ist

$$\overline{x}_{VT} = \overline{P}_{VT} = \overline{G}_{VT} + \overline{U}_{VT} \tag{7.50}$$

wobei wir auch hier annehmen, dass Dominanz und Epistasie vernachlässigt werden können, so dass der mittlere Genotypwert dem mittleren Zuchtwert der Vergleichstiere entspricht. Das Ziel der Vergleichswertbildung ist, dass der Vergleichswert die mittlere Umweltqualität $(\overline{U}_{VT})$ misst. Falls der mittlere Zuchtwert der Vergleichstiere Null ist, wird dieses Ziel auch erreicht. Ist der mittlere Zuchtwert aber ungleich Null, dann passiert in der Zuchtwertschätzung mit einem einfachen Selektionsindex folgendes:

$$
\begin{aligned}
I &= b_1(x - \overline{x}_{VT}) \\
&= b_1(x - (\overline{G}_{VT} + \overline{U}_{VT})) \\
&= b_1(x - \overline{U}_{VT}) - b_1\overline{G}_{VT} \\
&= ZW - b_1\overline{G}_{VT}
\end{aligned}
\tag{7.51}
$$

Der Index schätzt also etwas anderes als nur den Zuchtwert des Tieres. Diesen zweiten Term in 7.51 bezeichnet man als die **Verzerrung**. Sie ist eine Funktion des mittleren Zuchtwerts der Vergleichstiere. Man sieht sofort, dass die Verzerrung Null ist, wenn der mittlere Zuchtwert der Vergleichstiere Null ist. Ist dagegen der mittlere Zuchtwert der Vergleichstiere positiv, dann wird der Zuchtwert des Probanden unterschätzt und umgekehrt, falls der mittlere Zuchtwert der Vergleichstiere unterdurchschnittlich ist.

7.6.3 Bedeutung von Verzerrungen für den Selektionserfolg

Verzerrungen werden bedingt durch Unterschiede im mittleren genetischen Niveau der Vergleichsgruppen. Die Konsequenz von Verzerrungen ist, dass mit dem Selektionsindex geschätzte Zuchtwerte nicht über Vergleichsgruppen hinweg verglichen werden dürfen. Diese Einschränkung beeinflusst den Selektionserfolg in mehrfacher Hinsicht.

---

[5] Manchmal findet sich auch die englische Bezeichnung „bias".

Bei Modelltieren oder in straff organisierten Zuchtprogrammen mit zentralen Selektionsentscheidungen wird die mangelnde Vergleichbarkeit zwischen Gruppen berücksichtigt und nur innerhalb der Gruppen selektiert. Innerhalb der Vergleichsgruppe ist die Verzerrung ohne Bedeutung, da sie für alle Tiere der Gruppe gleich ist. Die Addition oder Subtraktion einer Konstanten bei allen Zuchtwerten ändert nichts an der Rangierung der Tiere innerhalb der Gruppe und führt somit auch nicht zu falschen Selektionsentscheidungen. Durch die Selektion innerhalb von Vergleichsgruppen kommt es aber zu einer **Reduzierung der Selektionsintensität**. Wenn beispielsweise in einer Population in einer Generation 1000 Jungtiere in 50 Gruppen à 20 Tieren zur Selektion anstehen, von denen die besten 50 Tiere selektiert werden sollen, dann ergibt sich bei voller Selektion über alle Gruppen eine Selektionsintensität von $i = 2.063$. Selektiert man jedoch nur innerhalb jeder Gruppe das beste Tier, dann reduziert sich die Selektionsintensität auf $i = 1.867$.

In praktischen Zuchtprogrammen bei Rind, Schwein und Pferd sind die Konsequenzen noch erheblicher, da in solchen Programmen die Selektionsentscheidungen in weiten Bereichen dezentral gefällt werden. Die Züchter orientieren sich am geschätzten Zuchtwert, ohne zu berücksichtigen, dass die Vergleichbarkeit zwischen Gruppen nicht gegeben ist. Die Folge sind teilweise drastische Fehlentscheidungen, da in einer solchen Situation vorzugsweise Tiere aus Vergleichsgruppen mit einer besonders hohen Streuung selektiert werden.

Die beschriebenen Verluste treten bereits ein, wenn die Unterschiede im genetischen Niveau der Gruppen allein durch die zufällige Streuung der mittleren Zuchtwerte bedingt werden. In der Praxis haben jedoch auch nichtzufällige genetische Unterschiede eine erhebliche Bedeutung. Diese werden unter anderem verursacht durch

- herdenspezifischen Einsatz bestimmter Vatertiere,

- herdenspezifische Selektion weiblicher Tiere sowie

- Verwandtschaft der Tiere innerhalb Herden.

Ein optimales Selektionsverfahren sollte die genetisch bedingten Unterschiede zwischen Vergleichsgruppen mit berücksichtigen und dazu führen, dass aus den genetisch besseren Vergleichsgruppen auch mehr Tiere selektiert werden. Dies wurde in der Vergangenheit durch Modifikationen des Selektionsindex, wie z.B. den "herdmate comparison" von HENDERSON et al.

(1954) zu erreichen versucht. Eine generelle Lösung des Problems wurde jedoch erst mit der Entwicklung des BLUP-Verfahrens[6] erzielt. Es wurde von C.R. HENDERSON entwickelt und 1973 erstmals umfassend dargestellt. Hierbei ist es bei Einbeziehung aller Daten durch die simultane Schätzung von Zuchtwerten und Umwelteffekten möglich, genetische Unterschiede zwischen den Vergleichsgruppen korrekt zu berücksichtigen. Das BLUP-Verfahren wird heute bei der Mehrzahl aller praktischen Zuchtwertschätzungen angewendet. In der Form des sog. BLUP-Tiermodells erhält man Zuchtwerte, die sowohl horizontal (zwischen zeitgleichen Vergleichsgruppen), als auch vertikal (zwischen zeitlich auseinanderliegenden Vergleichsgruppen) vergleichbar sind.

7.7   Beispiele zur Effizienz der Indexselektion

Die modernen Methoden der Zuchtwertschätzung basieren auf der gleichzeitigen Nutzung aller Informationsquellen, wie z.b. Eigen-, Vollgeschwister-, Halbgeschwister- und Nachkommenleistung. Werden die Daten im Rahmen der Leistungsprüfung als Eigenleistung erhoben, so sind diese Informationen im Verlauf der Generationen und der verwandtschaftlichen Beziehungen auch als Verwandteninformationen einzusetzen. So kann ein Individuum in der Eigenleistungsprüfung als Nachkomme der Eltern, als Vorfahre bzw. Elter der nächsten Generation und andererseits zu seinen Voll- bzw. Halbgeschwistern als Geschwister betrachtet werden.

Wenn auch die modernen Zuchtwertschätzungsverfahren alle verfügbaren Informationen automatisch richtig kombinieren können, ist es dennoch für die Gestaltung von Leistungsprüfungsverfahren und Zuchtprogrammen lehrreich, die Auswirkungen verschiedener Informationskombinationen auf den Selektionserfolg zu studieren. In diesem Abschnitt sollen daher die Kombinationen der folgenden Verwandtschaftsinformationen näher dargestellt werden:

- Eigenleistung und Vollgeschwisterleistung

- Eigenleistung und Halbgeschwisterleistung

- Eigenleistung, Voll- und Halbgeschwisterleistung

Der Schwerpunkt liegt dabei auf den Auswirkungen auf den Selektionserfolg, die Ableitung der Indizes wird daher nicht im Detail dargestellt. Der Maßstab für die Effizienz der Verfahren ist der Selektionserfolg bei Individualselektion, d.h. bei Selektion allein auf Grund der eigenen phänotypischen

---

[6]   Best Lincar Unbiased Prediction

Leistung (ΔG_x). Die Effizienz des Indexes (I) für das Merkmal X im Vergleich zur Individualselektion berechnet sich dann nach

$$\text{Effizienz} = \frac{\Delta G_I}{\Delta G_x} \qquad (7.52)$$

Bei den Betrachtungen gehen wir davon aus, dass alle Tiere unter denselben Umweltbedingungen ihre Leistung erbracht haben, so dass Probleme mit Verzerrungen ignoriert werden können und die Selektion über alle Kandidaten hinweg erfolgen kann. Das Zuchtziel enthält nur das gemessene Merkmal.

7.7.1 Eigenleistung und Vollgeschwisterleistungen

Ausgehend von einer Materialstruktur, wie sie die Abbildung 7.2 darstellt, ergibt sich der Index (vergl. 7.2.4) als

$$I = b_1 x + b_2 \bar{x}_{VG} \qquad (7.53)$$

Pro Familie werden n Tiere gemessen und für diese der Durchschnitt gebildet. Dann wird abwechselnd für jeden Probanden der Selektionsindex berechnet, unter Verwendung seiner Eigenleistung und des Vollgeschwisterdurchschnitts. Der jeweilige Proband ist also im Vollgeschwisterdurchschnitt enthalten. Anschließend werden die Tiere mit den höchsten Indizes selektiert.

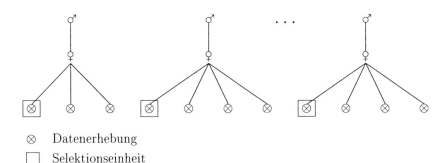

⊗   Datenerhebung

☐   Selektionseinheit

Abb. 7.2. Materialstruktur: Eigen- und Vollgeschwisterleistung

Wird der Selektionserfolg zu dem der Individualselektion ins Verhältnis gesetzt, so folgt

$$\frac{\Delta G_I}{\Delta G_x} = \frac{\left(1 + \dfrac{(1 - h^2)(n + 1)}{(n - 1)h^2 + 2}\right)}{\sqrt{1 + \dfrac{(1 - h^2)\left(2\,(n + 2) - 2h^2\right)}{(n - 1)h^2 + 2}}} \qquad (7.54)$$

Die Effizienz für einige Heritabilitäten und Geschwisterzahlen ist in Tabelle 7.2 dargestellt. Man sieht, dass Geschwisterleistungen bei geringen Heritabilitäten am wertvollsten sind. Dabei führen die ersten zwei bis drei Geschwister zu den höchsten Zuwächsen. Darüber ist, insbesondere bei Heritabilitäten über 0.2, kaum noch ein Zuwachs zu erzielen. In der Praxis ist auch der Zeitfaktor zu beachten. Man wird nur zeitgleich oder früher geborene Vollgeschwister zur Zuchtwertschätzung heranziehen. Das Abwarten späterer Würfe würde das Generationsintervall verlängern, was nur in seltenen Fällen lohnenswert sein dürfte.

Tabelle 7.2: Effizienz der Selektion nach einem Index aus Eigen- und Vollgeschwisterleistung gegenüber der Individualselektion (n =Anzahl der Vollgeschwister)

n	h^2				
	0,05	**0,10**	**0,20**	**0,30**	**0,50**
2	1,107	1,097	1,087	1,061	1,033
3	1,200	1,178	1,128	1,105	1,054
4	1,283	1,242	1,188	1,139	1,069
5	1,357	1,308	1,228	1,166	1,080
6	1,424	1,361	1,262	1,188	1,089
7	1,486	1,408	1,291	1,206	1,095
8	1,542	1,451	1,316	1,222	1,101
9	1,595	1,489	1,338	1,239	1,106
10	1,643	1,524	1,357	1,246	1,109

7.7.2   Eigenleistung und Halbgeschwisterleistungen

Diese Art der Selektion ist für unipare Tiere, z.B. Rind und Schaf geeignet. Bei diesen Tierarten existieren oftmals sehr große Halbgeschwisterfamilien, deren Struktur in Abbildung 7.3 schematisch dargestellt ist. Diese Struktur umfasst keine VG innerhalb HG, d.h. n ist hier immer gleich eins.

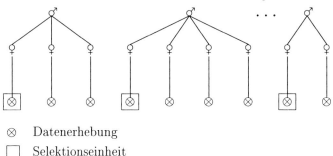

⊗   Datenerhebung

☐   Selektionseinheit

Abb. 7.3. Materialstruktur: Eigen- und Halbgeschwisterleistung

Der Index hat die Form

$$I = b_1 x + b_2 \overline{x}_{HG} \tag{7.55}$$

Die Effizienz zur Individualselektion ergibt sich als Quotient von

$$\frac{\Delta G_I}{\Delta G_x} = \frac{b_1 + \frac{1}{2}b_2 \left(\frac{1}{2} + \frac{1}{2m} + \frac{1}{mn} \right)}{\sqrt{b_1^2 + b_2^2 B + 2 b_1 b_2 B}} \tag{7.56}$$

mit

$$B = \left(\frac{1}{4}h^2 + \frac{\frac{1}{4}h^2}{m} + \frac{1 - \frac{1}{2}h^2}{mn} \right) \tag{7.57}$$

In Formel (7.56) wurde unterstellt, dass jede Halbgeschwistergruppe den gleichen Umfang m besitzt und innerhalb jeder Vollgeschwistergruppe n Vollgeschwister vorliegen. Der Proband oder die Selektionseinheit sind im Halbgeschwistermittel enthalten und das mögliche Vollgeschwistermittel ($n > 1$) wird nicht in den Index einbezogen.

In Tabelle 7.3 ist die Effizienz dargestellt.

Tabelle 7.3: Effizienz der Selektion nach einem Index aus Eigenleistung und dem Durchschnitt von m Halbgeschwistern gegenüber der Individualselektion

m	h^2				
	0,05	**0,10**	**0,20**	**0,30**	**0,50**
2	1,028	1,025	1,020	1,015	1,008
3	1,054	1,048	1,038	1,028	1,014
4	1,079	1,070	1,053	1,040	1,019
5	1,103	1,090	1,068	1,050	1,024
7	1,148	1,127	1,093	1,066	1,030
10	1,209	1,175	1,123	1,085	1,037
15	1,296	1,240	1,161	1,107	1,044
20	1,370	1,292	1,187	1,122	1,049
30	1,488	1,369	1,224	1,141	1,054
50	1,654	1,464	1,264	1,161	1,060

Es wird ersichtlich, dass Halbgeschwister als Informationsquelle weniger effizient sind als Vollgeschwister. Je nach Heritabilität benötigt man 4- bis 15-mal soviele Halb- wie Vollgeschwister, um den gleichen Selektionserfolg zu erzielen. Dafür sind aber oftmals Halbgeschwisterfamilien auch tatsächlich erheblich größer, so dass, wenn keine zusätzlichen Kosten zur Messung der Halbgeschwister entstehen, die Selektion auch effizienter sein kann.

7.7.3 Eigenleistung und Nachkommenleistung

Die Struktur des Materials ist in Abbildung 7.4 dargestellt.

Der Index hat die Form

$$I = \frac{h^2 B - \frac{1}{4}h^4}{B - \frac{1}{4}h^4} x_i + \frac{\frac{1}{2}h^2(1 - h^2)}{B - \frac{1}{4}h^4} \bar{x}_N \tag{7.58}$$

mit B nach (7.57). Die Effizienz dieses Index im Vergleich zur Individualselektion ergibt sich als Quotient

$$\frac{\Delta G_I}{\Delta G_x} = \frac{b_1 + \frac{1}{2}b_2}{\sqrt{b_1^2 + b_2^2 B + b_1 b_2 \cdot h^2}} \tag{7.59}$$

In den Tabellen 7.4 und 7.5 ist die Effizienz von (7.59) tabellarisch zusammengefasst.

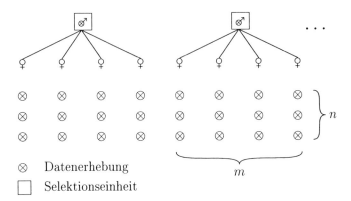

⊗ Datenerhebung

☐ Selektionseinheit

Abb. 7.4. Materialstruktur: Eigen- und Nachkommenleistung (n = Messwerte je VG-Gruppe; m = Anzahl VG-Gruppen je HG-Gruppe)

Tabelle 7.4: Effizienz der Selektion nach einem Index aus Eigen- und Nachkommen-leistung gegenüber der Individualselektion (n=1).

m	h^2					
	0,05	**0,10**	**0,15**	**0,20**	**0,30**	**0,50**
1	1,107	1,097	1,087	1,078	1,061	1,033
2	1,203	1,182	1,163	1,145	1,113	1,061
3	1,289	1,258	1,230	1,204	1,157	1,085
4	1,368	1,327	1,290	1,256	1,197	1,106
5	1,441	1,390	1,344	1,302	1,231	1,124
7	1,573	1,501	1,438	1,382	1,290	1,155
10	1,743	1,639	1,552	1,477	1,358	1,190
15	1,976	1,821	1,697	1,516	1,440	1,232
20	2,042	1,960	1,805	1,682	1,497	1,260
30	2,457	2,164	1,956	1,798	1,572	1,297
50	2,852	2,413	2,129	1,927	1,651	1,335

Tabelle 7.5: Effizienz der Selektion nach einem Index aus Eigen- und Nachkommenleistung gegenüber der Individualselektion (n = 2, 3, 5).

m	h^2								
	0,05			**0,10**			**0,15**		
	n=2	3	5	2	3	5	2	3	5
1	1,200	1,283	1,424	1,178	1,247	1,361	1,157	1,216	1,308
2	1,364	1,500	1,718	1,319	1,431	1,599	1,278	1,372	1,504
3	1,505	1,678	1,945	1,477	1,576	1,774	1,382	1,492	1,644
4	1,627	1,828	2,131	1,540	1,696	1,912	1,467	1,589	1,751
5	1,737	1,960	2,286	1,629	1,797	2,023	1,539	1,670	1,834
6	1,836	2,077	2,420	1,707	1,884	2,115	1,602	1,737	1,902

m	h^2								
	0,20			**0,30**			**0,50**		
	n=2	3	5	2	3	5	2	3	5
1	1,139	1,188	1,262	1,205	1,139	1,188	1,054	1,069	1,089
2	1,240	1,321	1,426	1,274	1,236	1,304	1,095	1,118	1,146
3	1,332	1,422	1,540	1,248	1,309	1,383	1,128	1,155	1,185
4	1,404	1,502	1,625	1,300	1,365	1,441	1,155	1,183	1,215
5	1,464	1,567	1,691	1,343	1,409	1,486	1,177	1,206	1,238
6	1,516	1,621	1,744	1,379	1,446	1,521	1,195	1,225	1,256

7.7.4   Nachkommenleistung

Ein häufig auftretender Fall sind geschlechtsbegrenzte Merkmale, die für männliche Tiere nur an Nachkommen erfasst werden können. Die Ableitung des Index wurde bereits im Abschnitt 7.2.3 behandelt. Die Struktur des Materials ist prinzipiell in Abbildung 7.4 dargestellt, wobei **keine** Datenerhebung bei den männlichen Tieren erfolgt. Die Effizienz dieses Index ist gegeben durch:

$$\frac{\Delta G_I}{\Delta G_x} = \sqrt{\frac{n}{4 + (n-1)h^2}} \qquad (7.60)$$

Bei der Betrachtung der Effizienz in Tabelle 7.6 fällt vor allem auf, dass bei Selektion auf Grund der Nachkommenleistung der Selektionserfolg geringer sein kann als bei der Individualselektion. Naturgemäß kann ein einzelner

Nachkomme nur die Hälfte der Sicherheit einer Eigenleistung erreichen, da er nur die Hälfte der Gene seines Vaters besitzt. Bei den hier dargestellten Fällen wird erst bei fünf bis sieben Nachkommen die Effizienz der Individualselektion überschritten. Je niedriger die Heritabilität des Merkmals, desto deutlicher wird aber die Überlegenheit der Selektion anhand von Nachkommenleistungen.

Tabelle 7.6: Effizienz der Selektion mit einem Index aus Nachkommenleistungen gegenüber der Individualselektion.

m	h^2					
	0,05	0,10	0,15	0,20	0,30	0,50
1	0,500	0,500	0,500	0,500	0,500	0,500
2	0,703	0,698	0,694	0,690	0,682	0,666
3	0,855	0,845	0,835	0,825	0,807	0,775
4	0,981	0,964	0,948	0,932	0,903	0,852
5	1,091	1,066	1,042	1,021	0,980	0,913
7	1,276	1,233	1,195	1,160	1,098	1,000
10	1,499	1,428	1,367	1,313	1,222	1,085
15	1,786	1,666	1,568	1,485	1,352	1,168
20	2,010	1,841	1,709	1,601	1,435	1,217
30	2,346	2,085	1,895	1,749	1,537	1,273
50	2,784	2,370	2,099	1,903	1,635	1,324
100	3,342	2,682	2,303	2,050	1,722	1,367

7.7.5 Selektion nach Eigen-, Voll- und Halbgeschwisterleistung

Diese Kombination von Informationsquellen entspricht weitgehend den praktischen Verhältnissen bei der Zucht von multiparen Tieren (Abb. 7.5).

Der Index hat die Form

$$I = b_1 x + b_2 \overline{x}_{VG} + b_3 \overline{x}_{HG} \tag{7.61}$$

Die Effizienz im Vergleich zur Individualselektion ist

$$\frac{\Delta G_I}{\Delta G_x} = \frac{b_1 + b_2 \left(1 + \frac{1}{n}\right) \frac{1}{2} + b_3 \frac{1}{2}\left(\frac{1}{2} + \frac{1}{2m} + \frac{1}{mn}\right)}{\sqrt{b_1^2 + b_2^2 A + b_3^2 B + 2 b_1 b_2 A + 2 b_1 b_3 B + 2 b_2 b_3 B}} \tag{7.62}$$

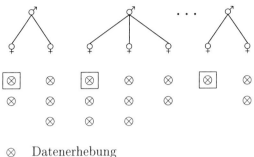

⊗ Datenerhebung

☐ Selektionseinheit

Abb. 7.5. Materialstruktur: Eigen-, Voll- und Halbgeschwisterleistung

$$\text{mit}\quad A = \frac{1 + (n-1)\frac{1}{2}h^2}{n} \quad \text{und} \quad B = \left(\frac{1}{4}h^2 + \frac{\frac{1}{4}h^2}{m} + \frac{1 - \frac{1}{2}h^2}{mn}\right) \qquad (7.63)$$

Diese Effizienz ist in Tabelle 7.7 zusammengefasst.

Tabelle 7.7: Effizienz der Selektion nach einem Index bestehend aus Eigen-, Voll- und Halbgeschwisterleistung gegenüber Individualselektion (m = Anzahl HG-Gruppen; n = Anzahl VG innerhalb HG-Gruppen.

	h^2							
m	0,05		0,10		0,15		0,20	
	n=2	n=3	n=2	n=3	n=2	n=3	n=2	n=3
3	1,18	1,26	1,15	1,22	1,13	1,19	1,12	1,16
5	1,26	1,34	1,21	1,28	1,18	1,23	1,15	1,18
7	1,32	1,42	1,26	1,33	1,21	1,27	1,18	1,22
9	1,38	1,48	1,30	1,37	1,25	1,29	1,20	1,23
11	1,42	1,54	1,33	1,40	1,27	1,31	1,22	1,24
13	1,48	1,58	1,36	1,43	1,29	1,33	1,23	1,25
15	1,52	1,62	1,39	1,45	1,30	1,34	1,24	1,26
17	1,54	1,66	1,41	1,47	1,32	1,35	1,25	1,28
19	1,58	1,68	1,43	1,48	1,33	1,36	1,26	1,30

Aus der Tabelle wird ersichtlich, dass diese Art der Kombination von Informationen in allen Fällen der Individualselektion überlegen ist.

8 Verpaarungssysteme - Inzucht und Kreuzungszucht

Grundsätzlich hat der Züchter zwei Möglichkeiten, die genetische Struktur einer Population zu beeinflussen und damit Zuchtfortschritt zu erzielen: die Selektion und die Art der Verpaarung der selektierten Tiere untereinander. Damit lassen sich die Frequenzen bestimmter Genotypen in einer Population beeinflussen. Mit dem bewährten Prinzip der Paarung von „Bestem" mit „Besten" sind schon lange vor der Anwendung populationsgenetischer Methoden in der Tierzucht beachtliche Zuchterfolge erreicht worden. Im Folgenden sollen die Verpaarungsmethoden systematisch dargestellt werden.

8.1 Systematik der Verpaarungssysteme

Ausgangspunkt einer Systematisierung der Verpaarungsmethoden ist die Panmixie oder Zufallspaarung, in der jedes Individuum die gleiche Chance zur Fortpflanzung und seine Nachkommen die gleiche Überlebenschance bis zur eigenen Fortpflanzung besitzen.

Unter diesen Bedingungen befindet sich die Population im genotypischen Gleichgewicht. Dieses theoretische Ideal wird weder unter praktischen Bedingungen noch in freier Wildbahn erreicht.

Unter künstlichen Bedingungen, z.B. beim Aufbau und dem Erhalt von Kontrollpopulationen oder in Genreservepopulationen, wird versucht, derartige panmiktische Verhältnisse anzustreben, um die Genotypfrequenzen in diesen Populationen annähernd konstant zu halten.

Unter den Bedingungen der künstlichen Selektion ist man dagegen bestrebt, die Allel- und Genotypfrequenzen so zu verändern, dass die Zuchtziele erreicht werden.

Eine Möglichkeit der Einteilung der Verpaarungsmethoden beruht auf der phänotypischen und/oder genetischen Ähnlichkeit bzw. Unähnlichkeit der Paarungspartner. Diese vierfache Untergliederung bildet die Grundlage für das Verständnis der unter praktischen Bedingungen angewendeten Paarungsmethoden, die in Abbildung 8.1 dargestellt sind. Vor der Umsetzung genetischer Erkenntnisse in die Zuchtarbeit erfolgte die Verpaarung ausschließlich auf der Grundlage phänotypischer Ähnlichkeiten bzw. Unähnlichkeiten. Die

Paarungssysteme

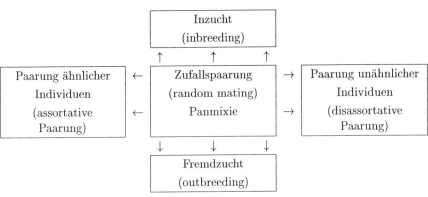

Abb. 8.1. Schematische Darstellung der Verpaarungssysteme

mit diesen Methoden erreichten Erfolge bestätigen den heutigen Kenntnisstand, dass phänotypische Ähnlichkeiten einen analogen genetischen Hintergrund besitzen. Sowohl die phänotypischen als auch die genetischen Ähnlichkeiten bzw. Unähnlichkeiten werden heute gemeinsam genutzt. Die genetischen Abhängigkeiten innerhalb der Paarungssysteme führen zur bewussten Anwendung der Inzucht bzw. zur Ausnutzung der Heterosis (Auszucht).

Die Panmixie bleibt der theoretische Vergleichsmaßstab für den Züchter. Wie bereits in früheren Kapiteln dargestellt, kann man unter diesen Bedingungen Rückschlüsse auf die Homo- und Heterozygotie der Allele ziehen. Finden Inzuchtpaarungen statt, d.h. die verpaarten Individuen sind näher miteinander verwandt als bei Zufallspaarung zu erwarten wäre, dann werden in den Nachkommen herkunftsgleiche Allele in erhöhtem Maße zusammengeführt. Der Anteil homozygoter Genotypen steigt folglich an. Im Gegensatz dazu führt die Fremd- oder Auszucht zu einer Erhöhung des Heterozygotiegrades. In Abbildung 8.2 sind die genetischen Konsequenzen der verschiedenen Paarungssysteme auf die additiv-genetische Verwandtschaft dargestellt.

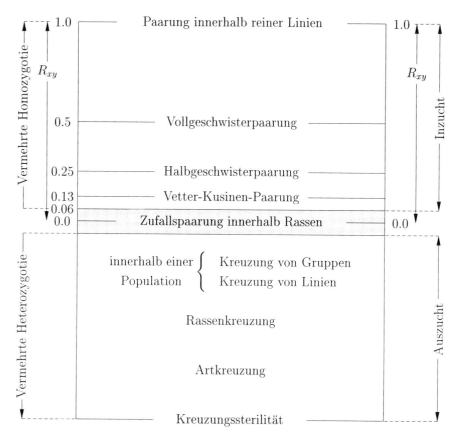

Abb. 8.2. Schematische Darstellung der Paarungssysteme hinsichtlich der Verwandtschaft der gepaarten Individuen (R_{xy} = Verwandtschaftskoeffizient)

8.2 Inzucht und Inzuchtdepression

Eine mögliche Folge gesteigerter Inzucht ist die sogenannte Inzuchtdepression. Hierunter versteht man den Rückgang von Leistungen infolge gesteigerter Inzucht, besonders in Merkmalen, die mit der Fitness der Individuen zusammenhängen. Dieses Phänomen hat eine komplementäre Seite, die als „hybrid vigour" oder Heterosiseffekt bezeichnet wird. Man versteht darunter die Erscheinung, dass die Kreuzung von ingezüchteten Linien oder Populationen zu einem positiven Effekt auf die metrischen Merkmale führt. Diese Tatsache wird seit dem Anfang des 20. Jahrhunderts in der Hybridzucht systematisch ausgenutzt. Inzucht als bewusste Zuchtmethode wird aus zwei Gründen angewandt:

- Zur Erzeugung von Inzuchtlinien für nachfolgende Kreuzungen zur Nutzung des Hybrideffektes.

- Zur Erzeugung genetisch uniformer Populationen, insbesondere bei Labortieren für die biologische und genetische Forschung.

Im Kapitel 3 sind die Auswirkungen der Inzucht hinsichtlich der Veränderungen der Allel- und Genotypfrequenzen beschrieben worden. In diesem Kapitel sollen die Konsequenzen für Mittelwert und Varianz metrischer Merkmale dargestellt werden.

8.2.1 Die Inzuchtdepression

Die Inzuchtdepression, d.h. durch Inzucht verursachter Leistungsrückgang, beruht generell auf einer Zunahme der Homozygotie (BREWBAKER 1967). Sie tritt insbesondere bei Merkmalen der Fitness, d.h. der reproduktiven Kapazität oder der physiologischen Effizienz auf.

Diese generellen Zusammenhänge bedürfen aber einer differenzierten Betrachtung, denn Homozygotie schlechthin gibt es nicht. Homozygotie bedeutet immer die Fixierung eines bestimmten Allels eines Gens und damit automatisch den Verlust des anderen Allels. Aus der Vielzahl der betroffenen Gene eines metrischen Merkmals und andererseits der möglichen Anzahl von Allelen eines Gens ergibt sich eine große Vielfalt an genetisch unterschiedlichen Situationen, die alle der Homozygotie entsprechen. In der Regel sind die beobachteten Inzuchtphänomene tatsächlich Ausdruck der Inzuchtdepression. Man muss aber auch darauf hinweisen, dass es genügend Beispiele gibt, wo keine Depression eines metrischen Merkmals auftritt und ebenfalls die Homozygotie der Allele vorliegt. Das führt zu einer wichtigen Schlussfolgerung, dass die o.g. These nicht in ihrer Umkehrung gilt, d.h. die Zunahme der Homozygotie muss nicht zwangsläufig zu Inzuchtdepression führen.

Ein weiteres Problem, was zu weitreichenden züchterischen Konsequenzen besonders in der Labortierzucht führt, ist die Tatsache, dass die Homozygotie für zwei Typen von Genen unterschiedlich zu bewerten ist.

Nach HIORTH (1963) werden zwei Typen von Inzuchtdepression unterschieden. Zum einen steigt in den frühen Generationen der Paarung eng verwandter Individuen die Wahrscheinlichkeit an, dass rezessive Defektgene in homozygoter Form auftreten. Zum anderen tritt eine allgemeine Inzuchtdepression auf, die sich von Generation zu Generation kumuliert und schließlich zu einem Inzuchtminimum führt. Das Auftreten von Defektgenotypen durch Inzucht ist für pflanzliche und tierische Organismen gleichermaßen charakteristisch. Demgegenüber fällt die allgemeine Inzuchtdepression bei Tieren (Insekten, Vögel, Nager, Haussäugetiere) in der Regel schwächer aus als bei allogamen Pflanzen. Zum Teil finden sich sogar Linien (Meerschwein, Ratte), ohne Vitalitätseinbuße bzw. mit einer höheren Vitalität als die nicht ingezüchteten Eltern. Existenzbedrohend wird die Inzucht für eine Population dann, wenn das Inzuchtminimum so niedrig ist, dass die Population zu schrumpfen beginnt.

Der Grad der allgemeinen Inzuchtdepression fällt bei verschiedenen Tierarten und auch bei verschiedenen Linien der gleichen Tierart verschieden aus. Während Mäuse als relativ inzuchtresistent gelten, sind Schweine eher anfällig für Inzuchtdepressionen. Außerdem erweist sich die Inzuchtdepression als stark milieuabhängig. Unter belastenden Umweltbedingungen sind die Auswirkungen gravierender als unter sehr guten Umweltbedingungen. Der Grad der Inzuchtdepression ist weiterhin abhängig vom natürlichen Fortpflanzungssystem der betreffenden Art, d.h. vom Grad der unter natürlichen Bedingungen vorkommenden Inzucht.

Interessanterweise führt Inzucht nicht unbedingt zu größerer phänotypischer Ähnlichkeit. Obgleich die genetische Variabilität der Inzuchtlinien gesetzmäßig stark abnimmt, bleibt durch den Verlust des genetischen Puffervermögens eine hohe Variabilität stark umweltabhängiger Merkmale, die insgesamt zu einem Anstieg der Umweltlabilität führt.

Die Fixierungswahrscheinlichkeit ist abhängig von der Populationsgröße, vom Verpaarungssystem und auch vom Merkmal, d.h. von der Anzahl der an der Merkmalsausbildung beteiligten Gene. Bei höheren Tieren stellt die Vollgeschwister- bzw. die Eltern-Nachkommen-Paarung die schärfste Form der Inzucht dar. Dabei beträgt die Fixierungswahrscheinlichkeit für einen einzelnen Locus nach zehn Generationen - bei großen Haussäugetieren also nach mehreren Jahrzehnten - noch immer nicht 100%. Noch geringer ist die Wahrscheinlichkeit, dass alle Loci, die zur Ausprägung eines bestimmten Merkmals beitragen, fixiert sind. Hinzu kommt, dass die natürliche Selektion zur Erhaltung eines höheren Heterozygotenanteils beiträgt. Für polygen bedingte Merkmale homozygote Individuen sind folglich unwahrscheinlich selten.

Eine durchgängige Homozygotie, wie sie bei Pflanzen durch eine Verdopplung des Chromosomensatzes bei haploiden Keimen möglich ist, kann

bei Haustieren im allgemeinen nicht erreicht werden. Die durch Partheno-
genese aus höchstwahrscheinlich reduzierten Eizellen hervorgehenden Puten
dürften solche absoluten Homozygoten darstellen. Die stets männlichen Tiere zeigen eine hohe Mortalität, umfangreiche Degenerationserscheinungen und
Fertilitätseinschränkungen verschiedenen Grades. Die zwischen den Tieren zu
beobachtende Variabilität dürfte genetisch bedingt sein und mit der zufalls-
gemäßen Fixierung jeweils unterschiedlicher Genkombinationen einher gehen.

Eine weitere genetische Konsequenz der Inzucht ergibt sich aus der Tatsache, dass die Ausgangspopulation stets in eine mehr oder weniger große
Anzahl isolierter Inzuchtlinien zerlegt wird, die ein unterschiedliches Schick-
sal erfahren. Innerhalb jeder Linie findet sich nur ein Teil der ursprünglich
vorhandenen Allele. Bei Erhaltung dieser Linien bleibt auch die genetische
Variabilität zumindest potentiell erhalten, wenngleich aufgrund der einge-
schränkten Rekombination die meisten Varianten unrealisiert bleiben. Die
Praxis zeigt, dass ein Großteil der Linien zusammenbricht bzw. verworfen
wird. Die verbleibenden Linien behalten nur einen Bruchteil der ursprünglich
in der Population vorhandenen genetischen Variabilität, obgleich aufgrund
der Divergenz der einzelnen Linien der phänotypisch wirksame Teil der genetischen Variabilität zunimmt. Somit bewirkt die Inzucht einen Informations-
verlust und steht im Gegensatz zur Heterosis, die die genetische Variabilität
in den Populationen bewahrt und dadurch sowohl zur aktuellen Fitness als
auch zur Aufrechterhaltung der evolutiven Flexibilität beiträgt.

8.2.2   Inzuchtdepression und Mittelwert

In der Tabelle 8.1 sind einige Beispiele für Inzuchtdepressionen dargestellt.
Diese sollen einen Überblick geben, bei welchen Merkmalen Inzuchtdepressionen auftreten und wie hoch deren Ausmaß ist. Verschiedene Untersuchungen
haben aber oft zu stark unterschiedlichen Ergebnissen geführt.

Tabelle 8.1: Beispiele von Inzuchtdepressionen. Mittelwertsveränderung je 10% Steigerung des Inzuchtkoeffizienten (modifiziert nach FALCONER 1984)

	in Einheiten	in % von Mittel	in % von σ_p
Mensch			
Größe (cm) bei 10 Jahren;	2,0	1,6	37
(SCHULL 1962)			
Intelligenzquotient (%-Punkte);	4,4	4,4	29
(MORTON 1978)			
Rind (ROBERTSON 1954)			
Milchleistung (kg)	13,5	3,2	17
Schaf (MORLEY 1954)			
Vliesgewicht (kg)	0,29	5,5	51
Körpergewicht bei einem Jahr (kg)	1,32	3,7	36
Schwein (BERESKIN et al. 1968)			
Wurfgröße	0,24	3,1	9
(Anzahl lebend geb. Ferkel) (a)			
Körpergewicht bei 154 Tagen (kg)	2,6	4,3	15
Maus			
Wurfgröße;	0,56	7,2	23
(BOWMAN und FALCONER 1960) (b)			
6-Wochen-Gewicht (g);	0,19	0,6	7
(WHITE 1972)			
Mais			
(CORNELIUS und DUDLEY 1974) (c)			
Pflanzenhöhe (cm)　　　(VG)	5,2	2,1	4
(S)	5,65	2,3	5
Körnerertrag (g/Pflanze)　(VG)	7,92	5,6	25
(S)	9,65	6,8	30

(a)　Mütter ingezüchtet, Würfe nicht ingezüchtet

(b)　fortgesetzte Vollgeschwisterpaarung. Würfe sind eine Generation weiter ingezüchtet.

VG　=　fortgesetzte Vollgeschwisterpaarung

S　　=　Selbstung

Bei den nachfolgenden Betrachtungen unterstellen wir, dass eine nicht ingezüchtete Ausgangspopulation in mehrere gleichgroße Teilpopulationen unterteilt wird, in denen sich gleiche Inzuchtsteigerungen pro Generation ergeben. Die Inzuchtdepression wird aber nicht in jeder Teilpopulation gleich sein, da durch Zufallseinflüsse unterschiedliche Allele fixiert werden. In diesem Modell bezieht sich das Populationsmittel auf die Gesamtpopulation und die Inzuchtdepression auf die Verringerung dieses Mittels. Wie im Kapitel 3 bereits beschrieben, wird durch Inzucht die Allelfrequenz in der Gesamtpopulation nicht beeinflusst. Daraus folgt, dass die Veränderungen im Populationsmittel allein auf die Veränderungen der Genotypfrequenzen weg vom HWG zurückgeführt werden. Durch Inzucht erhöht sich der Anteil homozygoter Genotypen zu Lasten der Anzahl heterozygoter Genotypen. Deshalb muss die Veränderung des Populationsmittels mit dem Unterschied in den Genotypwerten homozygoter und heterozygoter Individuen zusammenhängen. Betrachten wir nun etwas genauer, wie das Populationsmittel vom Inzuchtgrad abhängt.

Die Gesamtpopulation ist in eine Anzahl Teilpopulationen mit jeweils dem (erwarteten) Inzuchtkoeffizienten F unterteilt. In der Tabelle 8.2 sind die drei Genotypen eines Gens mit 2 Allelen und ihrer Genotypfrequenz in der Gesamtpopulation dargestellt. Die Genotypfrequenzen der Gesamtpopulation werden mit $\overline{p}$ und $\overline{q}$ bezeichnet und in die Spalte 3 die entsprechenden Werte der Genotypen eingetragen. Die Werte und Genotypfrequenzen sind in der letzten Spalte miteinander multipliziert, und die Summe über die Genotypen ermittelt den Beitrag dieses Genorts zum Populationsmittel.

Tabelle 8.2: Einfluss der Inzucht auf die Genotypfrequenz

Genotyp	Frequenz	Wert	Frequenz × Wert
A_1A_1	$\overline{p}^2 + \overline{p}\,\overline{q}F$	$+a$	$\overline{p}^2 a + \overline{p}\,\overline{q}aF$
A_1A_2	$2\overline{p}\,\overline{q} - 2\overline{p}\,\overline{q}F$	d	$2\overline{p}\,\overline{q}d - 2\overline{p}\,\overline{q}dF$
A_2A_2	$\overline{q}^2 + \overline{p}\,\overline{q}F$	$-a$	$-\overline{q}^2 a - \overline{p}\,\overline{q}aF$
Summe:	$= a(\overline{p} - \overline{q}) + 2d\overline{p}\,\overline{q} - 2d\overline{p}\,\overline{q}F = a(\overline{p} - \overline{q}) + 2d\overline{p}\,\overline{q}(1 - F)$		

An einem einzelnen Genort ergibt sich der mittlere Genotypwert bei einem Inzuchtkoeffizienten F in der Population als

$$M_F = a(\overline{p} - \overline{q}) + 2\overline{p}\,\overline{q}d(1 - F)$$
$$= M_0 - 2\overline{p}\,\overline{q}dF \tag{8.1}$$

wobei M_0 das Populationsmittel ohne Inzucht darstellt.

Durch die Inzucht verändert sich der Mittelwert um $-2dpqF$. Ein Genort kann also nur dann an der Inzuchtdepression beteiligt sein, wenn Dominanz auftritt. Anderenfalls ist d gleich Null und der Genort ist „immun" gegen Inzucht. Am Vorzeichen ist erkennbar, dass die Inzuchtdepression immer eine Veränderung in Richtung auf den Wert des rezessiven Genotyps mit sich bringt.

Betrachtet man die Gesamtheit aller Genorte, die an der Ausprägung eines Merkmals beteiligt sind, so ergibt sich die Inzuchtdepression als:

$$M_F - M_0 = 2F \sum dpq \tag{8.2}$$

Da verschiedene Genorte unterschiedliche Dominanzgrade aufweisen, können sich die Teilwirkungen verstärken oder aufheben. Wichtig für das Auftreten von Inzuchtdepression ist das Vorhandensein von gerichteter Dominanz, d.h. in der Summe aller Genorte müssen die Dominanzeffekte in eine Richtung tendieren[1].

Eine weitere Schlussfolgerung aus Formel (8.2) ist, dass die Inzuchtdepression linear vom Inzuchtkoeffizienten F abhängt. Deshalb wird die Schätzung der Inzuchtdepression häufig als lineare Regression vom Merkmalswert auf den Inzuchtkoeffizienten vorgenommen. Dies setzt jedoch voraus, dass epistatische Effekte keine Rolle spielen.

In unseren praktischen Zuchtpopulationen wird üblicherweise darauf geachtet, Inzucht wann immer möglich zu vermeiden. Dennoch sind natürlich aufgrund der begrenzten Populationsgrößen, scharfer Selektion und historischer „Flaschenhälse" beim Aufbau der Rassen auch große Rassen teilweise ingezüchtet, auch wenn man diese Inzucht anhand der Zuchtbücher nicht unbedingt nachweisen kann. Innerhalb von Populationen kann aufgetretene Inzucht nicht wieder rückgängig gemacht werden.

Beispiel 8.1 Inzuchtdepression im Merkmal Fruchtbarkeit bei der Labormaus (SCHÜLER 1982a). Nach 33 Generationen gerichteter Selektion auf Fruchtbarkeit wurden 12 unverwandte Paare systematisch mittels Bruder-Schwester-Paarung über 10 Generationen ingezüchtet. In Abbildung 8.3 sind zwei Merkmale, die mittlere Anzahl lebend Geborener des 1. Wurfes (WG 1) und die Wurfmasse (g) zum Absetzzeitpunkt (WM 21) dargestellt. Die Abbildung stellt die Merkmale in Abhängigkeit vom Inzuchtkoeffizienten dar. Die dicke Linie in Abbildung 8.3 stellt die lineare Regression der Merkmalsmittelwerte auf die Generationen dar. Sie zeigt an, um

---

[1] Umgekehrt kann man also aus dem Auftreten von Inzuchtdepression auf das Vorhandensein von gerichteter Dominanz schließen, d.h. bei Merkmalen, bei denen Inzuchtdepressionen beobachtet werden, spielen Dominanzeffekte eine Rolle.

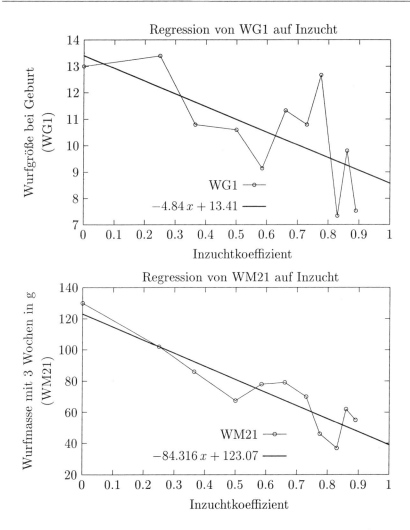

Abb. 8.3. Effekt der Inzucht auf die Merkmale der Wurfgröße bei Geburt und die Körpermasse mit 3 Wochen von Mäusen (SCHÜLER 1982a).

wieviel Einheiten die Leistung im Mittel der 10 Generationen engster Inzucht gesunken ist. Die Tabelle 8.3 verdeutlicht aber auch, dass nicht alle Merkmale mit einer Depression reagierten, obwohl es sich im weiteren Sinne immer um Merkmale der Fruchtbarkeit handelte.

Tabelle 8.3: Mittlere Inzuchtdepression gemessen als lineare Regressionskoeffizienten über 10 Generationen Bruder×Schwester Paarung (a) und Mittelwertsänderungen je 10 % Steigerung des Inzuchtkoeffizienten (b) bei Mäusen.

Merkmale	a	b
Wurfgröße bei Geburt	-0,42±0,15*	-0,48
Wurfgröße beim Absetzen	-0,55±0,10*	-0,62
Verluste (Geburt-Absetzen)	0,67±0,19*	0,77
Wurfmasse bei Geburt (g)	-1,13±0,20*	-0,36
Wurfmasse beim Absetzen (g)	-6,65±1,40*	-8,43
Alter zur Pubertät (Tage)	0,36±0,28 -	-
Körpermasse zur Pubertät	0,03±0,23 -	-
Ovulationsanzahl	0,05±0,26 -	-
Körpermasse mit 6 Wochen (σ, g)	-0,85±0,35*	-
Körpermasse mit 6 Wochen (φ, g)	-0,48±0,26*	-

*) Inzuchtdepression signifikant von Null verschieden bei 5 % Irrtumswahrscheinlichkeit

Die Interpretation der Ergebnisse der Tabelle 8.3 über die mittlere Inzuchtdepression ist durch maternale Effekte erschwert. Maternal beeinflusste Merkmale gehören bei Säugetieren zu den Eigenschaften, die mit am empfindlichsten auf Inzucht reagieren. Die Wirkung der Inzucht und damit der Inzuchtdepression auf derartige Merkmale enthält zwei Komponenten. Einerseits die Inzucht des gemessenen Individuums selbst und zum anderen die Inzucht der Mutter. Bei kontinuierlicher Inzüchtung, wie diese im Beispiel 8.1 realisiert wurde, unterscheiden sich die Inzuchtkoeffizienten zwischen der Mutter und den Nachkommen in den ersten Generationen beträchtlich. Diese Unterschiede werden durch die Art und Weise der Darstellung in Tabelle 8.3 ignoriert. Erst nach ca. 5 Generationen verlieren sich diese Differenzen.

8.2.3   Inzuchtdepression und Selektion

Da jegliche Inzucht eine Reduktion der Fitness verursacht, wirkt die natürliche Selektion immer entgegen der Inzuchtdepression. Die Gegenwirkung der natürlichen Selektion darf daher nicht vernachlässigt werden, wenn die Auswirkungen der Inzucht beurteilt werden. Die Wirkung der natürlichen Selektion besteht darin, dass der tatsächliche Homozygotiegrad niedriger ausfällt, als aufgrund der statistischen Wahrscheinlichkeit zu erwarten wäre. Es tritt also eine Verzögerung bei der Fixierung der Allele ein.

Andererseits kann man auch durch künstliche Selektion gegen die Inzuchtdepression selektieren. Wenn die Selektion dazu führt, dass Allele, die die Fruchtbarkeit positiv beeinflussen, schneller homozygot werden, als auf der Grundlage der zufälligen Fixierung zu erwarten ist, dann kann der Züchter eine Verminderung der Inzuchtdepression ohne Verzögerung der Fixierung erreichen. Diese Methode der Selektion gegen die Inzuchtdepression ist aber nur anwendbar, wenn zwischen verschiedenen, gleich stark ingezüchteten Teilpopulationen selektiert werden kann[2]. Sie führt dazu, dass immer nur die besten Teilpopulationen erhalten werden und diejenigen mit der höchsten Inzuchtdepression (nicht unbedingt mit dem höchsten Inzuchtkoeffizienten) eliminiert werden. Diese Art der Selektion zwischen Teilpopulationen wird angewandt, wenn es darum geht, Inzuchtpopulationen in der Modelltierzucht zu erzeugen. In der Versuchstierzucht werden Inzuchtlinien definiert als Populationen mit 20 Generationen Inzestpaarung (Bruder × Schwester, Vater × Tochter, Mutter × Sohn). Derartige Populationen haben einen Inzuchtkoeffizienten von mindestens $F = 0,986$. Da während der Selektion Linien gemerzt werden sollen, wird der Selektionsprozess mit 20 bis 50 unverwandten Ausgangselternpaaren gestartet, um genügend Selektionsmöglichkeiten zwischen den ingezüchteten Teilpopulationen zu erhalten.

Aber gerade die Inzuchtlinien bei Mäusen zeigen noch ein anderes Phänomen. In Experimenten von McCarthy (1965); Falconer (1971) und Eklund und Bradford (1977) wurde gezeigt, dass es möglich ist, durch Selektion zwischen ingezüchteten Teilpopulationen Linien zu erhalten, die in ihren Leistungen über dem Niveau der nicht ingezüchteten Ausgangspopulationen liegen. Dieses Phänomen ist erklärbar durch die Tatsache, dass die Frequenz des besseren Homozygoten in der nicht ingezüchteten Ausgangspopulation unterhalb der Gleichgewichtsfrequenz liegt, denn nur dann kann Inzucht die mittlere Leistung erhöhen (Minvielle 1979).

Die Wirkung der künstlichen Selektion auf die Erreichung der Homozygotie und die Inzuchtdepression ist nicht linear. Sie hängt davon ab, ob die Allelfrequenzen mit ihren Gleichgewichtswerten starten oder nicht und davon, ob die Gleichgewichtsfrequenz intermediär oder extrem ist. Ist die Ausgangsallelfrequenz im Gleichgewicht, so reduziert die Selektion die Inzuchtdepression, indem die Annäherung an die Homozygotie verzögert wird, wenn beide

---

[2]   Eine Selektion innerhalb der Populationen würde nach unserer Theorie dazu führen, dass bevorzugt Heterozygote selektiert werden und damit die Fixierung verlangsamen.

Homozygoten annähernd in ihrer Fitness gleich sind. Sie reduziert die Rate und die absolute Größe der Inzuchtdepression, wenn die beiden Homozygoten in ihrer Fitness sehr unterschiedlich sind, denn dann wird die Fixierung des besseren Homozygoten gefördert.

8.2.4   Uniformität von Inzuchtpopulationen

Inzuchtpopulationen mit einem Inzuchtkoeffizient größer als 0,986 werden in großem Umfang als Testobjekte in vielen Bereichen der biologischen Forschung eingesetzt. Die Uniformität dieser Populationen hinsichtlich des Genotyps und des Phänotyps machen derartige Tiere zu begehrten Versuchsobjekten, weil sich Unterschiede zwischen Behandlungen statistisch mit einer geringeren Tierzahl absichern lassen, wenn die Varianz der Merkmale kleiner ist. Die Varianz der Merkmale bei Inzuchttieren hängt nur von der umweltbedingten Varianz ab, da durch die Inzucht die genetische Varianz entfernt wurde. Andererseits kann man bei vielen Inzuchtpopulationen eine erhöhte Umweltsensitivität und damit auch eine erhöhte umweltbedingte Varianz beobachten. Diese kann größer sein als die durch Inzucht reduzierte genetische Varianz, so dass Inzuchtpopulationen phänotypisch variabler sein können als die nicht ingezüchteten Ausgangspopulationen.

Ideal für den Versuchsansteller sind F_1-Populationen aus zwei verschiedenen Inzuchtlinien, die sich durch genetische Uniformität ohne erhöhte Umweltvariation auszeichnen. Sie haben außerdem den Vorteil, dass aufgrund der hohen Heterozygotie - theoretisch sind 100% möglich - diese Tiere eine verbesserte Vitalität und Fruchtbarkeit aufweisen. Der Nachteil der Erzeugung von F_1-Tieren besteht in der notwendigen Haltung und Zucht von zwei divergenten Inzuchtlinien. Aber es gibt noch einen weiteren Nachteil der Verwendung von Inzucht- bzw. F_1-Tieren. Da alle Tiere innerhalb einer Population den gleichen Genotyp besitzen, gelten die Ergebnisse der biologischen Testung nur für diesen Genotyp. Verallgemeinerungen auf andere Genotypen sind aus statistischer Sicht nicht zulässig.

Wenn es darauf ankommt, eine Vielzahl von Genotypen zu prüfen, so hat man die Möglichkeit, verschiedene Inzuchtpopulationen einzusetzen oder sogenannte Auszuchtpopulationen zu verwenden. Auszuchtpopulationen sind durch systematische Kreuzungen verschiedener Ausgangspopulationen erzeugt worden und werden mit dem Ziel gezüchtet, die genetische Variabilität hoch zu halten. Wie in Kapitel 2 gezeigt wurde, kann dies durch eine große effektive Populationsgröße und Zuchtmethoden zur Vermeidung von Inzucht erreicht werden.

Beispiel 8.2 Eine Auszuchtpopulation der Maus (Fzt-DU), die für viele Fragen der Selektionstheorie als Modell für Nutztiere eingesetzt wurde, ist bei SCHÜLER (1985) beschrieben. Diese Population entstand durch systematische Kreuzung von vier Inzuchtlinien (BA/Bln; AB/Bln; C57BL/Bln; XVII/Bln) und vier Auszuchtpopulationen (NMRI, Han: NMRI, Han: CFW, Han: cF_1) über 6 Generationen. Die wichtigsten phänotypischen Parameter und die Heritabilitätskoeffizienten sind in der Tabelle 8.4 dargestellt. Die Heritabilitäten wurden mittels Mutter-Tochter-Regression über simulierte Selektion ermittelt, wobei ein Datenmaterial von 1600 bis 1900 Datenpaaren zur Verwendung kam.

Tabelle 8.4: Heritabilitätskoeffizienten und phänotypische Parameter des Auszuchtstammes FzT:DU der Labormaus

Merkmal	$h^2 \pm s_h^2$	$\bar{x}$	s_p^2
Fruchtbarkeit			
a) postnatale Fruchtbarkeitsmerkmale des 1. Wurfes			
Wurfgröße bei Geburt	$0,05 \pm 0,04$	10,77	5,56
Wurfmasse bei Geburt	$0,12 \pm 0,04$	16,62	12,29
Wurfgröße am 21. Lebenstag	$0,04 \pm 0,05$	9,68	4,86
Wurfmasse am 21. Lebenstag	$0,27 \pm 0,04$	91,95	384,70
Verluste vom 0. bis 21. Lebenstag	$0,05 \pm 0,05$	1,01	1,87
b) pränatale Fruchtbarkeitsmerkmale des 2. Wurfes			
Ovulationsrate	$0,36 \pm 0,04$	15,09	6,32
Anzahl lebender Feten (AIF)	$0,11 \pm 0,04$	12,31	6,96
Implantationsrate (IR)	$0,12 \pm 0,04$	12,98	6,22
Embryonalmortalität	$0,14 \pm 0,04$	2,11	4,51
Wachstum			
Körpermasse zweier ♀♀ am 21.Lebenstag	$0,17 \pm 0,05$	19,34	11,15
Körpermasse zweier ♂♂ am 21. Lebenstag	$0,15 \pm 0,05$	19,80	12,54
Körpermasse zweier ♀♀ am 42. Lebenstag	$0,27 \pm 0,05$	43,15	12,82
Körpermasse zweier ♂♂ am 42. Lebenstag	$0,13 \pm 0,05$	54,17	25,90
Zuwachs der ♀♀ vom 21. zum 42. Lbtg.	$0,18 \pm 0,05$	23,80	9,68
Zuwachs der ♂♂ vom 21. zum 42 Lbtg.	$0,11 \pm 0,05$	34,38	14,56
Belastbarkeit (Open-field-Test) mit 9 Wochen			
Latenzperiode (sek.)	$0,27 \pm 0,05$	23,32	356,2
lokomotorische Aktivität	$0,29 \pm 0,05$	99,44	1622

Die Inzuchtlinien bei Modelltieren zeigen aber noch eine weitere Eigenschaft, die konträr zur vorgegebenen Theorie der Inzucht ist. Wie bereits gesagt, werden Inzuchtlinien bei Modelltieren als Populationen mit einem Inzuchtkoeffizienten von 0,986 oder höher definiert. Die heute existierenden Inzuchtlinien bei Mäusen haben eine über mehr als 100, teilweise sogar mehr als 200 Generationen erfolgte kontinuierliche Inzestpaarung hinter sich. Sie sind also nach der Theorie als vollständig homozygot zu betrachten, was u.a. über die Transplantationen von Haut und Organen nachgewiesen wird. Transplantationen in solchen Inzuchtpopulationen sind mit keinen Abstoßungsreaktionen verbunden. In der Zuchtstufe dieser Linien wird dennoch ständig auf höhere Fruchtbarkeit bzw. gegen die Inzuchtdepressionen selektiert, d.h. es erfolgt eine Selektion zwischen verschiedenen Bruder-Schwester-Paaren, die auch noch gewisse Erfolge zeigt.

Eine mögliche Erklärung dieser vorhandenen Varianzen stammt von GÄRTNER (1982), der sie als „intangible Varianz" oder Plastizität bezeichnete. Diese Varianz ist in der Versuchstierkunde durch keine Standardisierungsmaßnahme der Umweltbedingungen und des Genotyps weiter einzuengen. Diese Plastizität ist aber auch über den bereits erwähnten Ansatz von HIORTH (1963) als Restheterozygotie erklärbar. D.h. das Inzuchtminimum ist ein Ergebnis der natürlichen Selektion, die verhindert, dass eine vollständige Homozygotie erreicht wird. Mit anderen Worten bedeutet dies, dass die natürliche Selektion insbesondere bei Genen, die für die Erhaltung der Art verantwortlich sind, die Zunahme der Homozygotie über ein Maximum hinaus nicht zulässt. Die dann noch verbleibende Heterozygotie entspricht der o.g. „intangiblen" Varianz.

8.2.5 Die Heterosis

Heterosis oder die Überlegenheit von Hybriden („hybrid vigour") ist ein Phänomen, dass den Züchtern lange bekannt ist und neben der Inzucht wesentlich zur Entstehung der Rassen und Linien beigetragen hat. Die Heterosis ist die Aufhebung von Inzuchtdepression bei der Kreuzung von Inzuchtlinien im engeren Sinne.

> Allgemein spricht man von Heterosis, wenn bei Kreuzungen die Leistungen der Nachkommen vom Mittel der beiden Elternpopulationen abweichen. Diese Definition beinhaltet, dass Heterosis sowohl positiv als auch negativ sein kann.

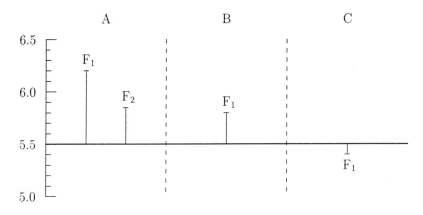

5.5 = Mittelwert der Elternpopulationen

Abb. 8.4. Schematische Darstellung von drei möglichen Formen der Heterosis nach Kreuzung zweier unterschiedlicher Elternpopulationen

Elternpopulation 1 (P1) Mittelwert = 5
Elternpopulation 2 (P2) Mittelwert = 6

$A =$ Positive Heterosis

$\qquad F_1 = 6{,}2 \qquad\qquad H = 6{,}2 - 5{,}5 = 0{,}7 \,\widehat{=}\, 12{,}7\%$

$\qquad F_2 = 5{,}85 \qquad\qquad H_{F_2} = 0{,}5 \cdot H_{F_1}$

$B =$ Positive Heterosis

$\qquad F_1 = 5{,}8 \qquad\qquad H = 5{,}8 - 5{,}5 = 0{,}3 \,\widehat{=}\, 5{,}5\%$

$C =$ Negative Heterosis

$\qquad F_1 = 5{,}4 \qquad\qquad H = 5{,}4 - 5{,}5 = -0{,}1 \,\widehat{=}\, -1{,}8\%$

Aus genetischer Sicht basiert die Heterosis auf der Erhöhung der Heterozygotie, wenn sich die beiden Ausgangspopulationen in ihrer Allelfrequenz unterscheiden. Im Extremfall der Kreuzung zweier unterschiedlicher vollständig ingezüchteter Populationen kann die Heterozygotie in der F_1-Generation 100% betragen.
Wie hoch die beobachtete Heterosis ist, hängt von zwei Faktoren ab:

1. Von der selektionsbedingten Differenz der Allelfrequenzen an den einzelnen Genorten und

2. vom Vorhandensein gerichteter Dominanz, also der Anfälligkeit des Merkmals gegen Inzuchtdepressionen.

FALCONER (1984) weist nach, dass die Heterosis für ein bestimmtes Merkmal als:

$$H_{F_1} = M_{F_1} - M_{\bar{p}} = \sum d(p - p')^2 \tag{8.3}$$

ausgedrückt werden kann. Dabei ist M_{F_1} der Mittelwert der Kreuzungspopulation und $M_{\bar{p}}$ der Durchschnitt der beiden Elternpopulationen. p und p' sind die Allelfrequenzen in den beiden Elternpopulationen. Die Heterosis entspricht also der Abweichung der Kreuzungspopulation vom Durchschnitt der beiden Elternpopulationen. Aus (8.3) folgt, dass die Heterosis maximal ist, wenn die beiden Linien für unterschiedliche Allele fixiert sind. In diesem Fall ist die Differenz $p - p'$ entweder 1 oder -1 und die Heterosis ist die Summe aller Dominanzabweichungen.

Die wichtigste Schlussfolgerung aus (8.3) lautet, dass die Heterosis spezifisch für jede bestimmte Kreuzung ist, weil bei jeder Kreuzung andere Allelfrequenzdifferenzen auftreten werden. Daher kann das Studium von Literaturergebnissen über die Heterosis bei bestimmten Kreuzungen nur einen allgemeinen Eindruck davon geben, wie hoch oder niedrig die Heterosis sein kann. Sie kann aber nicht die Schätzung der Heterosis in einer konkreten Situation ersetzen!

Züchtet man mit der F_1 weiter, so reduziert sich im allgemeinen die beobachtete Heterosis um die Hälfte. FALCONER (1984) zeigt, wie dies anhand der Mittelwerte von F_1 und F_2 erklärt werden kann. Intuitiv kann man aber auch argumentieren, dass bei einer Kreuzung der F_1-Individuen untereinander in der Hälfte aller Fälle wieder Allele aus derselben Ausgangspopulation aufeinandertreffen werden. Daher kann auch nur die Hälfte der Inzuchtdepression in den Ausgangslinien aufgehoben werden.

8.3 Effekte bei Kreuzung

Bisher haben wir die Wirkung der Kreuzung auf einzelne Genorte in einem einzelnen Merkmal bei dem gekreuzten Individuum selbst betrachtet. Mit additiver Genwirkung und Heterosis alleine lässt sich jedoch das komplizierte Geschehen bei Kreuzungen nur unzureichend beschreiben. In praktischen

Zuchtprogrammen finden nicht nur Einfachkreuzungen, sondern in den meisten Fällen Mehrfachkreuzungen (Drei- bzw. Vierlinienkreuzungen) statt. Damit können auch die Eltern von Endprodukten selbst Heterosiseffekte zeigen, die wiederum die Leistung des Endproduktes beeinflussen können.

8.3.1 Direkte bzw. Linieneffekte

Dies sind die unmittelbaren Wirkungen der an einer Kreuzung beteiligten Linien auf das betrachtete Merkmal. Ihrer Natur nach handelt es sich weitgehend um additiv genetische Effekte. Ein Teil der Wirkung kann jedoch auch auf Dominanzeffekten beruhen, wenn in beiden Linien dieselben Allele vorkommen und der Heterozygotiegrad innerhalb der Linie an einem Locus ähnlich ist wie der zwischen Linien.

8.3.2 Maternale bzw. paternale Effekte

Maternale bzw. paternale Effekte gehören zu den additiv genetischen Effekten. Man versteht darunter eine additiv genetische Veranlagung der Mutter- bzw. Vaterlinie, die einen Einfluss auf die Leistung des Kreuzungsprodukts aufweist. In der Regel handelt es sich dabei um eine Veranlagung in einem *anderen* als dem beim Nachkommen beobachteten Merkmal.

Beispielsweise wissen wir, dass die Uterusgröße eines Muttertiers einen Einfluss auf das prä- und postnatale Wachstum der Nachkommen aufweist. Verwendet man also eine Mutterrasse, die besonders günstige pränatale Entwicklungsmöglichkeiten bietet, so werden die Nachkommen ein höheres Geburtsgewicht aufweisen und eine höhere Wachstumsleistung erbringen, als man aufgrund der beiden Ausgangsrassen erwartet hätte. Aufgrund der additiv genetischen Veranlagung der Mutterrasse im Merkmal Uterusgröße beobachten wir eine gesteigerte Leistung der Kreuzungsnachkommen im Merkmal tägliche Zunahme.

Wie kann man einen solchen maternalen Effekt von einem Heterosiseffekt bei den Kreuzungsnachkommen unterscheiden? Bei der *reziproken Kreuzung* („große" Rasse als Vaterrasse, „kleine" Rasse als Mutterrasse) entwickeln sich Nachkommen mit denselben Heterosiseffekten in einem kleineren Uterus. Demzufolge wird auch die tägliche Zunahme geringer ausfallen. Die Differenz der Leistungen zwischen den beiden reziproken Kreuzungen entspricht dem maternalen Effekt der „großen" Rasse, ausgedrückt als Abweichung vom maternalen Effekt der „kleinen" Rasse.

Maternale Effekte kann man schwer als genetisch oder nichtgenetisch definieren. Aus der Sicht des Nachkommen stellt z.b. die Uterusgröße einen Umwelteffekt dar (der Uterus ist die Umwelt der pränatalen Entwicklung). Aus der Sicht der Mutterrasse besteht natürlich eine genetische Veranlagung für die Größe des Uterus. Weitere Faktoren, die maternale Effekte verursachen können, wenn die Nachkommen nicht mutterlos aufgezogen werden, sind:

- Milchleistung

- mütterliches Verhalten

- Immunglobulingehalt im Kolostrum

Für paternale Effekte fällt es schwerer, aussagekräftige Beispiele zu finden. Wie wir später sehen werden, ist es in der Praxis auch nahezu unmöglich, maternale und paternale Effekte bei der Schätzung von Kreuzungsparametern zu trennen. In der Fleischrinderzucht treten paternale Effekte z.B. beim Kalbeverlauf auf. Bei der Verwendung schwerer Vaterrassen auf leichten Mutterrassen können die Kälber ein zu hohes Geburtsgewicht errreichen. Dies führt zu vermehrten Kalbeschwierigkeiten und damit zu einer erhöhten perinatalen Mortalität.

8.3.3   Stellungseffekte

Der Begriff der Stellungseffekte ist mathematisch nicht exakt definiert. Der Begriff der Stellungs- oder Kombinationseffekte wurde 1964 von SMITH geprägt und ist somit älter als die Begriffe maternaler und paternaler Effekt. Man kann Stellungseffekte einmal als Differenz zwischen maternalen und paternalen Effekten in einem Merkmal betrachten (s. unten). In diesem Fall beziehen sich die Stellungseffekte auf maternale bzw. paternale Differenzierung *in einem Merkmal.*

In der Arbeit von SMITH (1964) beziehen sich Stellungseffekte auf die *Gesamtheit aller Merkmale* in einem Kreuzungsprodukt. Sie beruhen bei einem rein additiven Zusammenwirken der Gene beider Kreuzungspartner auf einer unterschiedlichen Veranlagung beider Partner in verschiedenen Merkmalen.

Das klassische Beispiel für die Ausnutzung von Kombinationseffekten ist die Einfachkreuzung PI×DL beim Schwein. Die Pietrainrasse ist gekennzeichnet durch eine hohe Fleischleistung bei gleichzeitig geringer Wurfgröße. Die Deutsche Landrasse weist dagegen bei geringerer Fleischleistung eine hohe Wurfgröße auf. Verwendet man in der Einfachkreuzung Pietrain als Vater-

und DL als Mutterrasse, so entspricht die Wurfgröße derjenigen der DL in Reinzucht, während die Fleischleistung durch den Pietrainvater deutlich über das Niveau der DL gehoben wird. Allein durch die geschickte Ausnutzung der differenzierten Veranlagung beider Rassen wird eine Verbesserung des Produkts erreicht.

8.3.4   Individuelle Heterosis

Individuelle Heterosis ist die Heterosis, die beim Endprodukt selbst beobachtet werden kann. Sie beruht hauptsächlich auf nichtadditiv genetischen Effekten. Das Zustandekommen wurde bereits im Abschnitt 8.2.5 beschrieben. Theoretisch entspricht die individuelle Heterosis der Überlegenheit der Kreuzungsnachkommen über den Durchschnitt der beiden Eltern[3]. Für den Praktiker interessanter ist jedoch die Heterosis, bei der der Nachkomme besser ist als der bessere der beiden Eltern.

Im oben beschriebenen einfachen Dominanzmodell kann so etwas nur bei Überdominanz vorkommen, da ansonsten immer einer der Reinzuchteltern der beste Genotyp ist. Andere Erklärungsversuche beziehen epistatische Interaktionen mit ein (s.u.).

8.3.5   Maternale Heterosis

Maternale Effekte treten bei allen Kreuzungen auf. Ist dagegen die Mutter eines beobachteten Kreuzungstieres selbst ein Kreuzungstier, so kann die Mutter Heterosiseffekte in bestimmten Merkmalen aufweisen, die eine Auswirkung auf die Leistung der Nachkommen haben. In der klassischen Dreirassenkreuzung beim Schwein ist z.B. die Mutter des Endprodukts (EP) eine Kreuzung aus Edelschwein (DE) und Landrasse (DL). Als Vater wird Pietrain (Pi) verwendet.

Die Kreuzungssau (F1) zieht bei gleicher Wurfgröße mehr Ferkel auf als die reine DL-Sau. Mögliche Ursachen sind z.B. eine durch Heterosis erhöhte Milchleistung der Kreuzungssau oder eine verbesserte Immunantwort der Kreuzungssau, die zu einem erhöhten Immunglobulingehalt im Kolostrum führt. Heterosiseffekte bei der Mutter bewirken also eine bessere Jugendentwicklung bzw. höhere Krankheitsresistenz der Nachkommen. Auch hier hängt die Bezeichnung des Effekts wieder von der Betrachtungsweise ab: Die Mut-

---

[3] Statistisch gesehen handelt es sich um eine Abweichung des Kreuzungstieres vom Erwartungswert. Prinzipiell kann Heterosis auch negativ sein.

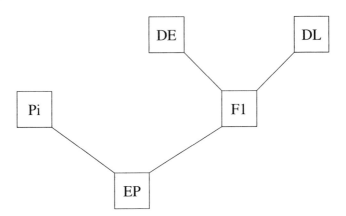

Abb. 8.5. Kreuzungsschema einer Dreirassenkreuzung beim Schwein

ter zeigt *individuelle Heterosis* im Merkmal Milchleistung, der Nachkomme *maternale Heterosis* im Wachstum während der Säugeperiode.

8.3.6 Rekombinationsverluste

Züchtet man mit Kreuzungstieren weiter (z.b. mit der F_1-Sau in Abb. 8.5), so bedeutet dies zunächst, dass man maternale Heterosis nutzen kann. Es bedeutet aber auch, dass in der Gametenbildung bei der F_1-Sau eine Rekombination von Chromosomenabschnitten der DL mit denen der DE stattfinden kann. Wenn innerhalb der Großelternrassen epistatische Beziehungen zwischen Loci existieren, kann dies zu einer Veränderung der Leistung des Endprodukts gegenüber dem Erwartungswert führen. Da diese Effekte in der Regel ungünstig auf die Leistung wirken, wurden sie von DICKERSON (1969) als „Rekombinationsverluste" bezeichnet.

Im Falle einer Einfachkreuzung stellen sich die möglichen Genkombinationen an fünf Loci wie folgt dar:

Es sind drei Arten von Interaktionen zwischen Allelen zu unterscheiden:

- intralokale Interaktionen (d) zwischen Allelen am selben Locus,

- interlokale Interaktionen zwischen verschiedenen Loci auf verschiedenen (homologen) Chromosomen (e),

- Intragameten-Interaktionen zwischen verschiedenen Loci auf demselben homologen Chromosom (e').

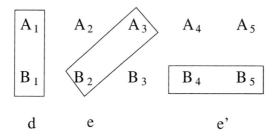

Abb. 8.6. Mögliche Interaktionen zwischen Allelen verschiedener Gene

Die Effekte d und e sind die Ursache der zu beobachtenden Heterosis. Interaktionen vom Typ e' bleiben in der Einfachkreuzung erhalten. Sie können aber bei Weiterzucht mit der Einfachkreuzung im Rahmen der Gametenbildung aufbrechen. Dies ist die Ursache der Rekombinationsverluste.

Die Bedeutung von epistatischen Beziehungen zwischen Loci für praktische Leistungsmerkmale ist in der Literatur umstritten. Die Mehrzahl aller Forschungsergebnisse unterstützt laut CUNNINGHAM (1982) das reine Dominanzmodell[4]. Er gibt aber zu bedenken, dass in Experimenten mit Tieren der Heterozygotiegrad innerhalb Linien und die genetische Distanz zwischen Linien meist nicht genau bekannt sind. Hierdurch kann das Erkennen von Epistasie erschwert werden. Konkrete Befunde über signifikante epistatische Effekte liegen bislang nur bei Geflügel und Mäusen vor (z.B. SHERIDAN 1981; KINGHORN 1983).

8.4 Kreuzungsverfahren

Bevor wir uns der Schätzung der Kreuzungsparameter zuwenden, wollen wir zunächst die verschiedenen Verfahren zur Erstellung systematischer Kreuzungsprodukte betrachten. In den folgenden Schemata bezeichnen Quadrate immer Rassen oder Linien, die auf der Vaterseite eingesetzt werden, Kreise stehen für Linien, die auf der Mutterseite eingesetzt werden.

---

[4] Unter Dominanzmodellen versteht man genetische Modelle zur Erklärung von Kreuzungseffekten, die alle Effekte mit den Beziehungen innerhalb der Loci erklären. Die beobachtete Gesamtwirkung entsteht aus der Summe der Effekte an allen Einzelgenorten eines Merkmals. Epistasiemodelle beziehen dagegen auch Interaktionen zwischen verschiedenen Genorten in die Erklärung der Kreuzungswirkungen mit ein. Dominanzmodelle werden manchmal auch als „Ein-Locus-Modelle" und Epistasiemodelle als „Zwei-Locus-Modelle" bezeichnet.

Grundsätzlich unterscheidet man die Gebrauchskreuzungen in:

- diskontinuierliche Gebrauchskreuzungen und

- kontinuierliche Gebrauchskreuzungen.

Bei den diskontinuierlichen Gebrauchskreuzungen wird ein nicht zur Weiterzucht bestimmtes Endprodukt erzeugt. Bei den kontinuierlichen Gebrauchskreuzungen dagegen wird mit den Kreuzungsprodukten von Generation zu Generation weitergezüchtet. In der Geflügel- und Schweinezucht sind die diskontinuierlichen Kreuzungen verbreiteter, während bei Fleischrindern oft kontinuierliche Kreuzungsverfahren anzutreffen sind.

Der Vorteil der diskontinuierlichen Gebrauchskreuzungen liegt darin, dass jede Rasse eine eindeutige Stellung im Kreuzungsschema aufweist. Stellungseffekte können daher gut ausgenutzt werden. Der Nachteil ist darin zu sehen, dass insbesondere in komplexeren Kreuzungen ein erheblicher Anteil Nebenprodukte entsteht, die meist nur schwer zu vermarkten sind und ganz allgemein ein hoher zuchtorganisatorischer Aufwand betrieben werden muss (Einteilung der Population in Reinzuchten, Vermehrer und Ersteller von Endprodukten; Notwendigkeit des Tierverkehrs). Kontinuierliche Kreuzungsschemata können dem gegenüber diese Nachteile umgehen; sie erkaufen sich dies aber mit dem Verzicht auf die maximale Ausnutzung von Heterosis und Positionseffekten und dem Auftreten von Rekombinationsverlusten.

8.5 Kreuzungsparameter

Wir werden die Ausnutzung der unterschiedlichen genetischen Effekte bei den verschiedenen Kreuzungen mit Hilfe der Parameter von DICKERSON (1969) beschreiben, einem für praktische Kreuzungen weit verbreiteten Verfahren. DICKERSON (1969) definiert folgende Parameter zur Beschreibung von Kreuzungen:

8.6 Diskontinuierliche Gebrauchskreuzungen

8.6.1 Einfachkreuzung

Die Einfachkreuzung ist das einfachste Verfahren zur Erstellung von Kreuzungen. Das Schema stellt sich wie folgt dar:

Einfachkreuzungen dienen in der Regel zur Ausnutzung von Stellungseffekten. Häufig wird eine bodenständige Rasse durch den Einsatz einer extremen Fleischrasse „veredelt". Gebräuchliche Einfachkreuzungen sind:

Tabelle 8.5: Genetische Parameter in Kreuzungen nach DICKERSON (1969)

Parameter	Erläuterung
g_i	direkter additiv-genetischer Effekt der Linie i
m_i	maternaler Effekt der Linie i (Stellungseffekt)
p_i	paternaler Effekt der Linie i (Stellungseffekt)
h_{ij}	individuelle Heterosis der Kreuzung der Linien i und j
h_{ij}^M	maternale Heterosis der Kreuzung der Linien i und j
h_{ij}^P	paternale Heterosis der Kreuzung der Linien i und j
r_{ij}	Rekombinationsverlust bei Weiterzucht mit Kreuzung ij

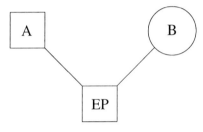

Abb. 8.7. Kreuzungsschema der Einfachkreuzung

• Pietrain × DL in der Schweinezucht

• Charolais × Holstein, Blonde d'Aquitaine × Braunvieh in der Erstellung von Tieren zur Fleischerzeugung mit nicht für die Reinzucht benötigten Milchkühen

Die Einfachkreuzung kann Stellungseffekte und individuelle Heterosis voll ausnutzen:

$$AB = \frac{1}{2}g_A + \frac{1}{2}g_B + m_B + p_A + h_{AB} \qquad (8.4)$$

Die direkten Effekte entsprechen den Genanteilen der Linien A und B im Endprodukt. Linie B wird nur als Mutter eingesetzt. Daher taucht im Endprodukt der volle maternale Effekt der Linie B auf. Umgekehrt erscheint der volle paternale Effekt von Linie A.

8.6.2 Dreirassenkreuzung

Die Dreirassenkreuzung ist insbesondere in der Schweinezucht weit verbreitet. Die typische Rassenzusammensetzung wurde bereits im Abschnitt 8.3.5 vorgestellt. Schematisch stellt sich die Dreirassenkreuzung wie folgt dar:

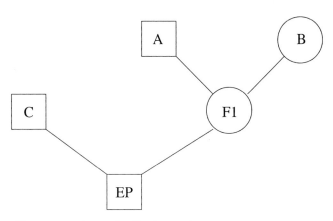

Abb. 8.8. Kreuzungsschema der Dreirassenkreuzung

Da in der Dreirassenkreuzung auf der Mutterseite ein Kreuzungstier zum Einsatz kommt, kann die maternale Heterosis voll ausgenutzt werden. Das Endprodukt selbst zeigt volle individuelle Heterosis, vorausgesetzt beide Rassen auf der Mutterseite zeigen eine gleich hohe Heterosis mit der Vaterrasse.

$$
\begin{aligned}
C \times AB = &\frac{1}{2}g_C + \frac{1}{4}(g_A + g_B) + \frac{1}{2}(h_{AC} + h_{BC}) + \frac{1}{2}(m_A + m_B) + \\
&p_C + h_{AB}^M + \frac{1}{4}r_{AB}
\end{aligned}
\tag{8.5}
$$

Da im Endprodukt jeweils der halbe maternale Effekt der Linien A und B zum Ausdruck kommt, ist es wichtig, auf der Mutterseite zwei Linien mit guter mütterlicher Veranlagung zu verwenden. Da die Mutter des Endprodukts ein Kreuzungstier ist, mit dem weitergezüchtet wird, muss man beim Endprodukt mit Rekombinationsverlusten rechnen[5].

Organisatorisch bedingt die Dreirassenkreuzung meist die Einschaltung einer Vermehrungsstufe, die die Produktion der F_1-Muttertiere übernimmt. Nur in sehr großen Betrieben kann es sinnvoll sein, die weibliche Remonte selbst zu erzeugen. In der Schweinezucht erweist sich insbesondere die Vermarktung der F_1-Kastraten als problematisch.

8.6.3   Vierrassenkreuzung

Bei der Vierrassenkreuzung wird sowohl auf der Vater- als auch auf der Mutterseite ein Kreuzungstier zur Erstellung des Endprodukts verwendet.

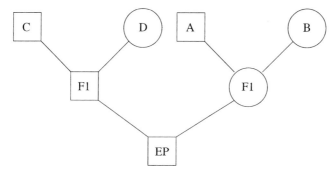

Abb. 8.9. Kreuzungsschema der Vierrassenkreuzung

Im Vergleich mit der Dreirassenkreuzung kann bei der Vierrassenkreuzung auch paternale Heterosis genutzt werden. Dafür muss man auf der Vaterseite aber ebenfalls Rekombinationsverluste in Kauf nehmen.

$$CD \times AB = \frac{1}{4}(g_C + g_D + g_A + g_B) + \frac{1}{4}(h_{AC} + h_{BC} + h_{AD} + h_{BD}) +$$

$$\frac{1}{2}(m_A + m_B + p_C + p_D) + h_{AB}^M + h_{CD}^P + \frac{1}{4}(r_{AB} + r_{CD}) \quad (8.6)$$

Organisatorisch ist die Vierrassenkreuzung noch einmal aufwendiger als die Dreirassenkreuzung. Auch auf der Vaterseite wird eine Vermehrungsstufe

---

[5] Der Faktor für den Rekombinationsverlust wurde von DICKERSON (1969) recht willkürlich festgelegt. Er definierte als vollen Rekombinationsverlust, wenn bei einem Individuum *alle* Loci in den mütterlichen Gameten rekombinieren. Bei der Weiterzucht mit einer Einfachkreuzung beträgt die Wahrscheinlichkeit der Rekombination unabhängiger Loci $\frac{1}{2}$. Da von diesem Effekt nur die Hälfte beim Nachkommen auftritt, ist der Faktor für das Dreirassenkreuzungsendprodukt gleich $\frac{1}{4}$.

benötigt. Dennoch hat sich die Vierrassenkreuzung in der Legehennenzucht und in der Schweinezucht (z.B. BHZP) bewährt. Innerhalb eines Betriebs lässt sich die Vierrassenkreuzung kaum wirtschaftlich organisieren, da bei der Vater-Mutter-Linie (D) meist die kritische Größe für eine erfolgreiche Zuchtarbeit nicht erreicht werden kann. Falls möglich, können aber F_1-Vatertiere zugekauft und nur die Mutterseite selbst erzeugt werden.

8.7 Kontinuierliche Gebrauchskreuzungen

Kontinuierliche Gebrauchskreuzungen sind aus hygienischer Sicht den diskontinuierlichen Kreuzungen vorzuziehen, da der Tierzukauf auf männliche Tiere beschränkt bzw. bei Einsatz der künstlichen Besamung ganz vermieden werden kann. Nachteilig ist dagegen, dass man, um der Einheitlichkeit der Endprodukte willen, kontinuierliche Gebrauchskreuzungen meist mit relativ ähnlichen Rassen durchführt. Stellungseffekte können somit nicht genutzt werden.

8.7.1 Wechselkreuzung

Die einfachste Form der kontinuierlichen Gebrauchskreuzung stellt die Wechselkreuzung (criss-cross) dar. Bei ihr werden nach Generationen abwechselnd zwei Linien miteinander gekreuzt. Aus organisatorischen Gründen wird mit den *weiblichen* Kreuzungstieren weitergezüchtet und männliche Reinzuchttiere werden zugekauft.

Die Wechselkreuzung beginnt wie eine reguläre Einfachkreuzung. In den Folgegenerationen werden im Wechsel die Rassen A und B auf der Vaterseite eingesetzt. In den Folgegenerationen schwanken die Rassenanteile zwischen $\frac{1}{3}$ bis $\frac{2}{3}$. Die Parameter des DICKERSON-Modells für die Wechselkreuzung lauten:

$$AB_{Rot} = \frac{1}{2}(g_A + g_B + m_A + m_B + p_A + p_B) + \frac{2}{3}(h_{AB} + h_{AB}^M) + \frac{2}{9}(r_{AB} + r_{AB}^M) \quad (8.7)$$

Es können also nur $\frac{2}{3}$ der individuellen und maternalen Heterosis genutzt werden. Gleichzeitig treten individuelle und maternale Rekombinationsverluste auf. In der Praxis gelingt es nicht, Rotationskreuzungen zu jeder Zeit mit einer Vaterrasse zu fahren. Durch die unterschiedliche Nutzungsdauer gelangt man recht bald in eine Situation, in der man beide Rassen auf der Vaterseite verfügbar halten muss.

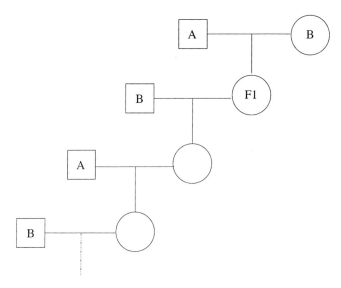

Abb. 8.10. Kreuzungsschema der Wechselkreuzung

In der Praxis der Schweinezucht hat sich gezeigt, dass die Wechselkreuzung aus DE und DL sich trotz theoretisch niedrigerer Heterosisnutzung nur unwesentlich von F_1-Sauen aus denselben Rassen unterscheidet (BISCHOFF 1996).

8.7.2   Dreirassenrotation

Bei der Dreirassenrotation wird abwechselnd mit einer von drei Ausgangsrassen auf der Vaterseite angepaart.

Nach einigen Generationen ergibt sich eine stabile Mischpopulation mit folgender Zusammensetzung:

$$ABC_{Rot} = \frac{1}{3}(g_A + g_B + g_C + m_A + m_B + m_C + p_A + p_B + p_C)$$
$$+ \frac{6}{7}(h_{AB} + h_{BC} + h_{AC} + h_{AB}^M + h_{BC}^M + h_{AC}^M)$$
$$+ \frac{2}{7}(r_{AB} + r_{BC} + r_{AC} + r_{AB}^M + r_{BC}^M + r_{AC}^M) \tag{8.8}$$

Bei gleichen Anteilen der drei Rassen für direkte genetische, maternale und paternale Effekte ergibt sich eine Nutzung von $\frac{6}{7}$ der individuellen und mater-

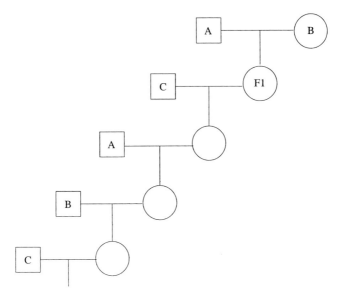

Abb. 8.11. Kreuzungsschema der Dreirassenrotation

nalen Heterosiseffekte. Somit ist eine fast vollständige Nutzung der Heterosis gegeben, allerdings ist das Verfahren organisatorisch schon sehr aufwendig. Auch hier gilt, dass, wenn man einheitliche Endprodukte möchte, die Ausgangsrassen sich relativ ähnlich sein müssen.

Bei Mehrfachrotationen lassen sich die Anteile für Heterosiseffekte und Rekombinationsverluste nach folgender Formel berechnen:

$$\frac{2^n - 2}{2^n - 1}\left\{h + h^M + \frac{1}{3}(r + r^M)\right\} \tag{8.9}$$

Mit zunehmender Anzahl Rassen in der Rotation geht die Nutzung der Heterosiseffekte gegen 1 und die Rekombinationsverluste gegen $\frac{1}{3}$.

8.7.3 Terminalrotation

Die grundsätzliche Schwäche aller Rotationskreuzungen ist das mangelnde Vermögen, Stellungseffekte zu nutzen. Aus diesem Grund gibt es die Terminalrotation, die eine Zwischenstellung zwischen kontinuierlichen und diskontinuierlichen Gebrauchskreuzungen darstellt. Hierbei wird eine Mutterlinienrotation (meist mit zwei oder drei Rassen) zur Erzeugung von Endprodukten mit einer zusätzlichen typischen Vaterlinie angepaart. Damit können beim Endprodukt Stellungseffekte voll genutzt werden, während auf der Mutterseite die Vorteile der Rotationskreuzung gelten. In Kreuzungsparametern ausgedrückt ergibt sich folgendes Bild:

$$C \times AB_{Rot} = \frac{1}{2}(g_C + \frac{1}{2}g_A + \frac{1}{2}g_B + m_A + m_B + 2p_C)$$
$$+ \frac{1}{2}(h_{AC} + h_{BC}) + \frac{2}{3}h_{AB}^M + \frac{2}{9}(r_{AB} + r_{AB}^M) \qquad (8.10)$$

Stellungseffekte können somit voll genutzt werden, gleiches gilt für die individuelle Heterosis. Von der maternalen Heterosis können immerhin $\frac{2}{3}$ genutzt werden. Durch den gleichbleibenden Genanteil von 50% der Rasse C im Endprodukt fallen die Schwankungen im Genanteil auf der Mutterseite nicht mehr so stark ins Gewicht. Die Endprodukte werden folglich einheitlicher.

8.8   Synthetics

Synthetics sind künstliche Rassen, die aus mehreren Ausgangsrassen erstellt werden. Bekannte Beispiele sind Leicoma beim Schwein und das SMR der ehemaligen DDR beim Rind (SCHÖNMUTH 1963). In der Fleischrinderzucht sind Synthetics ebenfalls recht gebräuchlich, insbesondere weil sich unter extensiven Bedingungen systematische Gebrauchskreuzungen nur schwer organisieren lassen.

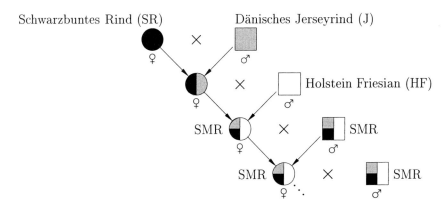

Abb. 8.12. Zuchtschema für das Schwarzbunte Milchrind (SMR)

In den ersten Generationen entspricht eine Synthetic verschiedenen schon behandelten Kreuzungen (Einfachkreuzung, F_2). Grundsätzlich gilt: Je mehr Linien in einer Synthetic vorkommen, desto länger dauert es, bis die neue Rasse ein einheitliches Erscheinungsbild liefert. Aus genetischer Sicht treten bei Synthetics folgende Probleme auf:

- Durch Heterosiseffekte in den ersten Generationen, die sich im Laufe der Züchtung vermindern, ist es schwer, die endgültige Leistung einer synthetischen Rasse einzuschätzen,

- durch das bei der Kreuzung entstehende Kopplungsungleichgewicht entstehen Pseudokorrelationen zwischen Merkmalen, die im Laufe der Generationen wieder aufbrechen,

- Rekombinationsverluste müssen bei allen Synthetics in Kauf genommen werden. Die Leistung ist daher i.d.R. geringer als bei Gebrauchskreuzungen.

Für eine stabilisierte Synthetic aus zwei Ausgangsrassen ergibt sich folgende Zusammensetzung:

$$
\begin{aligned}
AB_{Syn} =& \frac{1}{2}(g_A + g_B + m_A + m_B + p_A + p_B + \\
& h_{AB} + r_{AB} + h_{AB}^M + r_{AB}^M + h_{AB}^P + r_{AB}^P)
\end{aligned}
\tag{8.11}
$$

Bei drei oder mehr Linien können höhere Anteile der Heterosiseffekte genutzt werden. Festzuhalten bleibt, dass bei Synthetics Heterosiseffekte auf Dauer von Bedeutung sind.

8.9 Schätzung von Kreuzungsparametern im Modell von Dickerson

Wie bereits erwähnt, ist das von DICKERSON (1969, 1974a,b) entwickelte Modell zur Beschreibung von Kreuzungseffekten für *praktische* Kreuzungen sehr verbreitet. Wie die folgenden Ausführungen zeigen werden, hat es jedoch für die genetische Forschung zwei gravierende Nachteile:

1. Es lassen sich nur wenige Parameter exakt schätzen. Oft muss man vereinfachende Annahmen machen.

2. Die geschätzten Parameter lassen sich nicht exakt mit Hilfe von Genfrequenzen und -effekten ausdrücken.

8.9.1 Schätzung der individuellen Heterosis

Die Heterosis ist definiert als die Abweichung der Kreuzung vom Mittel der beiden elterlichen Reinzuchten:

$$AB - \frac{1}{2}(A + B) = h_{AB} + \frac{1}{2}(m_B - m_A + p_A - p_B) \tag{8.12}$$

Dieser einfache Schätzer liefert keine saubere Schätzung der Heterosis. Vielmehr ist er um die Hälfte der Differenz in den Stellungseffekten überschätzt[6]. Verwendet man die reziproke Kreuzung, so ergibt sich ein ähnliches Bild:

$$BA - \frac{1}{2}(A + B) = h_{AB} + \frac{1}{2}(m_A - m_B + p_B - p_A) \tag{8.13}$$

Durch Kombination der beiden reziproken Kreuzungen lässt sich jedoch ein besserer Schätzer gewinnen:

$$\frac{1}{2}(AB + BA) - \frac{1}{2}(A + B) = h_{AB} \tag{8.14}$$

Für eine saubere Schätzung der Heterosis bei Tieren werden also beide reziproken Kreuzungen benötigt!

8.9.2 Differenz zwischen Reinzuchtpopulationen

Differenzen zwischen Reinzuchtpopulationen liefern immer eine Vermischung von direkten, maternalen und paternalen Effekten:

$$B - A = g_B - g_A + m_B - m_A + p_B - p_A \tag{8.15}$$

Diese Differenz ist wenig informativ, da sie keine Trennung der einzelnen Komponenten ermöglicht.

8.9.3 Differenz zwischen reziproken Kreuzungen

Die Differenz der reziproken Kreuzungen liefert Aufschluss über die günstigste Stellung der beiden Linien in der Kreuzung:

$$AB - BA = m_B - m_A + p_A - p_B \tag{8.16}$$

Bei einem positiven Ergebnis ist AB die „richtige" Kreuzung, andernfalls ist BA vorzuziehen.

---

[6] In der Pflanzenzucht, wo Stellungseffekte nur sehr geringe Bedeutung aufweisen, ist der Schätzer durchaus anwendbar.

8.9.4　Maternale Heterosis

Die maternale Heterosis kann unter praktischen Bedinungen nie ganz sauber geschätzt werden. Eine gute Näherung liefert:

$$B \times BA - BA \times B - \frac{1}{2}(BA - AB) = h_{AB}^M - h_{AB}^P \qquad (8.17)$$

Wenn man gewillt ist, die paternale Heterosis als unbedeutend anzusehen, ergibt sich ein sauberer Schätzer der maternalen Heterosis.

Für die Schätzung der maternalen Heterosis zusammen mit den Rekombinationsverlusten spricht, dass diese beiden Größen in der Praxis immer gemeinsam auftreten. Folgende Gleichung schätzt sozusagen den Nettoeffekt der maternalen Heterosis:

$$C \times AB - \frac{1}{2}(CA + CB) = h_{AB}^M + \frac{1}{4}r_{AB} \qquad (8.18)$$

8.10　Bewertung von Kreuzungsmethoden

Zur Bewertung von Kreuzungsmethoden sind die folgenden Kriterien relevant:

1. Nutzung komplementärer Populationsdifferenzen (Stellungseffekte),

2. Nutzung von Heterosiseffekten und Rekombinationsverluste,

3. Anfall an Nebenprodukten,

4. organisatorischer Aufwand.

Die **Stellungseffekte** stehen bei allen Kreuzungen mit dem Ziel der Fleischerzeugung (Schweine, Schafe, Geflügel, Rind) im Vordergrund. Ihre Nutzung ist nur bei strenger Einhaltung der Stellung der Rassen im Kreuzungsschema möglich (Vater- bzw. Mutterseite). In der Regel findet sich die extreme Fleischleistungsveranlagung auf der Vaterseite, während auf der Mutterseite eher die Fruchtbarkeit im Vordergrund steht.

Die maximale **Heterosisnutzung** ergibt sich bei Terminalkreuzungen. Rückkreuzungen und F_2 -Kreuzungen führen immer zu einer suboptimalen Heterosisnutzung. Praktisch relevant ist die Heterosisnutzung nur für Fitnessmerkmale:

• weibliche Fruchtbarkeit

• Überlebensrate von Jungtieren

• frühe Jugendentwicklung

In der eigentlichen Wachstumsleistung sind Heterosiseffekte nur gering (<5%), beim Schlachtkörperwert sind so gut wie keine Heterosiseffekte mehr festzustellen. Grundsätzlich gilt, dass die Höhe der erzielbaren Heterosis sich umgekehrt proportional zur Heritabilität des Merkmals verhält.

Der Anfall von **Nebenprodukten** hängt davon ab, wie hoch die Vermehrungsrate der betreffenden Spezies ist und ob beide Geschlechter des Endprodukts als gleichwertig anzusehen sind. So sind beim Schwein und beim Mastgeflügel beide Geschlechter des Endprodukts gleich gut verwertbar, während sich beim Rind Kreuzungsfärsen nur mit Schwierigkeiten vermarkten lassen. Größenordnungsmäßig muss man mit folgenden Anteilen an Nebendprodukten rechnen:

Tierart	Anteil (%)
Schwein	5-10
Schaf	12-25
Rind	25-45
Geflügel	bis >50%

Der **organisatorische Aufwand** wird weitgehend vom Kreuzungsschema bestimmt. Sobald die Einschaltung einer Vermehrungsstufe erforderlich wird, kann die Organisation kaum noch im Rahmen der direkten Kooperation von Betrieben erfolgen. Es wird eine Zuchtorganisation benötigt, die die Erzeugung und den Verkauf der Zuchtprodukte steuert. Als weiterer Effekt tritt eine Zeitverzögerung zwischen der Realisierung von genetischem Fortschritt in der Zuchtstufe und der genetischen Verbesserung des Endprodukts auf. Die absolute Höhe dieses „time-lag" hängt auch vom Generationsintervall der betreffenden Spezies ab.

Aufgrund des hohen Anfalls von Nebenprodukten und des relativ langen Generationsintervalls haben sich beim Rind diskontinuierliche Gebrauchskreuzungen nicht durchsetzen können.

8.11   Schätzung von Kreuzungsparametern in diallelen Kreuzungsversuchen

8.11.1   Versuche zur Schätzung von Kreuzungsparametern

Wie wir bereits gesehen haben, gibt es neben der individuellen Heterosis noch eine ganze Reihe weiterer Parameter, die für die Leistung von Kreuzungen bedeutsam sind. Die Bedeutung der einzelnen Komponenten für die Leistung einer bestimmten Kreuzung (z.b. in einem bestehenden Zuchtprogramm) bestimmt die Art der Leistungsprüfung und Selektion, die den größten genetischen Fortschritt erwarten lässt (vergl. Abschnitt 8.12). Kreuzungsversuche werden durchgeführt:

- zur Auswahl einer bestimmten Rassenkombination in der praktischen Tierzucht und

- zur Bestimmung der relativen Bedeutung nichtadditiver Genwirkungen.

Versuche zur Bestimmung der nichtadditiven Genwirkungen werden fast immer mit Modelltieren durchgeführt, da sie vom benötigten Versuchsumfang her sehr aufwendig sind und daher mit Nutztieren zu teuer wären. In der Pflanzenzucht dagegen werden durchaus auch in der Praxis geplante Versuche mit vielen Inzuchtlinien gefahren.

Der bekannteste Versuchsplan zur Bestimmung der Kreuzungseignung einer Reihe von Rassen bzw. Zuchtlinien ist die **diallele Kreuzung**.

> Bei der diallelen Kreuzung wird jede Linie mit jeder anderen gepaart. Die Verpaarung erfolgt dabei so, dass jede Linie sowohl auf der Vater- als auch auf der Mutterseite eingesetzt wird.

Es ergibt sich somit folgender schematischer Versuchsplan:

	A	B	C	D
A	n	n	n	n
B	n	n	n	n
C	n	n	n	n
D	n	n	n	n

Abb. 8.13. Kreuzungsschema einer diallelen Kreuzung von vier Populationen

Im Idealfall sind alle Subzellen des Diallels gleich besetzt. Die Diagonalen enthalten die Reinzuchten, ober- und unterhalb der Diagonalen befinden sich jeweils die reziproken Kreuzungen der Linien. Ein derartiges Design wird auch als **vollständiges Diallel** bezeichnet. In unvollständigen Diallelen fehlt ein Teil oder alle der reziproken Kreuzungen.

Das vollständige Diallel ist der ideale Versuchsplan zur Schätzung von Kreuzungswirkungen für *Einfachkreuzungen im Dominanzmodell*. Sollen die Parameter unter Berücksichtigung möglicher epistatischer Genwirkungen geschätzt werden, benötigt man in der Regel Rück- und/oder F_2-Kreuzungen. Es ist einleuchtend, dass der finanzielle Aufwand damit noch höher wird.

Aber auch mit dem Dominanzmodell ist die diallele Kreuzung nicht immer ausreichend. In der Praxis interessiert man sich mehr für die Effekte von Mehrfachkreuzungen, bei denen die maternale Heterosis genutzt werden kann. Hierzu könnte man theoretisch ein vollständiges Diallel durchführen und anschließend jede Kreuzung mit den in ihr nicht vertretenen Linien reziprok verpaaren. Es ist einleuchtend, dass der Aufwand damit überproportional ansteigt. Haben wir in unserem Beispiel 12 (reziproke) Kreuzungen und 4 Reinzuchten, so würde bei der Weiterführung zu allen möglichen Dreirassenkreuzungen jede der 12 Kreuzungen mit den zwei verbleibenden Linien angepaart, was insgesamt bereits 24 Kreuzungen ergibt. Paart man sowohl Reinzuchtmännchen mit Kreuzungsweibchen als auch umgekehrt, ergeben sich 48 zu prüfende Kombinationen. Da die paternale Heterosis in der Regel ohne Bedeutung ist, wird man zumindest die Anpaarung der männlichen Kreuzungen mit Reinzuchtweibchen unterlassen. Ein solches Design wurde von GÖTZ (1989) beschrieben. Eine Alternative stellt die Anpaarung aller Kreuzungsweibchen mit einer unverwandten Testerlinie dar, wie sie von HÖRSTGEN-SCHWARK et al. (1984) beschrieben wird.

In der **praktischen Tierzucht** kommen vollständige Diallele äußerst selten vor. Systematische Kreuzungsversuche mit Nutztieren sind extrem teuer und langwierig. Daher werden in der Regel Kombinationen, die mit hoher Wahrscheinlichkeit keinen Erfolg versprechen, nicht getestet. Beispielsweise werden in der Mastgeflügelzucht Linien mit schlechter Legeleistung nur auf der Vaterseite getestet, und auch beim Schwein wird niemand ernsthaft daran denken, Pietrain auf der Mutterseite einzusetzen. Die Zielsetzung von praktischen Kreuzungsversuchen ist aber auch eine andere: man will die Kreuzung mit der besten Gesamtleistung (Fruchtbarkeit und Produktionsleistung) herausfinden. Die Schätzung der Bedeutung nichtadditiver genetischer Varianz für das Ergebnis ist nur ein Nebeneffekt. Aus diesem Grund stört es nicht,

wenn aufgrund fehlender Subzellen nicht alle Parameter schätzbar sind.
Interessante Kreuzungsversuche mit Nutztieren in der Literatur finden
sich bei OMTVEDT (1975), GLODEK und AVERDUNK (1975) und ALENDA et
al. (1980).

8.11.2 Betrachtungsweisen

Wie bereits erwähnt, werden diallele Kreuzungen in erster Linie zur Schätzung
von Kreuzungsparametern durchgeführt. Die überwiegende Zahl der in der
Literatur beschriebenen Diallele wurde daher mit Modelltieren durchgeführt.
Generell existieren zwei Arten von Diallelen: In einem Fall werden Inzuchtlinien, die aus einer gemeinsamen Ausgangspopulation erzeugt wurden, miteinander verpaart. Die dabei entstehende Heterosis kann als Aufhebung der Inzuchtdepression interpretiert werden. Die einzelnen Linien werden bei diesem
Ansatz als *zufällige Effekte* betrachtet, Ziele sind die Schätzung der additiv
genetischen und der Dominanzvarianz. Im anderen Fall werden verschiedene
unabhängige Linien bzw. Rassen miteinander verpaart. Die Linien werden als
fixe Effekte betrachtet mit der Konsequenz, dass sich die Ergebnisse nicht
auf andere als die untersuchten Kreuzungen übertragen lassen. Ziel des Versuches ist die Schätzung von Kreuzungs- und Stellungseffekten zwischen den
im Versuch vertretenen Linien.

Wir werden uns im Folgenden ausschließlich mit der zweiten Form von
Diallelen beschäftigen. Dabei handelt es sich ausschließlich um Einfachkreu-
zungsdiallele. Für die komplizierteren Fälle sei auf die entsprechende Literatur
verwiesen.

8.11.3 Modell von Griffing

Die ersten Ansätze zur systematischen Schätzung von Kreuzungsparametern
stammen aus der Pflanzenzucht und zwar von SPRAGUE und TATUM (1942).
Sie definierten als erste die Begriffe „allgemeine Kombinationseignung" und
„spezielle Kombinationseignung".

GRIFFING (1956) definierte ein Modell, das neben der allgemeinen und
speziellen Kombinationseignung auch Unterschiede zwischen reziproken Kreuzungen enthielt:

$$Y_{ijk} = \mu + gc_i + gc_j + sc_{ij} + r_{ij} + e_{ijk} \qquad (8.19)$$

Mit

Y_{ijk} = Beobachtungswert des k-ten Tieres der Kreuzung der Linien i und j

μ = Mittelwert aller Tiere

gc_i = allgemeine Kombinationseignung der Linie i

gc_j = allgemeine Kombinationseignung der Linie j

sc_{ij} = spezielle Kombinationseignung der Linien i und j $(sc_{ij} = sc_{ji})$

r_{ij} = reziproker Effekt der Kreuzung der Linien i und j $(r_{ij} = -r_{ji})$

e_{ijk} = zufälliger Restfehler

Zur Demonstration verwenden wir ein Diallel aus drei Linien mit folgenden symbolischen Bezeichungen: Die mittlere Leistung aller Linien im Diallel ist:

Linie	1	2	3	$\sum$
1	x_{11}	x_{12}	x_{13}	$X_{1\cdot}$
2	x_{21}	x_{22}	x_{23}	$X_{2\cdot}$
3	x_{31}	x_{32}	x_{33}	$X_{3\cdot}$
$\sum$	$X_{\cdot 1}$	$X_{\cdot 2}$	$X_{\cdot 3}$	$X_{\cdot\cdot}$

Abb. 8.14. Datenstruktur in der diallelen Kreuzung

$$\mu = \frac{1}{p^2}X_{\cdot\cdot} \tag{8.20}$$

wobei p für die Anzahl Linien steht. Die allgemeine Kombinationseignung einer Linie i kann geschätzt werden als:

$$gc_i = \frac{1}{2p}(X_{i\cdot} + X_{\cdot i}) - \mu \tag{8.21}$$

Mit anderen Worten: Die allgemeine Kombinationseignung entspricht der mittleren Leistung der Linie i als Abweichung von der Durchschnittsleistung aller *Reinzuchten und Kreuzungen* im Diallel[7].

---

[7] Es gibt andere Modelle, die bei der Berechnung der allgemeinen Kombinationseignung die Reinzuchten nicht berücksichtigen.

Die spezielle Kombinationseignung der Kreuzung ij ist definiert als:

$$sc_{ij} = \frac{1}{2}(x_{ij} + x_{ji}) - \frac{1}{2p}(X_{i\cdot} + X_{\cdot i} + X_{j\cdot} + X_{\cdot j}) + \mu$$

$$= \frac{1}{2}(x_{ij} + x_{ji}) - gc_i - gc_j - \mu \qquad (8.22)$$

WOLF und HERRENDÖRFER (1993) zeigten, dass die spezielle Kombinationseignung *ausschließlich* durch nichtadditive Genwirkungen bestimmt wird. Dabei spielen neben den Dominanzeffekten auch alle Arten von epistatischen Interaktionen eine Rolle. Die reziproke Differenz der Kreuzungen ij und ji ergibt sich einfach als:

$$r_{ij} = \frac{1}{2}(x_{ij} - x_{ji}) \qquad (8.23)$$

Vorteilhaft an GRIFFINGS Modell ist, dass es auch für kleine Diallele ($2 times 2$) angewendet werden kann. Nachteilig ist, dass das Modell keinen Parameter für die maternalen Effekte beinhaltet. Infolgedessen werden die maternalen Effekte teilweise der allgemeinen Kombinationseignung und teilweise der reziproken Kreuzungsdifferenz zugeschlagen. In der Praxis führt dies einerseits zur Überschätzung des nichtadditiv genetischen Anteils an den Unterschieden zwischen reziproken Kreuzungen und andererseits zur Unterschätzung der Bedeutung der Auswahl der richtigen Mutterlinien.

8.11.4 Modell von Eisen et al.

EISEN et al. (1983) schlugen ein Modell vor, das einerseits die Heterosis in allgemeine und spezielle Komponenten aufteilt und andererseits maternale und reziproke Effekte enthält:

$$Y_{ijk} = \mu + \frac{1}{2}(l_i + l_j) + m_j + \delta(\overline{h} + h_i + h_j + s_{ij} + r_{ij}^*) + e_{ijk} \qquad (8.24)$$

Mit

Y_{ijk} = Beobachtungswert des k-ten Tieres der Kreuzung der Linien i und j

μ = Mittelwert aller Tiere

l_i = direkter Effekt der Linie i

m_j = maternaler Effekt der Linie j

δ = Faktor für Reinzucht bzw. Kreuzung ($\delta = 1$, wenn $i \neq j$)

$\overline{h}$ = durchschnittliche Heterosis

h_i = Linienheterosis der Linie i

s_{ij} = spezielle Kombinationseignung der Linien i und j ($s_{ij} = s_{ji}$)

r_{ij}^* = spezifisch reziproker Effekt der Kreuzung der Linien i und j

　　　$(r_{ij} = -r_{ji})$

e_{ijk} = zufälliger Restfehler

Der Vorteil dieses (komplizierten) Modells ist, dass EISEN et al. eindeutige genetische Interpretationen der Parameter auf der Basis von direkten und maternalen additiven und Dominanzeffekten geben.

Eine detaillierte Beschreibung der Zusammensetzung der einzelnen Parameter würde den Rahmen einer Einführung übersteigen, es sollen jedoch einige interessante Schlussfolgerungen dargestellt werden:

- Sowohl die direkten, als auch die maternalen Effekte werden teilweise durch Dominanzeffekte bedingt. Das Ausmaß hängt davon ab, wie die betrachtete Linie in ihren Dominanzeffekten vom Durchschnitt aller Linien im Diallel abweicht.

- Unterschiede zwischen reziproken Kreuzungen werden durch additive und nichtadditive Effekte in *maternalen Eigenschaften* bedingt. Der von EISEN et al. postulierte spezifische reziproke Effekt: $r_{ij}^* = \frac{1}{2}(x_{ij} - x_{ji}) - \frac{m_j - m_i}{2}$ dürfte demnach eigentlich nicht mehr vorkommen. Dennoch finden sich teilweise signifikante r_{ij}^*-Effekte. Die Ursache hierfür ist unbekannt.

- Die mittlere Heterosis hängt hauptsächlich von der Varianz der Genfrequenz an den Loci mit Dominanzeffekten ab. Sie ist daher ein indirektes Maß für die genetische Distanz zwischen den Linien im Diallel.

- Linienheterosis (h_i) wird dann beobachtet, wenn eine Linie in ihren Genfrequenzen besonders weit von den übrigen Linien abweicht.

- Die spezielle Kombinationseignung (s_{ij}) hängt nicht von der Varianz der Genfrequenzen ab, sondern nur von der Differenz der Genfrequenzen der beiden Linien i und j.

Für die Aufteilung der (individuellen) Heterosis gilt:

$$h_{ij} = \overline{h} + h_i + h_j + s_{ij} \tag{8.25}$$

wobei h_{ij} der individuellen Heterosis im Modell von DICKERSON entspricht. Wie aus den obigen Ausführungen zu erkennen ist, gestattet diese Aufteilung Schlussfolgerungen über die Varianz der Genfrequenzen an Loci mit Dominanzeffekten. Sie hat jedoch auch den Nachteil, dass die Aufteilung in h_i, h_j und $\overline{h}$ von *allen* Linien im Diallel abhängt. Schon der Austausch einer einzelnen Linie kann zu völlig anderen Ergebnissen führen. Dagegen hängt die Gesamtheterosis (h_{ij}) nur von den beiden *beteiligten* Linien ab.

Das Modell von EISEN et al. ist die detaillierteste Aufteilung von Kreuzungsparametern, die in der Literatur zur Analyse von Diallelen vorliegt. Daher lassen sich die Parameter aller übrigen Modelle nachträglich aus den Parametern des EISEN-Modells berechnen. Formeln hierzu finden sich z.b. bei WOLF et al. (1994). Nachteilig am Modell von EISEN et al. (1983) ist, dass es nur für Diallele mit mindestens fünf Linien geeignet ist. Insofern wurde es bislang nur für die Auswertung von Versuchen mit Modelltieren verwendet.

8.12 Verbesserung von Gebrauchskreuzungen

Eine einmal gefundene Kreuzungskombination muss laufend verbessert werden, um wettbewerbsfähig zu bleiben. Grundsätzlich gibt es zwei Ansätze:

- Suche nach einer besseren Kreuzung.

- Weiterentwicklung der Elternpopulationen einer vorhandenen Kreuzung.

Die erste Variante ist das Standardverfahren in der Pflanzenzucht. Für die Tierzucht kommt es aufgrund der hohen Kosten von Kreuzungsversuchen nicht in Frage. Bei der Weiterentwicklung der Elternpopulationen kann man wiederum unterscheiden zwischen der Selektion auf Reinzuchtleistung und der Selektion auf Kreuzungsleistung.

Grundsätzlich sollte die Selektion auf Kreuzungsleistung angewandt werden, wenn es bei der verwendeten Kreuzung auf individuelle oder maternale

Heterosis ankommt. COMSTOCK et al. (1949) entwickelten hierzu das Verfahren der „reciprocal recurrent selection" (RRS). Dabei werden in jeder Generation die Selektionskandidaten mit einer Zufallsstichprobe des Kreuzungspartners angepaart. Die Leistungen der Kreuzungsnachkommen dienen dann als Grundlage der Zuchtwertschätzung und Selektionsentscheidungen, wie die folgende Abbildung zeigt.

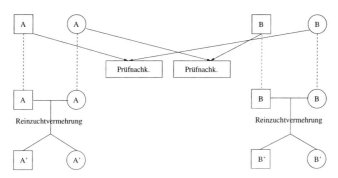

Abb. 8.15. Kreuzungsschema der Reziproken-Rekurrenten-Selektion

So plausibel das Verfahren in der Theorie auch ist, so wenig wird es in der Zuchtpraxis angewendet. Die Gründe hierfür sind vielfältig:

• Die Kreuzungsanpaarung führt zu einem Zeitverlust, da die Reinzuchtanpaarung erst nach der Selektion erfolgen sollte.

• Die Notwendigkeit, auch weibliche Tiere einer Nachkommenprüfung zu unterziehen begrenzt die Anwendbarkeit auf Spezies mit hoher weiblicher Vermehrungsrate (Geflügel, Schwein).

• In praktischen Zuchtprogrammen wird die Nutzung von Kreuzungsergebnissen durch die Arbeitsteilung erschwert. Oftmals sind die in einer Vermehrungsstufe gewonnenen Daten wenig zuverlässig.

• Es besteht die Gefahr, dass bei reiner RRS die Reinzuchtleistung der Linien absinkt. Damit wird die Erzeugung der Kreuzungstiere unwirtschaftlicher. Dies ist der Hauptgrund dafür, dass die RRS in der praktischen Geflügelzucht wieder eingestellt wurde.

• RRS benötigt eine relativ lange Anlaufphase, deren Länge von der genetischen Differenzierung der Ausgangslinien abhängt.

Festzuhalten bleibt, dass so gut wie alle Kreuzungszuchtprogramme innerhalb der Linien auf Reinzuchtleistung selektieren. Für die Verbesserung der Fruchtbarkeit setzt man eher Hoffnungen in die Erkenntnisse der Molekulargenetik.

Es könnte jedoch sein, dass die Molekulargenetik in Zukunft auch die Suche nach neuen Kreuzungskombinationen wieder stimuliert. Bereits 1974 konnte GLODEK zeigen, dass zwischen der genetischen Distanz der Elternlinien und der Heterosis bei den Nachkommen ein Zusammenhang besteht. Bislang krankten solche Verfahren jedoch an der ungenauen Schätzung der genetischen Distanz anhand der wenig polymorphen Blutgruppenorte und Serumpolymorphismen. Mit den jetzt verfügbaren Mikrosatellitenmarkern dürften sich neue Perspektiven für die exaktere Bestimmung der genetischen Distanzen ergeben.

8.13   Stratifizierendes System der Kreuzung

Unter dem stratifizierenden System der Kreuzung, das unglücklicherweise auch als stratifizierende Selektion bezeichnet wird, versteht man die Kreuzung zwischen Populationen, die an unterschiedliche Umweltbedingungen angepasst sind mit dem Ziel, die Heterosis und die Komplementäreffekte dieser Populationen in einem marktfähigen Produkt zu nutzen. Dieses Kreuzungssystem wird beim Schaf zur Produktion von Mastlämmern in England und Neuseeland mit Erfolg genutzt. In der Abb. 8.16 ist das stratifizierende Kreuzungsschema der Britischen Schafproduktion dargestellt.

Die Abb. 8.16 demonstriert, dass Muttertiere der Reinzuchtrassen wie dem Schottischen Schwarzkopf, welches seit vielen Generationen durch natürliche und künstliche Selektion auf Widerstandsfähigkeit, Vliesqualität und Einlingsgeburten selektiert wurde, mit Böcken der Langwollrassen angepaart werden.

Diese Langwollrassen sind charakterisiert durch eine hohe Fruchtbarkeit, Milchleistung und Wachstumsrate. Als Endstufenböcke kommen Tiere der Fleischrassen zum Einsatz, die sich durch einen hohen Fleischanteil, schnelles Wachstum und Schlachtkörperqualität auszeichnen. Als Ergebnis erhält man F_1-Mütter, die sich durch eine hohe Fruchtbarkeit und gute Säugeleistung auszeichnen, während die Mutterlämmer durch eine hohe maternale Heterosis der Mütter und durch die eigene individuelle Heterosis für Wachstum und Schlachtkörperqualität die gewünschte Qualität für den Verbraucher liefern (MEREDITH 1995).

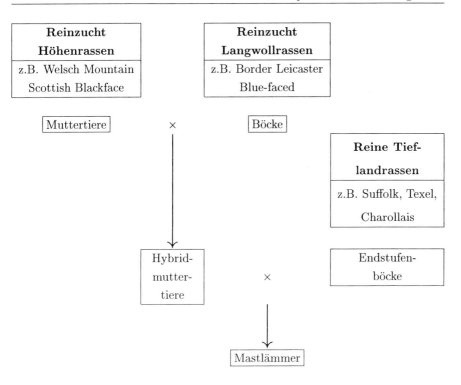

Abb. 8.16. Stratifizierendes System der Kreuzungszucht in Großbritannien

A Anhang

A.1 Anhangstabellen

Tabelle A.1: Werte der standardisierten Selektionsdifferenz (SD) in Abhängigkeit von der Remontierungsrate p bzw. $(1 - \Phi(u))$

p	0,000	0,001	0,002	0,003	0,004	0,005	0,006	0,007	0,008	0,009
0,00	-	3,3700	3,1700	3,0500	2,9625	2,8920	2,8333	2,7843	2,7400	2,7011
0,01	2,6650	2,6025	2,6025	2,5754	2,5493	2,5247	2,5019	2,4800	2,4594	2,4395
0,02	2,4210	2,4029	3,3859	2,3691	2,3533	2,3380	2,3231	2,3085	2,2946	2,2810
0,03	2,2680	2,2555	2,2428	2,2309	2,2191	2,2077	2,1967	2,1857	2,1750	2,1646
0,04	2,1543	2,1444	2,1345	2,1249	2,1157	2,1064	2,0974	2,0885	2,0798	2,0712
0,05	2,0628	2,0545	2,0463	2,0383	2,0303	2,0225	2,0150	2,0074	2,0000	1,9925
0,06	1,9853	1,9782	1,9712	1,9642	1,9575	1,9506	1,9439	1,9375	1,9309	1,9245
0,07	1,9181	1,9118	1,9056	1,8995	1,8934	1,8875	1,8814	1,8756	1,8697	1,8641
0,08	1,8584	1,8527	1,8471	1,8416	1,8361	1,8307	1,8253	1,8200	1,8148	1,8096
0,09	1,8043	1,7992	1,7941	1,7891	1,7840	1,7792	1,7743	1,7694	1,7645	1,7597
0,10	1,7550	1,7503	1,7456	1,7410	1,7363	1,7318	1,7273	1,7227	1,7182	1,7139
0,11	1,7095	1,7050	1,7007	1,6964	1,6921	1,6878	1,6836	1,6794	1,6753	1,6711
0,12	1,6670	1,6629	1,6589	1,6548	1,6508	1,6468	1,6429	1,6389	1,6350	1,6312
0,13	1,6273	1,6234	1,6196	1,6158	1,6120	1,6083	1,6046	1,6009	1,5972	1,5935
0,14	1,5899	1,5862	1,5826	1,5790	1,5754	1,5719	1,5684	1,5648	1,5614	1,5579
0,15	1,5544	1,5509	1,5475	1,5441	1,5407	1,5374	1,5340	1,5306	1,5273	1,5240
0,16	1,5207	1,5174	1,5141	1,5109	1,5077	1,5044	1,5013	1,4980	1,4949	1,4917
0,17	1,4885	1,4854	1,4823	1,4792	1,4761	1,4730	1,4699	1,4669	1,4638	1,4608
0,18	1,4578	1,4548	1,4518	1,4488	1,4458	1,4429	1,4399	1,4370	1,4340	1,4312
0,19	1,4283	1,4253	1,4224	1,4196	1,4168	1,4139	1,4111	1,4082	1,4054	1,4026
0,20	1,3998	1,3970	1,3943	1,3915	1,3887	1,3860	1,3833	1,3805	1,3778	1,3751
0,21	1,3724	1,3697	1,3670	1,3643	1,3617	1,3590	1,3564	1,3537	1,3511	1,3485
0,22	1,3459	1,3433	1,3407	1,3381	1.3355	1,3329	1,3304	1,3278	1,3253	1,3228
0,23	1,3202	1,3177	1,3152	1,3127	1,3102	1,3077	1,3052	1,3027	1,3002	1,2978
0,24	1,2953	1,2929	1,2904	1,2880	1,2855	1,2831	1,2807	1,2783	1,2759	1,2735
0,25	1,2711	1,2687	1,2663	1,2640	1,2616	1,2593	1,2569	1,2546	1,2522	1,2499
0,26	1,2476	1,2452	1,2429	1,2406	1,2383	1,2360	1,2337	1,2314	1,2291	1,2269
0,27	1,2246	1,2224	1,2201	1,2178	1,2156	1,2133	1,2111	1,2089	1,2067	1,2044

p	0,000	0,001	0,002	0,003	0,004	0,005	0,006	0,007	0,008	0,009
0,28	1,2022	1,2000	1,1978	1,1956	1,1934	1,1912	1,1891	1,1869	1,1847	1,1825
0,29	1,1803	1,1782	1,1761	1,1739	1,1717	1,1696	1,1675	1,1654	1,1632	1,1611
0,30	1,1590	1,1569	1,1548	1,1526	1,1506	1,1485	1,1464	1,1443	1,1422	1,1401
0,31	1,1380	1,1360	1,1339	1,1319	1,1298	1,1277	1,1257	1,1237	1,1216	1,1196
0,32	1,1175	1,1155	1,1135	1,1115	1,1094	1,1074	1,1054	1,1034	1,1014	1,0994
0,33	1,0974	1,0954	1,0934	1,0915	1,0895	1,0875	1,0855	1,0836	1,0816	1,0796
0,34	1,0777	1,0757	1,0738	1,0718	1,0699	1,0679	1,0660	1,0641	1,0621	1,0602
0,35	1,0583	1,0564	1,0544	1,0525	1,0506	1,0487	1,0468	1,0449	1,0430	1,0411
0,36	1,0392	1,0373	1,0354	1,0336	1,0317	1,0298	1,0279	1,0260	1,0242	1,0223
0,37	1,0205	1,0186	1,0167	1,0149	1,0130	1,0112	1,0093	1,0075	1,0057	1,0038
0,38	1,0020	1,0002	0,9983	0,9965	0,9947	0,9929	0,9910	0,9892	0,9874	0,9856
0,39	0,9838	0,9820	0,9802	0,9784	0,9766	0,9748	0,9730	0,9712	0,9694	0,9676
0,40	0,9659	0,9641	0,9623	0,9605	0,9588	0,9570	0,9552	0,9534	0,9517	0,9499
0,41	0,9482	0,9464	0,9447	0,9429	0,9412	0,9394	0,9377	0,9359	0,9342	0,9324
0,42	0,9307	0,9290	0,9272	0,9255	0,9238	0,9220	0,9203	0,9186	0,9169	0,9152
0,43	0,9135	0,9117	0,9100	0,9083	0,9066	0,9049	0,9032	0,9015	0,8998	0,8981
0,44	0,8964	0,8947	0,8930	0,8913	0,8897	0,8880	0,8863	0,8846	0,8829	0.8812
0,45	0,8796	0,8779	0,8762	0,8745	0,8729	0,8712	0,8695	0,8679	0,8662	0,8646
0,46	0,8629	0,8612	0,8596	0,8579	0,8563	0,8546	0,8530	0,8513	0,8497	0,8481
0,47	0,8464	0,8448	0,8431	0,8415	0,8399	0,8382	0,8366	0,8350	0,8333	0,8317
0,48	0,8301	0,8285	0,8268	0,8252	0,8236	0,8220	0,8204	0,8187	0,8171	0,8155
0,49	0,8139	0,8123	0,8107	0,8091	0,8075	0,8059	0,8043	0,8027	0,8011	0,7995
0,50	0,7979	0,7963	0,7947	0,7931	0,7915	0,7899	0,7883	0,7867	0,7852	0,7836
0,51	0,7820	0,7804	0,7788	0,7773	0,7757	0,7741	0,7725	0,7709	0,7694	0,7678
0,52	0,7662	0,7647	0,7631	0,7615	0,7600	0,7584	0,7568	0,7553	0,7537	0,7522
0,53	0,7506	0,7490	0,7475	0,7459	0,7444	0,7428	0,7413	0,7397	0,7382	0,7366
0,54	0,7351	0,7335	0,7320	0,7304	0,7289	0,7273	0,7258	0,7243	0,7227	0,7212
0,55	0,7196	0,7181	0,6716	0,7150	0,7135	0,7120	0,7104	0,7089	0,7074	0,7058
0,56	0,7043	0,7028	0,7013	0,6998	0,6982	0,6967	0,6952	0,6937	0,6921	0,6906
0,57	0,6891	0,6876	0,6861	0,6845	0,6830	0,6815	0,6800	0,6785	0,6770	0,6755
0,58	0,6739	0,6724	0,6709	0,6694	0,6679	0,6664	0,6649	0,6634	0,6619	0,6604
0,59	0,6589	0,6574	0,6559	0,6544	0,6529	0,6514	0,6499	0,6484	0,6469	0,6454
0,60	0,6439	0,6424	0,6409	0,6394	0,6379	0,6364	0,6350	0,6335	0,6320	0,6305
0,61	0,6290	0,6275	0,6260	0,6245	0,6230	0,6215	0,6201	0,6186	0,6171	0,6156
0,62	0,6141	0,6126	0,6112	0,6097	0,6082	0,6067	0,6052	0,6037	0,6023	0,6008
0,63	0,5993	0,5978	0,5964	0,5949	0,5934	0,5919	0,5905	0,5890	0,5875	0,5860
0,64	0,5864	0,5831	0,5816	0,5801	0,5787	0,5772	0,5757	0,5743	0,5728	0,5713

p	0,000	0,001	0,002	0,003	0,004	0,005	0,006	0,007	0,008	0,009
0,65	0,5698	0,5684	0,5669	0,5654	0,5640	0,5625	0,5610	0,5596	0,5581	0,5566
0,66	0,5552	0,5537	0,5522	0,5508	0,5493	0,5478	0,5464	0,5449	0,5434	0,5420
0,67	0,5405	0,5391	0,5376	0,5361	0,5347	0,5532	0,5317	0,5303	0,5288	0,5274
0,68	0,5259	0,5244	0,5230	0,5215	0,5201	0,5186	0,5171	0,5157	0,5142	0,5128
0,69	0,5113	0,5098	0,5084	0,5069	0,5055	0,5040	0,5025	0,5011	0,4982	0,4982
0,70	0,4967	0,4952	0,4938	0,4923	0,4909	0,4894	0,4879	0,4865	0,4850	0,4836
0,71	0,4821	0,4807	0,4792	0,4777	0,4763	0,4748	0,4734	0,4719	0,4704	0,4690
0,72	0,4675	0,4646	0,4646	0,4632	0,4617	0,4602	0,4588	0,4573	0,4559	0,4544
0,73	0,4529	0,4515	0,4500	0,4486	0,4471	0,4456	0,4442	0,4427	0,4413	0,4398
0,74	0,4383	0,4369	0,4354	0,4339	0,4325	0,4310	0,4296	0,4281	0,4266	0,4252
0,75	0,4237	0,4222	0,4208	0,4193	0,4178	0,4164	0,4149	0,4134	0,4120	0,4105
0,76	0,4090	0,4076	0,4061	0,4046	0,4032	0,4017	0,4002	0,3988	0,3973	0,3958
0,77	0,3944	0,3929	0,3914	0,3899	0,3885	0,3870	0,3855	0,3840	0,3826	0,3811
0,78	0,3796	0,3781	0,3766	0,3752	0,3737	0,3722	0,3707	0,3693	0,3678	0,3663
0,79	0,3648	0,3633	0,3618	0,3604	0,3589	0,3574	0,3559	0,3544	0,3529	0,3514
0,80	0,3500	0,3485	0,3470	0,3455	0,3440	0,3425	0,3410	0,3395	0,3380	0,3365
0,81	0,3350	0,3385	0,3320	0,3305	0,3290	0,3275	0,3260	0,3245	0,3230	0,3215
0,82	0,3200	0,3185	0,3155	0,3155	0,3140	0,3125	0,3109	0,3094	0,3079	0,3064
0,83	0,3049	0,3034	0,3019	0,3003	0,2988	0,2973	0,2958	0,2942	0,2927	0,2912
0,84	0,2897	0,2881	0,2866	0,2851	0,2835	0,2820	0,2805	0,2749	0,2774	0,2758
0,85	0,2743	0,2728	0,2712	0,2697	0,2681	0,2666	0,2650	0,2635	0,2619	0,2604
0,86	0,2588	0,2572	0,2557	0,2541	0,2526	0,2510	0,2494	0,2479	0,2463	0,2447
0,87	0,2432	0,2416	0,2400	0,2384	0,2368	0,2353	0,2337	0,2321	0,2305	0,2289
0,88	0,2273	0,2257	0,2241	0,2225	0,2209	0,2193	0,2177	0,2161	0,2145	0,2129
0,89	0,2113	0,2097	0,2080	0,2064	0,2048	0,2032	0,2015	0,1999	0,1983	0,1966
0,90	0,1950	0,1934	0,1917	0,1901	0,1884	0,1868	0,1851	0,1835	0,1818	0,1801
0,91	0,1785	0,1768	0,1751	0,1734	0,1718	0,1701	0,1684	0,1667	0,1650	0,1633
0,92	0,1616	0,1599	0,1582	0,1565	0,1548	0,1530	0,1513	0,1496	0,1478	0,1461
0,93	0,1444	0,1426	0,1409	0,1391	0,1374	0,1356	0,1338	0,1321	0,1303	0,1285
0,94	0,1267	0,1249	0,1231	0,1213	0,1195	0,1177	0,1159	0,1141	0,1122	0,1104
0,95	0,1086	0,1067	0,1049	0,1030	0,1011	0,0993	0,0974	0,0955	0,0936	0,0917
0,96	0,0898	0,0878	0,0859	0,0840	0,0820	0,0801	0,0781	0,0761	0,0741	0,0722
0,97	0,0701	0,0681	0,0661	0,0641	0,0620	0,0599	0,0579	0,0558	0,0537	0,0515
0,98	0,0494	0,0472	0,0451	0,0429	0,0407	0,0384	0,0362	0,0339	0,0316	0,0293
0,99	0,0269	0,0245	0,0221	0,0196	0,0171	0,0145	0,0119	0,0092	0,0064	0,0034

Tabelle A.2: Standardisierte Selektionsdifferenz SD in Abhängigkeit von u

u	0,000	0,001	0,002	0,003	0,004	0,005	0,006	0,007	0,008	0,009
-1,9	0,0676	0,0662	0,0649	0,0637	0,0624	0,0612	0,0599	0,0587	0,0576	0,0564
-1,8	0,0819	0,0804	0,0789	0,0774	0,0759	0,0745	0,0730	0,0716	0,0703	0,0689
-1,7	0,0984	0,0967	0,0949	0,0932	0,0915	0,0899	0,0882	0,0866	0,0850	0,0834
-1,6	0,1174	0,1153	0,1134	0,1114	0,1095	0,1076	0,1057	0,1039	0,1020	0,1002
-1,5	0,1388	0,1365	0,1343	0,1321	0,1299	0,1277	0,1256	0,1235	0,1214	0,1194
-1,4	0,1629	0,1603	0,1578	0,1554	0,1529	0,1505	0,1481	0,1457	0,1434	0,1411
-1,3	0,1897	0,1869	0,1841	0,1814	0,1787	0,1760	0,1733	0,1706	0,1680	0,1654
-1,2	0,2194	0,2163	0,2133	0,2102	0,2072	0,2042	0,2013	0,1983	0,1954	0,1926
-1,1	0,2520	0,2487	0,2453	0,2420	0,2387	0,2354	0,2321	0,2289	0,2257	0,2226
-1,0	0,2876	0,2839	0,2803	0,2766	0.2730	0,2695	0,2659	0,2624	0,2589	0,2555
-0,9	0,3261	0,3221	0,3182	0,3142	0,3104	0,3065	0,3026	0,2988	0,2951	0,2913
-0,8	0,3676	0,3633	0,3590	0,3548	0,3506	0,3465	0,3423	0,3382	0,3342	0,3301
-0,7	0,4119	0,4074	0,4028	0,3983	0,3938	0,3894	0,3850	0,3806	0,3762	0,3719
-0,6	0,4591	0,4543	0,4495	0,4447	0,4399	0,4352	0,4305	0,4258	0,4211	0,4165
-0,5	0,5092	0,5040	0,4989	0,4939	0,4888	0,4838	0,4788	0,4738	0,4689	0,4640
-0,4	0,5619	0,5565	0,5511	0,5458	0,5405	0,5352	0,5299	0,5247	0,5195	0,5143
-0,3	0,6172	0,6116	0,6059	0,6004	0,5948	0,5892	0,5837	0,5782	0,5727	0,5673
-0,2	0,6751	0,6692	0,6633	0,6575	0,6516	0,6458	0,6401	0,6343	0,6286	0,6229
-0,1	0,7353	0,7292	0,7231	0,7170	0,7109	0,7049	0,6989	0,6929	0,6869	0,6810
-0,0	0,7979	0,7915	0,7852	0,7789	0,7726	0,7663	0,7601	0,7539	0,7477	0,7415
0,0	0,7979	0,8043	0,8107	0,8171	0,8235	0,8300	0,8365	0,8430	0,8495	0,8560
0,1	0,8626	0,8692	0,8758	0,8824	0,8891	0,8958	0,9025	0,9092	0,9159	0,9226
0,2	0,9294	0,9362	0,9430	0,9498	0,9567	0,9636	0,9704	0,9773	0,9843	0,9912
0,3	0,9982	1,0051	1,0121	1,0192	1,0262	1,0332	1,0403	1,0474	1,0545	1,0616
0,4	1,0688	1,0759	1,0831	1,0903	1,0975	1,1047	1,1120	1,1192	1,1265	1,1338
0,5	1,1411	1,1484	1,1557	1,1631	1,1705	1,1779	1,1853	1,1927	1,2001	1,2076
0,6	1,2150	1,2225	1,2300	1,2375	1,2450	1,2526	1,2601	1,2677	1,2753	1,2829
0,7	1,2905	1,2981	1,3058	1,3134	1,3211	1,3288	1,3365	1,3442	1,3519	1,3597
0,8	1,3674	1,3752	1,3830	1,3907	1,3985	1,4064	1,4142	1,4220	1,4299	1,4378
0,9	1,4456	1,4535	1,4614	1,4694	1,4773	1,4852	1,4932	1,5012	1,5091	1,5171
1,0	1,5251	1,5332	1,5412	1,5492	1,5573	1,5653	1,5734	1,5815	1,5896	1,5977
1,1	1,6058	1,6139	1,6221	1,6302	1,6384	1,6465	1,6547	1,6629	1,6711	1,6793
1,2	1,6876	1,6958	1,7040	1,7123	1,7205	1,7288	1,7371	1,7454	1,7537	1,7620
1,3	1,7703	1,7787	1,7870	1,7954	1,8037	1,8121	1,8205	1,8288	1,8372	1,8456

u	0,000	0,001	0,002	0,003	0,004	0,005	0,006	0,007	0,008	0,009
1,4	1,8541	1,8625	1,8709	1,8794	1,8878	1,8963	1,9047	1,9132	1,9217	1,9202
1,5	1,9387	1,9472	1,9557	1,9642	1,9728	1,9812	1,9899	1,9984	2,0070	2,0156
1,6	2,0241	2,0327	2,0413	2,0499	2,0585	2,0672	2,0758	2,0844	2,0931	2,1017
1,7	2,1104	2,1190	2,1277	2,1364	2,1451	2,1537	2,1625	2,1712	2,1799	2,1886
1,8	2,1973	2,2061	2,2148	2,2235	2,2323	2,2411	2,2498	2,2586	2,2674	2,2762
1,9	2,2849	2,2938	2,3026	2,3114	2,3202	2,3290	2,3378	2,3467	2,3555	2,3644
2,0	2,3732	2,3821	2,3909	2,3998	2,4087	2,4176	2,4265	2,4354	2,4443	2,4532
2,1	2,4621	2,4710	2,4799	2,4889	2,4978	2,5067	2,5157	2,5246	2,5336	2,5425
2,2	2,5515	2,5605	2,5694	2,5784	2,5874	2,5964	2,6054	2,6144	2,6234	2,6324
2,3	2,6414	2,6505	2,6595	2,6685	2,6775	2,6866	2,6956	2,7047	2,7138	2,7228
2,4	2,7319	2,7409	2,7500	2,7591	2,7682	2,7773	2,7863	2,7954	2,8045	2,8136
2,5	2,8227	2,8318	2,8410	2,8501	2,8592	2,8684	2,8775	2,8866	2,8956	2,9049
2,6	2,9141	2,9232	2,9324	2,9416	2,9507	2,9599	2,9691	2,9782	2,9874	2,9966
2,7	3,0057	3,0149	3,0242	3,0334	3,0425	3,0518	3,0610	3,0702	3,0795	3,0886
2,8	3,0979	3,1071	3,1163	3,1256	3,1348	3,1440	3,1533	3,1625	3,1718	3,1811
2,9	3,1903	3,1997	3,2088	3,2181	3,2773	3,2366	3,2459	3,2552	3,2646	3,2738
3,0	3,2831	3,2925	3,3016	3,3109	3,3203	3,3297	3,3389	3,3482	3,3576	3,3668
3,1	3,3762	3,3856	3,3947	3,4044	3,4136	3,4227	3,4324	3,4415	3,4508	3,4601
3,2	3,4698	3,4788	3,4880	3,4974	3,5074	3,5165	3,5256	3,5354	3,5447	3,5542
3,3	3,5635	3,5726	3,5819	3,5917	3,6009	3,6098	3,6197	3,6293	3,6388	3,6475
3,4	3,6575	3,6669	3,6761	3,6852	3,6944	3,7043	3,7134	3,7237	3,7328	3,7420
3,5	3,7519	3,7599	3,7697	3,7791	3,7886	2,7991	3,8085	3,8174	3,8271	3,8273
3,6	3,8460	3,8550	3,8649	3,8744	3,8841	3,8940	3,9025	3,9110	3,9220	3,9322
3,7	3,9406	3,9508	3,9598	3,9697	3,9794	3,9887	3,9953	4,0086	4,0166	4,0266
3,8	4,0373	4,0432	4,0555	4,0624	4,0748	4,0795	4,0917	4,1029	4,1130	4,1218
3,9	4,1310	4,1432	4,1467	4,1553	4,1720	4,1765	4,1840	4,2006	4,2000	4,2212

Tabelle A.3: Die standardisierte Selektionsdifferenz SD_e in endlichen Populationen berechnet auf der Grundlage der Normalverteilung für $n \leq 50$ und $1 \leq k \leq n-1$

k	n						
	2	3	4	5	6	7	8
1	0,56419	0,84628	1,02938	1,16296	1,26721	1,35218	1,42360
2		0,42314	0,66320	0,82899	0,95449	1,05478	1,13791
3			0,34313	0,55266	0,70351	0,82075	0,91621
4				0,29074	0,47724	0,61557	0,72529

k	n						
	2	3	4	5	6	7	8
5					0,25344	0,42191	0,54973
6						0,22536	0,37930
7							0,20337

k	n						
	9	10	11	12	13	14	15
1	1,48501	1,53875	1,58644	1,52923	1,66799	1,70338	1,73591
2	1,20866	1,27006	1,32418	1,37248	1,41604	1,45564	1,49193
3	0,99643	1,06539	1,12573	1,17927	1,22730	1,27080	1,31051
4	0,81592	0,89298	0,95980	1,01866	1,07119	1,11854	1,16161
5	0,65276	0,73892	0,81281	0,87738	0,93462	0,98595	1,03241
6	0,49821	0,59532	0,67735	0,74825	0,81060	0,86617	0,91624
7	0,34533	0,45660	0,54845	0,62670	0,69480	0,75503	0,80896
8	0,18563	0,31751	0,42215	0,50933	0,58414	0,64963	0,70784
9		0,17097	0,29426	0,39309	0,47608	0,54775	0,61082
10			0,15864	0,27450	0,36819	0,44742	0,51621
11				0,14811	0,25746	0,34658	0,42240
12					0,13900	0,24261	0,32763
13						0,13103	0,22953
14							0,12399

k	n						
	16	17	18	19	20	21	22
1	1,76599	1,79394	1,82003	1,84448	1,86748	1,88917	1,90969
2	1,52537	1,55636	1,58522	1,61221	1,63754	1,66140	1,68393
3	1,34700	1,38073	1,41206	1,44129	1,46868	1,49442	1,51870
4	1,20104	1,23739	1,27107	1,30243	1,33175	1,35927	1,38517
5	1,07484	1,11380	1,14982	1,18327	1,21448	1,24371	1,27119
6	0,96173	1,00339	1,04178	1,07734	1,11045	1,14140	1,17044
7	0,85774	0,90222	0,94307	0,98081	1,01586	1,04855	1,07917
8	0,76018	0,80769	0,85116	0,89118	0,92824	0,96274	0,99497
9	0,66713	0,71795	0,76423	0,80668	0,84588	0,88226	0,91617
10	0,57704	0,63155	0,68092	0,72602	0,76749	0,80587	0,84155
11	0,48856	0,54730	0,60014	0,66001	0,69208	0,73261	0,77018
12	0,40035	0,46409	0,52089	0,59412	0,61883	0,66169	0,70130

k	n						
	16	17	18	19	20	21	22
13	0,31085	0,38074	0,44224	0,52813	0,54700	0,59245	0,63427
14	0,21791	0,29587	0,36316	0,46172	0,47591	0,52428	0,56856
15	0,11773	0,20751	0,28241	0,39442	0,40483	0,45656	0,50361
16		0,11212	0,19815	0,27024	0,33294	0,38866	0,43891
17			0,10706	0,18967	0,25918	0,31983	0,37388
18				0,10247	0,18195	0,24907	0,30782
19					0,09829	0,17488	0,23979
20						0,09446	0,16839
21							0,09094

k	n						
	23	24	25	26	27	28	29
1	1,92916	1,94767	1,96531	1,98216	1,99827	2,01371	2,02852
2	1,70527	1,72553	1,74481	1,76320	1,78077	1,79758	1,81370
3	1,54166	1,56343	1,58412	1,60383	1,62265	1,64063	1,65786
4	1,40964	1,43280	1,45479	1,47571	1,49566	1,51472	1,53295
5	1,29710	1,32160	1,34483	1,36691	1,38794	1,40800	1,42719
6	1,19778	1,22359	1,24804	1,27124	1,29332	1,31436	1,33447
7	1,10795	1,13508	1,16073	1,18506	1,20817	1,23018	1,25118
8	1,01066	1,05368	1,08056	1,10601	1,13016	1,15314	1,17504
9	0,92254	0,97777	1,00590	1,03249	1,05770	1,08165	1,10446
10	0,84110	0,90616	0,93557	0,96335	0,98964	1,01458	1,03831
11	0,76463	0,83794	0,86871	0,89770	0,92511	0,95108	0,97575
12	0,70091	0,77243	0,80461	0,83489	0,86345	0,89048	0,91613
13	0,64700	0,70903	0,74272	0,77434	0,80412	0,83226	0,85892
14	0,59306	0,64725	0,68256	0,71562	0,74669	0,77598	0,80370
15	0,53902	0,58662	0,62372	0,65832	0,69076	0,72129	0,75012
16	0,48473	0,52684	0,56582	0,60209	0,63601	0,66786	0,69787
17	0,42274	0,46739	0,50850	0,54661	0,58214	0,61540	0,64668
18	0,36031	0,40786	0,45140	0,49156	0,52885	0,56366	0,59629
19	0,29677	0,34779	0,39412	0,43660	0,47586	0,51236	0,54648
20	0,23125	0,28656	0,33621	0,38137	0,42286	0,46126	0,49701
21	0,16241	0,22335	0,27710	0,32546	0,36952	0,41006	0,44763
22	0,08769	0,15687	0,21602	0,26831	0,31544	0,35846	0,39810
23		0,08468	0,15172	0,20920	0,26012	0,30609	0,34812
24			0,08189	0,14693	0,20283	0,25245	0,29733

k	n						
	23	24	25	26	27	28	29
25				0,07929	0,14246	0,19688	0,24527
26					0,07686	0,13828	0,19129
27						0,07458	0,13435
28							0,07245

k	n						
	30	31	32	33	34	35	36
1	2,04276	2,05646	2,06967	2,08241	2,09471	2,10661	2,11812
2	1,82918	1,84406	1,85840	1,87221	1,88554	1,89842	1,91087
3	1,67439	1,69027	1,70555	1,72026	1,73445	1,74815	1,76139
4	1,55043	1,56721	1,58334	1,59887	1,61383	1,62827	1,64221
5	1,44556	1,46318	1,48011	1,49640	1,51208	1,52720	1,54180
6	1,35370	1,37219	1,38983	1,40684	1,42321	1,43899	1,45421
7	1,27127	1,29049	1,30894	1,32665	1,34369	1,36010	1,37593
8	1,19596	1,21598	1,23517	1,25358	1,27128	1,28831	1,30472
9	1,12623	1,24703	1,16696	1,18606	1,20442	1,22207	1,23907
10	1,06093	1,08254	1,10320	1,12301	1,14202	1,16029	1,17787
11	0,99924	1,02166	1,04308	1,06359	1.08326	1,10216	1,12033
12	0,94052	0,96376	0,98595	1,00718	1,02753	1,04705	1,06582
13	0,88423	0,90833	0,93132	0,95329	0,97432	0,99449	1,01385
14	0,82998	0,85497	0,87878	0,90151	0,92324	0,94407	0,96405
15	0,77742	0,80333	0,82799	0,85150	0,87397	0,89547	0,91609
16	0,72624	0,75312	0,77867	0,80300	0,82623	0,84843	0,86970
17	0,67618	0,70409	0,73058	0,75577	0,77978	0,80272	0,82466
18	0,62701	0,65602	0,68349	0,70959	0,73646	0,75812	0,78077
19	0,57851	0,60869	0,63722	0,66427	0,69577	0,71447	0,73785
20	0,53047	0,56191	0,59157	0,61964	0,65548	0,67161	0,69576
21	0,48267	0,51549	0,54638	0,57553	0,60315	0,62938	0,65435
22	0,43490	0,46924	0,50146	0,53180	0,56047	0,58765	0,61349
23	0,38691	0,42295	0,45664	0,48827	0,51808	0,54629	0,57305
24	0,33843	0,37639	0,41172	0,44477	0,47584	0,50515	0,53291
25	0,28911	0,32931	0,36650	0,40114	0,43359	0,46411	0,49294
26	0,23853	0,28138	0,32073	0,35718	0,39116	0,42302	0,45303
27	0,18604	0,23218	0,27410	0,31263	0,34837	0,38172	0,41302
28	0,13066	0,18110	0,22619	0,26721	0,30497	0,34003	0,37278
29	0,07044	0,12718	0,17644	0,22053	0,26070	0,29772	0,33212

k	n					
	30	31	32	33	34	35	36
30		0,06855	0,12389	0,17203	0,21518	0,25453	0,29084
31			0,06676	0,12079	0,16785	0,21010	0,24868
32				0,06508	0,11785	0,16389	0,20528
33					0,06348	0,11506	0,16013
34						0,06196	0,11240
35							0,06052

k	n						
	37	38	39	40	41	42	43
1	2,12928	2,14009	2,15059	2,16078	2,17068	2,18032	2,18969
2	1,92294	1,93462	1,94595	1,95695	1,96763	1,97802	1,98812
3	1,77421	1,78661	1,79864	1,81031	1,82163	1,83264	1,84333
4	1,65570	1,66874	1,68139	1,69365	1,70554	1,71710	1,72832
5	1,55591	1,56956	1,58277	1,59558	1,60800	1,62006	1,63177
6	1,46891	1,48312	1,49688	1,51020	1,52312	1,53566	1,54782
7	1,39120	1,40596	1,42024	1,43406	1,44746	1,46045	1,47306
8	1,32056	1,33585	1,35064	1,36495	1,37881	1,39224	1,40528
9	1,25546	1,27128	1,28656	1,30135	1,31568	1,32954	1,34299
10	1,19481	1,21116	1,22694	1,24220	1,25697	1,27128	1,28514
11	1,13782	1,15469	1,17098	1,18671	1,20193	1,21666	1,23094
12	1,08387	1,10127	1,11806	1,13426	1,14993	1,16510	1,17978
13	1,03248	1,05041	1,06770	1,08439	1,10051	1,11611	1,13121
14	0,98326	1,00174	1,01954	1,03671	1,05330	1,06933	1,08484
15	0,93589	0,95492	0,97325	0,99092	1,00800	1,02444	1,04037
16	0,89011	0,90971	0,92858	0,94675	0,96428	0,98200	0,99756
17	0,84570	0,86589	0,88530	0,90399	0,92200	0,93939	0,95618
18	0,80246	0,82326	0,84324	0,86246	0,88097	0,89883	0,91607
19	0,76022	0,78166	0,80223	0,82200	0,84102	0,85936	0,87706
20	0,71884	0,74093	0,76211	0,78245	0,80202	0,82085	0,83902
21	0,67818	0,70096	0,72278	0,74371	0,76382	0,78318	0,80183
22	0,63811	0,66161	0,68410	0,70565	0,72634	0,74758	0,76538
23	0,59850	0,62278	0,64597	0,66817	0,68946	0,71379	0,72958
24	0,55926	0,58434	0,60828	0,63117	0,65309	0,68033	0,69434
25	0,52026	0,54622	0,57094	0,59455	0,61714	0,64716	0,65957
26	0,48139	0,50828	0,53385	0,55823	0,58152	0,61422	0,62520
27	0,44252	0,47043	0,49691	0,52211	0,54615	0,58145	0,59114

k	n						
	37	38	39	40	41	42	43
28	0,40354	0,43256	0,46003	0,48611	0,51095	0,54881	0,55734
29	0,36429	0,39453	0,42308	0,45013	0,47583	0,51623	0,52371
30	0,32461	0,35623	0,38597	0,41407	0,44071	0,48365	0,49019
31	0,28431	0,31748	0,34855	0,37781	0,40547	0,45100	0,45669
32	0,24311	0,27808	0,31068	0,34124	0,37003	0,41823	0,42314
33	0,20069	0,23781	0,27216	0,30419	0,33426	0,38524	0,38944
34	0,15655	0,19632	0,23276	0,26651	0,29800	0,32759	0,35550
35	0,10988	0,15314	0,19216	0,22794	0,26111	0,29209	0,32121
36	0,05915	0,10748	0,14989	0,18818	0,22333	0,25594	0,28643
37		0,05784	0,10519	0,14678	0,18438	0,21893	0,25100
38			0,05659	0,10300	0,14381	0,18075	0,21471
39				0,05540	0,10090	0,14097	0,17726
40					0,05427	0,09890	0,13825
41						0,05318	0,09698
42							0,05214

k	n						
	44	45	46	47	48	49	50
1	2,19882	2,20772	2,21639	2,22486	2,23312	2,24119	2,24907
2	1,99794	2,00753	2,01686	2,02596	2,03484	2,04350	2,05197
3	1,85374	1,86388	1,87375	1,88337	1,89276	1,90192	1,91086
4	1,73924	1,74987	1,76022	1,77030	1,78013	1,78972	1,79908
5	1,64315	1,65423	1,66502	1,67552	1,68576	1,69574	1,70548
6	1,55965	1,57116	1,58235	1,59324	1,60386	1,61421	1,62431
7	1,48531	1,49722	1,50880	1,52007	1,53105	1,54176	1,55219
8	1,41794	1,43024	1,44220	1,45384	1,46517	1,47621	1,48697
9	1,35605	1,36874	1,38107	1,39306	1,40473	1,41610	1,42718
10	1,29859	1,31166	1,32435	1,33669	1,34870	1,36039	1,37178
11	1,24478	1,25822	1,27127	1,28396	1,29630	1,30831	1,32001
12	1,19402	1,20783	1,22123	1,23427	1,24694	1,25927	1,27127
13	1,14583	1,16002	1,17379	1,18716	1,20016	1,21280	1,22511
14	1,09986	1,11442	1,12855	1,14227	1,15559	1,16855	1,18116
15	1,05579	1,07074	1,08523	1,09929	1,11295	1,12622	1,13913
16	1,01338	1,02871	1,04357	1,05798	1,07197	1,08557	1,09878
17	0,97242	0,98814	1,00337	1,01813	1,03246	1,04638	1,05991
18	0,93272	0,94884	0,96445	0,97958	0,99425	1,00849	1,02233

k	n						
	44	45	46	47	48	49	50
19	0,89415	0,91067	0,92666	0,94216	0,95718	0,97176	0,98591
20	0,85655	0,87349	0,88988	0,90575	0,92112	0,93604	0,95052
21	0,81981	0,83719	0,85398	0,87023	0,88597	0,90124	0,91605
22	0,78384	0,80165	0,81886	0,83551	0,85163	0,86724	0,88239
23	0,74853	0,76680	0,78444	0,80149	0,81799	0,83397	0,84946
24	0,71379	0,73254	0,75062	0,76810	0,78499	0,80135	0,81719
25	0,67955	0,69879	0,71734	0,73525	0,75255	0,76929	0,78550
26	0,64573	0,66549	0,68452	0,70288	0,72061	0,73744	0,75433
27	0,61226	0,63256	0,65210	0,67092	0,68909	0,70664	0,72362
28	0,57908	0,59994	0,62000	0,63932	0,65795	0,67593	0,69331
29	0,54610	0,56756	0,58818	0,60801	0,62712	0,64555	0,66334
30	0,51327	0,53537	0,55657	0,57694	0,59655	0,61545	0,63368
31	0,48051	0,50329	0,52511	0,54605	0,56619	0,58558	0,60427
32	0,44776	0,47126	0,49374	0,51529	0,53598	0,55589	0,57506
33	0,41493	0,43921	0,46240	0,48460	0,50588	0,52634	0,54601
34	0,38194	0,40707	0,43103	0,45391	0,47583	0,49686	0,51708
35	0,34870	0,37476	0,39954	0,42318	0,44577	0,46742	0,48820
36	0,31510	0,34218	0,36788	0,39232	0,41564	0,43796	0,45934
37	0,28100	0,30924	0,33593	0,36127	0,38539	0,40841	0,43044
38	0,24626	0,27580	0,30362	0,32993	0,35492	0,37872	0,40145
39	0,21066	0,24172	0,27081	0,29822	0,32417	0,34862	0,37231
40	0,17392	0,20678	0,23735	0,26601	0,29303	0,31862	0,34295
41	0,13564	0,17072	0,20305	0,23316	0,26140	0,28804	0,31328
42	0,09514	0,13313	0,16764	0,19947	0,22912	0,25696	0,28323
43	0,05114	0,09337	0,13073	0,16468	0,19602	0,22524	0,25268
44		0,05018	0,09168	0,12841	0,16183	0,19270	0,22150
45			0,04925	0,09004	0,12618	0,15909	0,18950
46				0,04837	0,08847	0,12404	0,15644
47					0,04751	0,08696	0,12197
48						0,06669	0,08550
49							0,04590

A.2   Varianzen der genetischen Parameter

A.2.1   Halbgeschwisterstrukturen

Für die Formeln 4.46 bis 4.48 lassen sich die Varianzen wie folgt ermitteln, wobei mit MQ bzw. MP die mittleren Abweichungsquadrate bzw. Produktquadrate aus der Varianz- und Kovarianzanalyse benutzt werden. Die Varianz der genetischen Parameter berechnen sich nach:

$$V\left(s_g^2\right) = \frac{32}{N}\left(MQ_a^2 + \frac{MQ_e^2}{n}\right) \tag{A.1}$$

$$V\left(h^2\right) = \frac{32}{n-N}\left(1 - \frac{1}{4}h^2\right)^2\left(1 + (n-1)\frac{1}{4}h^2\right)^2 \tag{A.2}$$

$$V\left(s_{gxy}\right) = \frac{16}{nN}\left(MP_a^2 + MQ_{a1}\cdot MQ_{a2} + \frac{MP_e^2 + MQ_{e1} + MQ_{e2}}{n}\right) \tag{A.3}$$

In den Formeln A.1 bis A.3 bezeichnet N die Gesamtanzahl der Halbgeschwister und n die Anzahl der Väter.

Für die Varianz der genetischen Korrelation gab ROBERTSON (1959) die folgende approximative Formel an:

$$V\left(r_{gxy}\right) = \frac{(1 - r_{g1,2}^2)^2}{2h_1^2 \cdot h_2^2}\sqrt{V(h_1^2)V(h_2^2)} \tag{A.4}$$

Alle angegebenen Schätzfunktionen für die genetischen Parameter beruhen darauf, dass die Beziehungen zwischen Halbgeschwistergruppen durch 1/4 der genetischen Varianz bzw. 1/4 der genetischen Kovarianz charakterisiert werden. Voraussetzung dieser Anwendung ist aber, dass die Väter nicht selektiert sein dürfen. Das ist z.B. der Fall, wenn die Ergebnisse der Nachkommenprüfung bei den landwirtschaftlichen Nutztieren zur Parameterschätzung verwendet werden. Liegen dagegen vorselektierte Väter vor, so sollten die Ergebnisse der Arbeiten von COCHRAN (1951) oder RÖNNINGEN (1972) in die Parameterschätzung einbezogen werden. Maternale Effekte beeinflussen diese gesamten Schätzergebnisse nicht, wogegen Genotyp-Umwelt-Wechselwirkungen zu ganz erheblichen Verzerrungen der Schätzwerte führen können. Eine Schlussfolgerung ist deshalb, dass die Halbgeschwister unter annähernd gleichen Umweltbedingungen ihre Leistungen realisieren sollen.

A.2.2   Vollgeschwisterstrukturen

Unter Berücksichtigung, dass n die Anzahl der Vollgeschwister und a die Anzahl der Paarungen bezeichnet ($N = a \cdot n$) lassen sich die Varianzen der

Schätzwerte nach folgenden Formeln berechnen:

$$V\left(s_g^2\right) = \frac{8}{n \cdot N} \left(MQ_a^2 + \frac{MQ_e^2}{n} \right) \tag{A.5}$$

$$V\left(h^2\right) = \frac{8}{n \cdot N} \left(1 - \frac{1}{4}h^2 \right)^2 \left(1 + (n-1)\frac{1}{4}h^2 \right)^2 \tag{A.6}$$

$$V\left(s_{g1,2}\right) = \frac{1}{n \cdot N} \left(MP_a^2 + MQ_{a1} \cdot MQ_{a2} + \frac{MP_e^2 + MQ_{e1} \cdot MQ_{e2}}{n} \right) \tag{A.7}$$

$$V\left(r_{g1,2}\right) = \frac{\left(1 - r_{g1,2}^2\right)^2}{2h_1^2 \cdot h_2^2} \cdot \sqrt{V\left(h_1^2\right) \cdot V\left(h_2^2\right)} \tag{A.8}$$

A.2.3   Voll- und Halbgeschwisterstrukturen

Unter Verwendung von MQ und MP aus der Varianz- und Kovarianzanalyse und mit den Bezeichnungen n für die Anzahl Nachkommen in jeder Vollgeschwistergruppe, m für die Anzahl der Halbgeschwistergruppen und N für die Gesamtanzahl der Nachkommen lassen sich nachfolgende Angaben für die Genauigkeit der Schätzungen angeben.

$$V\left(s_g^2(1)\right) = \frac{32}{Nmn} \left(MQ_a^2 + \frac{MQ_b^2}{m} \right) \tag{A.9}$$

$$V\left(s_g^2(2)\right) = \frac{32}{Nm} \left(MQ_b^2 + \frac{MQ_a^2}{n} \right) \tag{A.10}$$

$$V\left(s^2\right) = \frac{8}{Nn} \left(MQ_a^2 + + MQ_b^2 \frac{MQ_e^2}{n} \right) \tag{A.11}$$

Entsprechend gibt es für

$$
\begin{aligned}
V(h_{VG}^2)(1) = \frac{32}{n^2 m^2} \Bigg(& \frac{m(n-1)}{v} \left(1 - \frac{1}{2}h^2 \right)^2 \left(\frac{1}{4}h^2 \right)^2 + \\
& + \frac{\left(1 + (n-2)\frac{1}{4}h^2 \right)^2 \left(1 + (m-1)\frac{1}{4}h^2 \right)^2}{(m-1)v} + \\
& + \frac{\left(1 + (nm+n-2)\frac{1}{4}h^2 \right)^2 \left(1 - \frac{1}{4}h^2 \right)^2}{v-1} \Bigg)
\end{aligned}
\tag{A.12}
$$

$$V\left(h_{VG}^2\right)(2) = 32\left(\frac{\left(1 - \frac{1}{2}h^2\right)^2\left(1 + (n-1)\frac{1}{4}h^2\right)^2}{v \cdot m \cdot n^2(n-1)} + \right.$$

$$+ \frac{\left(1 + (n-2)\frac{1}{4}h^2\right)^2\left(m - (m-1)\frac{1}{4}h^2\right)^2}{vn^2m^2(m-1)} +$$

$$\left. + \frac{\left(1 + (mn+n-2)\frac{1}{4}h^2\right)^2\left(\frac{1}{4}h^2\right)^2}{n^2m^2(v-1)}\right) \tag{A.13}$$

$$V\left(h_{VG}^2\right)(3) = 8\left(1 - \frac{1}{2}h^2\right)\left(\frac{\left(1 + (n-1)\frac{1}{2}h^2\right)^2}{v \cdot m \cdot n^2(n-1)} + \right.$$

$$+ \frac{\left(1 + (n-2)\frac{1}{4}h^2\right)^2(m-1)}{vn^2m^2} +$$

$$\left. + \frac{\left(1 + (nm+n-2)\frac{1}{4}h^2\right)^2}{n^2m^2(v-1)}\right) \tag{A.14}$$

$$V\left(h_{HG}^2\right) = \frac{32\left(1 - \frac{1}{4}h^2\right)\left(1 + (m-1)\frac{1}{4}h^2\right)^2}{vm^2} \tag{A.15}$$

$$V\left(s_{g12}\right)(1) = \frac{16}{Nmn}\left(MP_a^2 + \right.$$

$$\left. + MQ_{a1} \cdot MQ_{a2} + \frac{1}{m}\left(MP_b^2 + MQ_{b1} \cdot MQ_{b2}\right)\right) \tag{A.16}$$

$$V\left(s_{g12}\right)(2) = \frac{16}{Nn}\left(MP_b^2 + \right.$$

$$\left. + MQ_{b1} \cdot MQ_{b2} + \frac{1}{n}\left(MP_e^2 + MQ_{e1} \cdot MQ_{e2}\right)\right) \tag{A.17}$$

$$V\left(s_{g12}\right)(3) = \frac{4}{Nn}\left(\frac{1}{m}\left(MP_a^2 + MQ_{a1} + MQ_{a2}\right) + MP_b^2 + \right.$$

$$\left. + MQ_{b1} \cdot MQ_{b2} + \frac{1}{n}\left(MP_e^2 + MQ_{e1} \cdot MQ_{e2}\right)\right) \tag{A.18}$$

Für die Berechnung der Varianz von r_g kann nach ROBERTSON (1959) die folgende approximative Formel zur Anwendung kommen

$$V\left(r_{g12}\right) = \frac{\left(1 - r_{g1,2}^2\right)^2}{2h_1^2 \cdot h_2^2} \cdot \sqrt{V(h_1^2) \cdot V(h_2^2)} \tag{A.19}$$

A.2.4 Versuchsplanung zur Parameterschätzung (Halbgeschwister)

Wie aus den Beispielen 4.2 und 4.3 deutlich wird, ist die Genauigkeit der Schätzwerte eine Funktion des Datenumfanges. HERRENDÖRFER (1970) hat für verschiedene Irrtumswahrscheinlichkeiten und Konfidenzintervallen für h^2 eine Versuchsplanung für die Schätzung des Heritabilitätskoeffizienten durchgeführt und Stichprobenumfänge des Datenmaterials berechnet. Um eine Vorstellung dieser Umfänge zu vermitteln sind in den Tabellen A.4 die Ergebnisse für eine Irrtumswahrscheinlichkeit von $\alpha = 0,05$ dargestellt.

Tabelle A.4: Der Stichprobenumfang N für eine h^2-Schätzung mit Hilfe der Halbgeschwisteranalyse mit $\alpha = 0,05$

d	m	h^2						
		0,1	0,2	0,3	0,4	0,5	0,6	0,7
0,10	5	3450	3999	4449	4884	5299	5689	6050
	10	1959	2602	3289	4004	4732	5460	6174
	15	1536	2305	3172	4112	5099	6112	7128
	20	1358	2240	3275	4427	5663	6949	8257

In der Tabelle A.4 bedeutet d die halbe Breite des 95% - Konfidenzintervalls. So beträgt der Stichprobenumfang bei $m = 5$ und $h^2 = 0,2$ für ein Konfidenzintervall von $0,1 < h^2 < 0,3$ fast 4000.

Weitere Angaben zum Stichprobenumfang in Tabellenform findet man ebenso bei HERRENDÖRFER (1967) und bei RASCH und HERRENDÖRFER (1990).

A.2.5 Eltern-Nachkommenstrukturen

Schätzung der genetischen Korrelationen (Ein Elter - ein Nachkomme)

Da die phänotypische Korrelation durch

$$\varrho_{12} = \frac{cov(X_1, X_2)}{\sqrt{V(X_1) \cdot V(X_2)}} \qquad (A.20)$$

definiert ist, ergeben sich die entsprechenden Schätzmöglichkeiten unter Berücksichtigung von (4.62) bis (4.65). Die genetische Korrelation ermittelt man aus

$$r_{g12}(1) = \sqrt{\frac{cov(g_1, g_2)(1) \cdot cov(g_1, g_2)(2)}{s_{g1}^2 \cdot s_{g2}^2}} \qquad (A.21)$$

$$r_{g12}(2) = \frac{cov(g_1, g_2)(1) + cov(g_1, g_2)(2)}{2\sqrt{s_{g1}^2 \cdot s_{g2}^2}} \qquad (A.22)$$

$$r_{g12}(3) = \frac{cov(g_1, g_2)(1)}{\sqrt{s_{g1}^2 \cdot s_{g2}^2}} \qquad (A.23)$$

$$r_{g12}(4) = \frac{cov(g_1, g_2)(2)}{\sqrt{s_{g1}^2 \cdot s_{g2}^2}} \qquad (A.24)$$

Varianzen der Schätzwerte (Ein Elter - ein Nachkomme)

Die Varianzen für die Schätzfunktionen (4.62) bis (4.65) und (A.24) können nach folgenden Formeln bestimmt werden:

$$V(s_{gi}^2) = 4\frac{(cov(X_{Ni}, X_{Ei}))^2 + s_{XEi}^2 s_{XNi}^2}{n_p - 1} \qquad (A.25)$$

$$V(h_i^2) = \frac{4 - h^4}{n_p - 3} \qquad (A.26)$$

$$V(s_{g12}(1)) = \frac{(cov(X_{E1}, X_{N2}))^2 + s_{XE1}^2 s_{XN2}^2}{n_p - 1} \qquad (A.27)$$

$$V(s_{g12}(2)) = 4\frac{(cov(X_{E2}, X_{N1}))^2 + s_{XE2}^2 s_{XN1}^2}{n_p - 1} \qquad (A.28)$$

$$V(r_{1,2}) = \frac{\left(1 - r_{1,2}^2\right)^2}{n_p - 3} \qquad (A.29)$$

In (A.29) setzt man in die rechte Seite die Schätzung ein, und bestimmt die Varianz von der linken Seite. Zur Vereinfachung der nachfolgenden Formeln werden die folgenden Abkürzungen als Indizes benutzt:

$$X_{E1} = 1$$
$$X_{E2} = 2$$
$$X_{N1} = 3$$
$$X_{N2} = 4$$

Ein s mit zwei Indizes wird als Abkürzung für eine Kovarianz verwendet, z.B. $s_{12} = cov(X_{E1}, X_{E2})$. Die Varianzen der Schätzfunktion (A.21) und (A.22) haben die Form:

$$s_{rg}^2 = \frac{r_g^2}{4(n_p-1)} \left(\frac{s_1^2 s_4^2}{s_{1,4}^2} + \frac{s_2^2 s_3^2}{s_{2,3}^2} + \frac{s_1^2 s_3^2}{s_{1,3}^2} + \frac{s_2^2 s_4^2}{s_{2,4}^2} \right) +$$

$$+ 2\frac{s_{1,2}s_{3,4}}{s_{1,4}s_{2,3}} + 2\frac{s_{1,3}s_{2,4}}{s_{1,4}s_{2,3}} - 2\frac{s_1^2 s_{3,4}}{s_{1,4}s_{1,3}} - 2\frac{s_{1,2}s_4^2}{s_{1,4}s_{2,4}} \quad \text{(A.30)}$$

$$- 2\frac{s_{1,2}s_3^2}{s_{2,3}s_{1,3}} - 2\frac{s_2^2 s_{3,4}}{s_{2,3}s_{2,4}} + 2\frac{s_{1,2}s_{3,4}}{s_{1,3}s_{2,4}} + 2\frac{s_{1,4}s_{2,3}}{s_{1,3}s_{2,4}} - 4$$

Entsprechend erhält man für (A.23)

$$s_{rg}^2 = \frac{r_g^2}{n_p-1} \left(\frac{s_1^2 s_4^2}{s_{1,4}^2} + \frac{s_1^2 s_3^2}{s_{1,3}^2} + \frac{s_2^2 s_4^2}{4s_{2,4}^2} - \frac{s_1^2 s_{3,4}}{s_{1,4}s_{1,3}} - \frac{s_{1,2}s_4^2}{s_{1,4}s_{2,4}} + \right.$$

$$\left. + \frac{s_{1,2}s_{3,4} + s_{1,4}s_{2,3}}{2s_{1,3}s_{2,4}} - \frac{1}{2} \right) \quad \text{(A.31)}$$

und für (A.24)

$$s_{rg}^2 = \frac{r_g^2}{n_p-1} \left(\frac{s_2^2 s_3^2}{s_{2,3}^2} + \frac{s_1^2 s_3^2}{4s_{1,3}^2} + \frac{s_2^2 s_4^2}{4s_{2,4}^2} - \frac{s_{1,2}s_3^2}{s_{1,3}s_{2,3}} - \frac{s_2^2 s_{3,4}}{s_{2,3}s_{2,4}} + \right.$$

$$\left. + \frac{s_{1,2}s_{3,4} + s_{1,4}s_{2,3}}{2s_{1,3}s_{2,4}} - \frac{1}{2} \right) \quad \text{(A.32)}$$

Varianzen der Schätzwerte (Zwei Eltern - ein Nachkomme)

Die genetische Varianz ermittelt man analog zu den Formeln für die Struktur Ein Elter -ein Nachkomme, indem wieder X_{Ei} durch $\overline{X}_{Ei}$ ersetzt wird. Durch die Mittelwertbildung werden auch die Kovarianzen nicht beeinflusst, so dass zur Schätzung der genetischen Korrelation die Formeln A.21 bis A.24 benutzt werden können.

Folgende Varianzen der Schätzfunktionen sind zu bestimmen:

$$V\left(s_{\overline{X}Ej}\right) = 8\frac{s_{XEj}^4}{n_p - 1} \tag{A.33}$$

$$V\left(s_{gi}\right) = 4\frac{\left(cov\left(X_{Ni}, X_{Ei}\right)\right)^2 + s_{XNi}^2 \cdot s_{XEi}^2}{n_p - 1} \tag{A.34}$$

$$V(h^2) = \frac{2\left(1 - h^2 \cdot \frac{h^2}{2}\right)}{n_p - 1} \tag{A.35}$$

Die Varianz der genetischen Kovarianz ergibt sich nach A.27 und A.28, in dem wieder X_{Ei} durch $\overline{X}_{Ei}$ ersetzt wird. Bei der Anwendung der Formeln A.31 bis A.32 muss beachtet werden, dass

$$\overline{X}_{E1} = 1$$
$$\overline{X}_{E2} = 2$$
$$\overline{X}_{N1} = 3$$
$$\overline{X}_{N2} = 4$$

gesetzt wurde, um die Varianzen der genetischen Korrrelationen zu ermitteln.

A.2.6   Versuchsplanung zur Parameterschätzung (Eltern - Nachkommenstrukturen)

Für den benötigten Stichprobenumfang zur Schätzung von h^2 existieren Tabellen (HERRENDÖRFER 1967, HERRENDÖRFER und SCHÜLER 1987). Für eine Irrtumswahrscheinlichkeit von $\alpha = 0,05$, der halben Breite des Konfidanzintervalls d und für h^2 sind die Stichprobenumfänge in Tabelle A.5 dargestellt.

Tabelle A.5: Der Stichprobenumfang N für eine h^2-Schätzung von Eltern-Nachkommen-Strukturen

		Ein Elter - ein Nachkomme						
α	d				h^2			
		0,1	0,2	0,3	0,4	0,5	0,6	0,7
0,05	0,05	6132	6086	6009	5902	5763	5594	5395
	0,10	1534	1522	1503	1476	1442	1399	1349
	0,15	682	677	569	657	641	622	600

					Elternmittel - ein Nachkomme			
α	d				h^2			
		0,1	0,2	0,3	0,4	0,5	0,6	0,7
0,05	0,05	3058	3012	2935	2828	2690	2521	2321
	0,10	765	753	707	707	673	631	581
	0,15	340	335	327	315	299	281	258

						Elternmittel - Nachkommenmittel			
α	d	n				h^2			
			0,1	0,2	0,3	0,4	0,5	0,6	0,7
0,05	0,05	2	3212	3320	3396	3443	3458	3443	3396
		3	2239	2398	2526	2623	2690	2725	2731
		3	1752	1937	2090	2213	2305	2367	2398

A.2.7 Varianz der Heritabilität aus simulierter Selektion

Für die Schätzwerte des Heritabilitätskoeffizienten nach der Methode der simulierten Selektion existieren keine Formeln zur Berechnung der Varianzen dieser Werte. Dies ist ein Nachteil dieser Schätzmethode. Man kann sich für den Heritabilitätskoeffizienten behelfen, indem eine Schätzformel von PROUT (1962) verwendet wird.

Nach PROUT (1962) lässt sich für h^2 die Varianz angeben als

$$s_{h^2}^2 = \left[\frac{h^2(1-h^2)s_E^2}{m_p} + \frac{s_N^2}{n_p}\right]\frac{4}{D^2} \qquad (A.36)$$

mit m_p = Anzahl der ausgewählten Eltern und
  D = ΔX

A.2.8 Varianz der Heritabilität aus Selektionsexperimenten

Die Varianz des Heritabilitätskoeffizienten aus einem Selektionsexperiment ohne Kontrollpopulation lässt sich nach folgender Formel berechnen, die auf PIRCHNER (1979) zurückgeht.

$$V(h_{r(1)}^2) = s_b^2 + \frac{2(3k+4)\overline{s}_P^2}{5\overline{d}^2(k+1)(k+2)} \cdot$$

$$\cdot \left(\frac{h^2(1-h^2)}{4} \left(\frac{1}{\overline{N}_{EV}} + \frac{1}{\overline{N}_{EM}} \right) + \frac{h^4}{\overline{N}_N} \right) \tag{A.37}$$

mit s_b^2 als Varianz des Regressionskoeffizienten

$$s_b^2 = \frac{1}{k-2} \left(\frac{\sum\limits_{i=1}^{k} E_i^{\star 2}}{\sum\limits_{i=0}^{k-1} D_i^{\star 2}} - \frac{\left(\sum\limits_{i=1}^{k} E_i^\star D_i^\star \right)^2}{\left(\sum\limits_{i=0}^{k-1} D_i^{\star 2} \right)^2} \right) \tag{A.38}$$

Die Varianz für die Schätzung von $h_{r(2)}^2$ nach HILL wird mittels folgender Formeln berechnet

$$V(h_{r(2)}^2) = (ABs_d^2 + s_e^2)A$$

mit

$$A = \frac{1}{\sum\limits_{i=0}^{k-1}(D_i - \overline{D})^2} \tag{A.39}$$

$$B = \sum_{i=1}^{k-1} \sum_{j=1}^{k-1} (D_i - \overline{D})(D_j - \overline{D}) \cdot \min(i,j)$$

$$s_d^2 = \overline{s}_P^2 \left(\frac{h^2(1-h^2)}{4} \left(\frac{1}{\overline{N}_{EV}} + \frac{1}{\overline{N}_{EM}} \right) + \frac{h^4}{\overline{N}_N} \right), \tag{A.40}$$

$$s_e^2 = \frac{u(h^2)}{A} - \left(\frac{k(k+2)}{6} - AB \right) \frac{s_d^2}{(k-1)}, \tag{A.41}$$

$$u(h^2) = \frac{\sqrt{h^2} \sum\limits_{i=1}^{k} (\overline{X}_i - \overline{\overline{X}})^2 - h^2 \sum\limits_{i=1}^{k} (D_{i-1} - \overline{D})(\overline{X}_i - \overline{\overline{X}})}{(k-1) \sum\limits_{i=1}^{k} (D_{i-1} - \overline{D})^2} \tag{A.42}$$

Die Formeln zur Schätzung von h_r^2 gelten bei Individualselektion, d.h. die Tiere werden auf der Grundlage der Eigenleistung selektiert. Über ein Selektionsexperiment über k-Generationen mit $i = 0, \ldots, k$ bedeuten die Symbole in den Formeln A.39 bis A.42:

$$\overline{N}_{EV}, \overline{N}_{EM}, \overline{N}_N \quad = \text{ mittlere Anzahl Väter, Mütter und Nachkommen über die Generationen}$$

$\overline{d}$ = gemittelte Selektionsdifferenz über die Generationen

$E_i^\star = E_i - \overline{E}$ = Differenz aus kumulativem (E_i) und mittlerem ($\overline{E}$) Selektionserfolg

$D_i^\star = D_i - \overline{D}$ = Differenz aus kumulativer (D_i) und mittlerer kumulativer ($\overline{D}$) Selektionsdifferenz

$\overline{s}_P^2$ = mittlere phänotypische Varianz des Selektionskriteriums

$\overline{X}_i$ = mittlere Leistung über die Geschlechter je Generation

$\overline{\overline{X}}$ = mittlere Leistung über die Geschlechter

Die Varianz für $h_{r(1)}^2$ aus einem Selektionsexperiment mit Kontrollpopulation berechnet man nach (A.43)

$$V(h_{r(1)}^2) = s_b^2 + \frac{2(3k+4)\overline{s}_P^2}{5\overline{d}^2(k+1)(k+2)} \cdot$$
$$\cdot \left(\frac{h^2(1-h^2)}{4} \left(\frac{1}{\overline{N}_{CEV}} + \frac{1}{\overline{N}_{CEM}} \right) + \frac{h^4}{\overline{N}_{CN}} \right) \qquad \text{(A.43)}$$

In der Formel A.43 werden mit $\overline{N}_{CEV}, \overline{N}_{CEM}$ bzw. $\overline{N}_{CN}$ die mittlere Anzahl Väter, Mütter und Nachkommen über die Generationen bezeichnet.

Für einen Heritabilitätskoeffizienten ($h_{r(1)}^2$) aus einem divergenten Selektionsexperiment kann man ebenfalls die Varianz nach (A.43) ermitteln, wenn man die $\overline{N}$-Werte aus beiden Selektionsrichtungen berücksichtigt. Statt $\overline{N}_V$ verwendet man $\overline{N}_{Vo} + \overline{N}_{Vu}$ für die Väter und entsprechend $\overline{N}_{Mo} + \overline{N}_{Mu}$ bzw. $\overline{N}_{No} + \overline{N}_{Nu}$ für die Mütter bzw. Nachkommen.

Literaturverzeichnis

ALENDA, R., MARTIN, T.G., LASLEY, J.F., ELLERSIECK, M.R.:(1980) Estimation of genetic and maternal effects in crossbred cattle of Angus, Charolais and Hereford parentage - I. Birth and weaning weights. *J. Anim. Sci., 50, 226-234.*

AL-MURRANI, W.K.:(1974) The limits to artifical selection. *Anim. Breed. Abstr., 42, 587-592.*

BARKER, J.S.F., ROBERTSON, A.:(1966) Genetic and phenotypic parameters for the first three lactations in Friesian cows. *Anim. Prod., 8, 221-40.*

BARRIA-PEREZ, N.R:(1976) Genetic selection of a plateaued population of mice selected for rapid post weaning gain. *Abstr. Int. B., 36, 5963.*

BERESKIN, B., SHELBY, C.E., ROWE, K.E., URBAN, W.E., JR., BLUNN, C.T., CHAPMAN, A.B., GARWOOD, V.A., HAZEL, L.N., LASLEY, J.F., MAGEE, W.T., MCCARTY, J.W., WHATLEY, J.A., JR.:(1968) Inbreeding and swine productivity traits. *J. Anim. Sci., 27, 339-350.*

BIGGERS, J.R.:(1986) The potential use of artifically produced monozygotic twins *Theriogenology, 26, 1-23.*

BISCHOFF, B.:(1996) Vergleich von Einfach- und Wechselkreuzungssauen in der Aufzuchtleistung und der Fleischleistung ihrer Nachkommen. *Dissertation, Göttingen.*

BOWMAN, J.C., FALCONER, D. S.:(1960) Inbreeding depression and heterosis of litter size in mice *Genet. Res., 1, 262-274.*

BRANDSCH, H.:(1983) Genetische Grundlagen der Tierzüchtung. *VEB Gustav-Fischer-Verlag, Jena .*

BREM, G.:(1986) Mikromanipulation an Rinderembryonen und deren Anwendungsmöglichkeiten in der Tierzucht. *Stuttgart, Enke-Verlag.*

BREWBAKER, J.L.:(1967) Angewandte Genetik. *VEB Gustav-Fischer-Verlag, Jena.*

COCHRAN, W.G.:(1951) Improvement by means of selection. *Proc. Sec. Berkeley Symp. Math. Stat. Prob., 449-470.*

COMSTOCK R.E., ROBINSON, H.F. and HARVEY, P.H.:(1949) A breeding procedure designed to make maximum use of both general and specific combining ability. *Agronomy Journal, 41, 360-367.*

CORNELIUS, P.L., DUDLEY, J.W.:(1974) Effects of inbreeding by selfing and full-sib mating in a maize population. *Crop. Sci., 14, 815-819.*

CUNNINGHAM, E.P.:(1982) The genetic basis of heterosis. *2 nd World Congr. Genet. Appl. Livestock Prod., Madrid.*

DICKERSON, G.E.:(1969) Experimental approaches in utilizing breed resources. *Anim. Breed. Abstr. 37, 191-202.*

DICKERSON, G.E.:(1974a) Evaluation and utilization of breed differences. *Proc. Working Symp. Breed. Eval. Cross. Exp. Zeist, 7-23.*

DICKERSON, G.E.:(1974b) Inbreeding and heterosis in animals. *Proc. Anim. Breed. Symp. in Honour of Dr. J. L. Lush, pp. 54-57 Am. Soc. Anim. Sci., Champaign, III..*

EISEN, E.J.:(1975) Population size and selection intensity effects on long-term selection response in mice. *Genetics 79, 305-323.*

EISEN, E.J., HÖRSTGEN-SCHWARK, G., SAXTON, A.M., BANDY, T. R.: (1983) Genetic interpretation and analysis of diallel crosses with animals. *Theor. Appl. Genet., 65, 17-23.*

EKLUND,J., BRADFORD, G.E.:(1977) Genetic analysis of a strain of mice plateaued for litter size *Genetics 85, 529-542.*

EMSLEY, A.,DICKERSON, G.E., KASHYAP, T.S.:(1977) Genetic parameters in progenytest selection for field performance of straincross layers. *Poult. Sci., 56, 121-46.*

FALCONER, D.S.:(1952) The problem of environment and selection. *Am. Nat., 86, 293-298.*

FALCONER, D.S.:(1955) Patters of response in selection experiments with mice. *Cold Spring Harbor Symp. Quant. Biol., 20, 178-198.*

FALCONER, D.S.:(1960a) Introduction to Quantitative Genetics. *Ronald Press, New York.*

FALCONER, D.S.:(1960b) The genetics of litter size in mice. *J. Cell. Comp. Physiol., 56, 153-167.*

FALCONER, D.S.:(1971) Improvement of litter size in a strain mice at a selection limit. *Genet. Res., 17.*

FALCONER, D.S.:(1973) Replicated selection for body weigth in mice. *Genet. Res., 22, 291-321..*

FALCONER, D.S.:(1984) Einführung in die Quantitative Genetik. *Ulmer, Stuttgart.*

FALCONER, D.S., KING, J.W.B.:(1953) A study of selection limits in mice. *J. Genetics 51, 561-581.*

FISHER, R.A.:(1925) Statistical methods for research workers. *Oliver and Boyd, Edinburgh.*

FUJII, J., OTSU, K., ZORZATO, F., DE LEON, S., KHANNA, V. K., WEILER, J., O`BRIEN, P.J. UND MAC LENNAN, H.:(1991) Identification of a mutation in the procine ryanodine receptor that is associated with malignant hyperthermia. *Science, 253, 448-451.*

GÄRTNER, K.:(1982) Zwei neue Aspekte in der Versuchstierkunde: „Intangible variance" und Populationsbiologie. *Deutsche tierärztliche Wochenschrift 89, 318-322.*

GASARABWE, E.:(1997) „Der Einfluß der Populationsgröße auf den Langzeitselektionserfolg bei gerichteter Selektion - experimentelle Untersuchungen mit dem Modelltier Tribolium castaneum" . *Dissertation, Halle/Saale.*

GELDERMANN, H.:(1975) Investigations on inheritance of quantitative traits in animals by gene markers. I. Methods. *Theor. Appl. Genet., 46, 319-330.*

GIANOLA, D., FERNANDO, R.L.:(1986) Bayesian methods in animal breeding theory. *J. Anim. Sci., 63, 217-244.*

GIESEL, M.:(1998) „Bestimmung von Struktur-und Funktionsmerkmalen am Musculus longissimus und deren Beziehungen zu Leistungskriterien des wachsenden Schweines". *Dissertation, Halle/Saale.*

GLODEK, P.:(1974) Specific problems of breed evaluation and crossing in pigs. Proc Work Symp on Breed Evaluation and Crossing Experiments with Farm Animals *Zeist, 15.-21. Sept. 1974.*

GLODEK, P., AVERDUNK G.:(1975) Abschlussbericht über die Versuchsphase des Bundeshybridzuchtprogramms. *Polykopie, ADS Bonn.*

GÖTZ, K.U.:(1989) Entwicklung der Kreuzungseignung bei Selektion auf quantitative Merkmale - ein Modellversuch mit Mäusen. *Dissertation, Göttingen.*

GREGORY, K.E., BENNETT, G.L., VAN VLECK, L.D., ECHTERNKAMP, S.E., and CUNDIFF, L.V.:(1997) Genetic and Environmental Parameters for Ovulation Rate, Twinning Rate, and Weight Traits in a Cattle Population Selected for Twinning. *J. Anim. Sci. 1997, 75, 1213-1222* .

GRIFFING, B.:(1956) Concept of general and specific combining ability in relation to diallel crossing systems. *Aust. J. Biol. Sci., 9, 463-493.*

HANRAHAN, J.P., EISEN, E.J., LEGATES, J.E.:(1973) Effects of population size and selection intensity on short-term response to selection for postweaning gain in mice. *Genetics 73, 513-530.*

HARTER, H.L.:(1961) Expected values of normal order statistics. *Biometrika, 48, 151-165.*

HARTLEY, H.O., RAO, J.N.K.:(1967) Maximum likelihood estimation for the mixed analysis of variance model. *Biometrika, 54, 93-108.*

HARVEY, W.R.:(1977) User`s guide for LSML76: Mixed model least-squares and maximum likelihood computer program. *Ohio State University, Polykopie..*

HAZEL, L.N.:(1943) The genetic basis of constructing selection indexes. *Genetics 28, 476-481.*

HAZEL, L.N., LUSH, J.L.:(1942) Efficiency of Three Methods of Selection. *J. Hered. 33:393..*

HEMPEL, S.:(1996) Untersuchungen zur Asymmetrie genetischer Parameter an Leistungsmerkmalen einer unselektierten Wachtelpopulation. *Dissertation, Leipzig.*

HENDERSON, C.R.:(1953) Estimation of variance and covariance components. *Biometrics, 9, 226-252.*

HENDERSON, C.R.:(1973) Sire evaluation and genetic trend. *Proc. Anim. Breed. And Genetics Symposium in Honor of Dr. Jay L. Lush. ASAS and ADSA, Champaign, Illinois, pp. 10-41.*

HERRENDÖRFER, G.:(1967) Beiträge zur Versuchsplanung der Schätzung des Heritabilitätskoeffizienten von Merkmalen unserer Haustiere (Rind, Schwein, Schaf). *Dissertation, Akademie der Landwirtschaftswissenschaften, Berlin.*

HERRENDÖRFER, G.:(1970) Beiträge zur Versuchsplanung der Schätzung des Heritabilitätskoeffizienten von Merkmalen unserer Haustiere. Teil 1 *Biom. Z., 12, 309-350.*

HERRENDÖRFER, G., SCHÜLER, L.:(1987) Populationsgenetische Grundlagen der gerichteten Selektion. *VEB Gustav-Fischer-Verlag, Jena.*

HETZER, H.O.:(1961) Verfahren zur Ausnutzung der Heterosis in der landwirtschaftlichen Tierzucht. *Schriftenr. Max-Planck-Institut Tierzucht Tierernährung Sob., 315.*

HILL, W.G.:(1971) Design and efficiency of selection experiments for estimating genetic parameters. *Biometrics, 27, 293-311.*

HILL, W.G.:(1972a) Estimation of relized heritabilities from selection experiments. I. Divergent selection. *Biometrics, 28, 747-765.*

HILL, W.G.:(1972b) Estimation of realized heritabilities from selection experiments. II. Selection in one direction. *Biometrics, 28, 767-780.*

HILL, W.G.:(1977) Variation in response to selection. *Int. Conf. Quant. Gen. Iowa State University Press, Ames, 21-30.*

HILL, W.G., ROBERTSON, A.:(1966) The effect of linkage on limits to artificial selection. *Genet. Res., 8, 269-294.*

HIORTH, G.E.:(1963) Quantitative Genetik. *Springer, Berlin-Göttingen-Heidelberg.*

HOFER, A.:(1998) Variance component estimation in animal breeding: a review. *J. Anim. Breed. Genet., 115, 247-265.*

HÖRSTGEN-SCHWARK, G., EISEN, E.J., SAXTON, A. M., BANDY, T.R.: (1984) Reproductive performance in a diallel cross among lines of mice selected for litter size and body weight. *J Anim Sci, 58, 846-862.*

JAMES, J.W.:(1962) Response curves in selection experiments. *Heredity, 20, 57-63.*

JOHANNSON, I.:(1961) Genetic aspects of dairy cattle breeding. *Oliver and Boyd, Edinburgh, London.*

JOHANNSON, I.:(1980) Meilensteine der Genetik. *P. Parey Verlag, Hamburg/Berlin.*

JOHANNSON, I., VENGE, O.:(1951) Relation of the mating interval to the occurrence of superfetation in the mink. *Acta Zool., 32, 255-258.*

KEMTHORNE, O., NORDSKOG, A.W.:(1959) Restricted selection indexes. *Biometrics, 15.*

KINGHORN, B.:(1983) Genetic effects in crossbreeding - III. Epistatic loss in crossbred mice. *J. Anim. Breed. Genet., 100, 209-222.*

KRESS, D.D.:(1975) Results from long-term selection experiments relative to selection limits. *Genetic Lectures 4.*

LAMOTTE, L.R.:(1973) Quadratic estimation of variance components. *Biometrics, 32, 793-804.*

LERNER, J.M.:(1954) Genetic Homeostasis. *Oliver and Boyd, Edinburgh.*

MALÉCOT, G.:(1948) Les Mathématiques de l`Hérédité. *Masson et Cie, Paris, 91, 441, 448, 479, 516, 866.*

MC BRIDE, G.:(1958) The environment and animal breeding problems. *Anim. Breed. Abstr., 26, 349-358.*

MC CARTHY, J.C.:(1965) Effects of concurrent lactation on litter and prenatal mortality in an inbred strain of mice. *J. Reprod. Fertil., 9, 29-39.*.

MEREDITH, M.J.:(1995) Animal Breeding and Infertility. *Blackwell, Sci. Inc.*.

MEYER, H.H., ENFIELD, F.D.:(1975) Experimenral evidence on limitations of the heritability parameter. *Theoretical and Applied Genetics, 45, 268-273.*

MINVIELLE, F.:(1979) Comparing the means of inbred limes with the base population: a model with overdominant loci. *Genet. Res., 33, 89-92.*

MORLEY, F.H.W.:(1954) Selection for economic characters in Australien Merino sheep. IV. The effect of inbreeding. *Austr. J. Agric. Res., 5, 305-316.*

MORTON, N.E.:(1978) Effect of inbreeding in IQ and mental retardation. *Proc. National Acad. Sci., Wash., 75, 3906-3908.*.

OLLIVER, L.:(1974) Optimum replacement rates in animal breeding. *Anim. Prod., 19, 257-271.*

OMTVEDT, I.T.:(1975) Swine breeds and crossbreeding in the United States and Canada. *Proc Work Symp Breed Evaluation and Crossing, Zeist, 319-341.*

PATTERSON, H.D., THOMPSON, R.:(1971) Recovery of inter-block information when block size are unequal. *Biometrika, 58, 545-554.*

PIRCHNER, F.:(1979) Populationsgenetik in der Tierzucht. *Verlag Parey, Hamburg, Berlin, 2. Auflage.*

PROUT, T.:(1962) The effects of stabilizing selection on the time of development in Drosophila melanogaster. *Genet. Res., 3, 364-382.*

RAO, C.R.:(1971a) Estimation of variance and covariance components - MINQUE theory. *J. Multivari. Anal., 1, 257-275.*

RAO, C.R.:(1971b) Minimum variance quadratic unbiased estimation of variance components. *J. Multivari. Anal., 1, 445-456.*

RASCH, D. HERRENDÖRFER, G.:(1990) Handbuch der Populationsgenetik und Züchtungsmethodik. *Deutscher Landwirtschaftsverlag Berlin.*

RASCH, D., HERRENDÖRFER, G., BOCK, J., VICTOR, N., GUIARD, V.: (1996) Verfahrensbibliothek, Versuchsplanung und - Auswertung Band I. *R. Oldenbourg Verlag GmbH, München.*

RENDEL, J.M., ROBERTSON, A.:(1950) Estimation of genetic gain in milk yield by selection in a closed herd of dairy cattle. *J. Genet., 50, 1-8.*

ROBERTS, R.C.:(1966a) The limits to artificial selection for body weight in the mouse. I. The limits attained in earlier experiments. *Genet., Res., 8, 347-360.*

ROBERTS, R.C.:(1966b) The limits to artificial selection for body weight in the mouse. II. The genetic nature of the limits. *Genet., Res., 8, 361-375.*

ROBERTSON, A.:(1954) Inbreeding and performance in British Friesian cattle. *Anim. Prod., 1954, 87-92..*

ROBERTSON, F.W.:(1955) Selection response and the properties of genetic variation. *Cold. Spring. Harbor. Symp. Quant. Biol., 20, 166-177.*

ROBERTSON, A.:(1959) The sampling variance of the genetic correlation coefficient. *Biometrics, 15, 469-485.*

ROBERTSON, A.:(1960) A theory of limits in artificial selection. *Proc. Roy. Soc., 153, 234-249.*

ROBINSON, R.:(1991) Genetics for Cat Breeders. *J. Pergamon Press, 3rd ed..*

RÖNNINGER; K.:(1972) The effect of selection of progeny performance on the heritability estimated by half-sib correlation. *Acta. Agric. Scand., 22, 90-92.*

SCHÖNMUTH, G., STOLZENBURG, U.:(1984) Rinderzwilling - Eine Herausforderung an die Züchtung. *Wissenschaftliche Zeitschrift der Martin-Luther-Universität Halle-Wittenberg, 33, 128-143.*

SCHÜLER, L.:(1982a) Selektion auf Komponenten der reproduktiven Fitness bei der Laboratoriumsmaus zur Analyse der direkten und korrelierten

Selektionserfolge in den Merkmalskomplexen der reproduktiven Fitness, des Wachstums und der Belastbarkeit. *Dissertation B, Akademie der Landwirtschaftswissenschaften der DDR, Berlin.*

SCHÜLER, L.:(1982b) Untersuchungen mit Modelltieren zu den Wechselbeziehungen der Fitnesskomponenten Fruchtbarkeit, Wachstum und Belastbarkeit. *Archiv für Tierzucht, 25, 477-485.*

SCHÜLER, L.:(1985) Der Mäuseauszuchtstamm Fzt: DU und seine Anwendung als Modell in der Tierzuchtforschung. *Archiv für Tierzucht, 28, 357-363.*

SCHÜLER, L., BORODIN, P. M.:(1992) Influence of sampling methods on estimated gene frequency in domestic cat populations of East Germany. *Archiv für Tierzucht, 35, 629-634.*

SCHÜLER, L.:(2000) Persönliche Mitteilung.

SCHULL, W.J.:(1962) Inbreeding and maternal effects in the Quails. *Eugen. Quart., 9, 14-22.*

SCHULTE-COERNE, H.:(1992) Zur Bedeutung der genetischen Drift in kleinen Populationen. In: Genetische und methodische Probleme bei der Erhaltung alter Haustierrassen in kleinen Populationen. *Tagungsband Deutsche Gesellschaft für Züchtungskunde, Bonn, 1992, S. 48-63.*

SHERIDAN, A.K.:(1981) Selecting populations for use in crossbreeding. *Anim. Breed. Abstr., 49, 131-144.*

SMITH, H.F.:(1936) A discriminant function for plant selection. *Ann. Eugenic, 7, 240-247.*

SMITH, C.:(1964) The use of specialised sire and dam lines in selection for meat production. *Anim. Prod., 6, 337-344.*

SMITH, C., KING, J.W.B., GILBERT, N.:(1962) Genetiv parameters of British Large White pigs. *Anim. Prod., 4, 128-43.*

SPERLICH, D.:(1973) Populationsgenetik. *VEB Gustav-Fischer-Verlag, Jena.*

SPRAGUE, G.F., TATUM, L.A.:(1942) General vs. specific combining ability in single crosses of corn. *J. Amer. Soc. Agron., 34, 923-934.*

STAHL, W., RASCH, D., SILER, R., VACHAL, J.:(1969) Populationsgenetik für Tierzüchter. *Deutscher Landwirtschaftsverlag, Berlin.*

TIER, B.:(1990) Computing inbreeding coefficients quickly. *Genetics, Selection, Evolution, 22, 419-430.*

VAN VLECK, L.DALE.:(1993) Selection index and introduction to mixed model methods for genetic improvement of animals *the green book, by CRC Press, Inc..*

WERKMEISTER, F.:(1967) Untersuchungen über den Einfluß der Selektionsintensität und der genetischen Drift auf den Erfolg der künstlichen Selektion, dargestellt an Zuchtversuchen mit Drosophila melanogaster. *zeitschrift für Tierzüchtung und Züchtungsbiologie, 83, 371-382.*

WHITE, J.M.:(1972) Inbreeding effects upon growth and maternal ability in laboratory mice. *Genetics, 70, 307-317.*

WOLF, J., HERRENDÖRFER, G.:(1993) Betrachtungen zur Definition von Kreuzungsparametern. *Archiv für Tierzucht, 36, 664-677.*

WOLF, J., VITEK, M., HERRENDÖRFER, G., UND SUMPF, D.:(1994) Correct equations for comparing models in diallel analysis. *J. Anim. Breed. Genet., 111, 209-212.*

WRIGHT, S.:(1921) Systems of mating. *Genetics, 6, 111-178.*

WRIGHT, S.:(1952) The theoretical variance within and among subdivisions of a population that is in a steady state. *Genetics, 37, 312-321.*

Index

Abstammungskoeffizient, 63ff.
additiv-genetische Varianz, 76ff.
additiv-genetischer Effekt, 76
Ähnlichkeit
– zwischen verwandten Individuen, 107f.
Ahnentafel, 59
Allele, 13f.
– -häufigkeiten, 14, 15f.
– abstammungsidentisch, 52
– Durchschnittseffekte von, 75ff.
– Genotypfrequenz, 18
– heterozygot, 13
– homozygot, 13
Allelfrequenzen, 15f., 47, 149
– Fixierung, 50, 196
– Schätzung von dominanten Allelen, 19f.
– Varianz der, 50
Anlageträger, 20f., 42
– Anpaarung an, 43
– Test auf, 42ff.
Anpaarung
– an Anlageträger, 43
– an eine Stichprobe der Population, 45f.
– an Merkmalsträger, 43
assortative Paarung, 29
– positiv, 29
Auszuchtpopulationen, 280

Basisindex, 253
Basispopulation, 92
Basistier, 62
Biotechniken, 173
– Embryotransfer, 173
– in vitro Befruchtung, 173
– künstliche Besamung, 173
– ovum pick-up, 173
BLUP-Verfahren, 230, 259

Chromosomen, 13
crossing-over, 101

Datenerfassung
– für gemischte Strukturen, 111
– unvollständige, 111
– vollständige, 111
Datenstrukturen, 109ff.
– Eltern-Nachkommen-Strukturen, 111, 326
– – Varianzen der Schätzwerte, 327ff.
– Methoden der Parameterschätzung, 111
– simulierte Selektion, 207
– – ein Elter - ein Nachkomme, 209
– – Halbgeschwister, 208
– – Vollgeschwister, 209
– – zwei Elter - ein Nachkomme, 209
– unvollständige, 111
– vollständige, 111
Datentransformation, 180
Diallel, 302
– vollständiges, 308
Dichtefunktion, 82
disassortative Paarung, 29
Diskordanz, 135
disruptive Selektion, 152
divergente Selektion, 184, 216
Dominanz, 13, 74
– -abweichung, 78
– -effekte, 78ff., 107
– -grad, 78
– -varianz, 80
– vollständige, 74
– Über-, 74, 80
Drift, s. genetische Drift, 188
Durchschnittseffekte von Allelen, 75ff.

Effekte

– additiv-genetische, 76
– bei Kreuzung, 284ff.
– Direkte bzw. Linieneffekte, 285
– Dominanz-, 78
– epistatische, 90
– Maternal-, 87
– maternale bzw. paternale Effekte, 285f.
– Umwelt-, 80
effektive Populationsgröße, 54ff.
Effizienz der Indexselektion, 259ff.
– Eigen- und Halbgeschwisterleistung, 262f.
– Eigen- und Nachkommenleistung, 263ff.
– Eigen- und Vollgeschwisterleistung, 260f.
– Eigen-, Voll- und Halbgeschwisterleistung, 266f.
– Nachkommenleistung, 265f.
Eigenleistung, 238ff., 260ff.
einfaches populationsgenetisches Modell, s. Standardmodell, 85ff.
Einfachkreuzung, 290f.
Einflussfaktoren, 30
– dispersive, s. nichtsystematische, 47
– nichtsystematische, 30, 47
– systematische, 30
Eltern-Nachkommen-Regression, 119ff.
Embryotransfer, 173
Emigration, 30
endliche Populationen
– Selektionsintensität, 165
Epistasie, 13
Epistasieeffekte, 90, 107
Erbfehler, 18
– rezessive, 20
Erbgang
– intermediärer, 78, 80
erbhygienischen Maßnahmen, 35, 37
erweiterte populationsgenetische Modelle, 87ff.

– GUI, 88f.
– Hauptgene, s. gemischtes Modell der Vererbung, 93f.
– Maternaleffekte, 87f.
– mit Beschränkung der genetischen Kovarianz, 91ff.
– nichtadditive Genwirkung, 90
Experimentelle Selektion, s. Selektionsexperiment, 187ff.
extrachromosomale Vererbung
– Effekte, 107

Familienselektion, 217ff.
– in der Halbgeschwisterfamilie, 221
– in der Halbgeschwisterfamilie nach Falconer, 222
– in der Vollgeschwisterfamilie, 218ff.
– in der Vollgeschwisterfamilie nach Falconer, 220f.
Fitness
– relative, 33
Fixierung
– von Allelen, 50
Flaschenhalseffekt, 57

Gameten, 17, 51
– -pool, 51
gemischtes lineares Modell, 143
– Verwandtschaftsmatrix, 144
gemischtes Modell der Vererbung, 93f.
Gene, 13
– geschlechtschromosomal gekoppelte, 24ff.
– Kopplung von, 101
– rezessive Defekt-, 271
Generationsintervall, 162f., 174
– diskrete Generationen, 174
– überlappende Generationen, 174
Genetik
– quantitative, 78
genetische Korrelation, 104

genetische Drift, 30, 47, 188
– -veränderungen, 188
genetische Homöostasie, 196
genetische Kopplung, 101
genetische Korrelation, 101, 102
genetische Parameter, 94ff.
genetische Varianz, 75
genetischer Fortschritt, s. Selektionserfolg, 155
genetischer Gewinn, s. Selektionserfolg,
   155
genetischer Korrelationskoeffizient, 95,
   101ff.
– Schätzmethode, 101ff.
genetisches Gleichgewicht, 17f.
genetisches Mittel, 75
Genmutation, 32
Genort, 13, 15
Genotyp, 13, 15
– -wert, 73
Genotyp-Umwelt-Interaktion, 88, 107,
   198
– Makroumwelten, 198
– Mikroumwelten, 198
– Modelle zur Erfassung, 200
– – Falconer-Modell, 89, 200f.
– – Varianzanalysemodell, 200, 201f.
Genotypfrequenzen, 14, 15f., 275
gerichtete Selektion
– Grundgesamtheit, 152
– Selektionseinheit, 152
Gesamtzuchtwert, 232
Geschlechtsbestimmung, 173
geschlechtschromosomale   Vererbung,
   24ff.
– gekoppelte Gene, 24ff.
Geschlechtsdimorphismus, 162
geschlechtsgebundene Merkmale, 120,
   127
Gewichte
– Bestimmung im Zuchtziel, 232

Gleichgewicht
– -frequenz, 41
– genetisches, 17
– Hardy-Weinberg, 17f.
– zwischen Selektion und Mutation, 40f.
Gründertiere, 92
Gruppenselektion, 223
GUI, s. Genotyp-Umwelt-Interaktion, 88

Häufigkeitsverteilung, 81
Halbgeschwister
– -strukturen, 324f.
– Familie, 221, 224ff.
– Parameterschätzung, 112
– Selektion, 221, 224ff.
Hardy-Weinberg-Gesetz, 17f.
– Anwendungen, 19ff.
Hauptgenmodell, 74ff.
– Genotypen, 74
Heritabilität, 96ff., 171f., 235
– Datenstrukturen, 109ff.
– Erhöhung der, 171
– im engeren Sinn, 99
– im weiteren Sinn, 99
– realisierte, 100, 213
– Schätzmethoden, 109ff.
– Schätzwerte beim Huhn, 99
– Schätzwerte beim Rind, 98
– Schätzwerte beim Schaf, 99
– Schätzwerte beim Schwein, 98
– Zwillingsanalysen, 133ff.
Heritabilitätskoeffizient, s. Heritabilität,
   185
heterogametisches Geschlecht, 25, 26
Heterosis, 68ff., 282ff.
– -effekte, 69, 107
– -nutzung, 300f.
– individuelle, 287
– maternale, 287f., 300
– Schätzung der maternalen, 300
heterozygot, 13

Heterozygotie, 68
- Erhöhung der, 283
Hilfsmerkmale
- Selektion nach, 168
homogametisches Geschlecht, 25, 26
Homozygotie, 68, 271
Humangenetik, 142
Hybrid
- -effekt, 282

Idealpopulation, 14f., 48ff.
- Eigenschaften, 14
- Inzucht, 51ff.
Immigration, 30
- -rate, 31
Index in Matrixschreibweise, 244
Indexkonstruktion, 234
- -theorie, 234
Indexnormalgleichungen, 236
Indexselektion, 252
- Effizienz, 259
- Informationen, 259
- Informationskombinationen, 259
- Informationsquellen, 259
- nach abhängigen Selektionsgrenzen, 252
- nach unabhängigen Selektionsgrenzen, 250f.
- Selektionserfolg bei, 246
indirekte Selektion, 169
- Selektionserfolg, 167
Individualselektion, s. Eigenleistung, 152
Indizes mit einem Zielmerkmal, 237
- Eigenleistung und Durchschnitt von n Vollgeschwistern, 241
- Eigenleistung und Leistung der Mutter, 238
- mittlere Leistung von n Nachkommen, 240
- wiederholte Eigenleistung, 238

Indizes mit mehreren Merkmalen, 242
- Zwei Merkmale, Eigen- und Vollgeschwisterleistungen, 243
- Zwei Merkmale, nur Eigenleistungen, 242
infinitesimales Modell, 72
Informationsquellen, 153
Inter-Familienselektion, 223
- Halbgeschwisterfamilien, 224
- Vollgeschwisterfamilien, 223f., 226
- Selektionserfolg, 223
intergenische Wechselwirkungen, 13
Intra-Familienselektion, 218ff.
- Selektion in der Halbgeschwisterfamilie, 221
- Selektion in der Vollgeschwisterfamilie, 218ff.
Intra-Vater-Regression, 127
intragenische Wechselwirkungen, 13
Intraklasskorrelation, 130, 136
Inzestpaarung, 279
Inzucht, 47, 51ff., 268ff.
- -depression, 68ff., 270, 271ff.
- - allgemeine, 272
- -depression und Mittelwert, 273ff.
- -depression und Selektion, 278ff.
- -koeffizient, 44, 52, 58, 60, 66, 276
- -linie, 273
- -minimum, 69
- -paarungen, 43ff.
- -populationen, 279, 280
- -rate, 53
- -systeme, 65ff.
- -zunahme, 56
- Abstammungskoeffizient, 63ff.
- Ahnentafel, 59, 62
- bei Individuen, 58ff.
- Gesamtpopulation, 275
- Heterosis, 68ff., 269
- in Zuchtpopulation, 54ff.
- in der Idealpopulation, 51ff.

– Paarung von Verwandten, 47
– Pedigree, 59
– strukturierte Populationen, 67f.
– Verwandtschaftskoeffizient, 63ff.
– – direkter, 64
– – kollateraler, 64
Inzuchtkoeffizient
– Halbgeschwisterpaarung, 66
– Selbstbefruchtung, 66
– Vollgeschwisterpaarung, 66
– wiederholte Rückkreuzung, 66
Inzuchtsysteme
– reguläre, 66

Kleine Populationen, 47ff.
Kombinationseignung
– allgemeine, 304, 305
– Effekte für allgemeine, 107
– Effekte für spezielle, 107
– spezielle, 304, 306
Konkordanz, 135
– -rate, 135
kontinuierliche Verteilung, 73
Kontrollpopulation, 184, 215, 216
– divergente Selektion, 184
– Zwei-Wege-Selektion, 184
Korrelation
– genetische, 101, 102, 104, 206
– phänotypische, 103, 104
– umweltbedingte, 104
Korrelationskoeffizient
– realisierte Schätzwerte, 185
Kovarianz
– phänotypische, 103
– zwischen Verwandten, 108
Kreuzung, 284
– diallele, 302
– Einfach-, 285
– Gebrauchs-, 308ff.
– Mehrfach-, 285
– stratifizierendes System der, 310

Kreuzungseffekte, 284
– Direkte Effekte, 285
– individuelle Heterosis, 287
– Linieneffekte, 285
– Maternale Effekte, 285, 286
– maternale Heterosis, 287
– Paternale Effekte, 285, 286
– Rekombinationsverluste, 288
– Stellungseffekte, 286, 300
Kreuzungsmethoden
– Bewertung von, 300f.
Kreuzungsparameter, 290
– Schätzung der individuellen Heterosis, 299
– Schätzung im Modell von Dickerson, 298ff.
– Schätzung im Modell von Griffing, 304ff.
Kreuzungsverfahren, 289f.
– diskontinuierliche Gebrauchs-, 290ff.
– – Dreirassenkreuzung, 292f.
– – Einfachkreuzung, 290f.
– – Vierrassenkreuzung, 293f.
– kontinuierliche Gebrauchs-, 290, 294ff.
– – Dreirassenrotation, 295f.
– – Terminalrotation, 296f.
– – Wechselkreuzung, 294f.
– Synthetics, 297f.
Kreuzungsversuche
– diallele, 302ff.
– vollständiges Diallel, 303ff.
Kreuzungszucht, 268ff.
künstliche Besamung, 112

Langzeitselektion, 190ff.
– -experimente, 188
Leistungsprüfung, 171
Locus, 13
LYON-Effekt, 27

Majorgene
– Effekte von, 107

Maternale Effekte, 87, 107, 119, 202, 219
- Einfluss auf den Selektionserfolg, 217
- gemeinsame Wurfumwelteffekte, 202
- genetische Effekte, 202
- Schätzung, 205f.
- Umwelteffekte, 202
Mehrmerkmalsselektion, 249ff.
- Effizienz, 252f.
- nach abhängigen Selektionsgrenzen (Indexselektion), 252
- nach unabhängigen Selektionsgrenzen, 250f.
- Tandemselektion, 249
Merkmale
- qualitative, 71
- quantitative, 71
Merkmalsträger, 42
- Anpaarung an, 43
Migration, 30f.
Mikromanipulation an Embryonen, 133
Modell
- der gemischten Vererbung, 93f.
- mit Beschränkung der Kovarianz, 91ff.
- mit Dominanz- und Epistasie, 90
- mit Genotyp-Umwelt-Interaktion, 88f., 200ff.
- mit Maternaleffekten, 87f., 202ff.
- von Eisen, 306ff.
- von Griffing, 304ff.
Modelltierzucht, 279
multiple Allelie, 15, 24
Mutation, 30, 32f.
- -rate, 32
- Hin-, 32
- Rück-, 32

Nachkommen
- -leistung, 265f.
natürliche Selektion, 149
nichtlinearer Index, 254

nichtsystematische Einflussfaktoren, 30, 47
Normalverteilung, 71, 81, 94

Paarung
- -systeme, 268ff.
- assortative, 29
- disassortative, 29
- verwandter Individuen, 58
Panmixie, 29, 268
Parameterschätzung, 94
- bei Eltern-Nachkommenstrukturen, 119ff.
- - Ein Elter - ein Nachkomme, 120
- - Eltern(mittel) - Nachkommenmittel, 121
- - Zwei Elter - ein Nachkomme, 121
- bei Geschwisterstrukturen, 112ff.
- - simulierte Selektion, 112
- - Varianzanalyse, 112
- bei Halbgeschwisterstrukturen, 112ff.
- - einfaktorielle Varianzanalyse, 113
- - Varianzkomponente, 112
- bei Voll- und Halbgeschwisterstrukturen, 115ff.
- - zweifaktorielle hierarchische Varianzanalyse, 115, 116
- bei Vollgeschwisterstrukturen, 115
- Selektionsexperimente, 213
- simulierte Selektion, 206ff.
- Versuchsplanung, 326, 329
Paternale Effekte, 107
Pathogenetik, 34, 42
Pedigree, 59
permanente Umwelt, 128
Pfaddiagramm s. Ahnentafel, 59
Phänotyp, 13, 73
- -wert, 73
phänotypische Korrelation, 103, 104
phänotypische Kovarianz, 103
phänotypische Leistung, 82

Pleiotropie, 101, 102
Polygenie, 71f.
Population, 13
– Veränderung der Struktur, 30ff.
Populationsgenetische Modelle, 84ff.
– der gemischten Vererbung, 93
– erweiterte, 95
– mit Beschränkung der genetischen Kovarianz zwischen verwandten Tieren, 91
– mit Dominanz- und Epistasieeffekten, 90
– mit Genotyp-Umwelt-Interaktion, 88
– Modell von Falconer, 89
– Standardmodell, 85ff.
Populationsgröße, 194
– effektive, 54ff.
Populationsparameter, 94, 95

qualitative Merkmale, 14
quantitative Merkmale, 14, 71ff.
quantitative trait loci (QTL), 72

realisierte genetische Parameter, 213
– Schätzung, 213
reciprocal recurrent selection(RRS), 309
reduzierter Index, 254
Regression
– Eltern-Nachkommen, 119
– Intra-Vater, 127
– multiple lineare, 231
Regressionskoeffizient, 100, 167
reguläre Inzuchtsysteme, 65ff.
Reinzuchtpopulationen
– Differenz zwischen, 299
Rekombinationseffekte, 107
Rekombinationsverluste, 288
Remontierungsrate, 158, 173
Reproduktionsleistung, 173
restringierter Index, 254
rezessive Erbkrankheiten, 37

Rezessivität, 13
reziproke Kreuzungen
– Differenz zwischen, 299

Selektion, 30, 33ff., 149ff.
– -differenz, 158, 206, 213
– – effektive, 186
– – erwartete, 185, 186
– – realisierte, 185, 186
– – Wichtung der, 185
– -experimente, 213
– – Varianz der Heritabilität, 330
– -grenze, 156, 160f., 197
– -intensität, 160f., 173f., 190
– – in Geschlechtern, 162
– -koeffizient, 33
– -pfade, 163
– -plateau, 190, 195ff.
– -würdigkeit, 170
– -zyklen, 181, 187
– auf Kreuzungsleistung, 308
– Datenstruktur, 207
– – ein Elter - ein Nachkomme, 209
– – Halbgeschwister, 208
– – Vollgeschwister, 209
– – zwei Elter - ein Nachkomme, 209ff.
– disruptive, 152
– divergente, 184
– Einfluss auf die Varianzen, 176ff.
– Genotyp
– – auf den heterozygoten, 40
– – gegen den dominanten, 38f.
– – gegen den heterozygoten, 39
– – gegen den rezessiven, 34ff.
– gerichtete, 150
– künstliche, 33
– mit Hilfsmerkmalen, 168ff.
– nach Eigen- und Halbgeschwisterleistung, 262
– nach Eigen- und Vollgeschwisterleistung, 260

– nach Eigen-, Voll- und Halbgeschwi-
    sterleistung, 266
– nach Nachkommenleistung, 265
– nach wiederholten Leistungen, 227
– natürliche, 33, 186
– simulierte, 206ff.
– – Varianz der Heritabilität, 330
–   und   Genotyp-Umwelt-Interaktion,
    198ff.
– und maternale Effekte, 202
– Zwei-Wege-, 184
– zwischen Teilpopulationen, 279
Selektionsdifferenz
– realisierte, 186
– Wichtung, 185ff.
Selektionserfolg, 157, 190, 206, 213
– Beeinflussung des, 171
– bei Indexselektion, 246
– Berechnung des partiellen, 248
– direkter, 154, 155ff., 206
– durchschnittlicher, 182
– Einfluss der Umwelt, 193
– erwarteter, 188
– für Geschwisterstrukturen, 213
– Gesamt-, 171
– in kleinen Populationen, 165ff.
– indirekter, 154, 206
– korrelierter, 167ff.
– Messung des, 181ff.
– partieller, 247
– über die Generationen, 181
– unter stabilisierender Selektion, 180f.
– Vorausschätzung des, 156f.
– Wiederholbarkeit des, 188ff.
Selektionsexperiment, 187ff., 213ff.
– Divergente Selektion, 214, 216
– gerichtete Selektion mit Kontrollpopu-
    lation, 215f.
– gerichtete Selektion ohne Kontrollpo-
    pulation, 214f.
– Kurzzeit-, 214

– Langzeit-, 188
– – Umweltfaktoren, 193
– Selektionspopulation mit Kontrollpo-
    pulation, 214
– Selektionspopulation ohne Kontrollpo-
    pulation, 214
Selektionsformen, 150ff.
– Dichtefunktion der, 150
– disruptive Selektion, 152
– gerichtete Selektion, 150, 152
– stabilisierende Selektion, 152
Selektionsfortschritt, s. Selektionserfolg,
    155
Selektionsindex, 154, 230ff.
– Formen, 232f.
– Konstruktion, 230ff.
– Matrixschreibweise, 244ff.
– mit einem Zielmerkmal, 237
– – Eigen- und Mutterleistung, 238f.
– – mittlere Leistung von Nachkommen,
    240
– – mittlere Leistung von Vollgeschwi-
    stern, 241f.
– – wiederholte Eigenleistung, 238
– mit mehreren Merkmalen, 242ff.
– – Eigen- und Vollgeschwisterleistung,
    243f.
– – Eigenleistung, 242f.
– nichtlinear, 180
– reduzierter, 254
– restringierter, 254
– Sonderformen, 253f.
– Theorie, 230, 232, 234ff.
Selektionsintensität, 190
Selektionsmethoden, 152ff.
– direkte, 154
– Familienselektion, 217
– – Inter-, 217
– – Intra-, 217
– Indexselektion, 154
– indirekte, 154

– Individualselektion, 152
– Mehrmerkmalsselektion, 249
– nach abhängigen Selektionsgrenzen,
    154, 160, 252
– nach den Informationsquellen, 153
– nach Geschwisterinformationen, 154
– nach Nachkommeninformationen, 153
– nach unabhängigen Selektionsgrenzen,
    154, 250
– nach Vorfahreninformationen, 154
– Selektionsindex, 154
– stabilisierende, 150
– Stufenselektion, 154
– Tandemselektion, 154, 249
Selektionspfade, 163
Selektionsplateau, 195
Selektionswürdigkeit, 170
simulierte Selektion, 206ff.
– Datenstruktur, 207
– – Elter - Nachkomme, 209ff.
– – Halbgeschwister, 208
– – Vollgeschwister, 209
– Parameterschätzung, 206ff.
Standardabweichung, 159
Standardisierung
– der Umwelt, 171
Standardmodell
– der Vererbung, 72, 85ff.
strukturierte Populationen, 67
Stufenselektion, 154
Stutzungsselektion, 155
systematische Einflussfaktoren, 30

Teilpopulation, 48, 49
Test
– -paarungen, 42
– auf Anlageträger, 42ff.
Tiermodell, 144

Umweltabweichung, 73
umweltbedingte Korrelation, 104

umweltbedingte Trends, 185
Umwelteffekte, 80ff.
Umwelteinflüsse, 72f.
– Ausschaltung, 255
– systematische, 184
Umweltfaktoren, 193f.
Umweltkorrelation, 119, 127
Umweltvarianz
– zufällige, 217
Uniformität von Inzuchtpopulationen,
    280ff.

Variabilität
– phänotypische, 73
Varianz
– additiv-genetische, 79
– Dominanz-, 80
– generelle Umwelt-, 129
– genetische, 75, 79
– genetischer Parameter, 323
– – Halbgeschwisterstrukturen, 323
– – Voll- und Halbgeschwisterstrukturen,
    324
– – Vollgeschwisterstrukturen, 323
– Heritabilität aus Selektionsexperimen-
    ten, 330ff.
– Heritabilität aus simulierter Selektion,
    330
– Innerhalb-Individuen-, 129
– Parameterschätzung (Elter - Nach-
    kommenstrukturen), 329f.
– permanente Umwelt-, 129
– phänotypische, 171
– Schätzwerte (Ein Elter - ein Nachkom-
    me), 327f.
– Schätzwerte (Zwei Elter - ein Nach-
    komme), 328f.
– spezielle Umwelt-, 129
– Umwelt-, 171
– Zwischen-Individuen-, 129
Varianzanalysemodell der GUI, 201f.

Varianzkomponentenschätzung, 142ff.
– ANOVA, 145
– Bayes-Schätzung, 148
– gemischtes lineares Modell, 143
– Henderson I, II und III, 145
– MINQUE, 146
– MIVQUE, 146
– ML, 146
– REML, 146
– Verwandtschaftsmatrix, 144
– Zuchtplanung, 143
Verdrängungszucht, 31
Veredlungszucht, 31
Vererbung
– Hauptgenmodell, 74
– infinitesimales Modell, 72
– Modell mit gemischter, 72
– quantitative Merkmale, 71ff.
Vergleichswert, 255ff.
– Ausschaltung von Umwelteinflüssen, 255f.
– Verzerrungen der Zuchtwertschätzung, 256f.
– Verzerrungen des Selektionserfolges, 257ff.
Verpaarungssysteme, 268ff.
Versuchsplanung
– Eltern - Nachkommenstrukturen, 329
– Halbgeschwister, 326
Verwandtschaft
– -grad, 64
– -matrix, 144
– -strukturen, 108
verwandtschaftliche Beziehung
– Eltern und Nachkommen, 108
– Geschwister, 108
Verwandtschaftskoeffizient, 63ff.

Verwandtschaftsstrukturen, 109
– Eltern-Nachkommen-Strukturen, 109
– Gemischte Strukturen, 109
– Geschwisterstrukturen, 109
– Schätzmethoden, 109

Wichtung der Selektionsdifferenz, 185ff.
Wichtungsfaktor, 170
Wiederholbarkeitskoeffizient ω^2, 127ff., 227
wiederholte Leistungen, 131f., 217, 227

Zuchtfortschritt, s. Selektionserfolg, 155
Zuchtwert, 76, 230
– -schätzung, 230, 231
– – Hilfsmerkmal, 233
– – Verzerrung der, 256
– – wiederholte Leistungen, 233
– – Zielmerkmal, 233
– -schätzverfahren, internationale, 231
– Gesamt-, 232, 233
– geschätzter, 230
– wahrer, 230
Zuchtwertschätzung
– Genauigkeit, 245f.
– mit dem Selektionsindex, 230ff.
Zufallspaarung, s. Panmixie 29, 268
Zwillinge
– dizygote, 133
– monozygote, 133
– – Mikromanipulation an Embryonen, 133
– Probleme der Heritabilitätsschätzung mit natürlichen, 140
Zwillingsanalysen, 133ff.
– Heritabilitätskoeffizient, 137
Zwillingseffizientwert, 136
Zwillingsfrequenz, 134